D1674274

**Biopolymers**

*Edited by A. Steinbüchel*

**Cumulative Index**

*Edited by A. Steinbüchel*

# Biopolymers

*Edited by A. Steinbüchel*

## Cumulative Index

*Edited by*
*A. Steinbüchel*

WILEY-VCH

WILEY-VCH GmbH & Co. KGaA

**Editor:**

***Prof. Dr. Alexander Steinbüchel***
Institut für Mikrobiologie
Westfälische Wilhelms-Universität
Corrensstrasse 3
D-48149 Münster
Germany

This book was carefully produced. Nevertheless, authors, editor, and publisher do not warrant the information contained therein to be free of errors. Readers are advised to keep in mind that statements, data illustrations, procedural details or other items inadvertently be inaccurate.

**Library of Congress Card No: applied for**

**British Library Cataloguing-in-Publication Data:** A catalogue record for this book is available from the British Library

**Bibliographic information published by Die Deutsche Bibliothek**
Die Deutsche Bibliothek lists this publication in the Deutsche Nationalbibliografie; detailed bibliographic data is available in the Internet at <http://dnb.ddb.de>.

© 2003 WILEY-VCH Verlag GmbH & Co. KGaA, Weinheim
All rights reserved (including those of translation into other languages). No part of this book may be reproduced in any form – nor transmitted or translated into machine language without written permission from the publishers. Registered names, trademarks, etc. used in this book, even when not specifically marked as such, are not to be considered unprotected by law.

Printed in the Federal Republic of Germany
Printed on acid-free paper.

**Composition, Printing, and Bookbinding:**
Konrad Triltsch
Print und digitale Medien GmbH,
Ochsenfurt-Hohestadt

**ISBN** 3-527-30230-1

## Preface

Biopolymers and their derivatives are diverse, abundant, important for life, they exhibit fascinating properties and are of increasing importance for various applications. Living matter is able to synthesize an overwhelming variety of polymers, which can be divided into eight major classes according to their chemical structure: (1) nucleic acids such as ribonucleic acids and deoxyribonucleic acids, (2) polyamides such as proteins and poly(amino acids), (3) polysaccharides such as cellulose, starch and xanthan, (4) organic polyoxoesters such as poly(hydroxyalkanoic acids), poly(malic acid) and cutin, (5) polythioesters, which were reported only recently, (6) inorganic polyesters with polyphosphate as the only example, (7) polyisoprenoids such as natural rubber or Gutta Percha and (8) polyphenols such as lignin or humic acids.

Biopolymers occur in any organism, and in most organisms they contribute to the by far major fraction of the cellular dry matter. Biopolymers possess a wide range of different essential or beneficial functions for the organisms: conservation and expression of genetic information, catalysis of reactions, storage of carbon, nitrogen, phosphorus and other nutrients and of energy, defense and protection against the attack of other cells or hazardous environmental or intrinsic factors, sensors of biotic and abiotic factors, communication with the environment and other organisms, mediators of adhesion to surfaces of other organisms or of non-living matter and many more. In addition, many biopolymers are structural components of cells, tissues, and whole organisms.

To fulfil all these different functions, biopolymers must exhibit rather diverse properties. They must very specifically interact with a large variety of different substances, components and materials, and often they must have extraordinarily high affinities to them. Finally, many of them must have a high strength. Some of these properties are utilized directly or indirectly for various applications. This and the possibility to produce them from renewable resources, as living matter mostly does, make biopolymers interesting candidates to industry.

Basic and applied research have already revealed much knowledge on the enzyme systems catalyzing biosynthesis, degradation and modification of biopolymers as well as on the properties of biopolymers. This has also resulted in an increased interest in biopolymers for various applications in industry, medicine, pharmacy, agriculture, electronics and various other areas. However, considering the developments during the last two decades and reviewing the literature shows that our knowledge is still scarce. The genes for the biosynthesis pathways of many biopolymers are still not available or were identified only recently, many new biopolymers have just been described, and from only a minor fraction of biopolymers the biological, chemical, physical and material properties have been investigated. Often promising biopolymers are not available in sufficient amounts. Nevertheless, polymer chemists, engineers and material scientists in academia and industry have discovered biopolymers as chemicals and materials for many new applications, or they consider biopolymers as models to design novel synthetic polymers.

The first edition of this multivolume handbook comprehensively reviews and compiles information on biopolymers in 10 volumes covering (a) occurrence, synthesis, isolation and production, (b) properties and applications, (c) biodegradation and modification not only of natural but also of synthetic polymers, and (e) the relevant analysis methods to reveal the structures and properties. Volumes 1-8 are structured according to the chemical classes of biopolymers, whereas Volume 9 focusses on aspects of the biodegradation of synthetic polymers and Volume 10 deals with general aspects related to biopolymers.

This book series will hopefully be helpful to many scientists, physicians, pharmaceutics, engineers and other experts in a wide variety of different disciplines, in academia and in industry. It may not only support research and development but may be also suitable for teaching.

Publishing of this book series was achieved by chosing volume editors and authors of the individual volumes and chapters for their recognized expertise and for their excellent contributions to the various fields of research. I am very grateful to these scientists for their willingness to contribute to this reference work and for their engagement. Without them and without their comitment and enthusiasm it would have not been possible to compile such a book series.

I am also very grateful to the publisher WILEY-VCH for recognizing the demand for such a book series, for taking the risk to start such a big new project and for realizing the publication of *Biopolymers* in excellent quality. Special thanks are due to Karin Dembowsky and many of her WILEY-VCH colleagues, especially from production and marketing, for their constant effort, their helpful suggestions, constructive criticism, and wonderful ideas.

Last but not least I would like to thank my family for their patience, and I have to excuse for the many hours the preparation of this book series kept me away from them.

Münster, February 2001 Alexander Steinbüchel

# Cumulative Subject Index of Volumes 1 to 10

Each entry is followed either by the volume number on boldface and page number(s) where the subject is discussed, or by reference to another entry


***a***

A54145 **7**: 58
A21798A **7**: 58
Aa-tRNA synthetase **7**: 7, 8
Abbott Laboratories **9**: 448
ABCDE-mechanism **1**: 406
ABCDE-system **1**: 405
ABC-system **1**: 405
(ABC) transporter **9**: 180
Abequose **5**: 4
*Abies amabilis* **3A**: 47
*Abies balsamea* **3A**: 66
*Abies concolor* **3A**: 47
Abietic acid **10**: 71
Abiotic attac
– Initiation of degradation process **10**: 105
*Abortiporus biennis* **1**: 144
Abrasive blasting process **2**: 282
Abscisic acid **2**: 64, 348
Abscissic acid **3A**: 59
*Absidia blakesleeana*
– Biotechnological production **6**: 141
*Absidia butleri* HUT 1001
– Biotechnological production **6**: 141 f
*Absidia coerulea*
– Biotechnological production **6**: 141 f
– Chitin deacetylase **6**: 133 f, 142
*Absidia glauca*
– Chitin synthase **6**: 128
*Absidia orchidis*
– Biotechnolgoical production **6**: 142
*Absidia spinosa*
– Biotechnological production **6**: 141 f
*Acacia* **5**: 12
*Acacia* spp. **5**: 13
*Acacia* trees **5**: 7
*Acanthamoeba castellani* **6**: 279
Acceptable risk **9**: 240
Acenaphthylene **1**: 490
*Acer griseum* **3A**: 47
*Acer pseudoplatanus* **1**: 42, 415, **3A**: 47
Acesulfame-K **8**: 204
Acetate kinase **10**: 149
Acetoacetate-succinyl-CoA transferase **3A**: 114 f, **3B**: 35
Acetoacetyl-CoA dehydrogenase **3A**: 109
Acetoacetyl-CoA reductase **3A**: 175, 221, 225, 235 f, 238, 240, 253, 305, 322, **4**: 56, 59
– *Acinetobacter* sp. RA3849 **3A**: 231
– *Alcaligenes latus* ATCC29713 **3A**: 231
– *Alcaligenes latus* ATCC29714 **3A**: 231
– *Alcaligenes latus* SH-69 **3A**: 231
– *Allochromatium vinosum* **3A**: 231
– *Bacillus megaterium* **3A**: 231
– *Burkholderia* sp. DSMZ9242 **3A**: 231
– *Ectothiorhodospira spaposhnikovii* **3A**: 231
– Kinetic constants **3A**: 257
– *Paracoccus denitrificans* **3A**: 231
– *Pseudomonas acidophila* **3A**: 231
– *Pseudomonas* sp. 61-3 **3A**: 231
– *Ralstonia eutropha* H16 **3A**: 231
– Random
– – Bi-Bi mechanism **3A**: 256
– *Rhodobacter capsulatus* **3A**: 231
– *Rickettsia prowazekii* **3A**: 231
– *Sinorhizobium meliloti* 41 **3A**: 231
– *Synechocystis* sp. PCC6803 **3A**: 231
– *Vibrio cholerae* **3A**: 231
– *Zoogloea ramigera* **3A**: 231
Acetoacetyl-CoA synthetase **3A**: 114 f, **3B**: 34, **4**: 381
– *Zoogloea ramigera* I-16-M **3B**: 35
Acetoacetyl-CoA transferase
– *Azotobacter beijerinckii* **3B**: 34
*Acetobacter* **5**: 44
*Acetobacter aceti* ssp. *xylinum* ATCC-2178 **5**: 64
*Acetobacter capsulatus*

– Dextran **5**: 304
*Acetobacter diazotrophicus*
– Levan biosynthesis **5**: 359
– Levan production **5**: 370
– Levansucrase **5**: 359
*Acetobacter methanolyticus* **5**: 73
*Acetobacter* sp. LMG1518 **5**: 63
*Acetobacter xylinum* **5**: 10, 40, 43, 49, 53, 60, 66, **10**: 310
– Bacterial cellulose **5**: 41, **10**: 311
– Biosynthesis of cellulose
– – Subfibril formation **5**: 52
– Biotechnological production **5**: 61
– Cellulose biosynthesis **5**: 46 f, 57
– – Allosteric activator **5**: 55
– – Model **5**: 56
– – Phosphodiesterase A **5**: 56
– – Phosphodiesterase B **5**: 56
– – Regulation **5**: 56
– – Uridine diphosphoglucose **5**: 45
– Cellulose ribbon **5**: 41
– Cellulose synthase **5**: 55
– – Gene **5**: 54
– – Mutant **5**: 54
– Central pathway **5**: 46
– Levan **5**: 356
– Levan biosynthesis **5**: 359
– Levansucrase **5**: 359
– Recombinant strain **5**: 61
– Succinoglycan **5**: 165
*Acetobacter xylinum* 1306-21 **5**: 64
*Acetobacter xylinum* CS
– Cellulose synthase
– – Activator **5**: 48
*Acetobacter xylinum* $E_{25}$ **5**: 64
*Acetobacter xylinum* sp. ATCC21780 **5**: 65
*Acetobacter xylinum* sp. BPR2001 **5**: 57, 65
*Acetobacter xylinum* ssp. *sucrofermentans* BPR2001 **5**: 46, 62
Acetonitrile **7**: 480
Acetophenone **1**: 11
Acetosyrigone **1**: 11
Acetylation **7**: 348
Acetyl bromide **1**: 92
*N*-Acetylgalactosaminyl transferase **6**: 585
β-*N*-Acetyl-glucosaminidase **5**: 391
*N*-Acetylglucosaminidase **5**: 448
*N*-Acetyl-β-D-hexosaminidase **6**: 508
*N*-Acetylmuramyl-L-alanine amidase **5**: 448
Acetylsalicylic acid **1**: 384
*O*-Acetylsulfhydrylase **7**: 28
*O*-Acetyltransferase **5**: 186, 194
Achondrogenesis
– OI **8**: 136
*Achras sapota* **2**: 76
*Achromobacter* **5**: 44
*Achromobacter* sp. **3B**: 91
*Acidianus brierleyi* **2**: 383, 388
Acidic chitinases **6**: 137
*Acidiphilium acidophilum* **9**: 51
– Tetrathionate **9**: 50
*Acidithiobacillus*
– Polythionate **9**: 47
*Acidithiobacillus ferrooxidans*, see *A. ferrooxidans*
*Acidithiobacillus thiooxidans*, see *A. thiooxidans*
Acidolysis **1**: 95
*Acidothermus cellulolyticus*
– Cellulase **6**: 290
*Acidovorax delafieldii* **3B**: 66, 96
*Acidovorax facilis* **10**: 108
*Acidovorax* sp. **3B**: 46, 53, 56
*Acidovorax* sp. SA1 **3B**: 33
*Acidovorax* sp. TP4 **3B**: 54
Acid protease **7**: 398
*Acinetobacter* **3B**: 279, **5**: 93, 100, 118, **9**: 9, 12, **10**: 144
– Adipic acid **10**: 286
*Acinetobacter* ADP1 **9**: 11
– Exopolyphosphatase **9**: 13
*Acinetobacter calcoaceiens* **3B**: 279
– Catechol 1,2-dioxygenase **10**: 286
*Acinetobacter calcoaceticus* **5**: 98, 106, 115 f, **9**: 12, **10**: 110, 115
– PHC biodegradation **9**: 419
*Acinetobacter calcoaceticus* A2 **5**: 95, 97, 101, 119
– Emulsan production **5**: 104
*Acinetobacter calcoaceticus* BD4 **5**: 96, 100 f
*Acinetobacter calcoaceticus* BD413 **5**: 95
– Emulsan production **5**: 103
*Acinetobacter calcoaceticus* 2CA2 **5**: 98
*Acinetobacter calcoaceticus* RAG-1 **5**: 93, 95, 100 ff, 116, 118
– Production of RAG-1 emulsan **5**: 103
*Acinetobacter genospecies* 11W2 **9**: 306
*Acinetobacter johnsonii* **10**: 150
*Acinetobacter johnsonii* 210A **9**: 5, 6, 7, 8, 9, 11
– Biosynthesis of polyphosphate **9**: 21
– Exopolyphosphatase **9**: 13
– Function of polyphosphate **9**: 19, 21
– Polyphosphate **9**: 19
– Polyphosphate function **9**: 25
– PPK **9**: 21
– PPPT **9**: 16
*Acinetobacter junii*
– PHC biodegradation **9**: 419
*Acinetobacter radioresistens* **5**: 96, 101
*Acinetobacter radioresistens* KA53 **5**: 95, 101
– Emulsan production **5**: 104

*Acinetobacter* sp. **3A**: 110, 114, 116, 179, 342, 347, **10**: 118
– Cyanophycin **7**: 84, 85, 86
– Cyanophycin synthetase **7**: 96
*Acinetobacter* sp. CHB101
– Chitosanases **6**: 138
*Acinetobacter* sp. DSM 587
– Cyanophycin **7**: 93
*Acinetobacter* spp.
– PAA biodegradation **9**: 316
*Acinetobacter* sp. RA3849 **3A**: 177, 180, 196, 223
*Acinetobacter* sp. strain DSM 587 **7**: 97
*Acinetobacter* strain RA3849 **3A**: 347
Acireductone dioxygenase **8**: 237
Aconitate decarboxylase **10**: 290
*A. corynebacteria* **5**: 123
*Acremonium chryosgenum* **7**: 69
– Peptide synthetase **7**: 56
*Acremonium persicinum* ATCC 60921
– Nitrocellulose biodegradation **9**: 204
*Acromyrmex versicolor*, see *A. versicolor*
Acrylamide **7**: 414, **10**: 298
– *Pseudomonas putida* 5B **10**: 299
– *Rhodococcus rhodochrous* J1 **10**: 299
– *Rhodococcus* sp. N-774 **10**: 299
– Structural formula **10**: 284
2-Acrylamido-2-methylpropanesulfonic acid **10**: 84
Acrylate
– Natural fiber composite **10**: 12
Acrylate rubber **2**: 302
Acrylic acid **3A**: 304
– Structural formula **10**: 284
Acrylic oligomer **9**: 305
– Branched structure **9**: 251
Acrylonitrile **10**: 298
– Structural formula **10**: 284
Acrylonitrile-butadiene-styrene **2**: 246, **10**: 433
Acrylonitrile-butadiene-styrene copolymer **10**: 169
Acryloyl chloride **10**: 187
ACS Rubber Division **2**: 396
Actigum® **6**: 50
Actigum CS6 **6**: 39
Actin **7**: 367
Actin aggregation
– Potential state **7**: 355
Actin depolymerizing factor **7**: 353
*Actinetobacter*
– PEG degradation **9**: 273
Actin filament **7**: 270, 342, 353
*trans*-Acting factor **8**: 276
*Actinidia deliciosa* **5**: 7
$\alpha$-Actinin **7**: 354
*Actinobacillus succinogenes* **3B**: 271, 273, 275, **4**: 40, **10**: 283
– Succinic acid **10**: 285
*Actinocorallia herbida* JCM 9647 **3B**: 90
*Actinomadura* **2**: 331, 340
*Actinomadura madurae* JCM 7436 **3B**: 90
*Actinomadura* sp.
– Dextran biodegradation **5**: 307
*Actinomadura* sp. (NRRL strain B-11411)
– Alternan biodegradation **5**: 336
*Actinomyces* **2**: 325 f, 335 f
*Actinomyces albus* **2**: 336
*Actinomyces aurantiacus* **2**: 335
*Actinomyces candidus* **2**: 336
*Actinomyces elastica* **2**: 324, 335
*Actinomyces fuscus* **2**: 324, 335
*Actinomyces globisporus* **1**: 358
*Actinomyces longisporus rubber* **2**: 335
*Actinomyces naeslundii*
– Levan **5**: 356
*Actinomyces* sp. **10**: 118
Actinomycetes **1**: 356, 407, 461, **2**: 335
Actinomycin **7**: 57, 64, 70
– In nanoparticle **9**: 465
Actinomycin synthetase II **7**: 68
*Actinoplanes* **2**: 331, 340
*Actinoplanes italicus* **2**: 339
*Actinoplanes missouriensis* **2**: 339
*Actinoplanes philippinensis* JCM 3001 **3B**: 90
*Actinoplanes teichomyceticus*
– Peptide synthetase **7**: 56
*Actinoplanes utahensis* **2**: 339
Activated nucleotide diphosphate sugar **5**: 9
Activated sludge
– Chemical composition **10**: 214
– PEG degradation **9**: 273
– Phosphorus release **10**: 146
– PolyP release **10**: 145, 146
Activated sludge floc **10**: 152
Activated sludge process **3A**: 338 f
– Anaerobic-aerobic process **3A**: 339
– Conventional process **3A**: 339
– Nitrification-denitrification process **3A**: 339
Activated sludge system **9**: 218
*Actobacter* **9**: 277
Actomyosin **7**: 345
ACV **7**: 56
ACV synthetase **7**: 70
– Domain interaction **7**: 68
Acyclic xanthophylls
– Biosynthesis **2**: 131
Acyclovir
– In nanoparticle **9**: 465
Acyl-ACP:CoA transacylase **3A**: 222

N-Acyl-D,L-amino acid by aminoacylase **10**: 295
Acyl carrier protein **7**: 55, 62, **9**: 94
Acyl-CoA reductase **3A**: 57
Acyl-CoA synthetase **3A**: 207, **9**: 314
N-Acyl-D-glucosamine 2-epimerase **9**: 193
Acylhomoserine lactone **10**: 220
N-Acylhomoserine lactone **3A**: 117, **10**: 211, 236
Acyltransferase **9**: 94
Addition polymer **9**: 246
Additive
– Adipate **10**: 100
– Azelate ester **10**: 100
– Benzoic acid ester **10**: 100
– Benzyl phthalate **10**: 100
– Citrate ester **10**: 100
– Dimethyl ester of dipic **10**: 100
– Glutarate **10**: 100
– Petroleum oil **10**: 100
– Phosphate ester **10**: 100
– Phthalate **10**: 100
– Polymer **10**: 100
– Terephthalate ester **10**: 100
– Trimellitate **10**: 100
Adenovirus
– Structure **7**: 270
Adenovirus genome **8**: 422
Adenovirus tail spike protein analog
– Amino acid sequence **8**: 56
Adenylate domain **7**: 59
Adenylate kinase **10**: 143, 150
ADF-3 **8**: 105
– In mice **8**: 106
– Monofilament
– – Scanning electron micrograph **8**: 108
ADH **9**: 278
Adhesion of bacteria
– *Janthinobacterium lividum* **10**: 102
Adhesion prevention **5**: 398
Adhesive **8**: 384, 394
Adhesive plaque **8**: 366
Adhesive protein
– Accession number **8**: 369
– Adhesion strength
– – Measurement **8**: 369
– Algae
– – *Enteromorpha* **8**: 364
– Application **8**: 371
– *Asterias rubens* **8**: 362
– *Aulacomya ater* **8**: 362
– Blister sea weed **8**: 362
– Brown algae **8**: 362
– Bryozoan **8**: 362
– *Ceramium* **8**: 362
– *Choromytilus chorus* **8**: 362
– Corrosion inhibitor
– – Catechol **8**: 371
– – Polylysine **8**: 371
– Diatom **8**: 362
– *Diplodactylus* **8**: 362
– *Dreissena polymorpha* **8**: 362, 369
– *Ectocarpus* **8**: 362
– Flatworm **8**: 362
– Flatworm parasite **8**: 362
– Fruit fly **8**: 362
– *Fucus gardneri* **8**: 362
– Functional biomechanic **8**: 368
– *Gasterosteus aculeatus* **8**: 362, 369
– Giant mussel **8**: 362
– *Hormosira banksii* **8**: 362
– Kelp **8**: 362
– *Laminaria saccharina* **8**: 362
– Limpet **8**: 362
– Lizard **8**: 362
– *Lottia limatula* **8**: 362
– *Megabalanus rosa* **8**: 369
– *Membranipora membranacea* **8**: 362
– Molecular genetic **8**: 368
– Monogenean **8**: 362
– Mussel
– – *Mytilus californianus* **8**: 365
– – *Mytilus galloprovincialis* **8**: 365
– – *Mytilus trossolus* **8**: 365
– *Mytilus corruscus* **8**: 369
– *Mytilus edulis* **8**: 367, 369
– *Mytilus galloprovincialis* **8**: 369
– *Nereocystis luetkeana* **8**: 362
– Occurrence **8**: 362
– Patent **8**: 373, 377
– *Phragmatopoma californica* **8**: 362
– Platyhelminthe **8**: 362
– Production
– – Patent **8**: 374
– *Pteronotropis hypselopterus* **8**: 362
– Red algae **8**: 362
– Reef-building worm **8**: 362
– Ribbed mussel **8**: 362
– Roodworm **8**: 362
– Sailfish shiner **8**: 362
– Seastar **8**: 362
– *Stauroneis decipiens* **8**: 362
– Stickleback fish **8**: 362
– *Strongyloides venezuelensis* **8**: 362
– Synthetic biomimic **8**: 372
– Zebra mussel **8**: 362
Adhesive protein gene
– Patent **8**: 376
Adhesive **2**: 244, 290
Adipic acid **3B**: 271, **10**: 286

– Application **3B**: 278
– Biotechnological production **3B**: 278
– – *Acinetobacter calcoaceiens* **3B**: 279
– – *Gluconobacter oxydans* **3B**: 279
– – *Klebsiella pneumoniae* **3B**: 279
– – Metabolic pathway **3B**: 280
– – *Nocardia* **3B**: 279
– – Patents **3B**: 303
– – *Pseudomonas putida* **3B**: 279
– – Recombinant *E. coli* **3B**: 279
– Chemical synthesis **3B**: 278
– Structural formula **10**: 285
Adipic acid polyanhydride **4**: 208
ADP-glucose pyrophosphorylase **5**: 10, 23, **6**: 392, 393
– Activator **5**: 25
– *Agrobacterium tumefaciens* **5**: 26
– Allosteric effector site **5**: 26
– Allosteric mutant
– – *Escherichia coli* B
– – – Cyanobacteria **5**: 25
– *Anabaena* **5**: 26
– *Escherichia coli* **5**: 26
– Glycogen biosynthesis **5**: 24
– Potato tuber **5**: 26
– *Salmonella typhimurium* **5**: 26
– Spinach leaf **5**: 26
– Substrate analog **5**: 26
Adsorbable polymeric scaffold **4**: 78
Adsorption of metal ion
– *Aspergillus nidulans* **6**: 143
– Mycoton **6**: 143
– *Rhizomucor pusillus* **6**: 143
– *Rhizopus arrhizus* **6**: 143
Advanced rheometric expansion system **9**: 221
*Aedes* **6**: 509
*Aedes aegypti*
– Chitin synthase **6**: 498
– Inhibitor of chitin synthesis **6**: 497
*Aerobacter* **5**: 44
*Aerobacter aerogenes* **6**: 13, **9**: 8
*Aerobacter aerogenes* IFO3317
– Inhibition by ε-PL **7**: 111
*Aerobacter levanicum*
– Levan **5**: 353
*Aeromonas* **1**: 234, **10**: 310
*Aeromonas caviae* **3A**: 109, 177, 179, 181, 186, 194, 196, 220 ff, 226, 320 ff, 412, 419, **3B**: 111, **10**: 325
*Aeromonas caviae* FA440 **3A**: 223
*Aeromonas hydrophila* **3A**: 32 f, **3B**: 240, **10**: 310, 326, 327
– Poly(3HB-*co*-3HHx) **10**: 325
– S-Layer **7**: 290, 302, 321
– S-Layer protein
– – Amino acid sequence **7**: 300
*Aeromonas salmonicida*
– S-Layer **7**: 289, 290, 302, 304, 308, 321
– S-Layer protein
– – Amino acid sequence **7**: 300
*Aeromonas salmonisida* **3A**: 321
Aerospace **10**: 1, 2
*A. ferrooxidans* (*Acidithiobacillus ferrooxidans*) **9**: 47
– Rubber polysulfane **9**: 54
Agar **10**: 69
*Agardhiella subulata*
– Carrageenan **6**: 252
Agaricale **1**: 137
*Agaricus bisporus* **1**: 141, 143 f, 158, 160, 232, 412, 417
– Chitin synthase gene **6**: 129
*Agaricus blazei*
– Antitumor glycan **6**: 163
– Glycan **6**: 166
*Agave americana* **3A**: 10, 44
*Agave Azul Tequila Weber*
– Inulin **6**: 445
Agglutinin (WGA) labeling technique **6**: 127
Aggrecan **5**: 383, **6**: 591
– Proteoglycan **6**: 584
Agricultural crop
– PHA production **3A**: 427
Agricultural production **10**: 344
Agriculture
– Surplus production **10**: 3
*Agrobacterium* **2**: 97, **9**: 272
*Agrobacterium radiobacter* **5**: 163, 169
*Agrobacterium rhizogenes* **1**: 82
*Agrobacterium* sp. **1**: 358, **5**: 13, 40, 44, 138 f, 143 f
– Curdlan **6**: 41
*Agrobacterium* sp. ATCC 31749 **5**: 142
*Agrobacterium* sp. ATCC 31750
– Curdlan production **5**: 145
*Agrobacterium* sp. biovar I GA-27 **5**: 140
*Agrobacterium* sp. biovar I GA-33 **5**: 140
*Agrobacterium* transformation **4**: 60
*Agrobacterium tumefaciens* **5**: 8, 26, 51, **8**: 88
– Murein **5**: 443
– Succinoglycan **5**: 165
Agrochemical
– Netherland **10**: 351
– Sustainability **10**: 347
– UK **10**: 349
– USA **10**: 347
*Agrocybe* **1**: 141
*Agrocybe cylindracea*
– Glycan **6**: 167
*Agrocybe dura* **1**: 363

*Agrocybe praecox* **1**: 363, 407
Agro-resource
– Agriculture **10**: 346
– Citizen desire **10**: 346
– Government facilitate **10**: 346
– Industry **10**: 346
– Investor seek **10**: 346
– Science **10**: 346
Agrosector
– New market **10**: 344
Agro-technological Research **10**: 340
AIB Vinçotte **10**: 404
Akademie der Wissenschaften der DDR
– Xanthan **5**: 283
Alamethicin **7**: 56
Alamethicin synthetase
– *Trichoderma viride* **7**: 53
Alasan
– Application **5**: 105
– Biodegradation **5**: 102
– Composition **5**: 96
– Deproteinization **5**: 96
– Patent **5**: 105
– Production **5**: 105
– Property **5**: 96, 97
Alasanase **5**: 102
Albicidin **7**: 58, **9**: 98
Albumin
– Medical application **10**: 267
Alcalase® **7**: 382
*Alcaligenes* **5**: 44, 139, 143, **9**: 403
*Alcaligenes caviae* **3B**: 7
*Alcaligenes cupidus* KT201
– Flocculant **10**: 152
*Alcaligenes denitrificans* **9**: 288, 290
*Alcaligenes denitrificans* subsp. *denitrificans* **9**: 287
– Degradation of PTMG 265 **9**: 288
*Alcaligenes eutrophus* **3A**: 219, 252, 344, **3B**: 45, 166, **10**: 195
– Fermentation data **10**: 321
*Alcaligenes faecalis* **3A**: 154, **3B**: 48, 54, 56, 62, 66, 69, 117, 120 ff, 220, **9**: 338, 344, **10**: 80, 108
– PVA biodegradation **9**: 346
*Alcaligenes faecalis* AE122 **3B**: 46, 53, 60
*Alcaligenes faecalis* KK314 **9**: 338, 339, 343, 344, 352
– PVA biodegradation **9**: 333, 342, 346, 351
*Alcaligenes faecalis* T1 **3B**: 32, 46, 53, 55, 67, 73, 220, 223, **4**: 76
– PHB depolymerase **3B**: 221 f
*Alcaligenes faecalis* var. *myxogenes* 10C3 **5**: 136, 140
*Alcaligenes faecalis* var. *myxogenes* IFO 13140 **5**: 140
*Alcaligenes glycovorans*
– PEG degradation **9**: 273
*Alcaligenes latus* **3A**: 110, 177, 179, 180, 186, 196, 250, 265, 268 ff, 275, **3B**: 111 f, 140, **4**: 30, 380, **10**: 310, 320, 322
– Fermentation data **10**: 321
– Poly(3-hydroxybutyrate) **10**: 320
*Alcaligenes latus* ATCC29714 **3A**: 271
*Alcaligenes latus* B-18
– Flocculant **10**: 152
*Alcaligenes latus* DSM1123 **3A**: 223, 226
*Alcaligenes latus* DSM1124 **3A**: 223, 226
*Alcaligenes* sp. **5**: 138, **9**: 275
– PAA biodegradation **9**: 307
– Welan gum **10**: 78
*Alcaligenes* sp. 559 **9**: 365
*Alcaligenes* sp. ATCC 31749
– Curdlan production **5**: 145
*Alcaligenes* sp. D-2 **9**: 404
*Alcaligenes* sp. L7-A
– PAA biodegradation **9**: 308
*Alcaligenes* sp. SH-69 **3A**: 177, 196, 223, 226, 273, 281
*Alcaligenes* sp. strain 559 **9**: 364
Alcohol dehydrogenase **10**: 287
– PEG degradation **9**: 272
– Quinohemoprotein **9**: 277
Alcohol ethoxylate **9**: 275
Alcohol oxidase **9**: 339
Aldehyde dehydrogenase **9**: 278, 291
Aldolase **9**: 343
Aldol condensation product **8**: 126
Aldose reductase **3B**: 282
Aleurone **1**: 11
Alfalfa **1**: 27, 41, **3A**: 404
Alfalfa nodule cells
– Electron micrograph **5**: 219
Algae **1**: 7, 8
– Adhesion **8**: 370
Algaenan **1**: 212, **9**: 125
– FTIR spectra **9**: 118
Algal bloom **10**: 140
Algal mat community **10**: 210
AlgE epimerases
– *Azotobacter vinelandii* **6**: 225
*AlgE* gene
– Alginate production **9**: 180
Algin **10**: 152
Alginate **5**: 3, 7, 9, 12, 179, **6**: 215 ff, **9**: 193, **10**: 83, 86, 234
– Acetylation **5**: 193
– Alginate-assimilating bacterium **9**: 179
– Alginic acid gel **6**: 229, 233
– Application **6**: 217, 234, 237 f
– – Food additive **6**: 236
– – In medicine **6**: 235

– – In pharmacy 6: 235
– – Technical utilization 6: 235
– Applied potential 5: 204
– *Azotobacter* 6: 221, 10: 213
– *Azotobacter chroococcum* 5: 182
– *Azotobacter vinelandii* 5: 182
– Biodegradation 6: 221, 9: 175, 180
– – Alginate lyase 9: 183, 184
– – Enzymology 9: 183
– – Polymannuronate region 9: 184
– Biofilm formation 5: 203
– Biological property
– – Immunologic potential 6: 234
– Biosynthesis 6: 221
– Biosynthetic pathway 5: 183
– – Alginate lyase 6: 222
– – *Azotobacter vinelandii* 6: 222
– – Mannuronan C5 epimerase 6: 222
– – *Pseudomonas aeruginosa* 6: 222
– Chemical analysis 6: 220
– Chemical composition
– – NMR-spectroscopy 6: 220
– Chemical structure 5: 180, 182
– – Alginate monomer 6: 218
– – Block distribution 6: 218
– – Chain conformation 6: 218
– Commercialization 5: 13
– Commerical source
– – *Ascophyllum nodosum* 6: 219
– – *Durvillea antarctica* 6: 219
– – *Eclonia maxima* 6: 219
– Composition
– – *Ascophyllum nodosum* 6: 219
– – *Durvillea antarctica* 6: 219
– – *Ecklonia maxima* 6: 219
– – *Laminaria digitata* 6: 219
– – *Laminaria hyperborea*, blade 6: 219
– – *Laminaria hyperborea*, outer cortex 6: 219
– – *Laminaria hyperborea*, stipe 6: 219
– – *Laminaria japonica* 6: 219
– – *Lessonia nigrescens* 6: 219
– – *Macrocystis pyrifera* 6: 219
– Conformation 6: 218
– Cost 6: 223
– Depolymerization 9: 179
– – *Bacillus* sp. GL1 9: 181
– – *Sphingomonas* sp. A1 9: 181
– Depolymerizing enzyme 9: 178
– Derivative 6: 236
– Detection 5: 181, 6: 220 f
– Discovery 6: 217
– Fermentative production
– – *Azotobacter vinelandii* 6: 222
– – *Pseudomonas* species 6: 222
– First patent 6: 217
– *Fucus gardneri* 5: 182
– Gel formation 6: 228 f
– α-L-Guluronate 9: 178
– Internal gelation 6: 229
– *In vitro* modification
– – Mannuronan C5 epimerase 6: 222
– Ionic cross-linking 6: 228
– Isolation from natural source 6: 222
– *Laminaria japonica* 6: 223
– β-D-mannuronate 9: 178
– Manufacturer
– – Danisco Cultor 6: 225
– – Degussa Texturant System 6: 225
– – FMC BioPolymer 6: 225
– – ISP Alginates Ltd. 6: 225
– – Kimitsu Chemical Industries Co. 6: 225
– – *Laminaria digitata* 6: 219
– – *Laminaria hyperborea* 6: 219
– – *Laminaria japonica* 6: 219
– – *Lessonia nigrescens* 6: 219
– – *Macrocystis pyrifera* 6: 219
– – Pronova Biomedical A/S 6: 225
– – *Sargassum* spp. 6: 219
– – Seaweed Industrial Association 6: 225
– Material property 6: 229
– Medical application 10: 267
– Molecular genetics 6: 222
– Molecular mass 6: 221
– Occurrence 6: 216, 219
– – *Ascophyllum nodosum* 6: 220
– – *Azotobacter vinelandii* 6: 220
– – In bacteria 6: 220
– – *Laminaria hyperborea* 6: 220
– – *Laminaria japonica* 6: 220
– – *Macrocystis pyrifera* 6: 220
– Patent 6: 237 f
– Pharmaceutical use 10: 267
– Physical property 6: 225
– Polydispersity 6: 221
– Production 6: 222, 237
– Property 6: 217
– – Alginic acid gel 6: 233 f
– – Biological property 6: 234
– – Crystallinity 6: 226
– – Egg-box model 6: 227
– – Elastic properties of alginate gel 6: 231
– – Gel formation 6: 229, 232
– – Ionically cross-linked gel 6: 230
– – Physical property 6: 225
– – Selective ion binding 6: 227
– – Solubility 6: 225 f, 228
– Propylene glycol alginate 6: 236
– *Pseudomonas* 6: 221, 10: 213

– *Pseudomonas aeruginosa* **9**: 178
– *Pseudomonas fluorescens* **5**: 182
– *Pseudomonas mendocina* **5**: 182
– *Pseudomonas putida* **5**: 182
– *Pseudomonas syringae* pv. syringae **5**: 182
– Quantification **6**: 221
– Selective ion binding **6**: 227
– Sequence **6**: 220
– Solubility **6**: 225 f, 228
– *Sphingomonas* sp. A1 **9**: 183
– Stability **6**: 229
– Uptake
– – (ABC) transporter **9**: 180
– – Gene **9**: 180
– World market **6**: 223
Alginate-binding protein **9**: 183
Alginate biosynthesis **5**: 187, 191
– *O*-Acetyltransferase **5**: 186
– Alginate lyase **5**: 187
– Alginate polymerization **5**: 191
– Anti-sigma factor **5**: 187 f
– *Azotobacter vinelandii* **5**: 187, 191
– Epimerase **5**: 186
– Export **5**: 190
– Function **5**: 188
– GDP mannose dehydrogenase **5**: 187
– GDP mannose pyrophosphorylase **5**: 187
– Gene **5**: 185
– Mannuronan C-5-epimerase **5**: 187, 191, **6**: 224
– Outer membrane protein AlgE **5**: 190
– – Topological model **5**: 190
– Phosphomannose isomerase **5**: 187
– Polymerase **5**: 187
– Polymerization **5**: 190
– *Pseudomonas aeruginosa* **5**: 187, 190
– *Pseudomonas syringae* pv. syringae **5**: 187
– Regulation **5**: 188
– – Environmentally induced activation **5**: 189
– – Genotypic switch **5**: 189
– Regulator **5**: 187
Alginate derivative **6**: 236
Alginate lyase **5**: 187, 199 f, 204, **6**: 222, **9**: 183, 184, 192, 193
– *Azotobacter chroococcum* **5**: 196, 198
– *Azotobacter* sp. **5**: 196
– *Azotobacter vinelandii* **5**: 198, **6**: 223, **9**: 185
– *Azotobacter vinelandii* phage **6**: 223
– Biochemical property **6**: 223
– Catalytic action **9**: 185
– Catalytic mechanism **5**: 202
– Catalytic site **5**: 200
– Crystal structure **9**: 185
– *Enterobacter cloacae* **5**: 198, **6**: 223
– Function **5**: 195
– *Haliotis tuberculata* **6**: 223
– *Klebsiella aerogenes* **6**: 223
– *Klebsiella aerogenes* type 25 **5**: 198
– *Klebsiella pneumoniae* **5**: 198
– *Littorina* sp. **6**: 223
– Processing **9**: 190
– *Pseudomonas aeruginosa* **5**: 196, 198, 200, **6**: 223, **9**: 185
– *Pseudomonas alginovora* **6**: 223
– *Pseudomonas maltophilia* **5**: 198
– *Pseudomonas putida* **5**: 198
– *Pseudomonas* sp. OS-ALG-9 **5**: 198
– *Pseudomonas* sp. W7 **5**: 198
– *Pseudomonas syringae* pv. syringae **5**: 198
– Reaction mechanism **5**: 194
– *Sphingomonas* sp. **5**: 195, 198
– *Sphingomonas* sp. ALYI–III **6**: 223
– Structure–function analysis **5**: 196
– Substrate binding **5**: 200
– Substrate specificity **6**: 223
– Therapeutic use **5**: 201
Alginate matrix **10**: 215
Alginate-modifying enzyme **5**: 199
– Alginate lyase **5**: 194
– Mannuronan C-5-epimerase **5**: 191
– *O*-Transacetylase **5**: 193
Alginate polymerase
– Subunit **5**: 186
Alginic acid **5**: 216
Alginic acid gel **6**: 229, 233 f
Aliphatic-aromatic copolyester **10**: 459
– General biodegradability **4**: 306
Aliphatic-aromatic polyester
– Ecoflex® **4**: 299
Aliphatic polyanhydrides **4**: 217
Aliphatic polyester **4**: 25, 332
– *Actinobacillus succinogenes* **4**: 40
– *Alternaria alternata* **3B**: 93
– *Anaerobiospirillum succiniciproducens* **4**: 40
– Applications **3B**: 270, **4**: 42
– *Aspergillus* sp. ST-01 **3B**: 93
– Biodegradability **4**: 40
– Biodegradable plastic **3B**: 207
– Biodegradation
– – *Actinocorallia herbida* JCM 9647 **3B**: 90
– – *Actinomadura madurae* JCM 7436 **3B**: 90
– – *Actinoplanes philippinensis* JCM 3001 **3B**: 90
– – *Catellatospora citrea* ssp. *citrea* JCM 7542 **3B**: 90
– – Clear zone method **3B**: 88
– – *Couchioplanes caeruleus* ssp. *caeruleus* JCM 3195 **3B**: 90
– – *Dactylosporangium aurantiacum* JCM 3083 **3B**: 90

– – *Dietzia maris* JCM 6166 **3B**: 90
– – *Excellospora viridilutea* JCM 3398 **3B**: 90
– – *Glycomyces harbinensis* JCM 7347 **3B**: 90
– – *Gordona terrae* JCM 3206 **3B**: 90
– – *Herbidospora cretacea* JCM 8553 **3B**: 90
– – *Kitasatospora setae* JCM 3304 **3B**: 90
– – Lipase **3B**: 92
– – *Luteococcus japonicus* JCM 9415 **3B**: 90
– – *Microlunatus phosphovorus* JCM 9379 **3B**: 90
– – *Micromonospora chalcea* JCM 3031 **3B**: 90
– – *Microtetraspora glauca* JCM 3300 **3B**: 90
– – *Nocardia asteroides* JCM 3384 **3B**: 90
– – *Nocardia nova* JCM 6044 **3B**: 90
– – *Nocardioides albus* JCM 3185 **3B**: 90
– – *Nocardiopsis dassonvillei* JCM 7437 **3B**: 90
– – Occurrence of bacteria **3B**: 88
– – PBS **3B**: 90
– – PCL **3B**: 88, 90
– – PHB **3B**: 90
– – *Pilimellia terevasa* JCM 3091 **3B**: 90
– – *Planobispora longispora* JCM 3092 **3B**: 90
– – *Planomonospora parontospora* ssp. *parontospora* JCM 3093 **3B**: 90
– – *Planotetraspora mira* JCM 9131 **3B**: 90
– – Poly(butylene adipate) **3B**: 90
– – Poly(butylene succinate) **3B**: 90
– – Poly(ethylene succinate) **3B**: 90
– – Reference strain **3B**: 90
– – *Rhodococcus equi* JCM 1311 **3B**: 90
– – *Spirilliplanes yamanashiensis* JCM 10032 **3B**: 90
– – *Spirillispora albida* JCM 3041 **3B**: 90
– – *Streptomyces ambofaciens* JCM 4204 **3B**: 90
– – *Streptomyces coelicor* JCM 4357 **3B**: 90
– – *Streptomyces griseus* ssp. *griseus* JCM 4047 **3B**: 90
– – *Streptomyces megasporus* JCM 6926 **3B**: 90
– – *Streptomyces thermodiasticus* JCM 4840 **3B**: 90
– – *Streptomyces thermohygroscopicus* JCM 4917 **3B**: 90
– – *Streptomyces thermoolivaceus* JCM 4921 **3B**: 90
– – *Streptomyces thermophilus* JCM 4336 **3B**: 90
– – *Streptomyces thermoviolaceus* ssp. *thermoviolaceus* JCM 4337 **3B**: 90
– – *Streptomyces thermovulgaris* JCM 4338 **3B**: 90
– – *Streptosporangium album* JCM 3025 **3B**: 90
– – *Thermomonospora curvata* JCM 3096 **3B**: 90
– – *Tsukamurella paurometabola* JCM 10117 **3B**: 90
– Bionolle **4**: 275
– Chemical structure **4**: 28
– Chemical synthesis
– – Mechanism **3B**: 369
– *Clostridium sporogenes* **3B**: 93
– *Collectotrichium lagenarium* **3B**: 93
– Copolymerization **4**: 36
– Degrading ability
– – *Amycolatopsis* **3B**: 89
– – PBS **3B**: 89
– – PCL **3B**: 89
– – PHB **3B**: 89
– – PLA **3B**: 89
– – Reference culture **3B**: 89
– Fiber **4**: 7
– *Fusarium culmorum* **3B**: 93
– *Fusarium solani* f. sp. **3B**: 93
– General scheme of preparation **4**: 28
– Hydrolysis **3B**: 206
– Hydrolysis by commercial lipase **3B**: 91
– Hydrolysis rate **4**: 279
– Melting point **4**: 278 f
– Microbial degradation **3B**: 85
– PCL biodegradation **3B**: 93
– *Penicillium* sp. **3B**: 93
– *Penicillium* sp. 14-3 **3B**: 91
– Polyactide **3B**: 87
– Poly(butylene succinate) **3B**: 87
– Poly(butylene succinate-*co*-adipate) **3B**: 87
– Poly(ε-caprolactone) **3B**: 87
– Poly(*p*-dioxanone) **3B**: 87
– Polyester carbonate **3B**: 87
– Poly(ethylene adipate) **3B**: 87
– Poly(ethylene succinate) **3B**: 87
– Poly(β-hydroxybutyrate) **3B**: 87
– Processability **4**: 6
– Product
– – Application **4**: 1
– – Property **4**: 1
– Single crystal **3B**: 206
– Structural effect
– – Biodegradation **4**: 7
– Structural modification **4**: 36
– Structure **3B**: 87, 206
– *Thermomonospora fusca* **3B**: 99
Alismatidae **1**: 32
Alkaline condition **1**: 408
Alkaline lignin **1**: 120
Alkaline protease **7**: 444
Alkylaluminum **2**: 5
Alkylboronic acid **3A**: 24
Alkylcellulose **6**: 297
Alkyl cyanoacetate
– Synthesis **9**: 460
Alkylcyanoacrylate
– Application **9**: 459
– Chemical structure **9**: 460

– Discovery **9**: 459
– Synthesis **9**: 460
Alkylcyanoacrylate monomer
– Purification **9**: 459
– Synthesis **9**: 459
*n*-Alkyl ester of 2,4-D **1**: 286
Alkyl isocyanate **3A**: 24
Alkyl β-malolactonate
– Synthesis **4**: 339
Alkyl malolactonate polymer
– Synthesis **4**: 340
Alkylmetal alkoxide **3B**: 391, 394
Alkyl radical **1**: 153
Alkyl sulfonate **10**: 61
Allergen **2**: 163
all-*trans*-Geranylgeranylacetone **2**: 31
all-*trans*-Hydroxyfarnesol **2**: 29
all-*trans*-Hydroxygeraniol **2**: 29
*Allium cepa*
– Inulin biosynthesis **6**: 452
*Allochromatium vinosum* **3A**: 108, 179, 186, 220, 226
– Mutant **9**: 42
– Tetrathionate **9**: 50
*Allochromatium vinosum* D **3A**: 177, 179, 185, 194, 196, 202, 223
Alloisoleucine **8**: 179
3-Allyl ε-caprolactone **4**: 349
Allyl glycidyl ether **9**: 213
Allysine **8**: 126, 338
Alports syndrome
– OI **8**: 136
Alternan **5**: 306, 323 ff
– Alternansucrase **5**: 330 f, 334 f
– Application **5**: 342 f, 345
– Biodegradation **5**: 335
– – Formation of tetrasaccharide **5**: 336
– Biological property **5**: 341
– Biosynthesis **5**: 329 ff
– Biotechnological production **5**: 342 f
– – Immobilized enzyme **5**: 338
– – *Leuconostoc mesenteroides* NRRL B-1355 **5**: 337
– – Transgenic plant **5**: 339
– Chemical structure **5**: 326 f
– – Periodate oxidation **5**: 325
– *Leuconostoc mesenteroides* **5**: 324
– Cost **5**: 343
– Occurrence **5**: 328 f
– – *Aerobacter levanicum* **5**: 353
– – *Bacillus polymyxa* **5**: 353
– – *Erwinia amylovora* **5**: 353
– – *Pseudomonas* **5**: 353
– – *Rhanella aquatilis* **5**: 353
– – *Zymomonas mobilis* **5**: 353
– Patent **5**: 344, 345
– Physical property **5**: 339
– Physiological function **5**: 328 f
– Production **5**: 345
– Production scale **5**: 344
– Property **5**: 339 ff
– Structure **5**: 328
– Viscosity **5**: 341
Alternansucrase **5**: 328 f, 334 f
– Acceptor reaction **5**: 333
– Acceptor **5**: 332
– Genetics **5**: 334
– Incorporation of $^{14}$C-glucose **5**: 334
– Property **5**: 303, 329
– Purification **5**: 329
– Reaction mechanism **5**: 331 ff
– Regulation **5**: 334
*Alternaria alternata* **3B**: 93
– Peptide synthetase **7**: 57
*Alternaria* sp. **1**: 407
*Alteromonas* **6**: 509
*Alteromonas carrageenovora*
– Carrageenan-modifying enzyme **6**: 258
*Alteromonas fortis*
– Marine bacteria **6**: 258
Aluminum alkoxide initiator **4**: 363
– Synthesis **4**: 362
Aluminum alkoxide **3B**: 418, **4**: 361
Aluminum isopropoxide **4**: 34 f
Aluminum sulfate **10**: 152
Alumoxane **3B**: 375
Alzheimer's disease **7**: 219
*Amanita muscaria*
– Glycans **6**: 167
*Amaricoccus* spp. **3A**: 343
*Ambrosia trifida* **2**: 11
Ameloblast **8**: 348
Amelogenin-rich matrix **8**: 347
American Cyanamid **9**: 252
American Cyanamid Co. **4**: 27, 180
American Society for Testing and Material **10**: 118, 398
– Biodegradation test **10**: 379
– Definition
– – Biodegradable plastic **9**: 241
– – Degradable plastic **9**: 241
– – Hydrolytically degradable plastic **9**: 241
– – Oxidatively degradable plastic **9**: 241
– – Photodegradable plastic **9**: 241
Amersham Pharmacia Biotech
– Dextran **5**: 310
Amidase **10**: 296, 297
– Textile processing **7**: 406

Amino acid
– Enzymatic production
– – Amidase **10**: 296
– – Aminoacylase **10**: 296
– – α-Amino-ε-caprofactamase **10**: 296
– – D-2-Amino-2-thiazoline-4-carboxylic acid hydrolase **10**: 296
– – L-2-Amino-2-thiazoline-4-carboxylic acid hydrolase **10**: 296
– – Aspartase **10**: 296
– – Carbamoylase **10**: 296
– – α-Chymotrypsin **10**: 296
– – Dehydrogenase **10**: 296
– – Hydantoin **10**: 296
– – Phenylalanine ammonialyase **10**: 296
– – Transaminase **10**: 296
– Enzymatic synthesis **10**: 295
– Fermentative production **10**: 292
L-Amino acid
– Production
– – Amidase **10**: 297
– – Carbamoylase **10**: 297
– – Dehydrogenase **10**: 297
– – Hydantoinase **10**: 297
– – Transaminase **10**: 297
D-Amino acid aminotransferase
– *Bacillus anthracis* **7**: 147
– *Bacillus licheniformis* ATCC 9945A **7**: 147
Aminoacyl tRNA synthetase **7**: 6, 26
Aminoadipate semialdehyde **7**: 66
α-Aminoadipic-δ-semialdehyde **7**: 478
β-Aminoalanine **8**: 179
α-Amino-ε-caprofactamase **10**: 296
Aminocylase **10**: 296
2-Amino-ethanol **1**: 216, **10**: 192
Aminoglucan **6**: 125
6-Aminohexanoate **9**: 410
– Chemical synthesis **9**: 398
– Cyclic oligomer **9**: 397
– Linear oligomer **9**: 398
6-Aminohexanoate-cyclic-dimer hydrolase
– Nylon biodegradation **9**: 403
6-Aminohexanoate-dimer hydrolase **9**: 403, 408
– Biodegradation **9**: 403
– Enzomology **9**: 408
6-Aminohexanoate-oligomer hydrolase
– Nylon biodegradation **9**: 403
2-Amino-6-mercapto-7-methylpurine ribonucleoside **9**: 7
Amino metabolism **3A**: 208
6-Aminopenicillanic acid **7**: 414
Aminophenazone **1**: 384
5-Amino-6-(D-ribiylamino)-2,4(1*H*,3*H*)-pyrimidinedione **8**: 421
Amino-telopeptide **8**: 336
– Conformation **8**: 334
D-2-Amino-2-thiazoline-4-carboxylic acid hydrolase **10**: 296
L-2-Amino-2-thiazoline-4-carboxylic acid hydrolase **10**: 296
Ammonia lyase **7**: 414
Ammonium sulfate **8**: 440
Ammonium uptake system **10**: 294
AMO1618 **1**: 220
*Amorphophallus konjac* **5**: 13
*Ampelomyces quisqualis*
– Chitin synthase gene **6**: 129
Ampicillin
– In nanoparticle **9**: 465
AMP phosphotransferase **10**: 143
– *Acinetobacter johnsonii* **10**: 150
– ATP-biosynthesis **10**: 150
Ampullate gland
– Silk **8**: 37
Ampullosporin **7**: 56
*Amycolatopsis* **2**: 331, 339 f, 368
*Amycolatopsis mediterranei* **9**: 96
– Peptide synthetase **7**: 56
– Polyketide **9**: 93
– Polyketide synthase system **9**: 97
*Amycolatopsis orientalis*
– Peptide synthetase **7**: 56
*Amycolatopsis* sp. **3B**: 49, 89, 96
*Amycolatopsis* sp. CsO-2
– Chitosanase **6**: 139
*Amycolatopsis* sp. HAT-6 **3B**: 98
*Amycolatopsis* sp. HT-6 **3B**: 95, 97, 99, **9**: 420
– Polycarbonate biodegradation **9**: 420
Amylase **7**: 382, 390, 408, **9**: 192
– Application **7**: 384
– Cleaning application **7**: 411
– Starch-coating application **7**: 411
– Textile application **7**: 402
α-Amylase **7**: 396, 397, 398
– *Aspergillus oryzae* **7**: 391
– *Bacillus licheniformis* **7**: 391
– *Bacillus stearothermophilus* **7**: 391
– Bacterial **7**: 391
– Biodegradation of pullulan **6**: 13
– Fungal **7**: 391
– Protein engineering **7**: 422
β-Amylase **7**: 389, 391
α-Amylase family
– Cyclodextrin glucanotransferase **5**: 29
– Isoamylase **5**: 28
– Pullulanase **5**: 28

Amylase-pullulanase **6**: 14
Amyloglucosidase **6**: 423, **7**: 398
– Inulin analysis **6**: 450
Amylomaltase **7**: 390
Amylopectin **5**: 9, **6**: 388, 399
– Branch point **10**: 62
– Molecular weight **6**: 389
– Potato starch **6**: 401
– Structure **6**: 398
– Trichitic structure **6**: 398
Amylopectin structure **10**: 62
Amyloplast
– Starch biosynthesis **6**: 393
Amylopullulanase **6**: 14
Amylose **6**: 388, 397, **10**: 61, 169
– Biodegradation **9**: 186
– Helical complex **6**: 409
– Molecular weight **6**: 389
– Polymorph **6**: 395
– Structure **10**: 62
β-Amyrin **2**: 119
β-Amyrin cyclase **2**: 119
*Anabaena* **5**: 26
*Anabaena cylindrica* **7**: 89
– Cyanophycin synthetase **7**: 94
Anabaenapeptolide **7**: 57
*Anabaena* sp.
– Cyanophycin **7**: 86
*Anabaena* strain 90
– Peptide synthetase **7**: 57
*Anabaena variabilis* **7**: 88, 94
– Cyanophycin **7**: 85, 86
– Cyanophycin synthetase **7**: 94
Anaerobic biodegradation **9**: 374
– Testing **10**: 383
*Anaerobiospirillum succiniciproducens* **3B**: 273 ff, **4**: 40, **10**: 283
– Fluoroacetate-resistant variant **3B**: 274
– PEP carboxykinase **3B**: 271, 277
– Succinic acid **10**: 285
Analysis
– Crystallization **8**: 427
Analytical ultracentrifugation **1**: 266
Anaphase **7**: 349
Anastomose **10**: 260
Anastomosis tube **10**: 250
Ancestral protocupin
– Function **8**: 239
Δ5-Androstenediol **2**: 127
*Aneurinibacillus thermoaerophilus*
– S-Layer **7**: 296, 303
Angiogenesis **5**: 382
Angiosperm **1**: 7, 20 f, 34, 39
Anguibactin **7**: 56
Aniline blue **6**: 127
Animal fiber **8**: 158, **10**: 7
Animal hair **8**: 158
Animal nutrition **4**: 115
Anionic copolymer **9**: 168
Anionic polymerization
– Initiator **4**: 33
– Transfer reaction **4**: 33
Anionic polymer **5**: 476
Anionic ROP **4**: 360
Ankyrin **7**: 356
*Anopheles* **6**: 509
*Anopheles* mosquito
– Malaria **9**: 131
Antarctic krill **6**: 513
Anthracene **1**: 490
Anthracite **1**: 396
β-Anthraniloyl-L-α,β-diaminopropionic acid **7**: 43
2-Anthraquinone-2,6-sulfonate **1**: 368
Anthraquinonylalanine **7**: 44
*Anthrenides Casey* **8**: 191
2-Anthrylalanine **7**: 28
Anti-aging additive **10**: 104
Antibiotic penetration **10**: 235
Antibiotics **5**: 485
– Bacitracin **5**: 456
– Cycloserine **5**: 456
– Fosfomycin **5**: 456
– Glycopeptide antibiotic **5**: 455
– Penicillin **5**: 455
– Teicoplanin **5**: 455
– Tunicamycin **5**: 456
– Vancomycin **5**: 455
Antibiotic TA **9**: 98
Anticodon
– Four-base codon **7**: 36
Antidegradant **2**: 379
Antifelting treatment **8**: 188
Antimalaria agent
– Cinchona alkaloid **9**: 133
– Quinidine **9**: 133
– Quinine **9**: 133
Antimicrobial **10**: 263
Antimicrobial agent **10**: 232
Antimicrobial treatment **10**: 233
anti-PhaC antibody **3A**: 195
anti-PHA-IgG **3A**: 161
anti-PHB-IgG **3A**: 153, 155
Anti-sigma factor **5**: 187 f
Antitumor glycan **6**: 162
Antitumor property **5**: 14
Anti-ulcer drug **2**: 31
Anti-ulcer effect **2**: 31
Antiviral drug **9**: 478

Antonie van Leeuwenhoek **10**: 211
*Antrodiella* sp. RK1 **1**: 185
AOX1 Promoter **8**: 62
*Aphanocladium album*
– Chitinase **6**: 136
Aphyllophorales **1**: 137, **6**: 67
Apo-alasan
– Property **5**: 97
Apocarotenoid **2**: 64
*Apocynaceae* **2**: 180
Apo-β-emulsan
– Application **5**: 105
– Patent **5**: 105
– Production **5**: 105
Apoferritin **8**: 409
Apohemozoin **9**: 140
Apple cutin **3A**: 20
Apple logo
– Finnish solid-waste association **10**: 406
Application of substrate
– Gasket **2**: 251
– Nonwoven fabric **2**: 252
– Paper and cardboard **2**: 246
– Textile finishing **2**: 250
– Textile finishing with rubber primer **2**: 251
– Textile printing **2**: 251
Application on substrate
– Carpeting **2**: 247
– Shoe material **2**: 248
Application
– MCL-Poly(3-HA) **3A**: 307
Application of synthetic rubbers **2**: 290
Appressoria **1**: 232
*Aquaspirillum serpens*
– S-Layer **7**: 308
*Aquaspirillum serpens* MW 5
– S-Layer **7**: 309
*Aquaspirillum* sp.
– S-Layer **7**: 289
Aquatic organic matter
– Composition **1**: 306
– Isolation method **1**: 306
*Aquifex aeolicus*
– Ancestral protocupin **8**: 239
– mreB-Like gene **7**: 361
*Arabidopsis* **1**: 14, 16, 39, 41, 43, 73, 75, 77, 79, 81, **2**: 93, **3A**: 8, 13, 32, 56, 417, **4**: 61, **8**: 269, **10**: 483
– Cellulose biosynthesis **6**: 289
– High-throughput cloning strategy **8**: 474
– Intron **8**: 476
– Ligation **8**: 476
– Restriction digestion **8**: 476
– Sequence verification **8**: 479
– Synthetic spider silk **8**: 18
– Topoisomerase cloning **8**: 476
*Arabidopsis thaliana* **2**: 59 ff, 117, 119, **3A**: 13, 17, 310, 403 ff, 419, **3B**: 6, **4**: 58, 60, **8**: 259, 266, 271, 276, 277, 474, **10**: 483
– Cellulase synthase gene **5**: 10
– Cupin protein **8**: 238
– Metabolic engineering **10**: 475
– Transformation **8**: 478
– Translocase homologous protein **7**: 242
Arabinan **6**: 350
– Degrading enzyme **6**: 361
Arabinofuranosidase **3B**: 220, **6**: 359
Arabinogalactan **5**: 7, **6**: 350
L-Arabinose **5**: 5
Arachidonic acid **1**: 384, **7**: 219
*Arachis hypogaea* **8**: 225, 229
Arachnid
– Silk **8**: 26
Arachnida silk protein **8**: 92
*araC* Promoter system **8**: 60
Aragonite **8**: 307, 324
Aragonite crystal **8**: 349
Aragonite needle **8**: 303
Aragonite transition region
– SEM Image **8**: 302
Aragonitic nacre
– SEM Image **8**: 305
*Aralia cordata* **1**: 79
Aramid fiber **8**: 42, 99
– Spinning **8**: 98
Araneae
– Fiber **8**: 84
Araneidae **8**: 30
*Araneus* **8**: 26, 29
*Araneus diadematus* **8**: 65, 101
– ADF-3 **8**: 52
– Spider silk
– – Property **8**: 32
*Araneus diadematus* dragline silk **8**: 99
*Araneus diatamatus*
– Silk protein
– – Sequence **8**: 6
*Araneus* dragline silk **8**: 108
*Araneus gemmoides* **8**: 19
– Silk **8**: 4
– Silk protein
– – Structure **8**: 12
*Araneus* species
– Spider silk protein
– – Sequence **8**: 8
Ara promoter **8**: 482
Araucariceae **2**: 34
Archaea
– Cell wall

– – Chemical structure 5: 496
– – Glutaminylglycan 5: 496
– Cell wall polymer 5: 493
– Cell wall profile
– – *Halobacterium* 5: 496
– – *Halococcus* 5: 496
– – *Methanobacterium* 5: 496
– – *Methanobrevibacter* 5: 496
– – *Methanococcus* 5: 496
– – *Methanosarcina* 5: 496
– – *Methanospirillum* 5: 496
– – *Methanothermus* 5: 496
– – *Natronococcus* 5: 496
– – *Pyrodictium* 5: 496
– – *Sulfolobus* 5: 496
– – *Thermoplasma* 5: 496
– – *Thermoproteus* 5: 496
Archaebacteria 2: 39
*Archaeoglobus*
– Cell wall 5: 503
Archer Daniels Midland Co.
– Xanthan 5: 282
Argillaceous mineral 1: 434
Argininexbiosynthesis 7: 93
*Argiope aurantia*
– Silk protein
– – Sequence 8: 6
*Argiope* spider 8: 37
*Argiope trifasciata*
– Silk protein
– – Sequence 8: 6
*Armillaria mella* 3A: 62
*Armillaria mellea* 1: 144
Arogenate 1: 33
Aromatic copolyester
– Chemical synthesis
– – Polycondensation 3B: 339
Aromatic polyester
– General biodegradability 4: 306
*Artemia salina* 6: 496
Arteparon® 6: 593
Artery augmentation 4: 104
*Arthobacter globiformis*
– Inulinase 6: 454
*Arthobacter urefaciens*
– Inulinase 6: 454
Arthritis
– Hyaluronan 5: 397
*Arthrobacter aurescens* 6: 587
*Arthrobacter globiformis* 10: 110, 115
– Dextran biodegradation 5: 307
*Arthrobacter globiformis* T6
– Alternan biodegradation 5: 336
*Arthrobacter paraffineus* 5: 115 f, 116, 123, 123 f, 124
– Polyethylene biodegradation 9: 379, 381
*Arthrobacter* sp. 1: 358, 5: 4, 93, 123
– PAA biodegradation 9: 302
– Silicone biodegradation 9: 553
*Arthrobacter* sp. NHB-10 6: 503
*Arthrobacter* sp. NO-18
– PAA biodegradation 9: 306, 307
*Arthrobacter* sp. strain NO-18
– PAA biodegradation 9: 317
*Arthrobacter* sp. strain Y-11 2: 348
*Arthrobacter tumescens* sp. 52-1 9: 347
Arthroses 1: 381
Artificial silk
– Commerce 8: 42
Artz® 6: 593
*Arundo* 1: 8
Aryl alcohol oxidase 1: 142 f, 150, 161
Aryl cation radical 1: 153
Aryl-histidine adduct 7: 469
2-Aryloxypropiophenone 1: 95
Arylpropane-1,3-diol 1: 72 f
*Asarum europaeum* L. 8: 235
Asbestos 10: 7
– Substitute 10: 151
*Ascaris suum*
– Malic enzyme 3B: 278
Ascidian
– Adhesion 8: 370
Asclepiadaceae 2: 180
*Asclepias* 2: 181
*Asclepias incarnata* 2: 11
*Asclepias speciosa* 2: 11
*Asclepias syriaca* 2: 11
*Ascodichaena rugosa* 3A: 63
Ascomycetes 2: 75
*Ascophyllum nodosum* 6: 219
– Alginate 6: 219 f, 226
Ascorbate oxidase 1: 415
Ascorbic acid 1: 13, 36
Asparaginylglucose 5: 501
Aspartame 7: 414, 8: 204
Aspartase 10: 296
Aspartate semialdehyde 10: 294
Aspartic acid 3A: 85, 3B: 440, 442, 10: 296
– Aminoacylase-catalyzed reaction 10: 297
– Aspartase-catalyzed reaction 10: 297
– Biotechnological production 7: 178
– Internal anhydride 7: 178
– Structural formulae 10: 297
L-Aspartic acid 7: 414, 10: 292
Aspartokinase 7: 116
Aspen 1: 12, 77
Aspergillin 1: 230
Aspergillosis

– Glucan synthase inhibitor **6**: 203
*Aspergillus* **2**: 325, 341, 343, **6**: 13
– Inulin biosynthesis **6**: 451
– Itaconic acid **10**: 289
– Polyketide **9**: 93
*Aspergillus aculeatus*
– Pectin biodegradation **6**: 361
*Aspergillus awamori* **3B**: 292
*Aspergillus ficuum*
– Inulinase **6**: 454
*Aspergillus flavus* **1**: 354, **9**: 366
– Polyurethane biodegradation **9**: 325
*Aspergillus foetidus* **6**: 352
*Aspergillus fumigatus* **1**: 238, 360, **3B**: 48, 54, 60, **6**: 504
– Cell wall **6**: 125 f
– Chitin synthase gene **6**: 129
– Nitrocellulose biodegradation **9**: 204
– PHB depolymerase **3B**: 221
– Polyethylene biodegradation **9**: 381
*Aspergillus fumigatus* KH-94
– Chitosanase **6**: 139
– *Exo*-β-D-glucosaminidase **6**: 141
*Aspergillus japonicus* **6**: 352
*Aspergillus nidulans* **1**: 157, 161, 360, 415, **6**: 143
– Cell wall **6**: 126
– Chitin **6**: 127
– Chitinase **6**: 137
– Chitin deacetylase **6**: 133
– Chitin synthase gene **6**: 129, 131
– chsD disruptant **6**: 127
– Cupin protein **8**: 238
– Genome sequence **7**: 419
– Peptide synthetase **7**: 56
*Aspergillus niger* **1**: 231, 238, 360, **4**: 357, **5**: 6, 92, **6**: 14, 142, 352, 361, **7**: 391
– α-Amylase **7**: 399
– Amyloglucosidase **6**: 423
– Biodegradation **4**: 357
– Cell wall **6**: 126
– Galactomannan degradation **6**: 329
– Glucoamylase **6**: 4
– Inulinase **6**: 454
– Inulin production **6**: 455
– Lipase **3B**: 342
– Pectin biodegradation **6**: 361 f
– Polyurethane biodegradation **9**: 325
*Aspergillus niger* IFO4416
– Inhibition by ε-PL **7**: 111
*Aspergillus niger* var. *awamori*
– Thaumatin **8**: 207
*Aspergillus oryzae* **1**: 134, 157, 160, **2**: 325, 341, 343, **3A**: 64, **6**: 514, **7**: 391
– Aminoacylase **10**: 295
*Aspergillus oryzae* IAM2660
– Chitosanase **6**: 138 f
– *Exo*-β-D-glucosaminidase **6**: 141
*Aspergillus oryzae* N-2
– PGA-biodegradation **7**: 154
*Aspergillus quadricinctus*
– Peptide synthetase **7**: 57
*Aspergillus* sp. **1**: 359 f
*Aspergillus* spp. **1**: 397
*Aspergillus* sp. ST-01 **3B**: 93
*Aspergillus* sp. Y2K
– Chitosanase **6**: 138, 139
*Aspergillus sydowi* **6**: 443
*Aspergillus tereus*
– Polyketide synthase system **9**: 97
*Aspergillus terreus* **1**: 407
– Itaconic acid **10**: 289
– – Pathway **10**: 290
– Polyketide **9**: 93
– Polyketide synthase system **9**: 97
*Aspergillus versicolor* **10**: 110, 112, 113
Asphalt **10**: 47, 58
– In construction application **10**: 51
Asphaltene **1**: 399, 403
Asphalt-like substance **1**: 478
Asteraceae **2**: 180
*Asterias rubens*
– Adhesive protein **8**: 362
ASTM **10**: 118, 396, 398
– Compostability standard **10**: 400
ASTM 6400-99 **10**: 403
ASTM standard D6400-99 **10**: 405
ASTM sub-committee D20-96 **10**: 369
*Astragalus* spp. **5**: 7
Astral fiber **7**: 349
Atactic poly(3-hydroxybutyrate) **3B**: 114, **10**: 193
Atherosclerosis
– cPHAs **3A**: 158
*Acidithiobacillus thiooxidans* **9**: 47
– Tetrathionate **9**: 50
ATO **10**: 340
Atomic force microscopy **10**: 375
– Investigation of biofilm **10**: 212
– Protein assembly **7**: 278
ATPase **2**: 168, **7**: 442
ATP-Glucose pyrophosphorylase
– Catalytic mechanism **5**: 27
– Effector **5**: 27
– *Escherichia coli*
– – Mutant **5**: 27
– *Salmonella typhimurium*
– – Mutant **5**: 27
– Substrate binding site **5**: 27
ATP regeneration system **10**: 149

Atrial septal defect repair **4**: 105
*Atriplex semibaccata* **3A**: 4
*Attagenus* **8**: 191
Attenuated total reflectance technique **2**: 333
Aubasidan **6**: 5
Aubasidan-like polysaccharide **6**: 5, 12
Audi A3 **10**: 433
– Interior side panel
– – Energy requirement **10**: 434
– – Greenhouse gas emission **10**: 434
*Aulacomya ater* **8**: 372
– Adhesive protein **8**: 362
*Aureobacterium saperdae* **3B**: 46
*Aureobasidium* **10**: 90
– Inulin biosynthesis **6**: 451
*Aureobasidium pullulans* **3A**: 78, 81, 82, 91, 92, 175, **5**: 6, 13, **6**: 3, 5, 9, 95
– Culture media **10**: 314
– Glucan synthesis **6**: 46
– Peptide synthetase **7**: 57
– Plant pathogen **6**: 6
– Protoplast **6**: 12
– Pullulan **6**: 2, **10**: 313
– Pullulan production **6**: 15
– Taxonomy **6**: 11 f
– Utilization of cellobiose **6**: 6
*Aureobasidium pullulans* strain FERM-P4257 **6**: 4
*Aureobasidium* sp. **3A**: 79 ff, 87, 91
*Aureobasidium* sp. strain A-91 **3A**: 78, 96
*Auricularia auricula*
– Glycans **6**: 167
*Auricularia auricula-judae* **6**: 169
*Auricularia* spp.
– Antitumor glycan **6**: 163
*Auromonas* (*Pseudomonas*) *elodea*
– Gellan **9**: 179
Autochthonous microflora **1**: 353
Automobile **10**: 1
Automobile tire
– Filler **10**: 425
– Starch nanoparticle **10**: 425
Automotive mechanical good **2**: 290
Automotive panel
– Fibre-reinforced **10**: 433
Autoradiographic study **1**: 38
Avermectin **9**: 97
– Structural formula **9**: 92
*Acromyrmex versicolor*
– Polyurethane biodegradation **9**: 325
AVI
– Compost logo **10**: 404, 405
Avian eggshell **8**: 310
– Formation **8**: 312
Avian liver **2**: 90
Avilamycin **9**: 97
Avocado **2**: 187
Axon **7**: 350
*o*-(7-Azabenzotriazol-1-yl)-1,1,3,3-tetramethyluronium hexafluorophosphate **7**: 41
*Azadirachta indica* **9**: 53
3′-Azido-3′-deoxythymidine **6**: 168
2,2′-Azino-bis[3-ethylthiazoline-6-sulfonate] **1**: 469
4,4′-Azobis(4-cyanovaleryl chloride) **10**: 201
2,2′-Azobis(isobutyronitrile) **10**: 201
Azomethine **8**: 170
A-zone epithelium **8**: 36
*Azorhizobium caulinodans* **3A**: 177, 178, 186, 196, 226
*Azorhizobium caulinodans* ORS571 **3A**: 223
*Azorhizobium japonicus*
– Cupin protein **8**: 238
*Azospirillum* **1**: 234
*Azospirillum brasilense* **3B**: 34
*Azotobacter* **1**: 234, **9**: 9, **10**: 213
– Alginate **6**: 221
– Low molecular-weight polyP **9**: 9
*Azotobacter beijerinckii* **3A**: 114 f, 265, 272, **3B**: 24, 34
*Azotobacter chroococcum* **5**: 196 f
– Alginate lyase **5**: 197
– Alginate **5**: 182
*Azotobacter* sp. **5**: 4
– Alginate lyase **5**: 196
*Azotobacter vinelandii* **3A**: 115, 125, 126 f, 152, **4**: 30, **5**: 183, 187, 198, **6**: 222, **10**: 320
– AlgE epimerase **6**: 225
– Alginate biosynthesis **5**: 191
– Alginate lyase **6**: 223, **9**: 184
– Alginate **5**: 181 f, **6**: 220
– Poly-D-mannuronate epimerase **5**: 15
*Azotobacter vinelandii* phage
– Alginate lyase **6**: 223
*Azotobacter vinelandii* UWD **3A**: 272
Azoxymethane **1**: 387
AZT **6**: 168

***b***

*Babesia* species
– Absence of hemozoin **9**: 137
Babylon
– Trading of wool **8**: 158
Bacillibactin **7**: 57
*Bacillus* **1**: 234, **2**: 326, 343, 389, **5**: 23, **9**: 9
– Alternan biodegradation **5**: 336
– *Amyloliquefaciens* **7**: 391
– Levan production **5**: 366
– Low molecular-weight polyP **9**: 9

– MreB **7**: 362
– Nitrile hydratase **10**: 298
– SecA protein
– – ATP binding **7**: 237
– Xanthan biodegradation **5**: 271
*Bacillus acidopullulyticus*
– Pullulanase **6**: 423
*Bacillus amylobacter* **6**: 424
*Bacillus amyloliquefaciens*
– Chitosanase **6**: 140
*Bacillus anthracis* **7**: 144
– Cell wall biosynthesis **5**: 506
– Murein structure **5**: 439
– Nullification of immunity **7**: 141
– PGA **7**: 127
– γ-PGA **7**: 134
– γ-PGA biodegradation **7**: 155
– PGA biosynthesis **7**: 54
– PGA production **10**: 318
– γ-PGA production **7**: 127
– PGA synthetase **7**: 95
– Polyglutamate **5**: 497, 506
– Poly-γ-glutamic acid **10**: 317
– S-Layer **7**: 308
– S-Layer protein
– – Amino acid sequence **7**: 300
*Bacillus anthracis* γ-PGA
– Glutamyl polypeptide **7**: 130
*Bacillus brevis* **1**: 358
– Codon bias **8**: 69
– Peptide synthetase **7**: 57
*Bacillus brevis* 47
– S-Layer **7**: 302
*Bacillus cereus* **3A**: 112, 154, **6**: 14
– Chitosanase **6**: 139
– *mreB*-Like gene **7**: 361
– Murein structure **5**: 439
*Bacillus cereus* IFO3514
– Inhibition by ε-PL **7**: 111
*Bacillus cereus* S1
– Chitosanase **6**: 139
*Bacillus circulans* **3B**: 62, **6**: 14, 511, **9**: 185
– Chitin deacetylase **6**: 133
– Chitosanase **6**: 140
– *Endo*-β-1,3-glucanase **6**: 182
– *Endo*-β-1,6-glucanase **6**: 182
– Glucanase **6**: 50
– Inulinase **6**: 454
– Levan **5**: 356
*Bacillus circulans* MH-K1
– Chitosanase **6**: 138, 139
*Bacillus circulans* WL-12 **6**: 506
– Chitosanase **6**: 138, 140
*Bacillus coagulans*
– Inhibition of spore germination
– – By ε-PL **7**: 110
– Teichuronic acid **5**: 479
*Bacillus coagulans* E38/V1
– S-Layer **7**: 317
*Bacillus coagulans* IFO12583
– Inhibition by ε-PL **7**: 111
*Bacillus ehimensis*
– Chitosanase **6**: 140
*Bacillus flavocaldarius* **6**: 14
*Bacillus halodurans* **7**: 152
– Murein biosynthesis gene **5**: 457
– γ-PGA **7**: 135
– γ-PGA production **7**: 127
*Bacillus halodurans* C-125
– γ-PGA **7**: 141
*Bacillus kobensis*
– Glucanase **6**: 50
*Bacillus lentus*
– Chitosanase **6**: 138
*Bacillus licheniformis* **1**: 418, **3B**: 286, **6**: 14 f, **7**: 149, 391, **10**: 292
– Peptide synthetase **7**: 57, 58
– γ-PGA production **7**: 127
– Polyglutamate **5**: 497
– S-Layer protein
– – Amino acid sequence **7**: 300
– Teichoic acid **5**: 469, 475
– Teichuronic acid **5**: 470, 472, 475, 479
– Thermostable α-amylase **6**: 422
*Bacillus licheniformis* A35
– γ-PGA **7**: 136, 140
– PGA production **10**: 318
*Bacillus licheniformis* ATCC 9945A **7**: 153, 160
– PGA **7**: 127
– γ-PGA **7**: 136, 137
– PGA biosynthesis **7**: 150
– PGA production **10**: 318
– γ-PGA production **7**: 136
*Bacillus licheniformis* CCRC 12826
– Flocculant **10**: 152
– Poly-glutamic acid **10**: 152
*Bacillus licheniformis* γ-PGA
– Glutamyl polypeptide **7**: 130
*Bacillus licheniformis* S173
– γ-PGA **7**: 136, 140
– PGA-biodegradation **7**: 154
*Bacillus lichiniformis* **1**: 407
*Bacillus* ‚M‘ **3B**: 3
*Bacillus macerans* **6**: 424
– Inulin biosynthesis **6**: 451
*Bacillus megaterium* **3A**: 106 f, 112 ff, 154, 177, 180, 196, 226, 355, **3B**: 3, 29, 31, 45, 106, 134, 270, **5**: 434, **7**: 128, **9**: 338, **10**: 107, 108

– Murein structure 5: 439
– γ-PGA 7: 135
– γ-PGA production 7: 127
– Polyglutamate 5: 497
*Bacillus megaterium* ATCC11561 3A: 223
*Bacillus megaterium* γ-PGA
– Glutamyl polypeptide 7: 130
*Bacillus mesentericus* 2: 341, 343
*Bacillus polymyxa* 5: 12, 6: 14 f, 10: 108
– Levan 5: 353
– Levan production 5: 365
*Bacillus pseudofirmus*
– S-Layer protein
– – Amino acid sequence 7: 300
*Bacillus pseudofirmus* OF4
– S-Layer 7: 308
*Bacillus pumilus* 6: 515
– Chitosanase 6: 126
*Bacillus pumilus* BN-262
– Chitosanase 6: 138, 140
*Bacillus* sp. 1: 358, 407, 3B: 45, 64 f, 5: 23, 10: 110, 310
– Levan production 5: 365
*Bacillus* sp. CK4
– Chitosanase 6: 140
*Bacillus* sp. DP-152
– Flocculant 10: 152
*Bacillus* sp. GL1 9: 187, 188, 190, 191
– Alginate degradation 9: 181
– Electron microscopic picture 9: 185
– Gellan biodegradation 9: 188, 191
– Gellan metabolism 9: 189
– Xanthan lyase 9: 186
*Bacillus* sp. GM44
– Chitosanase 6: 138 f
*Bacillus sphaericus* 1: 358
– S-Layer 7: 289, 309
– S-Layer protein
– – Amino acid sequence 7: 300
*Bacillus sphaericus* CCM 2177
– S-Layer 7: 306, 317
*Bacillus* sp. HW-002
– Chitosanase 6: 139
*Bacillus* sp. KFB-C108
– Chitosanase 6: 139
*Bacillus* sp. 7-M
– Chitosanase 6: 140
*Bacillus* sp. No. 7-M
– Chitosanase 6: 138
*Bacillus* sp. TT96 3B: 95
*Bacillus stearothermophilus* 2: 136, 3B: 65, 5: 23, 95, 6: 14, 7: 391, 9: 347
– ADP-glucose pyrophosphorylase 5: 24
– Galactomannan degradation 6: 329
– Inhibition of spore germination
– – By ε-PL 7: 110
– Levan 5: 356
– Pectin biodegradation 6: 261
– PPGK 9: 15
*Bacillus stearothermophilus* ATCC 5: 98
*Bacillus stearothermophilus* IFO12550
– Inhibition by ε-PL 7: 111
*Bacillus subtilis* 1: 358, 2: 136, 138 f, 341, 343, 3A: 126, 152, 154, 3B: 64, 4: 42, 5: 474, 6: 14, 361, 514, 7: 144, 151, 233, 8: 112, 9: 12, 84, 186, 10: 292
– Biosynthesis of polyphosphate 9: 21
– Chitosanase 6: 141
– Cupin protein 8: 238
– Cytoskeleton 7: 360
– Galactomannan degradation 6: 329
– Genome sequence 7: 419
– Inhibition of spore germination
– – By ε-PL 7: 110
– Levan 5: 353, 361
– Levanase operon 5: 364
– Levan biodegradation 5: 363
– Levan production 5: 366
– Lumazine synthase 8: 421
– Modified polyketide synthase 9: 98
– *mreB*-Like gene 7: 361
– mreB Protein 7: 369
– Multicellular behavior 10: 210
– Murein 5: 443
– Murein biosynthesis gene 5: 457
– Murein structure 5: 439 f, 445
– Pectin biodegradation 6: 261
– Peptide synthetase 7: 56, 57, 58
– PGA 7: 127
– γ-PGA biodegradation 7: 155
– PGA biosynthesis 7: 54
– Polyglutamate 5: 497
– Poly-γ-glutamic acid 7: 126
– PPK 9: 21
– Protein translocation 7: 247
– SecG 7: 240
– Silicon biodegradation 9: 547, 549
– Spider silk analog 8: 92
– Spider silk protein 8: 58
– Teichoic acid 5: 478
– Teichuronic acid 5: 478
– Thaumatin 8: 207
*Bacillus subtilis* 168 5: 477, 7: 145
– Teichoic acid 5: 470, 475, 480, 482 f
– Teichuronic acid 5: 470, 475, 479, 481, 483
*Bacillus subtilis* ATCC 9945A
– PGA 7: 127
*Bacillus subtilis* (*chungkookjang*)
– γ-PGA 7: 136, 138

– $\gamma$-PGA production 7: 127
*Bacillus subtilis* F-2-01
– $\gamma$-PGA 7: 136, 139
– PGA production **10**: 318
*Bacillus subtilis* IAM1069
– Inhibition by $\varepsilon$-PL 7: 111
*Bacillus subtilis* IFO 3335
– $\gamma$-PGA 7: 136
– PGA production **10**: 318
*Bacillus subtilis* KH1
– Chitosanase 6: 139
*Bacillus subtilis* (*natto*) 7: 143, 145
– $\gamma$-PGA 7: 135
– $\gamma$-PGA biodegradation 7: 154 f
– $\gamma$-PGA production 7: 127
*Bacillus subtilis* (*natto*) IFO 3335
– $\gamma$-PGA production 7: 135
*Bacillus subtilis* (*natto*) MR-141
– $\gamma$-PGA 7: 136, 138
*Bacillus subtilis* TAM-4
– $\gamma$-PGA 7: 136, 139
– PGA production **10**: 318
*Bacillus subtilis* W23
– Teichoic acid 5: 483
– Teichuronic acid 5: 483
*Bacillus thermocatenulatus* **3B**: 64
*Bacillus thuringiensis* **1**: 235
– S-Layer protein
– – Amino acid sequence 7: 300
*Bacillus thuringiensis* spp. *galleriae*
– S-Layer protein
– – Amino acid sequence 7: 300
Bacilysin 7: 56
Bacitracin 7: 58
Bacterial alginate
– Applied potential 5: 204
Bacterial cellulose **10**: 310, 311
– *Acetobacter xylinum* 5: 43
– Application 5: 68
– – Artificial skin **10**: 312
– – Cellulose pellicle 5: 71
– – Edible cellulose **10**: 312
– – Food application 5: 72
– – Medical application 5: 71
– – Nonwoven paper **10**: 312
– – Patents 5: 74 ff
– – Sensitive diaphragm **10**: 312
– – Technical application 5: 69 f
– – Wound dressing 5: 71
– BC pellet 5: 43
– BC pellicle 5: 42
– Biodegradation
– – *Cellulomonas fimi* 5: 59
– – *Humicola insolvens* 5: 58
– – *Trichoderma reesei* CBH I 5: 59
– – *Trichoderma viride* 5: 58
– – *Valonia ventricosa* 5: 58
– Biosynthesis 5: 56
– – *Acetobacter xylinum* 5: 53
– – *Agrobacterium tumefaciens* 5: 51
– – Allosteric activtor 5: 55
– – Catalytic mechanism 5: 49, 51
– – Cellulose synthase 5: 47, 50 ff
– – Crystallization of cellulose chain 5: 52
– – Gene 5: 54
– – Lipid intermediate 5: 51
– – Lipid pyrophosphate: UDPGlc-phosphotransferase 5: 51
– – Lipid pyrophosphate phosphohydrolase 5: 51
– – Mechanism 5: 48, 50
– – Mutant 5: 54
– – Pathway 5: 46
– – Regulation 5: 55
– – Subfibril formation 5: 52, 53
– – Uridine diphosphoglucose 5: 45
– Biotechnological production 5: 59, **10**: 312
– – *Acetobacter aceti* ssp. xylinum ATCC-2178 5: 64
– – *Acetobacter* sp. LMG1518 5: 63
– – *Acetobacter xylinum* 5: 60
– – *Acetobacter xylinum* $E_{25}$ 5: 64
– – *Acetobacter xylinum* sp. ATCC21780 5: 65
– – *Acetobacter xylinum* sp. BPR2001 5: 65
– – *Acetobacter xylinum* ssp. sucrofermentan BPR2001 5: 62
– – By fermentation 5: 62
– – Continuous cultivation 5: 65
– – Effect of pH 5: 63
– – Effect of temperature 5: 63
– – Fermentor type 5: 63 f
– – Future process 5: 67
– – Genetic engineering 5: 60 f
– – Pathway 5: 61
– – Strain improvement 5: 60
– – Yield 5: 65
– Cellulose ribbon 5: 41
– Chemical analysis 5: 43
– Chemo-enzymatic synthesis 5: 66
– Crystalline form 5: 43
– Endotoxin 5: 67
– Function 5: 45
– Hydrogen bond 5: 42
– Immobilization of cells
– – *Acetobacter methanolyticus* 5: 73
– – *Gluconobacter oxydans* 5: 73
– – *Saccharomyces cerevisiae* 5: 73
– In natural habitat 5: 44
– *In vitro* biosynthesis

– – *Acetobacter xylinum* 5: 66
– Microfibril 5: 41
– Modification
– – Alternansucrase 5: 68
– – Dextransucrase 5: 68
– Molecular weight 5: 41, 43
– Occurrence 5: 44
– Physiological function 5: 44
– Production 5: 75 ff
– – Patent 5: 74 ff
– Property 5: 69
– – Modification 5: 68
– Purification
– – For medical application 5: 67
– Pyrogenic reaction 5: 67
– Recovery 5: 67
– Structure 5: 42 ff
Bacterial glycolipid 5: 128
– Application 5: 126
– Biosynthesis
– – *Pseudomonas aeruginosa* 5: 120
– – Regulation 5: 122
– – Rhamnosyltransferase 5: 120
– Biotechnological production 5: 122
– Chemical structure
– – Glucose-6-monocorynomycolate 5: 117
– – Rhamnolipid 5: 117
– – Trehalose dimycolate 5: 117
– Cost economics 5: 126
– Patent 5: 126 f
– Physiological function 5: 119
– World market 5: 126
Bacterial slime
– Xanthan 5: 264
Bacterial translocase
– Schematic overview 7: 229
*Bacteridium*
– Nitrile hydratase 10: 298
Bacterioferritin 8: 407
Bacteriophage T7
– Gene 5 8: 59
*Bacteroides* 9: 289
*Bacteroides amylophilus* 3B: 273
*Bacteroides* sp. 3B: 273
*Bacteroides* ssp.
– S-Layer 7: 290
*Bacteroides thetaiotaomicron* 6: 14
Baeyer-Villiger oxidation 9: 249
– Reaction scheme 9: 249
Bag
– LCA key indicator 10: 439
BAK 1095 10: 9
– Viscosity 10: 12
BAK composite
– Property 10: 12
BAK type 10: 10
*Balanus crenatus* 8: 370
– Adhesive protein 8: 363
*Balanus eburneus*
– Adhesive protein 8: 363
*Balanus hameri*
– Adhesive protein 8: 363
Balata 2: 11, 75
Balhimycin 7: 56
Banana 2: 187
Barite 10: 47
Bark dryness 2: 179
Barley 1: 17
Barnacle 8: 362
– Adhesion 8: 370
– Cement protein
– – Relative molecular weight 8: 364
– Tenacity 8: 370
*β*-Barrel membrane protein 7: 212
– Identification 7: 215
Barrier membrane
– Poly(3HB-*co*-3HV) 4: 108
Barrier property 1: 27
Basal body 7: 350
BASF AG 9: 252, 253, 10: 463
– Ecoflex® 4: 301, 10: 446
Basidiomycete 2: 75
Bast fiber 10: 7
Bayer AG 2: 298, 9: 253, 10: 463, 468
Bayer–Villiger method 4: 348
Bayer–Villiger oxidation 4: 345
BCNU 9: 445, 449
– Anticancer agent 9: 448
*Bdellovibrio bacteriovorus*
– S-Layer 7: 308
BD4 emulsan
– Chemical structure 5: 96
*Beauveria bassiana*
– Chitinase 6: 136 f
– Peptide synthetase 7: 58
*Beauveria brongniartii*
– Chitin synthase gene 6: 129
Beech wood 1: 29
Beeswax 8: 396
*Beggiatoa* 9: 46
– *cyclo*-Octasulfur 9: 47
– Polymeric sulfur compound 9: 39
Bell-Boeing
– V-22 10: 112
Benjamin Franklin 7: 202
Bentonite 10: 47, 79
Bentonite thinner 10: 32
Benzaldehyde 1: 95

Benzene dicarboxylic acid **1**: 334
Benzenediol:oxygen oxidoreductase **1**: 142
Benzoic acid **1**: 95
1,4-Benzoquinone reductase **1**: 162
Benzothiazinylalanine **1**: 233
*N*-Benzoylasparaginyl-*p*-nitroanilide **8**: 228
Benzoylphenylurea **6**: 133
– Inhibitor of chitin synthesis **6**: 497
Benzylated wood
– Biodegradability **9**: 229
– Mechanical property **9**: 228
– Melt viscosity **9**: 227, 228
– Photo-degradability **9**: 229
– Shear stress **9**: 227, 228
3-*O*-Benzylcellulose **6**: 298
β-Benzylmalate **3B**: 440
– Thermal depolymerization **3B**: 440
Benzyl malolactonate **3A**: 78, 84 f, **3B**: 440
– Chemical synthesis **3B**: 441
Benzylmethylsulfide **1**: 453
L-3-(Benzyloxycarbonyl)methyl-1,4-dioxane-2,5-dione **3B**: 440
6-*N*-Benzyl penicillinic acid **10**: 194
Bergius–Pier process **1**: 482
Berkeley Structural Genomics Center **8**: 473
Bernal **8**: 428
Besthorn's hydrazone **7**: 476
Beta silk
– Amino acid sequence **8**: 55
Betaxolol **9**: 478
– In nanoparticle **9**: 465
Bethlem myopathy
– OI **8**: 136
*Betula pendula* **3A**: 48, 65
*Betula platyphylla* **3A**: 48
Betulaprenol **2**: 34
*Betula verrucosa* **2**: 34, **3A**: 48
BHK Cell
– ADF-3 **8**: 104
– Cumulative production
– – rc-Spider silk **8**: 104
– Spider silk protein **8**: 103
BHT coke **1**: 481
BHT process **1**: 481
BHT tar **1**: 481
Bialaphos **7**: 56
Bicupin **8**: 237, 238
Bifidobacteria **9**: 193
Bikaverin **9**: 97
Bile acid
– Biosynthesis **2**: 125
Binder
– Biopolymer-based **10**: 45
– Coated paper **8**: 385
– Gelatin **8**: 385
Bioabfallverordnung **10**: 385
Bioadhesive **7**: 487
Bioadhesive precursor protein
– Production **8**: 73
Bioadhesive protein
– Method of producing **8**: 73
– Of marine animal **8**: 71
– Precursor protein **8**: 73
Bio-based industry **10**: 342
Bio-based polymer **10**: 409
– Heating value **10**: 444
Biobleaching **1**: 183 f, 195
Bioceta **10**: 10
– Viscosity **10**: 13
Biochemical oxygen demand (BOD) **3B**: 117, **9**: 245
Biocide **10**: 235
– Control biofouling **10**: 103
– Diiodomethyl-*p*-tolylsulfone **10**: 115
Biocide penetration
– Biofilm **10**: 234
Biocide resistance **10**: 103
Biocomposite **10**: 19
– Component **10**: 5
Biocomposite concept **10**: 5
Biocomposite profile **10**: 21
Bio-Composites GmbH Co. KG **10**: 14
Biocorrosion **10**: 227
Biocorrosion phenomena
– Standard test method **10**: 370
Biodegradability **8**: 386, **9**: 240, **10**: 104, 174, 396, 400
– Crystallinity **10**: 104
– Definition **9**: 239, **10**: 395
– Disintegration **10**: 401
– Laboratory testing protocol **9**: 239
– Method for testing
– – Anaerobic biodegradation **9**: 374
– – Composting **9**: 373
– – Enzyme assay **9**: 373
– – Plate test **9**: 372
– – Soil burial test **9**: 373
– – The evolution of gas **9**: 373
– – Toxicity testing **9**: 374
– Molecular weight **10**: 104
– Physical form **10**: 104
– Testing **10**: 382
Biodegradability of chemical
– Standard test method **10**: 371
Biodegradability of plastic
– Limit value in standard **10**: 382
Biodegradability of polymer
– Standard test method **10**: 370

– Testing method 10: 370
Biodegradability testing 4: 269
Biodegradable 9: 240
Biodegradable material 7: 157, 10: 465
Biodegradable plastic 3B: 207, 4: 301, 7: 156, 9: 239, 241, 418, 10: 366, 454
– Application in agriculture 10: 456
– Application in medicine 10: 456
– BASF AG 10: 463
– Bayer AG 10: 463
– Certification 10: 387
– Certification procedure 10: 465
– Consumption 10: 455
– Definition 10: 369
– Dow Company 10: 463
– Ecological relevance 10: 462
– From cellulose 9: 203
– General principle in testing 10: 373
– International standard 10: 380
– Labeling 10: 387
– LCA 10: 463
– Manufacture 10: 458
– National standard 10: 380
– OECD guideline 10: 463
– Performance 10: 457
– Political environment 10: 453
– Raw material base 10: 458
– Regulation
– – Bioabfallverordnung 10: 385
– – China 10: 385
– – Federal Regulation on Composting 10: 385
– – German Packaging Directive 10: 385
– – Germany 10: 385
– – Japan 10: 385
– – USA 10: 385
– Social environment 10: 453
– Test 10: 373
– Test method 10: 465
Biodegradable plastic material 1: 460
Biodegradable Plastic Society of Japan
– Labeling system 10: 405
Biodegradable plastic waste
– Disposal 10: 464
– Recovery 10: 464
– Recovery option 10: 464
Biodegradable polyester 3A: 24
– Biomedical application 10: 183
– Drug delivery system 10: 183
– Food packaging 10: 183
– Tissue engineering 10: 183
Biodegradable polyethylene
– Patent 9: 382, 383
Biodegradable polymer 9: 64, 239, 10: 414
– Agricultural application 10: 394
– Application 9: 425
– – Compost bag 10: 455
– – Food packaging 10: 455
– – Loose-fill-packaging 10: 455
– – Mulch foil 10: 455
– – Paper coating 10: 455
– Environmental impact 10: 410
– Factor affecting degradation
– – Copolymer composition 9: 432
– – Crystallinity 9: 431
– – Enzymatic degradation 9: 432
– – Molecular weight 9: 431
– – pH 9: 431
– – Water uptake 9: 431
– Fate of degradation product 9: 374
– General application 9: 370
– LCA 10: 410
– Life cycle assessment 10: 410
– Material design 3B: 105
– Polycarbonate 9: 326
– Poly(ester-carbonate) 9: 326
– Polymer fragment 9: 374
– Raw material 10: 459
– Release of drug 9: 430
– Release of monomer 9: 430
– Toxicity testing 9: 374
Biodegradable polymeric material
– PVA-based 9: 331
Biodegradable polyolefin
– Patent 9: 385
Biodegradable rubber 3A: 308
Biodegradable tenside 1: 483
Biodegradable thermoplastic 3A: 106, 5: 14
Biodegradable water-soluble polymer
– Disposal option 9: 242
Biodegradation 1: 21, 25 ff, 210, 3A: 19, 5: 101, 9: 239, 10: 118
– Bacteria 1: 28
– Definition 10: 367
– Endo-biodegradation 9: 245
– Exo-biodegradation 9: 245
– Fungi 1: 28
– General mechanism 10: 367
– Humic acid 1: 354
– Humic substance 1: 354
– Lignin recalcitrance 1: 28
– Mater-Bi 10: 169
– Melanin 1: 240
– Method 10: 118
– – Resistivity change 10: 119
– – Respirometry 10: 119
– – Sensitive detection 10: 119
– Microorganism 1: 26
– Model compound 1: 355

– PAA 9: 306
– PEG 9: 272
– Polyacrylate 9: 299
– Poly(alkylcyanoacrylate) 9: 457
– Polyanhydride 9: 423
– Polycarbonate 9: 417
– Polydioxanon 9: 523
– Polyethylene 9: 369
– Polyphosphazene 9: 491
– Polyurethane 9: 323
– Poly(vinyl alcohol) 9: 329
– Quinoid model compound 1: 370
– Reaction mechanism 1: 365
– Silicone 9: 539
– Sporopollenin 1: 222
– Starch plastic 10: 169
– Suberin 3A: 62
Biodegradation in Soil
– Testing 10: 384
Biodegradation of polymer
– Clear-zone formation 10: 378
– $CO_2$ evolution 10: 377
– Extracellular enzyme 10: 367
– $O_2$ consumption 10: 377
– Photodegradation 10: 367
– Radiolabeling 10: 378
– Residual polymer 10: 376
– Surface erosion process 10: 367
Biodegradation test
– American Society for Testing and Material 10: 379
– Clear-zone formation 10: 379
– International standard 10: 380
– National standard 10: 380
Biodegradation testing
– Analytical procedure 10: 375
– Background $CO_2$ evolution 10: 378
– Change in mechanical property 10: 375
– Change in molar mass 10: 375
– Closed-bottle test 10: 377
– $CO_2$ evolution 10: 377
– Controlled composting test 10: 377
– $O_2$ consumption 10: 377
– OECD guideline 10: 377
– Visual observation
– – Atomic force microscopy 10: 375
– – Scanning electron microscopy 10: 375
– Weight loss measurement 10: 376
Biodesulfurization 1: 445, 2: 354
Biodeterioration 2: 323, 9: 378
– Biocorrosion 10: 104
– Biodegradation 10: 104
– Concrete 10: 103
– Metal 10: 103
– Method 10: 118
– – Resistivity change 10: 119
– – Respirometry 10: 119
– – Sensitive detection 10: 119
– Of mineral material 10: 229
– Polymeric material 10: 104
– Rate 10: 102
– Synthetic polymer 10: 230
Biodiesel 7: 393
Biodispersan
– *Acinetobacter calcoaceticus* A2 5: 97
Bioemulsan 5: 91, 94
– Biodegradation 5: 101 f
– Large-scale production 5: 104
– Natural role 5: 100
– Patent 5: 104
– Potential application 5: 104
– Production 5: 102, 104
– Regulation of biosynthesis 5: 100 f
Bioemulsifier 5: 93 f, 98
– Application 5: 106
– Cost 5: 106 f
Bioethanol 7: 393
– Production
– – Brazil 7: 395
– – USA 7: 395
Biofiber 10: 435
Biofill® 10: 312
Biofilm 5: 2, 8, 9: 191, 10: 98, 101, 209, 211
– Alginate 9: 184
– Antibiotic penetration 10: 235
– Biofilm in medicine 10: 223
– Biofouling 10: 224
– Biotechnological use
– – Biofilm reactor 10: 222
– – Bioremediation 10: 223
– – Continuous process 10: 222
– – Production of vinegar 10: 222
– – Salpeter 10: 222
– Composition 10: 212
– Deterioration 10: 231
– Detrimental biofilm 10: 223
– Development 10: 219, 220
– Electrostatic interaction 10: 213
– Environmental role 10: 221
– EPS matrix 10: 212
– Formation 10: 219
– Mineral deposition 10: 222
– *Nitrosomonas europaea* 10: 153
– On a rubber-coated valve 10: 224
– Structure 10: 212
– Synergistic microconsortia 10: 218
– Wastewater treatment 10: 222
Biofilm community 10: 103

Biofilm development
– Polyphosphate **9**: 23
Biofilm formation
– Biopolymer **10**: 153
– Intercellular communication **10**: 220
Biofilm-forming bacteria **10**: 235
Biofilm management **10**: 226
Biofilm matrix **10**: 234
– Functional aspect **10**: 218
– Structure **10**: 215
Biofilm monitoring **10**: 225
Biofilm organism **10**: 234
– Enhanced resistance **10**: 231
Biofouling **10**: 103, 225
Biofuel
– Enzyme **7**: 393
Biogas
– Determination **10**: 378
Bioinformatic **10**: 352
– As a predictive tool **8**: 474
– Enzyme discovery **7**: 419
Biolayer membrane
– Hydrophobicity **7**: 209
Bioleaching **10**: 102
BioLeaders Co. **7**: 161
Biological membrane
– Chemical structure **7**: 204
– Fluid mosaic model **7**: 203
– The lipid bilayer milieu **7**: 204
Biological phosphate removal **9**: 24
Biological phosphorus removal **3A**: 340
Biological pyrite removal
– Costs **1**: 449
Biological response modifier **6**: 161
Bioluminescence **10**: 150
Biomass **2**: 371
Biomass transducer **3B**: 198
Biomaterial
– Medical market **10**: 269
Biomedical application **10**: 183
Biomer L 5000 **10**: 10
Biomer P type **10**: 10
Biomet; Inc. **4**: 195
Biomimic **8**: 372
Biomineral **8**: 323
Biomineralization **7**: 176, **8**: 325
– Aragonite **8**: 300
– Bivalve **8**: 300
– Calcite **8**: 295
– Calcium carbonate **8**: 293
– Gastropod **8**: 301
– Patent **8**: 314, 315
– Process **8**: 291
– Protein involved **8**: 292
Biomineralizing protein **8**: 289
Bionolle® **3B**: 95, 273, 337, 378, **10**: 285
Bionolle™ **4**: 4, 6, 30, 40, 275
– Application **4**: 43, 281
– Biodegradability **4**: 290
– Biodegradation rate
– – Effect of crystallinity **4**: 295
– Blown film **4**: 286
– – Characteristics **4**: 287
– Branching structure **4**: 282
– Chemical structure **4**: 281
– Composition **4**: 277
– Compostability **4**: 291 f
– Crystallization **4**: 283
– Crystallization curve **4**: 285
– Crystal structure **4**: 282 f
– Degradation in the environment **4**: 291
– Differential scanning calorimetry **4**: 284
– Enzymatic hydrolysis product **4**: 294
– Grade **4**: 279
– – Characteristics **4**: 280
– Heat-seal strength **4**: 286
– Hydrolysis **4**: 287
– Melt flow ration **4**: 282
– Melting **4**: 283
– Microbial degradation
– – *Mabranchea sulfureum* **4**: 293
– Molecular weight **4**: 281
– Molecular weight distribution **4**: 281
– Processability **4**: 285
– Property **4**: 281
– Pyrolysis **4**: 289 f
– Stability
– – Hydrolysis **4**: 287
– Sustainable development **4**: 294
Bionolle™ product
– Structural formula **4**: 279
Bionx Implants, Inc. **4**: 195
Bioplastic **1**: 461, 469, **2**: 372, **8**: 398
Biopol® **3B**: 168, **4**: 4, 53, **10**: 12
– Application
– – Biomedical application **4**: 77
– – Fishing line **4**: 76
– – Net **4**: 76
– – Other marine application **4**: 77
– Biodegradation **4**: 75
– Coated nonwovens **4**: 74
– Crystallization behavior **4**: 64
– Crystallization rate **4**: 64
– Effect of branching **4**: 66
– Extrusion **4**: 72
– Injection molding **4**: 71
– Mechanical property **4**: 69
– – Effect of 3HV content **4**: 70

– Melt coating 4: 72
– Melt processing 4: 71
– Melt rheology 4: 65
– Melt spinning of fibers 4: 73
– Molding 4: 71
– Molecular weight 4: 69, 72
– Multifilament 4: 74
– Natural fiber composite 10: 8
– Nonwovens 4: 74
– Patent 4: 81
– Physical property 4: 69
– Plant production 4: 58
– Plasticizer
– – Di-*n*-butyl phthalate 4: 69
– – Glycerol triacetate 4: 69
– – Glycerol tributyrate 4: 69
– Processing 4: 65
– Production 4: 81
– Product 4: 75
– Property 4: 63, 81
– Solid-state extrusion 4: 71
– Tensile property 4: 72
– Thermal property 4: 65
– Viscosity 10: 13
Biopol® bottle 3B: 45
Biopol type 10: 10
Biopolyester 10: 182
Biopolymer 10: 6, 8
– Application in electronic 10: 430
– Application in lacquer 10: 432
– Business strategy 10: 341
– Construction engineering
– – Cellulose ether 10: 32
– – Function 10: 32
– – Lignite 10: 32
– – Lignosulfonate 10: 32
– – Melamine 10: 32
– – Polyaspartic acid 10: 32
– – Polycarboxylate copolymer 10: 32
– – Type of admixture 10: 32
– – Vinylsulfonate copolymer 10: 32
– – Xanthan gum 10: 32
– Direct uptake system 9: 191
– Environmental impact 10: 473
– From soil 10: 56
– Health issue 10: 247
– Hydrocarbon-based 10: 57
– In construction application 10: 51
– In construction engineering 10: 29
– Major application 10: 51
– Novel styrene-based 9: 166
– Poly(hydroxyalkanoate) 10: 479
– Polylactide 10: 479
– Polysaccharide 10: 478
– Protein 10: 478
– Protein-based 10: 59
– Sustainability 10: 341
– Technology 10: 341
– Technology strategy 10: 341
– Thermal fixing 10: 18
– Use 10: 31
– Use in construction
– – Alginate 10: 83
– – Biodegradable polymer 10: 50
– – By microorganism 10: 50
– – Carboxymethyl starch 10: 50
– – Carrageenan 10: 83
– – Cassia 10: 83
– – Dextran 10: 83
– – Gelatin 10: 83
– – Gum arabic 10: 83
– – Gum karaya 10: 83
– – Gum tragacanth 10: 83
– – Pectin 10: 83
– – Pullulan 10: 83
– – Starch 10: 50
– – Tamarind 10: 83
– – Tannin 10: 83
Biopolymer CS® 6: 39
Bioprocess® 10: 312
Biopulping 1: 183, 185, 193
– Sterilization 1: 189
Biopulping process 1: 191, 198 f
Bioreactor 2: 384
Bioremediation 2: 371, 7: 157
– Biofilm 10: 223
Biosilicate 8: 292
BioSteel®
– Spinning 8: 98
Biosurfactant 5: 114
– Application 5: 125
Biosynthesis
– Cutin 3A: 11 f
– Suberin 3A: 54
Biosynthesis of lignin 1: 66
– Autoradiographic study 1: 34
– Brown midrib mutant 1: 72
– Ferulic acid dimerization 1: 13
– Genetic manipulation 1: 42, 71
– Hydrogen peroxide 1: 36
– Laccase 1: 35
– Lignin precursor 1: 32
– Mutant 1: 71 ff
– Peroxidase 1: 35
– Phenoxy radical 1: 35
– Photoregulation 1: 13
– Radical formation 1: 36
– Radical polymerization 1: 35

– Regulation **1**: 12, 40 ff, 82
– Starting material **1**: 32
Biosynthetic polyester
– Chemical modification **10**: 195
Biotechnological coal upgrading **1**: 491
Biotechnological process **2**: 386
– Desulfurization **2**: 378, 381
– Perspective **2**: 390
– Removal of sulfur and iron **2**: 382
– Rubber material **2**: 378
– Rubber recycling **2**: 378
Biotechnological production
– *Actinobacillus succinogenes* **3B**: 271
– Adipic acid **3B**: 271
– 1,4-Butanediol **3B**: 271, 287 f
– Chemical synthesis **3B**: 287
– Cyclic ester **3B**: 299
– Hydroxy acid **3B**: 288
– Lactic acid **3B**: 288 ff
– Lactone **3B**: 299 f
– Polymalic acid **3A**: 94
– 1,2-Propanediol **3B**: 280 f
– 1,3-Propanediol **3B**: 271, 284 ff
– – DuPont **3B**: 283
– (*S*)-1,2-Propanediol **3B**: 271
– Succinic acid **3B**: 271
Biotechnological products **1**: 460
– Bioplastic **1**: 398, 419, 469
– Fertilizer **1**: 418
– Polyhydroxyalkanoate **1**: 398, 469
– Soil conditioner **1**: 418
Biotechnology **2**: 65, 385
– Biotechnological conversion of coal **1**: 460
– Rubber eraser **2**: 366
Biotechnology conversion **10**: 356
Biotinylation **8**: 489
*N*-Biotinyl-L-phenylalanine **7**: 31
Biowaste **10**: 381, 457
Biowaste Ordinance **10**: 468
Biphenyl **1**: 37
– Biodegradation **9**: 365
Biphenyl eyher 4-*O*-5 **1**: 37
Birch pollen allergen **7**: 313
– Aspartokinase **7**: 116
1,3-Bis(*p*-carboxyphenoxy) propane **4**: 205, **9**: 430
Bis-diaminoethyl-gloxime sporopollenin **1**: 222
Bis(hydroxylmethyl)propionic acid **3B**: 351
Bis(2,2,2-trichloroethyl) *trans*-3,4-epoxyadipate **3A**: 387
Bis(2,2,2-trifluoroethyl) adipate **3A**: 388
Bis(2,2,2-trifluoroethyl) glutarate **3A**: 385
Bitumen **1**: 395, 478, **10**: 58
– In construction application **10**: 51
Bitumen modification **2**: 245
Bivalve
– Biomineralization **8**: 300
*Bjerkandera adusta* **1**: 144, 151, 156, 161, 361
*Bjerkandera adusta* ESF620
– Nitrocellulose biodegradation **9**: 204
*Bjerkandera* sp. **1**: 157
*Bjerkandera* sp. BOS55 **1**: 144, 147, 156
Blackfoot disease **1**: 387
Black yeast **6**: 10, 11
Bleaching **1**: 197
Blend **3B**: 114 f
– Atactic poly(3-hydroxybutyrate) **3B**: 114
– Immiscible blend **3B**: 115
– Miscible blend **3B**: 114 f
– Poly(butylene adipate) **3B**: 115
– Poly(butylene succinate-*co*-butylene adipate) **3B**: 115
– Poly(butylene succinate-*co*-ε-caprolactone) **3B**: 115
– Poly(ε-caprolactone) **3B**: 115
– Poly(ε-caprolactone-*co*-lactide) **3B**: 115
– Poly(ethylene adipate) **3B**: 115
– Poly(ethylene oxide) **3B**: 114
– Poly(lactide) **3B**: 115
– Poly(β-propiolactone) **3B**: 115
– Poly(vinyl alcohol) **3B**: 114
Bleomycin **7**: 55, 56, **9**: 98
Bleomycin synthetase **7**: 66
Blister sea weed
– Adhesive protein **8**: 362
Blobel, Gunter **7**: 229
Block copolymer **2**: 207, 214, 219, 223, 225
Blood circulation **1**: 381
Blood coagulation **1**: 385
Blowing agent **10**: 104
Blue copper oxidase **1**: 81
Boiceta **10**: 17
*Bombyx mori* **6**: 501, 503, 505, 509 f, **8**: 16, 31, 104
– Fibroin **8**: 88
– Fibroin light (L)-chain **8**: 85
– Secretory pathway **8**: 38
– *β*-Sheet-forming sequence **8**: 53
– Silk **8**: 27
– – Property **8**: 32
– – *β*-Sheet motif **8**: 54
– Silk fibroin **8**: 53
– Silk gland **8**: 40
– Silk protein **8**: 84
– Silkworm spinning **8**: 40
– Spinning apparatus **8**: 41
*Bombyx* silk
– Property **8**: 31
Bone **7**: 340
Bone graft substitute **10**: 248

Bone implant 10: 262
Bone surgery 4: 195
*Boophilus microplus* 6: 496
*Bordetella* sp.
– Cyanophycin synthetase 7: 96
Boron trifluoride 3A: 5
*Borrelia burgdorferi* 9: 12
– mreB-Like gene 7: 361
Botryococcene 9: 116
– Chemical structure 9: 115
*Botryococcus braunii* 1: 212, 9: 121
– Algaenan 9: 118
– Biosynthesis 9: 123
– Botryococcene 9: 115, 116
– Lycopadiene 9: 115
– Nonpolysaccharidic algal polyacetal 9: 115
– Polyacetal 9: 120
– – Biosynthesis 9: 124
– – Molecular genetics 9: 124
– Tetramethylsqualene 9: 115
*Botrytis cinerea* 1: 159, 6: 63
– Chitinase 6: 137
BPI
– Compostable logo 10: 405
*Bradyrhizobium elkanii* 5: 215
*Bradyrhizobium japonicum* 5: 215
*Bradyrhizobium* spp. 6: 337
Brain tumor 9: 448
Branched bacterial polyester 4: 66
Branched β-glucan
– *Botrytis cinerea* 6: 63
– *Monilinia fructigena* 6: 63
– *Sclerotium glucanicum* 6: 63
– *Sclerotium rolfsii* 6: 63
Branched PHBV 10: 197
Branching enzyme
– *Escherichia coli* 5: 29
– Glycogen biosynthesis 5: 28, 29
Branching enzyme activity
– Glycogen 5: 23
*Brassica* 3A: 417, 4: 61
*Brassica juncea*
– Phytoremediation candidate 8: 279
*Brassica napus* 3A: 20, 411, 422, 4: 60, 10: 476
– Electron micrograph 4: 62
Brazzein 8: 205
– Amino acid sequence 8: 211
– Patent 8: 217
– *Pentadiplandra brazzeana* Baillon 8: 209
*Brevibacillus brevis*
– S-Layer 7: 289
– S-Layer protein
– – Amino acid sequence 7: 300
*Brevibacillus brevis* 47
– S-Layer 7: 290, 309
*Brevibacterium* 1: 452, 5: 118
– L-Glutamic acid 10: 292
– Nitrile hydratase 10: 298
*Brevibacterium ammoniagenes*
– Production of L-glutamic acid 10: 293
*Brevibacterium divaricatum*
– Production of L-glutamic acid 10: 293
*Brevibacterium flavum*
– Aspartokinase 7: 116
*Brevibacterium immariophilium*
– Production of L-glutamic acid 10: 293
*Brevibacterium imperialis* CBS 489
– Acrylamide 10: 299
*Brevibacterium lactofermentum*
– Production of L-glutamic acid 10: 293
*Brevibacterium linens* 3B: 287, 10: 288
*Brevibacterium roseum*
– Production of L-glutamic acid 10: 293
*Brevibacterium saccharolyticum*
– Production of L-glutamic acid 10: 293
*Brevibacterium* sp. DO 1: 453
British Petroleum 5: 93
Broiler chick
– Feed supplement 3A: 424
Bromelain 4: 192
– Degradation of PLLA 3B: 223
β-Bromobenzylsuccinic acid 3B: 441
Bromoperoxidase 7: 265
Bromosuccinic acid 3A: 83, 85
*N*-Bromo-succinimide 7: 478
Brown algae
– Adhesive protein 8: 362
Brown coal 1: 395 f
– Bioconversion 1: 404
– Bitumen 1: 478
– Chemical upgrading 1: 480
– Decolorization 1: 404
– Depolymerization 1: 404
– Fuel oil 1: 478
– Motor fuels 1: 478
– Paraffin 1: 478
– Pretreatment 1: 404
– Product 1: 479
– Product from chemical processes 1: 478
– Solubilization 1: 403 f
Brown-coal upgrading 1: 478
Brown midrib mutant 1: 71
Brown-rot fungi 1: 137
Bryozoan
– Adhesive protein 8: 362
BSE
– Risk 8: 143
B-Serum 2: 169

– Composition **2**: 169
– Enzyme **2**: 170
– Hevein **2**: 169
– Microfibril **2**: 169
*Buchnera* sp. APS
– Murein biosynthesis gene **5**: 457
Building material
– Concrete **10**: 35
Bulk erosion **9**: 428
Bulk polymeric material
– Poly(ε-caprolactone) **3B**: 433
– Poly(3-hydroxyalkanoate) **3B**: 433
– Poly(α-hydroxyalkanoate) **3B**: 433
*Burkholderia cepacia* **1**: 471, **3A**: 178, 186, 194, 344
*Burkholderia gladioli* CHB101
– Chitosanase **6**: 140
*Burkholderia glumae* **3B**: 64 f
*Burkholderia pseudomallei* **3A**: 178, 186, 194
*Burkholderia* sp. **3A**: 186, **3B**: 7, **5**: 125
– 4-Pentenoic acid **10**: 196
*Burkholderia* sp. DSMZ9242 **3A**: 177 ff, 194, 196, 223, 226
*Burkholderia* sp. DSMZ # 9243 **4**: 80
*Burkholderia* sp. LB400
– Biofilm **10**: 218
Burnus® **7**: 382
Butadiene isoprene rubber **2**: 214, 223
Butadiene rubber **2**: 323, 380
– Chemical structure **2**: 362
– Glass transition temperature **2**: 379
1,4-Butanediol **3A**: 386, **3B**: 271, **10**: 287
– Biotechnological production
– – *Brevibacterium linens* **3B**: 287
– – 1,3-Butadiene diepoxide **3B**: 287
– – γ-Butyrolactone **3B**: 287
– – DuPont **3B**: 288
– – Genencor **3B**: 288
– – *Pseudomonas* **3B**: 287
– *Brevibacterium linens* **10**: 288
– *Pseudomonas* **10**: 288
– Structural formula **10**: 285
*Butea frondosa* **4**: 39
*n*-Buthylbenzene
– Biodegradation **9**: 365
Butocarboxim **1**: 287
*n*-Butyllithium **2**: 5
Butyl rubber **2**: 207, 214, 219, 223, 225
Butyrate kinase **3A**: 207, 235 f, 369, **9**: 71
*Butyrivibrio fibrisolvens* **5**: 3
*β*-Butyrolactone **3B**: 436, **10**: 289
– Polymerization **10**: 194
– Ring-opening polymerization **3B**: 209
– Structural formula **10**: 285
*γ*-Butyrolactone **3B**: 213, 437, **10**: 285
– Chemical synthesis **3B**: 300
– Polymerization **3B**: 342
*R*-β-Butyrolactone **3B**: 437
*N*-Butyryl-homoserine lactone **10**: 220
BUWAL **10**: 415
*Buxus* **1**: 24
*Byssochlamys*
– Polyketide **9**: 93
Byssus adhesion
– Acetal **8**: 369
– Glass **8**: 369
– Paraffin **8**: 369
– Slate **8**: 369
– Teflon **8**: 369
BzW/PCL composite **9**: 229

**_c_**

$Ca^{2+}$-ATPase **3A**: 157
– Polyphosphate **9**: 20
CaCO3-binding region
– Calcite **8**: 299
– Calcite biomineralization
– – *Haliotis laevigata* **8**: 299
– – *Haliotis rufescens* **8**: 299
– – *Mytilus edulis* **8**: 299
– – *Nautilus macrophalus* **8**: 299
– Crustacea **8**: 299
– Molluscan shell **8**: 299
– Parvalbumin **8**: 297
– Troponin **8**: 297
CaCO3 crystallization **8**: 304
*Caenorhabditis briggsae*
– Phytochelatin **8**: 266
*Caenorhabditis elegans* **3B**: 64, **8**: 266, 477
– Inhibitor of chitin synthesis **6**: 497
– Phytochelatin **8**: 266
Caesalpiniaceae **1**: 220
*Caesalpinia spinosa* **6**: 327
– Tara gum **6**: 323
Caffeate **1**: 33
Caffeate *O*-methyltransferase **1**: 34, 40, 72, 78
Caffeic acid **1**: 74 f, 383
Caffeic acid polymer **1**: 382
Caffeoyl-CoA **1**: 33, 74, 78
Caffeoyl-CoA 3-*O*-methyltransferase **1**: 34, 41, 78
Caffeyl alcohol **1**: 33
Caffeylaldehyde **1**: 33
Cage-like architecture
– Shell **8**: 406
*Calamites* **1**: 8
Calciferol **2**: 122
Calcite **8**: 307
Calcite crystal **8**: 311
Calcite crystal growth

– Patent
– – Corrosion 7: 190
– – Dishwashing 7: 190
– – Hard surface cleaning 7: 190
– – Laundry 7: 190
– – Production 7: 190
Calcitonin
– In nanoparticle 9: 465
Calcium
– Accumulation 8: 293
Calcium alginate 10: 267
Calcium channel
– Polyphosphate 9: 20
Calcium polyP 10: 145
– Fertilizer 10: 153
Calcium silicate hydrate
– Scanning electron micrograph 10: 36
Calcofluor 5: 43
Calender 2: 261
– Construction 2: 262
Calicivirus 8: 420
*Calliphora erythrocephala*
– Chitin 6: 491
– Chitosan 6: 491
*Callosobruchus maculatus* 8: 229
Calmodulin-binding protein 8: 488, 489
Calvin cycle 5: 25
Cambrian explosion 8: 304
Camphor 3B: 433
*Campylobacter coli* 9: 12
*Campylobacter fetus*
– S-Layer 7: 289, 290, 302, 304, 308, 309
*Campylobacter fetus* ssp. *fetus*
– S-Layer 7: 308
– S-Layer protein
– – Amino acid sequence 7: 300
*Campylobacter jejuni*
– Inhibition by ε-PL 7: 111
– mreB-Like gene 7: 361
*Campylobacter rectus*
– S-Layer 7: 308
– S-Layer protein
– – Amino acid sequence 7: 300
*Canavalia ensiformis*
– Cupin protein 8: 238
Canavalin
– Crystal 8: 432
– Three-dimensional structure 8: 234
Cancer
– Treatment 9: 475
Cancidas™ 6: 203
*Candelilla* 2: 181
Candicidin 9: 97
*Candida* 6: 13
– Itaconic acid 10: 289
*Candida acutus* IFO1912
– Inhibition by ε-PL 7: 111
*Candida albicans* 6: 72, 96, 106, 188, 8: 211
– Cell wall 6: 126
– Chitinase 6: 135 f
– Chitin synthase gene 6: 129, 131
– Cupin protein 8: 238
– Effect of lentinan 6: 169
– Glucan synthase 6: 192
– Glucan transferase 6: 133
– Spheroplast 6: 183, 185
*Candida antarctica* 3A: 378, 9: 421
*Candida bogoriensis* 6: 96
*Candida bombicola* 1: 407, 418, 5: 128
*Candida buffoni* 6: 96
*Candida cylindracea* 4: 42
*Candida diffluens* 6: 96
*Candida foliarum* 6: 96
*Candida immitis*
– Chitinase 6: 136
*Candida ingens* 6: 96
*Candida javanica* 6: 96
*Candida lipolytica* 5: 93, 95, 98, 116
*Candida rugosa* 3A: 377
*Candida* sp. 1: 407
*Candida* spp. 5: 116
*Candida tropicalis* 1: 407, 5: 116
*Candida utilis* 5: 95, 6: 96, 8: 208, 217
Candins 6: 203
Cannizzaro functional product 9: 251
Cannizzaro reaction 1: 335
Canola 4: 61
*Canospira capsulata* 5: 5
Can sealant 2: 244
Capa type 10: 10
Cape wool 8: 161
Capirograph 9: 227
*Capparis masaikai* 8: 208
– Mabinlin 8: 205
Capping protein 7: 353
ε-Caprolactam
– Biodegradation
– – *Pseudomonas aeruginosa* strain 9: 400
– Chemial structure 9: 398
ε-Caprolactone 3B: 435, 9: 218
– Polymerization 3B: 342
*Capsicum annuum* 2: 61
Capsule 7: 484
Carapace 7: 340
Carbamate process 6: 301
Carbamazepine
– In nanoparticle 9: 465
Carbamoylase 10: 296, 297

Carbapenem antibiotic **4**: 381
Carbazole **1**: 490
Carbodiimide activation **8**: 411
Carbohydrate
– Biofilm **10**: 214
Carbonate **1**: 434
Carbon black **1**: 477, **2**: 344, **10**: 426
Carbon black gel **2**: 222
Carbon cycle **1**: 131, 350
Carbon disulfide **9**: 53
Carbon source **3B**: 293 ff
Carboplatin **4**: 227
Carbowax M 20 TPA **3B**: 5
4-*O*-(1-Carboxyethyl)-mannose **5**: 5
Carboxylated polymer **9**: 239
Carboxylatophenoxy polyphosphazene **9**: 508
Carboxylic esterase
– Degradation of PLLA **3B**: 223
Carboxymethyl cellulose **5**: 14, **6**: 297, **7**: 403
– Annual production **6**: 305
– Biodegradability **9**: 257
Carboxymethyl hydroxyethyl cellulose **10**: 67
*S*-Carboxymethylkerateine **8**: 181
*S*-Carboxymethyl protein **8**: 170
Carboxymethyl starch **10**: 63
*β*-Carboxymuconate decarboxylase **1**: 135
Carboxypeptidase
– Inhibitor **8**: 313
*β*-Carboxypeptidase **7**: 88
Carcinogen **10**: 152
Cardiolipin **7**: 243
Cardiovascular disease **10**: 268
Cardiovascular fabric **10**: 248
Cardiovascular stent **4**: 105
$\delta_3$-Carene **10**: 70
Carezyme®
– Cellulase **7**: 386
Cargill **10**: 476
Cargill Dow
– Lactic acid **10**: 288
– Polylactide **10**: 412, 480
– Wind technology **10**: 487
Cargill Dow LLC
– Nature Works™ **4**: 4, 17
Cargill Inc. **3B**: 299
*Carica* **2**: 187
*Carissa* **2**: 181
Carmustine **4**: 226, **9**: 448, 449
*Carnobacterium* **3B**: 289
Carob bean **6**: 323
– *Ceratonia siliqua* **6**: 326
– Chemial structure **6**: 324
– Occurrence **6**: 326
– Producer **6**: 331
– Production area **6**: 326
Carob bean gum **6**: 330
– Annual production **6**: 332
– Annual world market **6**: 332
– Food application **6**: 333 f
– General characteristics **6**: 334
Carotene **2**: 56
*α*-Carotene **2**: 131
*β*-Carotene **2**: 131, **8**: 400
*δ*-Carotene **2**: 131
*γ*-Carotene **2**: 131
*ζ*-Carotene **2**: 131
*β*-carotene-15,15′-dioxygenase **2**: 349
Carotenoid biosynthesis **1**: 219
Carotenoid **1**: 211, **2**: 56, 323
– Biosynthesis **2**: 129 f
– Diversity **2**: 128
– Occurrence **2**: 128
– Phytopene **2**: 129
Carother **3B**: 373 f, **4**: 331, **9**: 397
Carpet yarn **8**: 187
Carpropamid **1**: 240
Carrageenan **5**: 7, 12 ff, **6**: 42, 245, **10**: 83, 86
– *Alteromonas fortis* **6**: 258
– Application **6**: 247
– – Agriculture **6**: 267
– – Capillary electrophoresis separation **6**: 269
– – Food **6**: 267 f
– – Household **6**: 267
– – In drugs **6**: 266
– – Medical **6**: 266
– – Others **6**: 269
– – Personal care **6**: 267
– – Technical **6**: 266
– Binding of potassium **6**: 263
– Biosynthesis **6**: 257
– Ceamsa **6**: 248, 262
– – CP Kelco **6**: 248, 262
– – Danisco **6**: 248, 262
– – Degussa **6**: 248, 262
– – FMC Corporation **6**: 248, 262
– – Quest International **6**: 248, 262
– Chemical analysis **6**: 252, 256
– – $^{13}$C-NMR spectral assignment **6**: 255
– – Infrared spectroscopy **6**: 253 f
– – Nuclear magnetic resonance spectroscopy **6**: 254
– Chemical structure **6**: 248, 250
– – 3,6-Anhydro bridge **6**: 257
– – Sulfate transferase **6**: 257
– *Chondrus crispus* **6**: 247, 258
– Chromatographic analysis **6**: 256
– Commercialization **5**: 13
– Commercial producer **6**: 247

– Conformation 6: 263 f
– Current problem 6: 269
– Detection 6: 247
– Extracellular biodegradation 6: 258
– – κ-Carrageenase 6: 259
– First use 6: 247
– Fractionation 6: 252
– – *Chondrus crispus* 6: 253
– Gel press technology 6: 261
– – Seaweed farming 6: 259
– General property 6: 249
– Generic name 6: 247
– Glycosidic linkage analysis 6: 257
– Interaction with proteins 6: 265
– Intermolecular $Ca^{2+}$ bridge 6: 264
– Isolation 6: 252, 253
– *Kappaphycus alvarazii* 6: 258
– Limitation 6: 269
– Low-molecular-mass fraction 6: 253
– Manufacturing
– – Processed *Eucheuma* seaweed 6: 260
– – Refined carrageenan 6: 260
– Marine bacteria 6: 258
– Modified carrageenan functionality 6: 261
– Molecular mass determination 6: 256
– Molecular structure
– – Repeating unit 6: 249
– Molecular weight 6: 248
– Monosaccharide composition 6: 257
– Occurrence 6: 247
– – *Chondrus crispus* 6: 251
– – *Eucheuma cottonii* 6: 251
– – *Eucheuma denticulatum* 6: 251
– – *Gelidium* 6: 251
– – *Gigartina radula* 6: 251
– – *Gracilaria* 6: 251
– – In seaweed 6: 250 f
– – *Kappaphycus alvarezii* 6: 251
– Patent 6: 269
– Physiological function
– – *Agardhiella subulata* 6: 252
– – *Kappaphycus alvarezii* 6: 252
– Production 6: 259
– Property 6: 266
– – Chemical property 6: 265
– – Coil-helix transition 6: 263
– – Gelation 6: 264
– – Physical property 6: 262
– – Solubility 6: 262
– – Viscosity 6: 264
– Safety 6: 266
– Sulfate content 6: 256
– Sulfated oligogalactan 6: 262
– Synergism with gums 6: 265
– World market 6: 248, 262
– *Zobellia galactanovorans* 6: 258
ι-Carrageenan 10: 87
κ-Carrageenan 10: 69, 87
κ-Carrageenase
– Extracellular biodegradation 6: 258
– *Zobellia galactanovorans* 6: 259
Carrier domain 7: 61
Cartilage
– Turnover of type II collagen 8: 134
Cartilage tissue engineering
– Polydioxanone 9: 525
Carubin
– Carob bean gum 6: 329
Caruthers
– Polylactic acid 10: 476
*Carya ovata* 3A: 48
Casein 8: 385, 386, 395, 399, 10: 8, 40, 59
– Application
– – Adhesive 8: 387
– – Encapsulation 8: 387
– In construction application 10: 51
Caseinate 8: 386, 387, 400
Casein-based SLU
– Composition 10: 60
– Property 10: 60
Casein kinase 8: 341
Casein micelle 10: 59
Casparian band 3A: 43
Caspofungin acetate 6: 203
Cassava bagasse hydrolysate 10: 291
Cassia 6: 323, 10: 83, 88
– Chemial structure 6: 324
– Occurrence 6: 326
Cassia gum
– Viscosity 10: 89
*Cassia occidentalis* 6: 325
*Castanea sativa* 3A: 48
Cast article 2: 243
*Castilla elastica* 2: 157
Catalase 10: 235
– Textile application 7: 402
Catalyst 3B: 347
Catalyst for rubber synthesis 2: 213
– Al(*i*-Bu)$_3$-AlEtCl$_2$-Nd(PCOC$_7$H$_{15}$)$_3$ 2: 212
– Al(*i*-Bu)$_3$-TiCl$_4$-(*n*-Bu)$_2$O 2: 210
– Al(*i*-Bu)$_3$-TiCl$_4$-diphenyl ether 2: 209
– Al(*i*-Bu)$_3$-VCl$_4$-(*n*-Bu)$_2$O 2: 210
– AlEt$_3$-BF$_3$-phenol-TiCl$_4$-H$_2$O 2: 210
– AlEt$_2$Cl-TiCl$_4$ 2: 209
– AlEt$_2$Cl-trichloroacetic acid 2: 215
– AlEt$_3$-TiCl$_4$ 2: 210
– AlEt$_3$-TiCl$_4$-BrCN 2: 210
– AlR$_3$-TiCl$_4$-BF$_3$-OEt$_2$ 2: 210

- $BF_3Et_2O$ and trichloroacetic acid **2**: 215
- Bis(triphenyl phosphine) nickel chloride-$Al_2Et_3Cl_3$ **2**: 214
- Catalyst containing $Ti^{3+}$ **2**: 211
- $[(C_6H_5)_3C]_2NdCl$-$Al(i\text{-}Bu)_3Al$ **2**: 212
- $CpTiCl_3$-MAO **2**: 214
- Karl Ziegler **2**: 207
- MAO:A $Ni(acac)_2$-MAO **2**: 214
- $NdCl_33ROH$-$AlR_3$ **2**: 214
- $Nd(naph)_3$-$Al(i\text{-}Bu)_2H$-$CH_3SiHCl_2$ **2**: 214
- $Ni(acac)_2$-MAO **2**: 214
- Ni oct-$TiCl_4$-$AlEt_3$ **2**: 214
- $[(RCOO)_3La/(i\text{-}Bu)_2AlCl/(i\text{-}Bu)_3Al(La,Nd,Tb)$ **2**: 212
- $TiCl_4$ **2**: 215

Catalytic polycondensation
- Polyaspartic acid **7**: 181

Catalytic triad **3A**: 21, **3B**: 65
Catechol **1**: 383, **8**: 371
Catechol 1,2-dioxygenase **10**: 286
*Catellatospora citrea* ssp. *citrea* JCM 7542 **3B**: 90
Catgut suture **8**: 121
*Catharanthus roseus* **2**: 58, 62, 64
*Caulobacter crescentus* **3A**: 177, 179, 182, 186, 196, 223, 226
- *mreB*-Like gene **7**: 361
- Murein biosynthesis gene **5**: 457
- S-Layer **7**: 302, 308, 322
- S-Layer protein
- – Amino acid sequence **7**: 300

Caustic lignite **10**: 47
CCMV **8**: 416
- TEM of nanoparticle **8**: 417

$^{13}C$-CP/MAS NMR **3B**: 170
CD44 **5**: 382, 386, 388
CDA **7**: 58
Cd-Hypersensitive **8**: 271
c-di-GMP
- Structure **5**: 55

CDPGro
- Biosynthesis **5**: 473

CDP-mannuronic acid
- Biosynthetic pathway **5**: 184

CD4 Receptor **6**: 168
Cd-Requiring protein
- *Thalassiosira weissflogii* **8**: 257

$Cd^{2+}$ Tolerance **8**: 277
Ceamsa **6**: 248
- Carrageenan production **6**: 262

CECA S.E. **6**: 50
*Cedrus atlantica* **1**: 215
Celanese Corp.
- Xanthan **5**: 282

Celgreen P-CA **9**: 230
Cell-cell communication
- *N*-Acylhomoserine lactone **10**: 236

Cell-free translation
- Wheat germ **8**: 484

Cell-free translation system
- Wheat germ **8**: 483

Cellidor B 501–07A **10**: 10
Cell membrane **7**: 201
- $\beta$-Barrel membrane protein **7**: 212
- Composition **7**: 214
- Electron transport chain **7**: 218
- Fluid mosaic model **7**: 204
- Function **7**: 210
- $\alpha$-Helical membrane protein **7**: 210
- Information transfer **7**: 216
- Lipid-linked membrane protein **7**: 214
- Material transfer **7**: 217
- Membrane anchor **7**: 219
- Membrane protein enzyme **7**: 219
- Membrane-spanning $\alpha$-helix **7**: 211
- Monotopic membrane protein **7**: 214
- Organization **7**: 214
- Polypeptide **7**: 208
- Protein
- – $\alpha$-Helix **7**: 211
- – Hydrogen-bonding pattern **7**: 211
- Protein component **7**: 210, 212, 214, 216
- Transmembrane helix **7**: 216
- Transport
- – Against concentration gradient **7**: 218
- – Down concentration gradient **7**: 217

Cellobiohydrolase **5**: 58
Cellobiose:quinone oxidoreductase **1**: 161
Cellobiose oxidase **1**: 161
Cell surface polymer
- In archaea **5**: 503
- Occurrence **5**: 503

Cell-Tak®
- Application **8**: 371

Cellulase **1**: 342, **3B**: 220, **5**: 219, **6**: 364, **7**: 382, 405, 408, **9**: 191
- Application **7**: 385
- Crystal **8**: 432
- Fiber modification **7**: 411
- Function **5**: 57
- Protein engineering **7**: 422
- Textile application **7**: 402

Cellulase revolution **7**: 404
Cellulase synthase gene **5**: 10
*Cellulomonas fimi* **5**: 59
Cellulose **1**: 22, **5**: 7, 12, **6**: 161, 275, **9**: 230, **10**: 8
- Analysis **6**: 280 f, 283 f
- Annual synthesis **6**: 277
- Application **5**: 40, **6**: 298 f, 302 f, 305, 308

– Biodegradability 9: 208
– Biodegradation 10: 105, 108
– – *Acidothermus cellulolyticus* 6: 290
– – *Dictyoglomus thermophilum* Rt46B.1 6: 291
– – *Erwinia* sp. 6: 292
– – Extracellular biodegradation 6: 291
– – *Fibrobacter succinogenes* 6: 292
– – Intracellular biodegradation 6: 290
– – *Orpinomyces joyonii* 6: 292
– – Patent 6: 290
– – *Rhizobium leguminosarum* 6: 291
– – *Ruminococcus* sp. 6: 292
– – *Streptomyces lividans* 6: 292
– – *Trichoderma reesei* 6: 290
– – *Trichoderma* sp. 6: 292
– Biosynthesis 5: 47 f, 6: 285
– – *Arabidopsis* 6: 289
– – Cellulose synthase 6: 286, 288
– – Genetic basis 6: 288
– – Glucokinase 6: 287
– – *Gluconacetobacter xylinum* 6: 289
– – Model 6: 287 f
– – *Nicotiana benthamiana* 6: 288
– – Patent 6: 287
– – Phosphoglucomutase 6: 287
– – Regulation 6: 289
– – UDP-Glucose-pyrophosphorylase 6: 287
– Biotechnological production
– – Cell culture 6: 293
– Carboxymethyl cellulose 6: 305
– Cellulose acetate 6: 303
– Cellulose acetatophthalate 6: 304
– Cellulose acetopropionate 6: 304
– Cellulose chemistry 6: 277
– Cellulose ester 6: 302
– Cellulose ether 6: 305
– Cellulose II 6: 283
– Cellulose I polymorph 6: 281
– Cellulose phosphate 6: 304
– Chemical composition
– – Cellulose 6: 278
– – Hemicellulose 6: 278
– – Lignin 6: 278
– Chemical derivative 6: 295
– – Alkylcellulose 6: 297
– – 3-*O*-Benzylcellulose 6: 298
– – Carboxymethyl cellulose 6: 297
– – Cellulose carboxylic acid ester 6: 296
– – Cellulose ester 6: 298
– – Cellulose ether 6: 298
– – Cellulose nitrate 6: 296
– – Cellulose sulfate 6: 296
– – Cellulose sulfonate 6: 296
– – Cellulose xanthogenate 6: 296
– – Cyanoethylcellulose 6: 297
– – Halodesoxycellulose 6: 296
– – Hydroxyalkyl cellulose 6: 297
– – Oxidized cellulose 6: 298
– – Regenerated cellulose 6: 298
– – Silylcellulose 6: 297
– – Tritylcellulose 6: 297
– Chemical property 6: 295
– Chemical synthesis 6: 279
– Commercialization 5: 13
– Crystal structure
– – Cellulose II 6: 282
– – Cellulose polymorph 6: 281 f
– – Unit cell 6: 282
– – *Valonia algae* 6: 282
– Degree of polymerization 6: 279
– Discovery 6: 277
– First description 5: 40
– *Gluconacetobacter xylinum* 6: 283
– Hydrogen bonding 6: 280
– In construction application 10: 51
– Inorganic cellulose ester 6: 304
– Material property 6: 293
– Medical application 10: 267
– Methylcellulose 6: 305
– Microcrystalline cellulose 6: 302
– Mixed cellulose ester ether 6: 304
– Mixed ester 6: 303
– Molecular structure
– – Anhydroglucose unit 6: 280
– – Cellulose I 6: 280
– – Cellulose II 6: 280
– – Non-reducing end-group 6: 280
– – Reducing end-group 6: 280
– Morphology
– – Microfibril diameter 6: 283
– Natural source
– – Algae 6: 279
– – Bacterium 6: 279
– – Plant 6: 278
– Occurrence 6: 278
– – *Acanthamoeba castellani* 6: 279
– – *Chaetamorpha melagonicum* 6: 279
– – *Gluconacetobacter xylinum* 6: 279
– – *Valonia ventricosa* 6: 279
– Occurrence in bacteria 5: 40
– Oxidized product 6: 306
– Patent 6: 308, 309 f
– Physiological function 6: 284 f
– Polymorph 6: 283
– Property 6: 293, 295
– – Breaking strength 6: 294
– – Coefficient of thermal expansion 6: 294
– – Density 6: 294

– – Dielectric constant 6: 294
– – Elastic modulus 6: 294
– – Elongation at break 6: 294
– – Glass transition temperature 6: 294
– – Melting point 6: 294
– – Physical property 6: 293
– – Refractive index 6: 294
– – Specific heat capacity 6: 294
– – Specific resistance 6: 294
– – Thermal conductivity 6: 294
– – Thermal decomposition range 6: 294
– – Water vapor retain 6: 294
– – X-ray crystallinity 6: 294
– Solvent 6: 299
– Structure 5: 40, 6: 280
– Sulfoethyl cellulose 6: 305
– Technical application
– – Regenerated cellulose product 6: 299
– Vegetable fiber 10: 6
Cellulose accumulation 1: 12
Cellulose acetate 6: 303, 9: 217, 230
– Biodegradability 9: 213, 216, 257
– Biodegradation 9: 205, 206, 10: 106, 108
– – *Acinetobacter calcoaceticus* 10: 110
– – *Neisseria sicca* 9: 207
– – *Pseudomonas paucimobilis* 10: 109, 110
– – Sewage sludge 10: 110
– Deacetylation 10: 108
– Grafting with cyclic ester 9: 216
– Oligoesterification 9: 214
– Plastic 9: 213, 215
– Plasticization 9: 213
– Production 9: 230
– Property 9: 213
– Stress–strain curve 9: 214
– Substituted
– – Chemical structure 9: 214
– Thermal softening curve 9: 215
Cellulose acetate butyrate
– Blend with poly(3HB) 9: 209
– Property 9: 209
Cellulose acetate propionate
– Biodegradability 9: 210
– Blend 9: 211
– Blend with poly(3HB) 9: 209
– Property 9: 209, 210, 211
Cellulose acetatophthalate 6: 304
Cellulose acetopropionate 6: 304
Cellulose and derivative
– Commercialization 5: 13
Cellulose biosynthesis
– *Gluconacetobacter xylinum* 6: 291
Cellulose carboxylic acid ester 6: 296
Cellulose derivative 6: 42, 9: 203, 10: 10, 61, 64
Cellulose diacetate 10: 10
– Biodegradability
– – Activated sludge system 9: 218
– Grafted CDA 9: 223, 224
– – $^{13}$C-NMR spectrum 9: 226
– – Crystallinity 9: 222
– – Differential scanning calorimetry thermogram 9: 222
– – Transparency of the sheet 9: 220
– – Viscoelastic measurement 9: 222
– Molar substitution 9: 219, 220, 221
– – Effect of reaction time 9: 225
– – Flow temperature 9: 224
– Structure 9: 225
– Transparency of the sheet 9: 219
Cellulose ester 6: 298, 302, 10: 10
– Polymer blend 9: 210
Cellulose ether 6: 298, 305 f, 10: 32, 64
– Application 6: 307
– In construction
– – Application 10: 65
– Rheological study 10: 66
Cellulose fiber 10: 42, 66
Cellulose-*graft*-poly(ε-CL) 3A: 383
Cellulose microfibril 1: 17
Cellulose nitrate 6: 296
Cellulose phosphate 6: 304
Cellulose powder
– Cellulose raw material 6: 294
Cellulose product 10: 67
Cellulose sulfate 6: 296
Cellulose sulfonate 6: 296
Cellulose synthase 5: 48, 51 ff, 6: 286, 288
– *Acetobacter xylinum* 5: 49
– Activator 5: 48
– Brown's model 5: 50
– Catalytic mechanism 5: 49
– Catalytic region 5: 50
– Cellulose biosynthesis
– – Glucokinase 5: 46
– – Phosphoglucomutase 5: 46
– – Phosphotransferase 5: 46
– – UDPGlc pyrophosphorylase 5: 46
– Localization 5: 47
– QXXRW motif 5: 49
Cellulose xanthogenate 6: 296
Cellulosic
– Market 8: 193
Cellulosome 5: 58
Cell wall 1: 22, 24, 3A: 3, 43
– Chemical composition
– – *Halococcus morrhuae* 5: 498
– – Methanochondroitin 5: 498
– Chemical structure

– – *Natronococcus occultus* **5**: 498
– – *Thermoplasma acidophilum* **5**: 502
– In archaea
– – Function **5**: 502
– Lipoglycan
– – *Thermoplasma acidophilum* **5**: 502
– Pseudomurein **5**: 498
Cell wall β-glucan
– *Candida albicans* **6**: 188
– Methodology of analysis **6**: 182
– *Saccharomyces cerevisiae* **6**: 188
– Structural study **6**: 188
Cell wall glycan **6**: 159 ff
Cell wall polymer
– Biodegradation **5**: 506
– Biosynthesis **5**: 504
Cement **10**: 33, 35
Cement-based material
– Sphingan **5**: 252
Cement dispersant **10**: 81
Cement kiln **2**: 406
CEN **10**: 369, 396, 398
– Compostability standard **10**: 400
CENP-C Centromeric protein **8**: 237
Center for Eukaryotic Structural Genomics **8**: 473
Central glycolysis **3A**: 322
Centriole **7**: 350
CEN working group
– Biodegradation test **10**: 384
– Degradability of packaging and packaging waste **10**: 396
Cephalopod **1**: 233
Cephalotaxaceae **2**: 34
C5 epimerase **6**: 220, 237
Ceramic glaze
– Xanthan **5**: 281
Ceramide **8**: 169
*Ceramium*
– Adhesive protein **8**: 362
*Ceratonia siliqua* **6**: 322, 326
Cereals
– Allergen **8**: 231
– Annual production **6**: 385
Cerestar Holding B.V.
– Xanthan **5**: 283
*Ceretonia siliqua* **5**: 13
*Ceriporiopsis subvermispora* **1**: 133, 140, 144, 146, 152, 160, 163, 185 f, 188 ff, 193, 195, 199, 412
C. E. Roeper GmbH
– Galactomannan producer **6**: 332
Certification **10**: 402
Certification program **10**: 403
CGP synthetase **7**: 88, 94
– Enzyme assay
– – *Synechocystis* sp. strain PCC 6308 **7**: 95
– Mechanism of catalysis **7**: 95
– Motif **7**: 94
– Primary structure **7**: 94
– $K_m$ value **7**: 95
*Chaetamorpha melagonicum* **6**: 279
*Chaetomium globosum*
– Polyurethane biodegradation **9**: 325
*Chaetomium gracile*
– Dextran degradation **5**: 306
*Chaetomium* sp. **10**: 110, 112, 113
*Chaetomium thermophilum* **1**: 360
Chain-elongation **2**: 85
Chalcopyrite **1**: 445
*Chamaecyparis nootkatensis* **3A**: 47
Chaperone **7**: 228
Charcoal **1**: 476
CHARM model **10**: 81
Cheese coating **3A**: 309
Cheese flavor **9**: 53
Chelator **1**: 398, 404, 406
Chemical aminoacylation
– Nonnatural amino acid **7**: 30
Chemical coal upgrading **1**: 476
Chemical degradation **1**: 210, **9**: 239
Chemical desulfurization
– Alkali treatment **1**: 443
– Pyrolytic method **1**: 443
Chemical industry
– USA **10**: 348
Chemical oxygen demand **9**: 245
Chemical pulping
– Kraft pulping **1**: 194
– Sulfite pulping **1**: 193
Chemical pulping process **1**: 182
Chemical pumping
– Lignin-degrading fungi **1**: 185
Chemical structure
– Alginate
– – *Azotobacter vinelandii* **5**: 182
– – *Pseudomonas aeruginosa* **5**: 182
– Poly(*p*-dioxanone) **9**: 525
Chemical surfactant **5**: 128
Chemical synthesis
– Aromatic copolyester **3B**: 339
– Benzyl malolactonate **3A**: 85, **3B**: 441
– Condensation polymerization **3B**: 330
– Covalent initiator **3B**: 389
– – Metal alkoxide **3B**: 392
– Cyclic diester **3B**: 437
– Initiator
– – Alkylmetal alkoxide **3B**: 394
– – Metal alkoxide **3B**: 394

– Ionic polymerization **3B**: 389
– Oligo(α-hydroxyalkanoic acid) **3B**: 439
– Oligomeric ester **3B**: 431
– Oligomeric polyester **3B**: 433
– Oligomeric poly(3HB) **3B**: 437
– Polyactic acid **3B**: 334
– Poly(butylene succinate) **3B**: 432
– Poly(butylene succinate-*co*-caproate) **3B**: 435
– Poly(butylene succinate-*co*-L-lactate) **3B**: 435
– Poly(butylene succinate-*co*-terephthalate) **3B**: 434 f
– Poly(ε-caprolactone) **3B**: 435 f
– β-Poly(DL-malic acid) **3B**: 441
– Poly(ester-amide) **3B**: 359 f
– Poly(ester-ether) **3B**: 361
– Polyester **3B**: 337 f, 340
– – Poly(glycolate-*co*-lactate) **3B**: 443
– Poly(ester-urethane) **3B**: 356, 359
– Poly(GA-*co*-α-MA) **3B**: 437
– Poly(glycolic acid) **3B**: 437, 438
– Poly(3HB *co*-3HV) **3B**: 437
– Poly(3-hydroxyalkanoate) **3B**: 437
– Poly(ω-hydroxyalkanoate) **3B**: 435
– Poly(3-hydroxybutyrate) **3B**: 436
– Poly(lactic acid) **3B**: 336, 438
– Poly(malic acid) **3A**: 78
– – α-Ester **3B**: 439
– – β-Ester **3B**: 439
– α-Poly(malic acid) **3B**: 440
– β-Poly(L-malic acid) **3B**: 441
– Poly(pivalolactone) **3B**: 436
– Poly(3-propiolactone) **3B**: 436
– Polytransesterification **3B**: 340
– Poly(δ-valerolactone) **3B**: 436
– Ring-opening polymerization **3B**: 329
– $Sn(Oct)_2$-initiated **3B**: 344
Chemicon **8**: 489
Chemoembolization agent **10**: 263
Chemolithotrophic bacteria **2**: 385, 391, 407
Chemotherapy **9**: 475
*Chenopodium rubrum*
– Amaranthin **6**: 522
Chestnut **2**: 187
Chewing gum **2**: 246
Chicken eggshell **8**: 310
Chick tendon cell **8**: 329
Chicle **2**: 11, 17, 76, 153
Chicory **6**: 456
– Inulin **6**: 444
– Inulin production **6**: 455
China reed
– Heating value **10**: 442
China reed (CR) pallet
– LCA **10**: 435
*Chionoecetes japonicus* **6**: 513
Chip **10**: 430
*Chironomus tentans* **6**: 510
– Adhesive protein **8**: 363
– Chitin synthase **6**: 498
– Inhibitor of chitin synthesis **6**: 497
Chitin **3A**: 2, 5: 6, **6**: 123 ff, 142, 481 ff
– Abiotic synthesis **6**: 515
– Agglutinin (WGA) labeling technique **6**: 127
– Antimicrobial activity **6**: 522
– Application **6**: 142, 524, 531
– – Adsorption of humic acid **6**: 143
– – Adsorption of metal ion **6**: 143
– – Agriculture **6**: 530
– – Artificial skin **6**: 528
– – Biochemical genetics **6**: 536
– – Biotechnology **6**: 525
– – Bone regeneration **6**: 521, 527
– – Cosmetics **6**: 530
– – Fiber **6**: 523
– – Food **6**: 530
– – Healthcare **6**: 143, 526
– – Medical application **6**: 526, 528
– – Nonwoven fabric **6**: 523
– – Paper technology **6**: 525
– – Prosthetic implant **6**: 527
– – *Rhizomucor pusillus* **6**: 143
– – *Rhizopus arrhizus* **6**: 143
– – *Rhizopus oryzae* 26668 **6**: 143
– – Surgery **6**: 527
– – Sustained-release formulation **6**: 530
– – Technical application **6**: 523
– – Textile **6**: 523
– – Transmucosal drug delivery **6**: 530
– – Treatment of hyperlipidemia **6**: 526
– – Treatment of obesity **6**: 526
– – Vascular medicine **6**: 527
– – Wastewater engineering **6**: 523
– – Wound care **6**: 521, 528
– Biodegradation **6**: 135 f, 138, 140, 500, **10**: 105
– – *N*-Acetyl-β-D-hexosaminidase **6**: 508
– – *Alteromonas* **6**: 509
– – Chitinase **6**: 134, 137, 499, 501 ff
– – Chitinase gene **6**: 510
– – Chitin-binding protein **6**: 507
– – Chitobiase **6**: 508
– – Chitooligosaccharide **6**: 508
– – Chitoporin **6**: 508
– – Chitosanase **6**: 137, 141
– – *Exo*-β-D-glucosaminidase **6**: 141
– – *Hevea brasiliensis* **6**: 508
– – Lectin **6**: 507
– – Lysozyme **6**: 507
– – *Penaeus japonicus* **6**: 509

– – Regulation 6: 511
– – *Serratia marcescens* 6: 508
– – *Streptomyces olivaceoviridis* 6: 508
– – Transmembrane transport 6: 508
– Biological property 6: 521
– Biosynthesis 6: 133 f
– – *Aedes aegypti* 6: 497
– – *Allium cepa* 6: 152
– – *Artemia salina* 6: 496
– – *Aspergillus nidulans* 6: 131
– – Assay of chitin biosynthesis 6: 495
– – At the enzymatic level 6: 498
– – At the transitional level 6: 499
– – At the translational level 6: 498
– – Benzoylphenylurea 6: 497
– – Biochemical pathway 6: 495
– – *Boophilus microplus* 6: 496
– – *Caenorhabditis elegans* 6: 497
– – *Candida albicans* 6: 131, 133
– – *Chironomus tentans* 6: 497
– – Chitin deacetylase 6: 133
– – Chitin synthase 6: 128, 131, 495
– – Chitin synthase-like gene in bacteria 6: 497
– – Chitin synthase NodC 6: 498
– – *Cichorium intybus* 6: 152
– – *Cynara scolymus* 6: 152
– – *Drosophila* 6: 496
– – *Eufolliculina uhligi* 6: 495
– – Finishing of the polymer 6: 496
– – Genetic basis 6: 497
– – Glucan transferase 6: 133
– – Glucosamine 6-phosphate-*N*-acetyltransferase 6: 495
– – Glucosephosphate isomerase 6: 495
– – α-Glucosidase trehalase 6: 494
– – Glutamine fructose-6-phosphate aminotransferase 6: 495
– – *Helianthus tuberosus* 6: 152
– – Hexokinase 6: 495
– – Hyaluronan synthase gene 6: 498
– – Inhibition 6: 497
– – *Lucilia cuprina* 6: 497
– – Molecular genetics 6: 152
– – *Neurospora crassa* 6: 130 f
– – Nikkomycin 6: 497
– – Phosphoacetylglucosamine mutase 6: 495
– – Polymerization of GlcNAc 6: 496
– – Polyoxin 6: 497
– – Regulation 6: 499
– – *Rhizobium* Nod factor 6: 498
– – *Riftia pachytila* 6: 495
– – *Saccharomyces cerevisiae* 6: 130 f, 133, 497
– – *Saprolegnia monoica* 6: 130
– – Synthesis of substrate 6: 494
– – *Taraxacum officinale* 6: 152
– – Translocation of the polymer 6: 496
– – Trehalase 6: 495
– – Tunicamycin 6: 497
– – Uridine-diphosphate-*N*-acetylglucosamine pyrophosphorylase 6: 495
– – *Ustilago maydis* 6: 131
– Biotechnological production 6: 141
– *Calliphora erythrocephala* 6: 491
– Chemical analysis 6: 127
– Chemical property 6: 518
– Chemical structure 6: 486
– – *Aspergillus fumigatus* 6: 125 f
– – *Aspergillus nidulans* 6: 126
– – *Candida albicans* 6: 126
– – *Epidermophyton stockdaleae* 6: 126
– – *Fusarium oxysporum* 6: 126
– – *Microsporum fulvum* 6: 126
– – *Saccharomyces cerevisiae* 6: 125
– Chemoenzymatic synthesis 6: 516
– Chitinase 6: 135
– – Regulation 6: 136
– Chitinase gene
– – *Aedes* 6: 509
– – *Anopheles* 6: 509
– – *Bombyx mori* 6: 509
– – *Drosophila* 6: 509
– – *Manduca sexta* 6: 509
– – *Serratia marcescens* 6: 509
– Commercial producer 6: 517
– Compartment system 8: 348
– Conformation in solution 6: 486
– Crystal structure 6: 487
– Definition 6: 485
– Depolymerization 6: 514
– Derivative 6: 520
– Detection
– – $^{13}C$ Chemical shift 6: 492
– – Chitinase 6: 489
– – $^{13}C$-NMR spectrum 6: 491
– – Determination of $F_A$ 6: 490
– – ELISA 6: 489
– – FT-IR spectrum 6: 491
– – $^{1}H$- and $^{13}C$-NMR in solution 6: 491
– – IR spectroscopy 6: 490
– – MALDI-TOF MS 6: 493
– – Mass sepctrometry 6: 492
– – NMR spectroscopy 6: 490
– – Solid-state $^{13}C$-NMR 6: 490
– – Staining with aniline blue 6: 127
– – Titration method 6: 492
– Discovery 6: 485
– Economics 6: 516
– Elicitor activity in plant 6: 522

– Enzymatic deacetylation **6**: 514
– Enzymes involved in biodegradation
– – β-*N*-Acetylglucosaminidase (exo) **6**: 500
– – Chitinase **6**: 500
– – Chitin deacetylase **6**: 500
– – Chitodextrinase **6**: 500
– – Chitosanase **6**: 500
– – di-*N*-Acetylchitobiase **6**: 500
– – GlcNAc-6-P-deacetylase **6**: 500
– – β-Glucosaminidase **6**: 500
– – Lysozyme **6**: 500
– Genetic basis **6**: 497
– Hybrid polymers **6**: 521
– Localization **6**: 127
– Macromolecular characterization
– – Chromatography **6**: 494
– – Viscosimetry **6**: 493
– Material **6**: 518
– – Fiber **6**: 519
– – Film **6**: 519
– – Membrane **6**: 519
– *Megarhyssa lunator* **6**: 488
– Molecular weight **6**: 125
– Number of patents **6**: 532
– Occurrence **6**: 125, 487
– – *Colletotrichum lindemuthianum* **6**: 127
– – *Cryptococcus neoformans* **6**: 127
– – *Fusarium oxysporum* **6**: 127
– – *Lentinus edodes* **6**: 127
– – *Lycophyllum shimeji* **6**: 127
– – *Pandalus borealis* **6**: 491
– – *Phellinus noxius* **6**: 127
– – *Phythophthora parasitica* **6**: 127
– – *Pityrosporum canis* **6**: 127
– – *Pleurotus sajor-caju* **6**: 127
– – *Pythium ultimum* **6**: 127
– – *Rhizoctonia solani* **6**: 127
– – *Rhizopus oryzae* **6**: 127
– – *Rigidoporus lignosus* **6**: 127
– – *Saccharomyces cerevisiae* **6**: 126
– – *Volvariella volvacea* **6**: 127
– Patent **6**: 144 f
– – Agrochemical bioregulator **6**: 535
– – Application **6**: 532 f
– – Biochemical genetics **6**: 537
– – Biochemical method **6**: 538
– – Cosmetics and ingredients **6**: 540
– – Enzyme **6**: 539
– – Food and feed chemistry **6**: 541
– – Immunochemistry **6**: 542
– – Industrial biotechnology **6**: 541
– – Isolation **6**: 532 ff
– – Pharmaceuticals and pharmacology **6**: 529, 547 ff
– – Polysaccharide chemistry and processes **6**: 542 ff
– – Production **6**: 532 ff
– – Textiles and paper **6**: 554
– – Various applications **6**: 556
– – Water purification **6**: 555
– Physiological function **6**: 127, 488 f
– Production
– – Annual catch **6**: 512
– – Antarctic krill **6**: 513
– – *Aspergillus oryzae* **6**: 514
– – *Bacillus subtilis* **6**: 514
– – Chemical process **6**: 513
– – *Chionoecetes japonicus* **6**: 513
– – *Clostridium formicoaceticum* **6**: 514
– – Current problems **6**: 531
– – *Euphausia superba* **6**: 513
– – Fermentation process **6**: 513
– – Limit **6**: 531
– – *Loligo vulgaris* **6**: 513
– – *Pediococcus pentosaseus* **6**: 514
– – *Programbarum clarkii* **6**: 514
– – *Pseudomonas maltophilia* **6**: 514
– – Red brab **6**: 513
– – *Streptococcus faecium* **6**: 514
– Property **6**: 521 ff
– – Chemistry **6**: 519
– – Lipid-binding property **6**: 519
– – Physico-chemical property **6**: 518
– – Polyelectrolyte complex **6**: 519
– Reactivity **6**: 520
– Regulation **6**: 499
– Staining with aniline blue **6**: 127
– Toxicology **6**: 528
– World market **6**: 516
Chitinase **2**: 93, **3B**: 220, **6**: 188, 489, 499
– *Aphanocladium album* **6**: 136
– *Arthrobacter* sp. NHB-10 **6**: 503
– *Aspergillus fumigatus* **6**: 504
– *Aspergillus nidulans* **6**: 137
– Assay **6**: 500, 502
– *Bacillus circulans* **6**: 511
– *Beauveria bassiana* **6**: 136 f
– *Bombyx mori* **6**: 501, 503, 505
– *Botrytis cinerea* **6**: 137
– *Candida albicans* **6**: 135 ff
– *Candida immitis* **6**: 136
– Chitinase gene **6**: 509 f
– Cleavage pattern **6**: 501 f
– *Coccidioides immitis* **6**: 134, 136
– *Corolospora maritima* **6**: 135
– Crystal structure
– – *Bacillus circulans* **6**: 506
– – *Coccidioides immitis* **6**: 506

– – *Hevea brasiliensis* 6: 506
– – *Serratia marcescens* 6: 506
– *Dioscorea opposita* 6: 501, 503
– Domain organization 6: 509
– Function 6: 504 f
– *Fusarium oxysporum* 6: 505
– *Gadusmorhua* 6: 504
– *Hirsutella necatrix* 6: 135
– *Hirsutella thompsonii* 6: 135
– *Homo sapiens* 6: 501, 503
– *Hordeum vulgare* 6: 503
– Inhibitor 6: 507
– *Janthinobacterium lividum* 6: 135
– *Leishmania* 6: 505
– *Manduca sexta* 6: 505
– Mechanism 6: 505
– Metagenomic 7: 421
– *Metarhizium anisopliae* 6: 135, 137
– *Metarhizium flavoviride* 6: 137
– *Mucor rouxii* 6: 135
– *Neurospora crassa* 6: 135
– Occurrence 6: 504 f
– *Penicillium janthinellum* P9 6: 135 f
– *Piromyces communis* 6: 135
– *Plasmodium* 6: 505, 511
– *Plasmodium falciparum* 6: 502, 504 f
– *Plasmodium gallinaceum* 6: 502, 504
– Property 6: 503 f
– *Rehmannia glutinosa* 6: 501, 503
– *Rhizoctonia solani* 6: 135, 137
– *Rhizopus oligosporus* 6: 135 f
– *Saccharomyces cerevisiae* 6: 136 f
– *Schizophyllum commune* 6: 135
– *Serratia marcescens* 6: 501, 503, 505, 511
– *Streptomyces* 6: 504 f, 511
– *Streptomyces erythraeus* 6: 503
– *Streptomyces griseus* 6: 501, 503
– *Streptomyces thermoviolaceus* 6: 503, 511
– Structure 6: 505
– Substrate 6: 501 f
– *Todarodes pacificus* 6: 501, 503
– *Trichoderma harzianum* 6: 134 ff
– *Trichoderma* sp. T6 6: 135
– *Trypanosoma* 6: 505
– *Verticillium* cfr. *lecanii* 6: 135
– *Vibrio furnissii* 6: 505
Chitinase gene
– *Bombyx mori* 6: 510
– *Chironomus tentans* 6: 510
– *Homo sapiens* 6: 510
– *Hyphantria cunea* 6: 510
– *Phytolacca americana* 6: 510
– *Plasmodium falciparum* 6: 510
– *Plasmodium gallinaceum* 6: 510
– *Serratia marcescens* 6: 510
– *Streptomyces thermoviolaceus* 6: 510
Chitin binding protein 6: 507
Chitin deacetylase
– *Absidia coerulea* 6: 133 f, 142
– *Aspergillus nidulans* 6: 133
– *Bacillus circulans* 6: 133
– Biotechnological production 6: 142
– Chitin biosynthesis 6: 134
– Chitosan biosynthesis 6: 133
– *Colletotrichum lindemuthianum* 6: 133 f
– Enzymology 6: 133
– *Mucor rouxii* 6: 133 f, 142
– *Pichia pastoris* 6: 142
– Production 6: 142
– *Puccinia graminis* f. sp. *tritici* 6: 134
– Reaction mechanism 6: 133
– Regulation 6: 134
– *Saccharomyces cerevisiae* 6: 133
– *Uromyces viciae-fabae* 6: 133 f
– *Vibrio alginolyticus* 6: 133
*β*-Chitin fibril 8: 349
Chitin synthase 6: 495
– *Absidia glauca* 6: 128
– *Agaricus bisporus* 6: 129
– *Ampelomyces quisqualis* 6: 129
– *Aspergillus fumigatus* 6: 129
– *Aspergillus nidulans* 6: 129
– *Beauveria brongniartii* 6: 129
– *Candida albicans* 6: 129
– Enzymology 6: 495
– *Fonsecaea pedrosoi* 6: 129
– Genetics
– – *Saccharomyces cerevisiae* 6: 130
– *Metarhizium anisopliae* 6: 129
– *Mucor circinelloides* 6: 129
– *Mucor rouxii* 6: 128
– *Neurospora crassa* 6: 128 f
– *Paracoccidioides brasiliensis* 6: 129
– *Penicillium chrysogenum* 6: 129
– *Phialophora verrucosa* 6: 129
– *Pyricularia oryzae* 6: 129
– Regulation
– – *Mucor rouxii* 6: 131
– – *Saccharomyces cerevisiae* 6: 131
– *Rhizopus oligosporus* 6: 129
– *Saccharomyces cerevisiae* 6: 128 f
– *Saprolegnia monoica* 6: 129
– Subcellular localization 6: 128
– *Tremella magnatum* 6: 130
– *Tuber borchii* 6: 129
– *Ustilago maydis* 6: 128, 130
– *Wangiella dermatitidis* 6: 130
Chitin synthase NodC 6: 498

Chitobiase **6**: 508
Chitooligosaccharide **6**: 487, 508
– Synthesis **6**: 515
Chitopearl® **6**: 525
Chitoporin **6**: 508
Chitosan **6**: 123 ff, 481 ff, **8**: 309, **9**: 230, 249, **10**: 80, 152
– *Absidia blakesleeana* **6**: 141
– *Absidia butleri* HUT 1001 **6**: 141
– *Absidia coerulea* **6**: 141
– *Absidia spinosa* **6**: 141
– Antimicrobial activity **6**: 522
– Application **6**: 142, 524, 531
– – Adsorption of humic acid **6**: 143
– – Adsorption of metal ion **6**: 143
– – Agriculture **6**: 530
– – Artificial skin **6**: 528
– – Biochemical genetics **6**: 536
– – Biotechnology **6**: 525
– – Bone regeneration **6**: 521, 527
– – Cosmetics **6**: 530
– – Fibers **6**: 523
– – Food **6**: 530
– – Healthcare **6**: 143, 526
– – Medical application **6**: 526, 528
– – Nonwoven fabric **6**: 523
– – Paper technology **6**: 525
– – Prosthetic implant **6**: 527
– – *Rhizomucor pusillus* **6**: 143
– – *Rhizopus arrhizus* **6**: 143
– – *Rhizopus oryzae* 26668 **6**: 143
– – Surgery **6**: 527
– – Sustained-release formulation **6**: 530
– – Technical application **6**: 523
– – Textile **6**: 523
– – Transmucosal drug delivery **6**: 530
– – Treatment of hyperlipidemia **6**: 526
– – Treatment of obesity **6**: 526
– – Vascular medicine **6**: 527
– – Wastewater engineering **6**: 523
– – Wound care **6**: 521, 528
– Biocompatibility **10**: 268
– Biodegradation **6**: 135 f, 138, 140, 500
– – Chitinase **6**: 134, 137
– – Chitosanase **6**: 137, 141
– – *Exo*-β-D-glucosaminidase **6**: 141
– Biological property **6**: 521
– Biosynthesis **6**: 133 f
– – *Artemia salina* **6**: 496
– – At the enzymatic level **6**: 498
– – At the translational level **6**: 498
– – *Boophilus microplus* **6**: 496
– – Chitin synthase **6**: 128
– – Chitosan synthase NodC **6**: 498
– – *Drosophila* **6**: 496
– – Finishing of the polymer **6**: 496
– – Hyaluronan synthase gene **6**: 498
– – Polymerization of GlcNAc **6**: 496
– – *Rhizobium* Nod factor **6**: 498
– – Translocation of the polymer **6**: 496
– Biotechnological production **6**: 142
– – Chitin deacetylase **6**: 142
– *Calliphora erythrocephala* **6**: 491
– Chemical property **6**: 518
– Chemical structure **6**: 486
– – *Aspergillus niger* **6**: 126
– – *Fusarium moniliforme* **6**: 126
– – *Fusarium oxysporum* **6**: 126
– – *Humicola lutea* **6**: 126
– Chitosanase **6**: 138
– Commercial producer **6**: 517
– Commercial product
– – Chitopearl® **6**: 525
– – Hydagen® **6**: 528
– – PROTASAN™ **6**: 528
– Conformation in solution **6**: 486
– Crystal structure **6**: 487
– *Cunninghamella echinulata* **6**: 141
– Definition **6**: 485
– Depolymerization **6**: 514
– – With nitrous acid **6**: 515
– Derivative **6**: 520
– Detection
– – $^{13}C$ Chemical shift **6**: 492
– – Determination of $F_A$ **6**: 490
– – IR spectroscopy **6**: 490
– – MALDI-TOF MS **6**: 493
– – Mass spectrometry **6**: 492
– – NMR spectroscopy **6**: 490
– – Solid-state $^{13}C$-NMR **6**: 490
– Discovery **6**: 485
– Economics **6**: 516
– Elicitor activity in plant **6**: 522
– Enzyme involved in biodegradation
– – β-*N*-Acetylglucosaminidase (exo) **6**: 500
– – Chitodextrinase **6**: 500
– – Chitosanase **6**: 500
– – Chitosan deacetylase **6**: 500
– – di-*N*-Acetylchitobiase **6**: 500
– – GlcNAc-6-P-deacetylase **6**: 500
– – β-Glucosaminidase **6**: 500
– – Lysozyme **6**: 500
– *Gongronella butleri* **6**: 141
– Hybrid polymer **6**: 521
– In construction application **10**: 51
– Isolation **6**: 512
– – From fungal biomass **6**: 142
– *Lentinus edodes* **6**: 141

– Macromolecular characterization
– – Chromatography **6**: 494
– – Viscosimetry **6**: 493
– Material **6**: 518
– – Fiber **6**: 519
– – Film **6**: 519
– – Membrane **6**: 519
– Medical application **10**: 268
– *Megarhyssa lunator* **6**: 488
– *Mucor rouxii* **6**: 141
– Occurrence **6**: 125, 487
– – *Lentinus edodes* **6**: 127
– *Pandalus borealis* **6**: 491
– Patent **6**: 144 f
– – Agrochemical bioregulator **6**: 535
– – Application **6**: 532 ff
– – Biochemical genetics **6**: 537
– – Biochemical methods **6**: 538
– – Cosmetics and ingredients **6**: 540
– – Enzyme **6**: 539
– – Food and feed chemistry **6**: 541
– – Immunochemistry **6**: 542
– – Industrial biotechnology **6**: 541
– – Isolation **6**: 532 ff
– – Number of **6**: 532
– – Pharmaceuticals and Pharmacology **6**: 529, 547 ff
– – Polysaccharide chemistry and process **6**: 542 ff
– – Production **6**: 532 ff
– – Textiles and paper **6**: 554
– – Various application **6**: 556
– – Water purification **6**: 555
– Pharmaceutical-grade product **6**: 529
– *Phycomyces blakesleeanus* **6**: 141
– Physiological functions **6**: 488 f
– Production
– – Annual catch **6**: 512
– – Antarctic krill **6**: 513
– – *Aspergillus oryzae* **6**: 514
– – *Bacillus subtilis* **6**: 514
– – Chemical process **6**: 513
– – *Chionoecetes japonicus* **6**: 513
– – *Clostridium formicoaceticum* **6**: 514
– – Current problems **6**: 531
– – *Euphausia superba* **6**: 513
– – Fermentation process **6**: 513
– – Limit **6**: 531
– – *Loligo vulgaris* **6**: 513
– – *Pediococcus pentosaseus* **6**: 514
– – *Programbarum clarkii* **6**: 514
– – *Pseudomonas maltophilia* **6**: 514
– – Red crab **6**: 513
– – *Streptococcus faecium* **6**: 514
– Property **6**: 521 ff
– – Chemistry **6**: 519
– – Lipid-binding property **6**: 519
– – Physico-chemical property **6**: 518
– – Polyelectrolyte complex **6**: 519
– Reactivity **6**: 520
– Regulatory aspect **6**: 529
– Resource **6**: 512
– *Rhizopus oryzae* **6**: 141
– Toxicology **6**: 528
– World market **6**: 516
Chitosan acetate
– Biodegradability **9**: 257
Chitosanase **6**: 137 f
– *Acinetobacter* sp. CHB101 **6**: 138
– *Amycolatopsis* sp. CsO-2 **6**: 139
– *Aspergillus fumigatus* KH-94 **6**: 139
– *Aspergillus oryzae* IAM2660 **6**: 138
– *Aspergillus* sp. Y2K **6**: 138 f
– *Bacillus amyloliquefaciens* **6**: 140
– *Bacillus cereus* **6**: 139
– *Bacillus cereus* S1 **6**: 139
– *Bacillus circulans* **6**: 140
– *Bacillus circulans* MH-K1 **6**: 138 f, 140
– *Bacillus circulans* WL-12 **6**: 138, 140
– *Bacillus ehimensis* **6**: 140
– *Bacillus lentus* **6**: 138
– *Bacillus pumilus* **6**: 126, 515
– *Bacillus pumilus* BN-262 **6**: 138, 140
– *Bacillus* sp. CK4 **6**: 140
– *Bacillus* sp. GM44 **6**: 138 f
– *Bacillus* sp. HW-002 **6**: 139
– *Bacillus* sp. KFB-C108 **6**: 139
– *Bacillus* sp. 7-M **6**: 140
– *Bacillus* sp. No. 7-M **6**: 138
– *Bacillus subtilis* **6**: 141
– *Bacillus subtilis* KH1 **6**: 139
– *Burkholderia gladioli* CHB101 **6**: 140
– Enzymology **6**: 138
– *Fusarium solani* sp. *phaseoli* **6**: 139
– *Fusarium solani* sp. *phaseoli* SUF386 **6**: 140
– Gene **6**: 140
– In plant **6**: 139
– *Matsuebacter chitosanotabidus* 3001 **6**: 139, 140
– Mechanism **6**: 138
– *Mucor indicaeseudaticae* **6**: 138
– *Mucor rouxii* **6**: 138, 139
– *Nocardioides* N106 **6**: 140
– *Nocardioides* strain K-01 **6**: 139
– *Penicillium islandicum* **6**: 140
– *Penicillium spinulosum* **6**: 139
– Reaction mechanism **6**: 140
– Regulation **6**: 140
– *Streptomyces griseus* **6**: 140

– *Streptomyces griseus* HUT6037 **6**: 138
– *Streptomyces* N174 **6**: 139, 140
– *Streptomyces* sp. N174 **6**: 140
– Structure **6**: 138
Chitosan biosynthesis
– Chitin deacetylase **6**: 133
Chitosan–cellulose blend fibers **6**: 524
Chitosan glutamate (PROTASAN™ UP)
– Toxicology **6**: 528
Chitosan-like biopolymer **10**: 152
Chitosan production
– *Absidia butleri* HUT 1001 **6**: 142
– *Absidia coerulea* **6**: 142
– *Absidia orchidis* **6**: 142
– *Absidia spinosa* **6**: 142
– *Rhizopus oryzae* **6**: 142
*Chlamydia*
– *mreB*-Like gene **7**: 361
*Chlamydia trachomatis*
– mreB Protein **7**: 369
*Chlamydomonas*
– Flagella **7**: 348
*Chlamydomonas monoica* **1**: 212
*Chlamydomonas reinhardtii* **2**: 64
Chlamydospore
– Pullulan formation **6**: 9
Chloramphenicol **7**: 94
Chloramphenicol acetyltransferase **7**: 63
*Chlorella* **1**: 211
*Chlorella fusca* **2**: 64
Chlorinated rubber **2**: 208, 215, 224
Chlorine **1**: 92
Chlorine-detecting microelectrode **10**: 234
*Chlorobium limicola* **9**: 47
– Polymeric sulfur compound **9**: 39
Chloroeremomycin **7**: 56, 64
2-Chloroethylphosphonic acid **2**: 3
Chlorogenic acid **1**: 383
*m*-Chloroperbenzoic acid **4**: 348, **10**: 202
Chloroperoxidase **1**: 28
Chlorophyll **2**: 39
Chloropolyethylene **2**: 310
Chloroprene rubber **2**: 299, 323
(*S*)-2-Chloropropionic acid **7**: 414
Chloroquine **9**: 142, 149, 150
– Malarial pigment **9**: 150
Chloroquine resistance transporter protein **9**: 149
Chloroquine treatment **9**: 149
Chlorosulfonyl polyethylene **2**: 310
Chloro-*s*-triazine **1**: 286
CHO-K1 cell test **10**: 251
Cholesterol **2**: 120, **8**: 169
Cholesterol biosynthesis **2**: 81
Cholesterol esterase
– Polyurethane biodegradation **9**: 326
Cholesterol sulfate **8**: 169
Cholestyramine **6**: 526
Chondrocyte **1**: 381
Chondrodysplasia
– OI **8**: 136
Chondroitin **9**: 192
Chondroitin-ABC lyase **6**: 587
Chondroitinase **6**: 577
Chondroitinase treatment **8**: 313
Chondroitin sulfate **6**: 577, 593
– Proteoglycan **6**: 592
Chondroitin 4-sulfate
– Chemical structure **6**: 579
Chondroitin 6-sulfate
– Chemical structure **6**: 579
Chondroitin sulfate–iron complex **6**: 593
Chondroitin sulfate proteoglycan **5**: 383
Chondro sulfatase **6**: 591
Chondro-4-sulfatase **6**: 587
Chondro-6-sulfatase **6**: 587
*Chondrus*
– Carrageenan producer **6**: 247
*Chondrus crispus*
– Carrageenan **6**: 251, 253
– Carrageenan biosynthesis
– – Sulfohydrolase I **6**: 258
– – Sulfohydrolase II **6**: 258
– Carrageenan producer **6**: 247
– Carrageenan production **6**: 259
Chorda tympani **8**: 210
Chorismate **1**: 33
*Choromytilus chorus*
– Adhesive protein **8**: 362
$CH_4$ production **9**: 245
Christopher Columbus **2**: 156
*Chromatium vinosum* **3A**: 109, 114, 220, 225, 355, 357 f, 365, **3B**: 8
Chromatography-mass spectrometry **2**: 329
Chrome lignosulfonate **10**: 47
*Chromobacterium violaceum* **3A**: 177, 179, 180, 196, 226, 273, **3B**: 212
*Chromobacterium violaceum* DSM30191 **3A**: 223
Chronic eczema **1**: 381
Chronic inflammatory disease **1**: 381
*Chryseobacterium* sp. OJ7
– ε-PL **7**: 117
– ε-PL degradation **7**: 115, 116
*Chrysonilia sitophila* **1**: 137
*Chrysosporium pannorum*
– Inulinase **6**: 454
Chymotrypsin **7**: 88, **8**: 243
α-Chymotrypsin **10**: 296
Cianoficina **7**: 85

Cibafast W® **8**: 191
*Cicer arietinum* L. **8**: 229
*Cichorium intybus*
– Inulin biosynthesis **6**: 452
– Inulin production **6**: 455
Cinnamaldehyde **1**: 95
Cinnamate-3-hydroxylase **3A**: 59
Cinnamate 4-hydroxylase **1**: 43, 75
*trans* Cinnamate 4-hydroxylase **3A**: 59
Cinnamate lyase **3A**: 59
Cinnamate pathway **1**: 38
Cinnamic acid **1**: 31, 33, 74 f, 95, **3A**: 63
Cinnamoyl CoA pathway **1**: 38
Cinnamoyl-CoA reductase **1**: 34, 40, 43, 79, **3A**: 59
Cinnamyl alcohol dehydrogenase **1**: 42, 79 f, **3A**: 59
Cinnamyl alcohol pathway **1**: 38
Cinnamyl aldehyde pathway **1**: 38
Ciprofloxacin
– In nanoparticle **9**: 465
Cisplatin **4**: 227
Citric acid cycle **3A**: 208
*Citrobacter*
– Tetrathionate metabolism **9**: 51
*Citrobacter freundii* **3B**: 283, 285 f, **10**: 287
– Tetrathionate reduction **9**: 52
*Citrobacter* sp.
– Chitosan-like biopolymer **10**: 152
– Flocculant **10**: 152
*Citrus* **3A**: 7
*Citrus paradisi* **3A**: 44
*Cladosporium cladosporioides* **1**: 360, 366, **2**: 329, 342, 343, **10**: 110, 112, 113
*Cladosporium resinae*
– Glucoamylase **6**: 4
*Cladosporium* sp. **10**: 110
Clariant **10**: 66
Clathrin
– Coated vesicle **7**: 263
– Three-dimensional reconstruction **7**: 270
Clathrin cage
– Self-assembly **7**: 262
*Claviceps purpurea*
– Peptide synthetase **7**: 57
Clay **10**: 33
Cleaning liquid
– Xanthan **5**: 281
Clearing zone formation **3B**: 51
Clear-zone formation **10**: 378
– Biodegradation test **10**: 379
Clear zone method **3B**: 50, 88
Cleavage of hydrocarbon chain **2**: 369
Climacteric complaint **1**: 381
*Clitocybe odora* **1**: 363
*Clitocybula dusenii* **1**: 407, 412 f, 470
*Clivia miata* **3A**: 10, 19
Clofibrate **3A**: 13
Clostridiopeptidase B **7**: 88
*Clostridium acetobutylicum* **3A**: 236
– Methylglyoxal synthase **3B**: 282
*Clostridium acetobutylicum* IFO13948
– Inhibition by ε-PL **7**: 111
*Clostridium botulinum*
– Cyanophycin synthetase **7**: 96
*Clostridium butyricum* **3B**: 283, 285
*Clostridium butyricum* DSM 5431 **3B**: 283
*Clostridium cellulovorans*
– Cellulose-binding domain **6**: 289
*Clostridium difficile*
– S-Layer **7**: 289, 290, 295, 303, 308, 309
– S-Layer protein
– – Amino acid sequence **7**: 300
*Clostridium formicoaceticum* **6**: 514
*Clostridium kluyveri* **3A**: 236
*Clostridium*-like isolate **3B**: 48
*Clostridium pasteurianum* **3B**: 283, **10**: 283, 287
*Clostridium propionicum* **3A**: 368
*Clostridium sphenoides* **10**: 286
*Clostridium sphenoides* DSM614 **3B**: 281
*Clostridium sporogenes* **3A**: 154, **3B**: 93
*Clostridium thermocellum*
– Cellulosome **5**: 58
– S-Layer protcin
– – Amino acid sequence **7**: 300
*Clostrium thermohydrosulfuricum* **6**: 14
Club of Rome **2**: 396
*Cluconacetobacter xylinum* **6**: 283
CMC
– Lipid
– – Amount **8**: 169
– – Type **8**: 169
Cnidaria
– Biomineralization **8**: 294
– Calcium accumulation **8**: 294
– γ-PGA **7**: 142
$^{13}$C-NMR (CP/MAS) spectrum **3A**: 52
$^{13}$C-NMR spectroscopy **3A**: 113
Coal
– Biodegradability **1**: 395, 397
– Biotechnological conversion **1**: 462
– Biotechnological significance **1**: 398
– Carbon black **1**: 477
– Chemical conversion **1**: 462
– Coal tar **1**: 477
– Composition **1**: 432, 436
– Consumption **1**: 432
– Depolymerization **1**: 397
– Desulfurization of coal **1**: 398

- Dye 1: 477
- Environmental impact 1: 433
- Environmental problems 1: 394
- Formation 1: 432 f
- Hydrogenation 2: 404
- Microbial conversion 1: 394
- Microbial desulfurization 1: 447
- Occurrence 1: 432
- Origin 1: 397
- Pharmaceuticals 1: 477
- Production 1: 432
- Product from chemical process 1: 477
- Solubilization 1: 397, 463
- Sulfur component 1: 433
- Wood-decaying basidiomycete 1: 397

Coal biodegradation
- ABCDE-mechanism 1: 406
- ABCDE-system 1: 405
- ABC-system 1: 405
- Alkaline condition 1: 408
- Decarboxylase 1: 417
- Decolorization 1: 411
- Depolymerization 1: 410 f
- Laccase 1: 415
- Manganese peroxidase 1: 412
- Mediator 1: 416
- Oxidative enzyme 1: 410
- Peroxidase 1: 414
- Released compound 1: 402

Coal component
- Anthracite 1: 396
- Argillaceous mineral 1: 434
- Brown coal 1: 396
- Carbonate 1: 434
- Chemical structure 1: 396
- Dibenzothiophene 1: 434, 450
- Dithioether 1: 450
- Epigenetic mineral 1: 433
- Hard coal 1: 396
- High volatile bituminous coal 1: 396
- Humic acid 1: 396
- Lignite 1: 396
- Low rank brown coal 1: 396
- Low volatile bituminous coal 1: 396
- Mercaptan 1: 450
- Organic sulfur 1: 434
- Organic sulfur component 1: 450
- Pyrite 1: 434
- Subbituminous coal 1: 396
- Syngenetic mineral 1: 433 f
- Thioether 1: 434, 450
- Thiophenol 1: 434, 450

Coal composition
- Pyrite content 1: 438
- Pyrite distribution 1: 437
- Sulfur content 1: 438

Coal conversion
- Alkaline solubilization 1: 406
- Bioplastic 1: 398, 419
- Decarboxylase 1: 417
- Decolorization 1: 411
- Depolymerization 1: 410 f
- Enzymatic conversion 1: 467
- Enzymatic process 1: 463
- Fertilizer 1: 418
- Laccase 1: 467
- Manganese peroxidase 1: 412, 467
- Oxidative enzyme 1: 410
- Peroxidase 1: 414
- Polyhydroxyalkanoate 1: 398
- Soil conditioner 1: 418

Coal deposit 1: 394

Coal desulfurization
- Alkali treatment 1: 443
- Benzylmethylsulfide 1: 451
- Biotechnological process 1: 444 ff
- Chemical process 1: 443 f
- Classification reactor 1: 437
- Cost 1: 441 ff, 449
- Hydrogenolytic liquefaction 1: 443
- Magnetic separation of pyrite 1: 435
- Mechanical desulfurization 1: 437
- Mechanical process 1: 435
- Mechanical pyrite removal 1: 438 ff
- Microbial sulfide oxidation 1: 435
- Organic sulfur component 1: 450
- Physical process 1: 435
- Pyrite rejection 1: 434

Coalification 1: 394

Coal liquefaction 1: 478

Coal liquefaction process 1: 482

Coal solubilization 1: 462
- Hydrolase 1: 409

Coal upgrading process
- Bergius–Pier process 1: 482
- BHT process 1: 481
- CSF process 1: 483
- DHD process 1: 482
- EDS process 1: 483
- Fischer–Tropsch process 1: 483
- Fischer–Tropsch synthesis 1: 479
- Form-coke process 1: 481
- H-Coal process 1: 482
- HTW process 1: 484
- IGOR process 1: 479, 482
- Koppers–Totzek process 1: 484
- Spülgas process 1: 485
- SRC process 1: 483

– TTH process 1: 486
– Winkler process 1: 484
CoA-4′-phosphopantetheine-protein transferase 7: 61
Coarse wool 8: 161
Coating 8: 384, 396, 10: 45
– Corrosion-protective 10: 114
*Coccidioides immitis* 6: 506
– Chitinase 6: 134, 136
*Cochliobolus carbonum*
– Peptide synthetase 7: 57
Cocoon silk
– Tensile strength 8: 31
[$^{14}$C]Octamethylcyclotetrasiloxane 9: 556
*Codium latum* 5: 7
Codon
– Extension 7: 31
Codon extension 7: 34
Coelichelin 7: 60
$CO_2$ emission 4: 247, 10: 353
Coenzyme Q 2: 28, 41, 133
– Biosynthesis 2: 134
Cofilin 7: 353
Cognis
– Natural fiber composite 10: 12
Cognis Company 10: 21
Cognis Deutschland GmbH 10: 14
Coil coating 10: 34
CO inhibition 3A: 13
Coke 1: 476
Coking coal
– Production process 1: 440
Colanic acid 5: 9
Cold-feed extruder 2: 268
Coleoptile 1: 12
Colicin E3 7: 23
Colitose 5: 4
Collagen 8: 119, 120, 312, 325, 329, 386, 10: 84
– Aldol condensation product 8: 126
– Alports syndrome 8: 136
– Amino acid sequence 8: 123
– Application 8: 138
– – Food 8: 139
– – Glue 8: 139
– – In medicine 8: 139, 140
– – Medical product 8: 139
– – Metallurgy 8: 139
– – Natural leather 8: 139
– – Nutritional 8: 139
– – Pharmaceutical 8: 139
– – Photography 8: 139
– – Plastic manufacture 8: 139
– – Printing 8: 139
– – Recombinant collagen 8: 140
– – Synthetic leather 8: 139
– Bethlem myopathy 8: 136
– Biodegradation 8: 134
– – In disease process 8: 135
– Biosynthesis 8: 330
– – Folding 8: 132
– – Lysyl hydroxylase 8: 131
– – *cis-trans* Prolyl isomerase 8: 133
– – *C*-Propeptide 8: 132
– – *N*-Propeptide 8: 132
– Chemical analysis 8: 137
– – Antibody 8: 138
– – CD Spectra 8: 138
– – CNBr Fragment 8: 138
– – Electrophoretic technique 8: 138
– Chemical cleavage
– – By CNBr 8: 123
– Chemical structure
– – Hydroxylysine 8: 124
– – Hydroxyproline 8: 124
– Chondrodysplasia 8: 136
– Collagen fibril
– – Electron micrograph 8: 125
– – Molecular packing in 8: 125
– Collagen type III 8: 124
– Collagen type V 8: 129
– Collagen type XI 8: 129
– Conformation 8: 121
– Cross-link 7: 467, 8: 126
– dehydro-Hydroxylysinonorleucine 8: 126
– Detection 8: 137
– – Antibody 8: 138
– – CD Spectrum 8: 138
– – CNBr Fragment 8: 138
– – Electrophoretic technique 8: 138
– Ehlers-Danlos syndrome 8: 136
– Epidermolysis bullosa 8: 136
– Familial aneurysm 8: 136
– Fibril assembly 8: 330
– Fibril-forming 8: 129
– Fibril periodicity 8: 331
– Function 8: 129
– Genetic diversity 8: 123
– Heat denaturation 8: 121
– Helical symmetry 8: 128
– Histidinohydroxylysinonorleucine 8: 126
– Imino-acid-rich sequence 8: 128
– In transgenic host 8: 71
– Lateral organization 8: 130
– Lysyl hydroxylase 8: 136
– Lysyl oxidase 8: 136
– Matrix mineralization 8: 341
– Mechanical function 8: 130
– Medical application 10: 267

– Microfibril structure **8**: 333
– Molecular packing **8**: 130
– Molecular structure **8**: 125, 330
– Mutation **8**: 136
– Non-fibrillar collagen **8**: 131
– Occurrence **8**: 129
– Organization **8**: 341
– Osteogenesis imperfecta **8**: 136
– Patent **8**: 142, 143, 145
– – Production **8**: 144
– Physiology
– – Collagen type I **8**: 134
– – Collagen type III **8**: 134
– – Collagen type V **8**: 134
– – Collagen type VI **8**: 134
– – Damaged tissue **8**: 133
– – Infiltration of fibroblast **8**: 133
– Polypeptide model **8**: 135
– Posttranslational modification **8**: 124, 329
– Precursor **8**: 123
– Production **8**: 138
– *N*-Propeptide **8**: 330
– Propeptide excision **8**: 330
– Pyridinoline **8**: 126
– Radial packing model **8**: 333
– Recombinant collagen
– – *Pichia* **8**: 141
– – Production **8**: 141
– Secondary structure **8**: 49
– Secretion **8**: 326
– Spondyloepiphyseal dysplasia **8**: 136
– Stickler syndrome **8**: 136
– Structural function **8**: 130
– Structure **10**: 84
– Synthesis **8**: 326
– Tripeptide unit **8**: 125
– Triple-helical structure **8**: 122
– Triple-helix conformation **8**: 127
– Type I collagen **8**: 124, 129
– Type II collagen **8**: 129
– Type III collagen **8**: 129
– Unusual amino acid feature **8**: 124
Collagen analog
– *Saccharomyces cerevisiae* **8**: 69
Collagen cross-link
– Chemical structure **8**: 126
Collagen crosslinking
– Chemistry **8**: 335, 336, 337, 338
– – Crosslink designation **8**: 339
– – Pyrrole crosslinkage **8**: 340
– – Reduction product **8**: 339
Collagen deposition **4**: 100
Collagen disease
– Molecular genetics
– – Collagen
– – – Achondrogenesis **8**: 136
– Therapeutic **8**: 137
Collagen exocytosis **8**: 329
Collagen family
– Molecular packing **8**: 129
Collagen fibril **8**: 342
– Single D-period **8**: 332
– Unit cell **8**: 334
– Variation in the structure **8**: 346
Collagen fibrillogenesis **8**: 133
Collagen fibril network **8**: 342
Collagen-like compound
– Hydroxylated **8**: 72
Collagen-like polymer
– Amino acid sequence **8**: 55
Collagen-like polypeptide **8**: 74
– Manufacture with transgenic cell **8**: 71
Collagen-like protein **8**: 73
– High molecular weight **8**: 74
Collagen molecule **8**: 123
Collagen product
– Immunological response **8**: 141
Collagen type
– Tissue location **8**: 129
Collagen type I **8**: 134, 142
Collagen type III **8**: 124, 134
Collagen type V **8**: 134
Collagen type VI **8**: 134
Collenchyma **1**: 10, 21
Colletodiol **4**: 383
*Colletotrichium lagenarium* **3B**: 93
*Colletotrichum lindemuthianum*
– Chitin **6**: 127
– Chitin deacetylase **6**: 133 f
Cologne cathedral **10**: 229
Colophonium **10**: 70, 71
Colorant **10**: 104
Color body **8**: 312
Color reduction **1**: 197
*Coma macrocarpa* **2**: 11, 75
*Comamonas acidovorans* **3A**: 82, 93 f, 177, 179, 181, 186, 196, 227, 343, **3B**: 45, 49, 53, 54 f, 112, 220, **10**: 110
– PAA biodegradation **9**: 308
*Comamonas acidovorans* DS-17 **3A**: 223, **3B**: 140
*Comamonas acidovorans* strain TB-35
– Polyurethane biodegradation **9**: 325
*Comamonas acidovorans* TB-35 **10**: 110, 115
*Comamonas acidovorans* YM1609 **3B**: 46, 220
– PHB depolymerase **3B**: 222
*Comamonas* sp. **3B**: 45 f, 48, 52 ff, 73
*Comamonas* sp. P37C **3B**: 65

*Comamonas testosteroni* **3B**: 53 f, 56, 220, **9**: 277, **10**: 108
*Comamonas testosteroni* ATSU **3B**: 46
*Coma utilis* **2**: 8, 11, 75
Comeback wool **8**: 161
*Commelinidae* **1**: 32
Commercial plywood **8**: 395
Commercial source **5**: 6
Commingled procedure **10**: 17
Comminution **1**: 437, 439
Common milkweed **2**: 11
Complestatin **7**: 56
CompoBag 9 L **10**: 423
COMPOSAC **10**: 425
COMPOSAC 14 L **10**: 423
Composite
– Natural fiber **10**: 432
– Use in automobile construction **10**: 432
Composite biological structure **8**: 361
Composite material **8**: 290
Compost
– Testing disintegration **10**: 383
Compostability **10**: 174, 380, 396
– Evaluation **10**: 398
– Principle standard **10**: 398
– Testing **10**: 381
– Testing method **10**: 398
Compostability mark **10**: 403
– IBAW **10**: 404
Compostable logo
– BPI **10**: 405
Compostable packaging waste **10**: 468
Compostable plastic
– Label **10**: 386
Compostable plastic product
– Consumer acceptance **10**: 468
Compostable polymeric material
– Certification **10**: 393
Compostable product
– Certification **10**: 403
– Labeling system **10**: 403
Compost bag **10**: 455
Compostible material **3B**: 197
Composting **4**: 248, **10**: 414, 443
– Certification **10**: 402
– Certification program **10**: 403
– Evaluation **10**: 402
– Product recoverable **10**: 400
Composting bag **3A**: 307
Composting bioreactor **10**: 109
Composting packaging
– Consumer **10**: 469
Composting procedure **10**: 376
Composting process **10**: 381, 382
– Biodegradability **10**: 401
– Disintegration **10**: 401
Composting trial
– Pilot-scale **10**: 401
Compost logo
– AVI **10**: 404, 405
Compost paper bag **10**: 424
Compost quality **10**: 383, 402
Compression molding process **2**: 276
Com starch **9**: 230
Concanavalin A **6**: 188
Concrete **10**: 35
– Chemical used **10**: 39
– Ready-mix **10**: 36
Concrete plant
– Precast **10**: 37
– Ready-mix **10**: 37
Concrete plasticizer **10**: 32
Concrete sewer pipe **10**: 229
Condensation domain **7**: 62
Condensation polymer
– Polyamid **9**: 246
– Polyester **9**: 246
– Polyether **9**: 246
Condensation polymerization **3B**: 330
Condensation strategy
– Synthetic silk gene **8**: 16
Confectionary syrup **7**: 389
Confocal laser microscopy
– Investigation of biofilm **10**: 212
Conformation analysis **3B**: 209
$\alpha$-Conglutin
– *Lupinus albus L.* **8**: 229
$\beta$-Conglutinin
– *Lupinus albus* **8**: 229
$\beta$-Conglycinin **8**: 228, 387
$\beta$-Conglycinin gene **8**: 245
Coniferaldehyde **1**: 73, 79
Coniferin **1**: 34
Coniferin $\beta$-glucosidase **1**: 35, 81
Coniferyl alcohol **1**: 33, 37, 39, 74, 91
– Radical formation **1**: 36
Coniferyl alcohol dehydrogenase **1**: 72
Coniferyl alcohol oxidase **1**: 81
Coniferyl aldehyde **1**: 33, 35, 74
Coniferyl aldehyde 5-hydroxylase **1**: 41
*Coniophora puteana* **1**: 138 ff, 161
Connective tissue **8**: 302
Construction **2**: 290, **10**: 97
– Chemical used **10**: 34
Construction expenditure **10**: 33
Construction industry
– Building material **10**: 33
– Size of the industry **10**: 33

Constructive part **10**: 1
Controlled-release agent
– Xanthan **5**: 281
Controlled-release system **8**: 399
Convatec **5**: 398
Convicilin
– Gene sequence **8**: 235
Coomassie Blue R-250 **8**: 485
Coomassie-stained SDS-PAGE **8**: 437
Coordinative ROP **4**: 361, 364
*Copernica cerifera* **10**: 58
Copolyester **10**: 10
Copolymerization **9**: 252
Copper pipe
– Biofilm **10**: 232
*Coprinus cinereus* **1**: 144, 158, 160, 185
*Coprinus comatus* **1**: 363
*Coprinus sclerotigenis* **1**: 401 f
$CO_2$ production **9**: 245
*Cordyceps ophioglossoides*
– Glycan **6**: 167
*Coriolus versicolor* **1**: 160, **5**: 137 f, 150
Cork **3A**: 42
– Nitric acid treatment **3A**: 42
Cork cell **3A**: 43
Corn **3A**: 40 f
– Synthesis of poly(3HB) **3A**: 413
Cornstarch
– FTIR **10**: 169
Corn steep liquor **1**: 190
*Corolospora maritima*
– Chitinase **6**: 135
Coronafacic acid **9**: 97
Coronatine **9**: 98
Corrosion **10**: 99, 227
Corrosion-protective coating **10**: 114
Corrosive damage
– Of buildings **10**: 229
Cortex **8**: 160, 162
– Amino acid composition **8**: 168
– Internal lipid **8**: 169
Cortical microfibril
– Structure **8**: 164
*Corticum rolfsii* **6**: 41
*Corynebacterium* **5**: 118
– -L-Lysine **10**: 293
*Corynebacterium acetoacidophilum*
– Production of L-glutamic acid **10**: 293
*Corynebacterium ammoniagenes* **2**: 58
*Corynebacterium diphtheriae*
– Diphtheria toxin **7**: 23
– PPGK **9**: 14
– Toxin **7**: 23
*Corynebacterium glutamicum* **10**: 283, 294
– Amino acid **10**: 292
– Aspartokinase **7**: 116
– Cyanophycin production **7**: 101
– L-Glutamic acid **10**: 292
– Lysine **10**: 295
– Production of L-glutamic acid **10**: 293
*Corynebacterium hydrocarboclastus* **5**: 116
*Corynebacterium poinsettiae*
– Murein structure **5**: 438
*Corynebacterium* sp. **5**: 116, 123, **9**: 282
*Corynebacterium* sp. No. 7
– Carbon source **9**: 283
– PEG degradation **9**: 283
– Polyether degradation **9**: 287
– PPG degradation **9**: 283
Cosmetic preparation **5**: 13
Cotton **3A**: 40 f, 424, **10**: 6
– Bleaching **7**: 404
Cotton fiber
– Morphological architecture **6**: 284
Cotton linter
– Cellulose raw material **6**: 294
*Couchioplanes caeruleus* ssp. *caeruleus* JCM 3195 **3B**: 90
*p*-Coumaraldehyde **1**: 33
*p*-Coumarate **1**: 33, 77
4-Coumarate:CoA ligase **1**: 34, 38, 40, 75, 77
4-Coumarate-3-hydroxylase **1**: 75
*p*-Coumaric acid **1**: 15, 74 f
*p*-Coumaroyl **1**: 74, **3A**: 63
4-Coumaroyl:CoA hydroxylase **1**: 75
*p*-Coumaroyl alcohol **1**: 33, 74
*p*-Coumaroyl aldehyde **1**: 74
*p*-Coumaroyl-CoA **1**: 33 f, 77
Cowpea chlorotic mottle virus
– Cryoelectron microscopy **8**: 416
– Mineralization **8**: 416
– Protein cage system **8**: 416
Cowpea mosaic virus
– As template for surface modification **8**: 419
– Protein cage system **8**: 416
cPBH/DNA complex **3A**: 153
cPHA
– Agents in human disease
– – Atherosclerosis **3A**: 158
– – Diabetes **3A**: 158
– Association with proteins
– – *Alcaligenes faecalis* **3A**: 154
– – *B. cereus* **3A**: 154
– – *B. megaterium* **3A**: 154
– – *B. subtilis* **3A**: 154
– – *Clostridium sporogenes* **3A**: 154
– – *E. coli* **3A**: 153
– – Erythrocyte plasma membrane **3A**: 157

– – Eubacteria **3A**: 153
– – Eukaryotes **3A**: 157
– – *Streptomyces lividans* **3A**: 154
– Binding to other molecules **3A**: 132
– Bovine serum albumin **3A**: 129
– $Ca^{2+}$-ATPase **3A**: 157
– Chemical assay **3A**: 162
– Chemical degradation **3A**: 163
– Chemical hydrolysis **3A**: 160
– Chloroform-soluble cPHB **3A**: 162
– Clinical test **3A**: 166
– Complex with Ca(polyP)
– – Structural model **3A**: 149
– cPHB/polyP calcium pump **3A**: 151
– Degradation **3A**: 130
– Distribution **3A**: 129
– DNA channel **3A**: 152
– *E. coli* **3A**: 130, 160
– Electrospray mass spectroscopy **3A**: 138
– Enzymatic assay **3A**: 163
– Enzymatic degradation **3A**: 160, 163
– Evolutionary aspect **3A**: 164
– Function **3A**: 152
– Genetic competence **3A**: 128
– Helical conformation **3A**: 131
– $^1$H-NMR spectrum **3A**: 130
– In phospholipid bilayer **3A**: 135
– Interaction with phospholipids **3A**: 134
– Ion transport **3A**: 133, 134
– Isolation **3A**: 160
– Low-density serum lipoprotein **3A**: 129
– Molecular weight **3A**: 138
– Occurrence **3A**: 129
– $OHB_{19/23}$/polyP complex **3A**: 142
– PHA depolymerase **3A**: 130
– Physical adhesion **3A**: 160
– Physical property **3A**: 130
– Polymer electrolyte complex **3A**: 147
– Polyphosphate **3A**: 157
– Polyphosphate kinase **3A**: 151
– Protein association **3A**: 129
– Selectivity **3A**: 142
– Single-channel current **3A**: 136
– Synthesis **3A**: 130
– Synthetic ion channel **3A**: 138
– Transbilayer ion transport **3A**: 137
cPHA/polyP channel
– Mechanism **3A**: 150
– Structure **3A**: 149
cPHA protein
– Chemical degradation **3A**: 163
– Determination **3A**: 161
– Enzymatic degradation **3A**: 163
– Immunodetection **3A**: 161
– Isolation **3A**: 160 f
cPHBCa(polyP)
– Reconstitution **3A**: 138
cPHB/polyP calcium pump **3A**: 151
cPHB/polyP channel
– Current-voltage relationship **3A**: 144
– *E. coli* **3A**: 138, 144
– Open probability **3A**: 147
– Polymer electrolyte complex **3A**: 147
– Synthetic ion channel **3A**: 138
– Transition metal cation **3A**: 146
– Voltage dependence **3A**: 147
cPHB/polyP complex
– *A. vinelandii* **3A**: 152
– *B. subtilis* **3A**: 152
– Calcium pump **3A**: 151
– Cation selectivity **3A**: 141
– Channel gating **3A**: 145
– *E. coli* **3A**: 137, 139, 152
– Electrospray mass spectrum **3A**: 139
– Formation **3A**: 141
– Function **3A**: 151
– Genetic competence **3A**: 152
– Graphite furnace atomic absorption spectrometry **3A**: 141
– In planar bilayer **3A**: 141
– Molecular weight **3A**: 137
– Planar lipid bilayer **3A**: 137
– Polyphosphatase **3A**: 152
– Putative function **3A**: 150
– Single-channel current fluctuation **3A**: 140
– Structure **3A**: 147
– Transbilayer ion transport **3A**: 137
– Transition metals **3A**: 145
$cPHB_{128}$/polyP complex
– Channel gating **3A**: 145
cPHB/polyP ion channel
– Characteristics **3A**: 140
CP Kelco **6**: 248, 369
– Carrageenan production **6**: 261 f
CPMV
– Cryoelectron micrograph **8**: 420
– Derivatization **8**: 420
Cradle-to-factory gate **10**: 427
Craniofacial skeleton **4**: 227
*Crassostrea* **8**: 305
Crayfish **8**: 348
Creosote **1**: 478
*o*-Cresol **1**: 489
Critical nucleus **8**: 455
$CrO_3$-Pyridine **3A**: 9
Crossbred wool **8**: 161
Crosslinkable polyester **3A**: 387 f
Cross-linked material **7**: 467

Cross-linking agent **10**: 104
– Chemical structure **7**: 478
– Dimethylsuberiimidate dihydrochloride **7**: 478
– Disuccinimidyl suberate **7**: 478
– Ethyleneglycoldiglycidylether **7**: 478
– Glutaraldehyde **7**: 478
– Glyoxal **7**: 478
– Hexamethylenediisocyanate **7**: 478
– 2,5-Hexanedione **7**: 478
– 2,4-Pentanedione **7**: 478
– *m*-Phthalaldehyde **7**: 478
– *o*-Phthalaldehyde **7**: 478
– *p*-Phthalaldehyde **7**: 478
α-Crotonic acid **3B**: 3
Crown ester complex **3A**: 133
CR pallet
– Lifetime **10**: 435
Cryoelectron microscopy **7**: 289
– Protein assembly **7**: 277
Cryo-ground tire rubber **2**: 365, 380
Cryoprotectant **7**: 160
*Cryphonectria parasitica* **6**: 7
*Cryptococcus*
– Acidic polysaccharide **6**: 102
*Cryptococcus laurentii* **6**: 99, 101, 106, 108, 116
*Cryptococcus laurentii* var. flavescens **6**: 110
*Cryptococcus neoformans* **1**: 238, **5**: 6, **6**: 95, 103 ff
– Acapsular mutant **6**: 109
– Acidic heteropolysaccharide **6**: 95
– Chitin **6**: 127
Cryptogames **1**: 210
Cryptogams **1**: 7
*Cryptomeria japonica* **1**: 14, 23
Cryschem sitting drop plate **8**: 452
Crystal **7**: 267
– Design **7**: 275
Crystal growth
– Theoretical contribution **8**: 456
Crystallinity **2**: 221
*β*-Crystallite
– Silk **8**: 34
Crystallization
– Ammonium sulfate **8**: 440
– Factor **8**: 449 ff, 451
– – Polyethylene glycol **8**: 448
– – Room temperature **8**: 448
– Hanging drop protein crystallization
– – Standard configuration **8**: 453
– Kinetics **3B**: 187
– Larger macromolecular assembly **8**: 433
– Membrane-bound protein **8**: 449
– Methylpentanediol **8**: 440
– Microdialysis button **8**: 451
– Nucleic acid **8**: 433
– PHA **3B**: 187
– Polyethylene glycol **8**: 440, 443
– Preparation of sample **8**: 437 ff
– Protein **8**: 433
– Solubility **8**: 433
– Solubility diagram **8**: 434
– Spontaneous polymer nucleation **3B**: 187
– Supersaturation **8**: 433, 444
– Thermodynamic potential **8**: 435
– Use of temperature **8**: 444
Crystallization cell **8**: 452
Crystallization of protein
– Creating supersaturation **8**: 446
– Cryschem sitting drop plate **8**: 452
– Crystallization cell **8**: 452
– Depression spot plate **8**: 452
– Dialysis **8**: 450
– Future trend **8**: 457
– Hanging drop **8**: 446
– Methodology **8**: 446
– Optimization **8**: 454, 455
– Screening **8**: 454, 455
– Sitting drop technique **8**: 447
Crystallization reagent **8**: 439
Crystallization temperature
– PHA copolymer **3B**: 251
Crystal structure **3B**: 208
– Analysis
– – Atomic force microscopy **3B**: 208
– – Electron diffraction pattern **3B**: 208
– – Energy calculation **3B**: 208
– – Transmission electron microscopy **3B**: 208
– – X-ray diffraction **3B**: 208
– – X-ray fiber diagram **3B**: 208
– Cutinase **3A**: 27
– PCL single crystal **3B**: 217
– Poly(ε-caprolactone) **3B**: 216
– Poly(ethylene adipate) **3B**: 218
– Poly(ethylene succinate) **3B**: 217
– Poly([*R*]-3-hydroxybutyrate) **3B**: 208
– Poly(L-lactic acid) **3B**: 215
– Poly(tetramethylene adipate) **3B**: 219
– Poly(tetramethylene succinate) **3B**: 218
– PTMA **3B**: 219
– Unit cell parameter **3B**: 218
C-serum
– Low-molecular weight compound **2**: 166
C-serum fraction **2**: 165
CSF process **1**: 483
*Cucurbita* **1**: 220
*Cucurbita maxima* **1**: 220 f
Cucurbitan **2**: 119
*Cunninghamella echinulata*
– Biotechnological production **6**: 141

*Cunninghamella* sp. 1: 400, 407
*Cuphea lanceolata* 3A: 422 f
Cupin protein
– ABP 8: 238
– Active site metal 8: 238
– ANS 8: 238
– AraC 8: 238
– Canavalin 8: 238
– CAS 8: 238
– DAOCS 8: 238
– Domain structure 8: 238
– dTDP-4-Rhamnose epimerase 8: 238
– Glycinin 8: 238
– Homogentisate dioxygenase 8: 238
– IPNS 8: 238
– Oxalate decarboxylase 8: 238
– Oxalate oxidase 8: 238
– Phaseolin 8: 238
– PMI 8: 238
– Proline-3-hydroxylase 8: 238
– Taurine dioxygenase 8: 238
– Three-dimensional structure 8: 238
Cupin superfamily
– Discovery 8: 236
Cuprammonium process 6: 301
Cupressaceae 2: 34, 3A: 47
*Cupressus leylandii* 3A: 47
Cupric oxide oxidation 1: 97
*Curculigo latifolia* 8: 209
Curculin 8: 205
– Amino acid sequence 8: 211
– *Curculigo latifolia* 8: 209
– Patent 8: 215, 217
*Curculingo latifolia*
– Curculin 8: 205
Curdlan
– *Agrobacterium* species 6: 41
– *Alcaligenes faecalis* 10: 80
– *Alcaligenes faecalis* var. myxogenes 10C3 5: 136
– Application
– – Agricultural application 5: 149 f
– – Food application 5: 147 f
– – Industrial application 5: 149
– – Other industrial application 5: 150
– – Pharmaceutical application 5: 148, 150
– Biodegradation 9: 186
– Biosynthesis
– – Curdlan polymerase 5: 141
– – Glucose pyrophosphorylase 5: 141
– – Hexokinase 5: 141
– – Molecular genetics 5: 142
– – Phosphoglucomutase 5: 141
– – UDP-glucose pyrophosphorylase 5: 141
– Biotechnological production 5: 140
– – Batch production 5: 144
– – Carbon source 5: 143
– – Continuous production 5: 145
– – Isolation 5: 145
– – Nitrogen effect 5: 143
– – Oxygen supply 5: 143
– – pH effect 5: 144
– – Phosphate effect 5: 144
– Chemical structure 5: 137
– Commercialization 5: 13
– Conformation in solution 5: 138
– Food application 5: 137
– Gel formation 5: 146
– Gel structure 5: 139
– Immunostimulatory activity 5: 147
– In construction application 10: 51
– Isolation 5: 145
– Metabolic pathway 5: 141
– Molecular genetics 5: 142
– Molecular weight 5: 137
– Occurrence 5: 139
– Patent 5: 151 ff
– Property 5: 146
– Related polymer 5: 138
– Structure 5: 138
Curdlan polymerase 5: 141
Curie-point pyrolysis-gas chromatography 1: 272
Curticle
– Amino acid composition 8: 168
*Curvularia senegalensis* 10: 110
– Polyurethane biodegradation 9: 325
Cuticle 3A: 3, 28, 8: 160
– Internal lipid 8: 169
– Penetration 3A: 30
Cuticula 7: 340
Cutin 1: 251, 3A: 1 f, 8, 4: 41
– Alkaline hydrolysis 3A: 5
– Apple 3A: 5, 15
– *Arabidopsis thaliana* 3A: 13
– Biodegradation
– – *Brassica napus* 3A: 20
– – By animals 3A: 20
– – By bacteria 3A: 20
– – By fungi 3A: 22
– – Catalytic triad 3A: 21
– – Cutinase 3A: 20 ff
– – Cyclohexyl ester 3A: 24
– – Esterase 3A: 20
– – *Fusarium solani pisi* 3A: 20 ff
– – In plants 3A: 19
– – Lipase 3A: 21
– – Microbial degradation 3A: 20
– – Pancreatic lipase 3A: 20
– – PHA Depolymerase 3A: 24

– – *Pseudomonas* 3A: 22
– – *Pseudomonas mendocina* 3A: 21 f
– – *Pseudomonas putida* 3A: 21
– – *Streptomyces scabies* 3A: 21
– – Thiol polyesterase 3A: 20
– Biosynthesis 3A: 11 f
– – *A. thaliana* 3A: 17
– – $C_{18}$ Family of Cutin 3A: 15
– – *Clivia miata* 3A: 19
– – Clofibrate-induced hydroxylase 3A: 13
– – CO inhibition 3A: 13
– – Cutin primer 3A: 18
– – CYP86A8 3A: 13, 16
– – CYP94A1 3A: 13
– – Cytochrome $P_{450}$ 3A: 16
– – Cytochrome $P_{450}$ monooxygenase 3A: 13 f
– – Cytochrome $P_{450}$-type enzyme 3A: 13
– – Epoxidase 3A: 16
– – Epoxide hydrase 3A: 17
– – *Euphorbia lagascae* 3A: 16
– – Hydroxyacyl-CoA:cutin transacylase 3A: 18
– – 18-Hydroxy-9,10-epoxy-$C_{18}$ 3A: 15
– – 18-Hydroxy-*cis*-9,10-epoxy-$C_{18}$ 3A: 17
– – 18-Hydroxy-9,10-epoxy $C_{18}$ acid 3A: 17
– – 18-Hydroxy-*cis*-9,10-epoxy-$C_{18}$ acid 3A: 17
– – ω-Hydroxy-9,10-epoxy-$C_{18}$ acids 3A: 15
– – 18-Hydroxy-9,10-epoxy-$C_{18}$-12-enoic acid 3A: 15 f
– – ω-Hydroxylation 3A: 13
– – 18-Hydroxy-linoleic acid 3A: 15
– – Lipoygenase 3A: 18
– – Mutation 3A: 13
– – 18-Oxo-9,10-epoxy-$C_{18}$ acid 3A: 19
– – Potato 3A: 17
– – *Rosmarinus officinalis* 3A: 15
– – *S. odoris* 3A: 16 ff
– – Soybean 3A: 16
– – *threo*-9,10,18-Trihydroxy-$C_{18}$ 3A: 17
– – 9,10,18-Trihydroxy $C_{18}$ acid 3A: 15
– – 9,10,18-Trihydroxy-$C_{18}$-12-enoic acid 3A: 16
– – 9,10,18-Trihydroxy-12,13-epoxy-$C_{18}$ acid 3A: 16
– – *Vicia faba* 3A: 14, 15, 17, 18, 19
– $C_{18}$ Family of cutin 3A: 15
– $C_{16}$ Family of cutin monomers 3A: 12
– Chemical depolymerization
– – Alkaline hydrolysis 3A: 5
– – Boron trifluoride 3A: 5
– – $C_{16}$ Family of cutin monomers 3A: 12
– – $CrO_3$-Pyridine 3A: 9
– – Depolymerization-resistant core 3A: 10
– – Ester-cleaving reagent 3A: 8
– – Gas-liquid chromatography/mass spectrometry 3A: 6 f
– – Hydrogenolytic cleavage 3A: 7
– – Iodotrimethylsilane 3A: 9
– – $LiAlD_4$ 3A: 5, 9
– – $LiAlH_4$ 3A: 5
– – $LiAlH_4$ treatment 3A: 12
– – Methanesulfonyl chloride 3A: 9
– – $NaOCH_3$ 3A: 9
– – Sodium methoxide 3A: 5
– – Thin-layer chromatography 3A: 6 f
– – Transesterification 3A: 5, 7
– – Trimethylsilylation 3A: 7
– Chemical structure
– – Calorimetry 3A: 10
– – $C_{16}$ Family of monomers 3A: 11
– – $C_{18}$ Family of monomers 3A: 11
– – $^{13}C$-NMR spectroscopic analysis 3A: 10
– – FTIR 3A: 10
– – Ozonolysis 3A: 10
– – X-ray diffraction 3A: 10
– Commercial use
– – Adjuvant 3A: 33
– – Biocatalyst 3A: 33
– – Biodegradation of plastics 3A: 33
– – Cutinase bioreactor 3A: 33
– – Laundry detergent 3A: 33
– – Patent 3A: 33, 34
– Composition
– – $C_{18}$ Family of cutin 3A: 15
– – $C_{16}$ Family of monomers 3A: 7, 9
– – $C_{18}$ Family of monomers 3A: 7
– – 10,16-Dihydroxy-$C_{16}$ acid 3A: 9
– – 10,16-Dihydroxyhexadecanoic acid 3A: 7
– – 1,8,16-Hexadecanetriol 3A: 7
– – ω-Hydroxy acid 3A: 7
– – 18-Hydroxy-$C_{18}$-9,12-dienoic acid 3A: 7
– – 18-Hydroxy-$C_{18}$-9-enoic acid 3A: 7
– – 18-Hydroxy-9,10-epoxy-$C_{18}$ acid 3A: 7 f, 15
– – 18-Hydroxy-9,10-epoxy-$C_{18}$-12-enoic acid 3A: 7
– – 16-Hydroxyhexadecanoic acid 3A: 7
– – ω-Hydroxylation 3A: 15
– – 18-Hydroxyoleic acid 3A: 15
– – 16-Hydroxy-10-oxo-$C_{16}$ 3A: 7
– – 16-Oxo-9, or 10-hydroxy-$C_{16}$ 3A: 7
– – 9,10,12,13,18-Pentahydroxy-$C_{18}$ acid 3A: 8
– – 9,10,18-Trihydroxy $C_{18}$ acid 3A: 15
– – 9,10,18-Trihydroxy-$C_{18}$ acid 3A: 8, 15
– – 9,12,18-Trihydroxy-$C_{18}$ acid 3A: 7
– – 9,10,18-Trihydroxy-$C_{18}$-12-enoic acid 3A: 7
– – 9,10,18-Trihydroxy-12,13-epoxy-$C_{18}$ acid 3A: 8
– Depolymerization 3A: 5
– Embryonic tissue 3A: 5
– Enzymatic depolymerization
– – Cutinase 3A: 6 f

– – Depolymerization-resistant residual material 3A: 11
– – Fungal cutinase 3A: 9
– – Lipoxygenase 3A: 11
– – Pancreatic lipase 3A: 6, 9, 11
– Function 3A: 27
– – *Arabidopsis* 3A: 32
– – Development of plant organs 3A: 32
– – Diffusion barrier 3A: 28
– – Environment 3A: 28
– – *F. solani pisi* 3A: 29, 32
– – Interaction with microbes 3A: 29
– – Low-temperature adaptation 3A: 28
– – *Magnaportha grisea* 3A: 29
– – Material exchange 3A: 28
– – Protection 3A: 30
– – *Secale cereale* 3A: 28
– *Kleinia odora* 3A: 12
– *Senecio odoris* 3A: 12
– Soxhlet extraction 3A: 5
– Structure 3A: 8
– – Linkage to polysaccharide 3A: 19
– Transesterification 3A: 5
– Transmission Fourier transform infra-red (FTIR) spectra 3A: 8
– *Vicia faba* 3A: 12
– *Vicia sativa* 3A: 13
Cutinase 3A: 6 f, 9, 19, 21 f, 63, 3B: 45
– Antibody 3A: 32
– Biodegradation
– – *F. solani pisi* 3A: 27
– – *P. mendocina* 3A: 27
– Catalytic property 3A: 24
– Catalytic triad 3A: 24
– Commercial use 3A: 33
– – Patent 3A: 33 f
– Crystal structure 3A: 22
– Degradation of PCL 3B: 93
– 3D Structure 3A: 27
– – *F. solani pisi* 3A: 28
– – *P. mendocina* 3A: 28
– Enzymatic mechanism 3A: 25
– *F. solani pisi* 3A: 32 f
– *Fusarium moniliforme* 4: 41
– *Fusarium solani* 4: 41
– Heterologous expression 3A: 31
– Induction 3A: 30
– Inhibitor
– – Alkylboronic acid 3A: 24
– – Alkyl isocyanate 3A: 24
– – Carbethoxylation 3A: 25
– – Diethylpyrocarbonate 3A: 25
– – Diisopropylphosphorylation 3A: 26
– – Dithioerythritol treatment 3A: 26
– – 1-Ethyl-3-(3-dimethylaminopropyl)-carbodiimide 3A: 25
– – Irradiation of 3A: 26
– – *p*-Nitrophenyl[1-$^{14}$C]acetate 3A: 25
– – Phenylboronic acid 3A: 24
– – Phenylglyoxal 3A: 25
– – Phenylglyoxal treatment 3A: 26
– – Pyrenebutylmethanephosphoryl fluoride 3A: 24
– Penetration 3A: 30
– Purification 3A: 22
– Regulation mechanism 3A: 32
– Regulation of expression 3A: 30 ff
– Textile processing 7: 406
– Transcription 3A: 31
– Transcription factor 3A: 31 f
Cutin biosynthesis 3A: 12
Cutose 3A: 3
*Cyamopsis tetragonolobus* 5: 13, 10: 68
– Guar 6: 322
*Cyamopsis tetragonolobus* L. Taub. 6: 327
*Cyanidium caldarium* 2: 64
Cyanoacrylate adhesive 9: 463
Cyanobacterium 2: 130, 5: 3, 5
– EPS 5: 4
5-Cyano-2,3-ditolyltetrazolium chloride 10: 218
Cyanoethylcellulose 6: 297
Cyanophycin 7: 83
– Accumulation 7: 94
– *Acinetobacter* sp. 7: 84
– Arginine biosynthesis 7: 93
– Biodegradability 7: 85
– Biodegradation 7: 99
– – Extracellular breakdown 7: 97
– – Extracellular CGPase 7: 98
– – Intracellular CGPase 7: 98
– – Intracellular mobilization 7: 97
– Biosynthesis 7: 93
– – CGP synthetase 7: 94
– Biotechnological production 7: 101
– – Recombinant *Escherichia coli* 7: 99
– CGP synthetase 7: 87
– Chemical analysis 7: 87
– Chemical structure 7: 85, 86, 87
– Chloramphenicol 7: 94
– Constituent 7: 88
– Cyanobacterium 7: 84
– Cyanophycinase 7: 99
– Cytoplasmic inclusion 7: 86
– Degradation product
– – *Pseudomonas anguilliseptica* 7: 99
– Detection 7: 87
– Discovery 7: 85

– Electron micrograph 7: 86
– Extracellular degradation
– – Halo formation 7: 98
– – *Pseudomonas alcaligenes* 7: 98
– – *Pseudomonas anguilliseptica* 7: 98
– *In vitro* biosynthesis 7: 101
– Isolation 7: 87, 100
– Lysine 7: 88
– Molecular weight 7: 88
– Occurrence 7: 90
– – In chemotrophic bacterium 7: 89
– – In cyanobacterium 7: 89
– Patent 7: 102
– Physiology 7: 93
– Polydispersity 7: 95
– Quantification 7: 88
– Resistance towards protease 7: 88
– Solubility 7: 100
– Solubility property 7: 87
– Structural analogue 7: 87
– Structure of CGP 7: 88
– Substitute for polyacrylate 7: 85
– Translation inhibitor 7: 94
– Variation in composition 7: 88
Cyanophycinase 7: 98
Cyanophycin granule polypeptide 7: 84
Cyanophycin synthetase 7: 54, 96
– *Acinetobacter* sp. 7: 90, 91, 92
– *Acinetobacter* sp. strain DSM 587 7: 90
– *Bordetella bronchiseptica* 7: 91, 92
– *Bordetella* sp. 7: 90
– *Clostridium botulinum* 7: 90, 91, 92
– *Cyanobacteria consensus* 7: 91, 92
– *Desulfitobacterium hafniense* 7: 90, 91, 92
– *Nitrosomonas europaea* 7: 90, 91, 92
– *Synechocystis* PCC6803 7: 91, 92
– *Synechocystis* sp. strain PCC 6803 7: 90
*Cyathus stercoreus* **1**: 144, **3A**: 63
Cyclamate **8**: 204
Cyclic carotenes
– Conversion to cyclic xanthophyll **2**: 132
Cyclic diester
– Chemical synthesis **3B**: 439
Cyclic diguanosine monophosphate **5**: 48
Cyclic ester
– Biotechnological production
– – γ-Butyrolactone **3B**: 299
– – Cargill Inc. **3B**: 299
– Chemical synthesis
– – γ-Hydroxy acid **3B**: 299
– – Kinetics **3B**: 388
– – Lactide **3B**: 299
– – Mechanism **3B**: 388
– Polymerization **3B**: 342
– Synthesis of polyester **10**: 289
– Thermodynamics **3B**: 384
Cyclic monomers
– Chemical structure **3A**: 376
– Ring-opening polymerization **3A**: 376
Cyclic polyester
– Application **3B**: 443
– Biomedical use **3B**: 443
– Industrial use **3B**: 443
– Patent **3B**: 443
Cyclic xanthophyll **2**: 132
Cyclized polyisoprene **2**: 215, 223
Cyclized rubber **2**: 208, 225
Cyclo-3,6′:3′6 diguanosine monophosphate (c-di-GMP) **5**: 55
Cycloartenol **2**: 124
Cyclocoumarin 7: 480
Cyclodepsipeptide 7: 63
Cyclodextrin **6**: 424, 7: 389, **9**: 465
Cyclodextrin glucanotransferase **5**: 28
Cyclodextrin glycosyltransferase 7: 389
– Protein engineering 7: 422
Cyclodextrin production
– *Bacillus amylobacter* **6**: 424
– *Bacillus macerans* **6**: 424
Cyclofructan **6**: 454
Cyclohexadienone **1**: 36 f, 104
Cyclohexane **10**: 286
Cyclohexanone
– Bayer–Villiger oxidation **4**: 345
Cycloheximide
– Pullulan synthesis **6**: 7
Cyclohexylbenzothiazole sulfenamide **2**: 368
*N*-Cyclohexyl-2-benzothiazyl sulfenamide **2**: 344
Cyclooxygenase 7: 219
Cyclopeptide 7: 56, 64
Cyclosiloxane
– Biodegradation
– – *Bacillus subtilis* **9**: 549
– – *Escherichia coli* **9**: 549
– – *Klebsiella pneumoniae* **9**: 549
– – *Proteus mirabilis* **9**: 549
– – *Pseudomonas aeruginosa* **9**: 549
Cyclosporin 7: 57, 64
Cyclosporin synthetase 7: 68
Cyclotriphosphazene
– Biodegradation **9**: 507
– Decomposition **9**: 507
*Cylindrotrichum oligosporum*
– Peptide synthetase 7: 58
*p*-Cymene **10**: 70
*Cynara scolymus*
– Inulin biosynthesis **6**: 452
CYP86A8 **3A**: 13

CYP94A1 **3A**: 13
*Cyrtophora citricola*
– Spider silk
– – Property **8**: 32
Cysteic acid **8**: 170
Cysteine
– Self-degradation **8**: 177
Cysteine dioxygenase **8**: 237
Cysteinyldopa **1**: 233, 239
Cystic fibrosis **9**: 177
Cystine **8**: 166
– Chemical structure **9**: 53
– Self-degradation **8**: 178
Cystine-trisulfide **8**: 170
Cytochrome C oxidase **8**: 257
Cytochrome $P_{450}$ **3A**: 16, 57
Cytochrome $P_{450}$-dependent monooxygenase **1**: 73
Cytochrome $P_{450}$ monooxygenase **2**: 123, **3A**: 13 f
Cytochrome $P_{450}$ reductase **2**: 125
Cytokeratin **7**: 355
Cytokine
– Induction **10**: 254
Cytokinesis **7**: 354
Cytokinin **1**: 82
*Cytophaga arvensicola* **5**: 167
*Cytophaga johnsonae* **10**: 108
*Cytophaga succinicans* **3B**: 273
Cytoplasmic membrane
– Protein translocation **7**: 228, 243
– Role of lipid **7**: 243
Cytoskeleton **7**: 340
– Architecture **7**: 345
– *Bacillus subtilis* **7**: 360
– Eukaryote **7**: 341, 346
– Evolution **7**: 372
– Immunofluorescence technique **7**: 341
– In eukaryote **7**: 339
– In prokaryote **7**: 339, 357
– *Mycoplasma pneumoniae* **7**: 343
– Patent **7**: 372
– Prokaryote **7**: 341
– *Thermoanaerobacterium thermosaccharolyticum* **7**: 359
*Cyttaria darwinii* **6**: 7
*Cyttaria harioti* **6**: 7

## d

*Dactylosporangium* **2**: 331, 340
*Dactylosporangium aurantiacum* JCM 3083 **3B**: 90
*Dactylosporangium thailandense* **2**: 339
DAGAT mutant **3A**: 421
*Dahlia* **6**: 442
– Inulin production **6**: 455
Daicel Chemical Industries **4**: 4
*Daldinia concentrica* **1**: 136, 231
$D^{6,7}$-Anhydroerythromycin C **9**: 99
Danisco **6**: 225, 248, 369
– Carrageenan production **6**: 262
– Galactomannan producer **6**: 332
$^{\varepsilon}$*N*-Dansyl-L-lysine **7**: 43
*Daphnia magna* **1**: 387
– Toxicity **10**: 383
DAPI **3A**: 343, **9**: 5
*Datura innoxia*
– Cd-Binding complex **8**: 259
DD-carboxypeptidase **5**: 448
DD-endopeptidase **5**: 448
DDT **1**: 286
DEAE-chitosan **6**: 526
DEAE-dextran **9**: 466
De architectura libri decem **10**: 32
Debranching enzyme **6**: 393
Decamethylcyclopentasiloxane **9**: 542
Decapeptyl® **4**: 196
Decaprenol **2**: 29
Decarboxylase **1**: 417
Decolorization **1**: 196, 357
Decorative coating **10**: 34
Decorin
– Proteoglycan **6**: 584, 592
*n*-Decylbenzene
– Biodegradation **9**: 365
Deep-sea thermal vent **5**: 14
Defense-related protein
– Chitinase **2**: 93
– *β*-1,3-Glucanase **2**: 94
– Hevein **2**: 93
– Hever **2**: 94
Definition
– Biodegradability **9**: 239
– Biodegradable **9**: 240
– Environmentally degradable **9**: 240
Degradable plastic **9**: 241
Degradable polyolefin **9**: 389
Degradation **9**: 426
– Mechanism **9**: 427
Degradation of glycogen
– ADP-glucose pyrophosphorylase
– – Structure **5**: 23
Degradation of PHAs
– Extracellular depolymerase **3B**: 24
– Intracellular depolymerase
– – *Azotobacter beijerinckii* **3B**: 24
– – *Ralstonia eutropha* **3B**: 24
– – *Zoogloea ramigera* I-16-M **3B**: 24
Degra Pol® **4**: 98
Degussa **6**: 248

– Carrageenan production **6**: 262
– Galactomannan producer **6**: 332
Degussa Texturant System **6**: 225, 369
Dehalogenase **7**: 414
Dehydratase **9**: 94
Dehydroalanine **8**: 179
Dehydroamino acid **3A**: 23
Dehydroemetine
– In nanoparticle **9**: 465
Dehydroepiandrosterone **2**: 127
Dehydrogenase **10**: 296, 297
Dehydrogenative model **1**: 4
Dehydrogenative polymerization **1**: 37
$\Delta^{6,7}$Dehydro-5-hydroxy-hydroxylysinonorleucine **8**: 337
Dehydro-Hydroxylysinonorleucine **8**: 126, 337 f
$\Delta^{6,7}$Dehydro-5-hydroxy-lysinonorleucine **8**: 337
Dehydro-lysinonorleucine **8**: 338
$\Delta^{6,7}$Dehydro-lysinonorleucine **7**: 468, **8**: 337
3-Dehydroshikimate dehydratase **10**: 286
Deinking
– Amylase **7**: 409
– Cellulase **7**: 409
– Enzymatic deinking **7**: 409
– Lipase **7**: 409
*Deinococcus radiodurans* **9**: 12
– S-Layer **7**: 289, 316
– S-Layer protein
– – Amino acid sequence **7**: 300
*Deinococcus radiodurans* R1 **1**: 370
Delamination crack
– SEM Image **8**: 306
Delignification of wood **1**: 183
Delivery system **4**: 219
Delta 6,7-anhydro erythronolide B **9**: 100
*Dematium pullulans*
– Pullulan **6**: 2
Demethylase **1**: 135
Dendrimeric polymer **3B**: 351
Dendrite **7**: 350
*Dendropolyporus umbellatus*
– Effect of lentinan **6**: 169
– Glycan **6**: 167
Dental caries
– Degradation of glycogen **5**: 23
Dentin **8**: 339, 344, 345
Dentino-enamel junction **8**: 347
3-Deoxy-D-*arabino*-heptulosonate-7-phosphate **1**: 74
3-Deoxy-D-*arabino*-heptulosonate 7-phosphate synthase **1**: 75
6-Deoxychitin
– Chemical structure **6**: 521
6-Deoxyerythronolide B synthase
– Domain organization **9**: 94
1-Deoxyxylulose **2**: 58
1-Deoxy-D-xylulose 5-phosphate **2**: 59
1-Deoxy-D-xylulose 5-phosphate isomero-reductase
– Cofactor **2**: 60
– Fosmidomycin **2**: 60
– Inhibitor **2**: 60
– Reaction **2**: 60
Deoxyxylulose phosphate synthase **2**: 53
1-Deoxy-D-xylulose 5-phosphate synthase **2**: 59
Depolymerase **3A**: 93, **3B**: 117
– Extracellular **10**: 105
– Intracellular **10**: 105
Depolymerization **1**: 404
Depolymerization catalyst **10**: 360
Depolymerization-resistant core **3A**: 10
Deposition of waste
– Energy recovery **2**: 363
Depsipeptide **7**: 58
Depsipeptide ester **9**: 505
Depth hyperthermia **1**: 381
Dermatan **5**: 216
Dermatan sulfate **6**: 577, 580, 592, **8**: 312
– Chemical structure **6**: 579
Desaturase mutant **3A**: 421
Designed protein polymer
– Other **8**: 67
Designer office chair **10**: 20
Desmin **7**: 355
Desmosine **7**: 468
Desmosterol **8**: 169
Destruxin **7**: 57
*Desulfitobacterium hafniense*
– Cyanophycin synthetase **7**: 96
*Desulfovibrio* **9**: 289
*Desulfovibrio desulfuricans* **1**: 418, **5**: 93
*Desulfovibrio gigas* **9**: 52
Desulfurization **2**: 369, 371, 378, 386
– Benzylmethylsulfide **1**: 453
– Dibenzothiophene **1**: 453
Desulfurization of rubber
– Patent **2**: 391
– Sulfur-oxiding microorganism **2**: 383
*Desulfurococcus*
– Cell wall **5**: 503
*Desulfuromonas acetoxidans* **9**: 54
*Desulfuromonas* sp. FD-1 **1**: 370
*Desulfuromonas* sp. SDB-1 **1**: 370
Detergent industry
– Enzyme **7**: 381
Detergent **1**: 406
Deterioration **9**: 239, **10**: 99, 112
– Synthetic polymer **10**: 231
Determination of lignin

– Infrared spectroscopy 1: 92
– Kappa number 1: 92
– *Klason lignin* determination 1: 92
– Roe chlorine number 1: 92
– Solid-state NMR 1: 92
– UV microspectrophotometry 1: 92
– UV spectrophotometry 1: 92
Detoxification 2: 370
Detyrosination 7: 348
Deuteromycete 1: 136
Dexon® 3A: 78, 4: 180
Dextran 5: 9, 299 ff, 324, 10: 83, 90
– Annual world production 5: 308
– Application 5: 308, 310
– Biodegradation
– – *Actinomadura* sp. 5: 307
– – *Arthrobacter globiformis* 5: 307
– – *Chaetomium gracile* 5: 306
– – Dextranase 5: 306
– – *Flavobacterium* sp. 5: 307
– – *Fusarium* sp. 5: 306
– – Isomaltodextranase 5: 307
– – *Lipomyces starkeyi* 5: 306
– – *Paecilomyces lilacinus* 5: 306
– Biosynthesis 5: 305
– – Dextransucrase-deficient mutant 5: 306
– – Glucansucrase 5: 304
– – Glycosytransferase 5: 304
– Biotechnological production 5: 307
– Chemical analysis 5: 303
– Chemical structure 5: 301 f
– Commercialization 5: 13
– Commercial production 5: 301
– – Dextran Products, Ltd. 5: 308
– – Pfeifer und Langen 5: 308
– – Pharmachem Corp. 5: 308
– – Pharmacia 5: 308
– Discovery 5: 300
– Genetics
– – *Leuconostoc mesenteroides* strain NRRL B-512F 5: 305
– Medical application 5: 309
– Occurrence 5: 303 f
– Patent 5: 310
– Physiological function 5: 303
– Production
– – Natural substrate 5: 303
– Property 5: 308
– Separation media 5: 310
– Sephadex 5: 310
– Soluble dextran 5: 301
– Two-phase extraction system 5: 310
– Wholesale price 5: 308
Dextranase 5: 306
Dextran Products, Ltd.
– Dextran 5: 308
Dextransucrase 5: 330, 333
– Dextran biosynthesis 5: 304
– Property 5: 304
Dextransucrase-deficient mutant 5: 306
Dextrin 6: 413
Dextrose monohydrate 6: 422
DGA dehydrogenase 9: 278
DHD process 1: 482
DHN melanin pathway 1: 231
Diabetes
– cPHA 3A: 159
Diabetes mellitus 6: 170, 442
Diacyl glycerophosphocholine 7: 205
Dialkylaluminum alkoxide 3B: 398
Dialkylphthalate 1: 286
4′,6′-Diamidino-2-phenylindole 10: 142
4′6-Diamidino-2-phenylindole dihydrochloride 3A: 343
Diaminoethyl sporopollenin 1: 222
4′,6′-Diamino-2-phenylindole hydrochloride 9: 5
*cis*-Diamminediaquaplatinum 3A: 89
*cis*-Diamminepolymalatoplatinum 3A: 89
*Dianthus polymorphis* 5: 116
Diaper 10: 430
Diarylpropane $\beta$-1 1: 37
(3*S*,6*S*)-Diastereoisomer
– Synthesis 4: 354
Diatom
– Adhesive protein 8: 362
Diatomaceous earth 10: 79
1,5-Diazabicyclo[4.3.0]non-5-ene 4: 351
1,8-Diazabicyclo[5.4.0]undec-7-ene 4: 349 f
Dibenzodioxocin 1: 37
Dibenzofuran 1: 8
Dibenzothiophene 1: 434, 453
Dibutyltin oxide 10: 184
Dicamba 1: 286
Dicarboxylic acid 10: 289
Dichlorodisulfane
– Oxidation state 9: 37
2-(3,4-Dichlorophenoxy)-triethylamine 2: 4
*Dichomitus squalens* 1: 140, 144, 156, 185, 189
Dicotyledon 1: 21
*Dictyoglomus thermophilum* Rt46B.1 6: 291
*Dictyophora indusiata* 6: 169
*Dictyostelium discoideum* 9: 13, 18
– Phytochelatin 8: 266
Dicyclohexyl carbodiimide 2: 33, 3A: 78, 84, 4: 340 f
5,6-Dideoxy-3-a-mycarosyl-5-oxo-erythronolide 9: 99
1,2-Dieicosenoyl phosphatidyl choline 3A: 136

Dienoyl-CoA reductase **3A**: 297
2,4-Dienoyl-CoA reductase **3A**: 427
1,2-Dierucoyl phosphatidyl choline **3A**: 136
Diesel **1**: 482
Diethylene glycol
– Chemical synthesis **3B**: 358
Diethylpyrocarbonate **3A**: 25
*Dietzia maris* JCM 6166 **3B**: 90
Differential scanning calorimetry **1**: 270, **4**: 7, **9**: 208
Differential scanning calorimetry thermogram **9**: 222
Differential thermal analysis **1**: 270
Differential thermogravimetry **1**: 270
Digestibility **1**: 26
Diglycolide **4**: 182
Diguanylate cyclase
– Mutant **5**: 54
Dihydroconiferyl alcohol **1**: 72 f, 104
Dihydro *p*-coumaric acid **1**: 334
Dihydrodipicolinate synthase **10**: 295
Dihydro ferrulic acid **1**: 334
Dihydrolipoamide acyltransferase **7**: 63
5$\alpha$-Dihydrotestosterone **2**: 127 f
Dihydroxyacetone kinase **3B**: 285
2,5-Dihydroxybenzoquinone **1**: 383
L-3,4-Dihydroxy-2-butanone-4-phosphate **8**: 421
10,16-Dihydroxy-$C_{16}$ acid **3A**: 9, 14
10,16-Dihydroxyhexadecanoic acid **3A**: 7
Di(6-Hydroxyhexyl)carbonate **9**: 419
5,6-Dihydroxyindole-2-carboxylic acid **1**: 239
Dihydroxynaphthalene **1**: 231
2,5-Dihydroxyphenylacetic acid **1**: 383
3,4-Dihydroxyphenylacetic acid **1**: 383
Dihydroxyphenylalanine **1**: 230
3,4-Dihydroxy-phenylalanine (DOPA) **6**: 126
*trans*-2,3-*cis*-3,4-Dihydroxyproline
– Adhesive protein **8**: 367
2,5-Dihydroxytoluene **1**: 383
3,4-Dihydroxytoluene **1**: 383
Diiodomethyl-*p*-tolylsulfone **10**: 115
Diisocyanate **9**: 327
β-Diketone hydrolase
– *Pseudomonas vesicularis* PD **9**: 340
– PVA biodegradation **9**: 340
D-Dilactide **4**: 184
L-Dilactide **4**: 184
*R,R*-Dilactide **3B**: 413
*S,R*-Dilactide **3B**: 413
*S,S*-Dilactide **3B**: 413, 415
Dimer hydrolase **4**: 381
– *Pseudomonas lemoignei* **3B**: 67
– *Rhodospirillum rubrum* **3B**: 67
– *Zoogloea ramigera* **3B**: 67
2,2′-Dimethoxy-2-phenyl acetophenone **10**: 192
Dimethylallyl-*trans-trans* arrangement **2**: 14
Dimethylallyl diphosphate **2**: 8, 51
Dimethylallyl group **2**: 14
8-(6,6-Dimethylaminohepta-2,4-diynyl)amino-4*H*-benz[1,4]-oxazin-3-one **6**: 133
Dimethylaminopyridine **4**: 354
6,6′-Dimethyl-2,2′-bipyridine **10**: 184
Dimethyldisiloxane-1,1,3,3-tetrol **9**: 556
Dimethyldisiloxane-1,3,3,3-tetrol **9**: 556
Dimethylformamide **3B**: 172, **7**: 480
2,7-Dimethyl-2,4,6-octatrienedial **2**: 30
Dimethylpentasulfane molecule **9**: 40
– Chemical structure **9**: 40
2,6-Dimethylphenol **1**: 489
Dimethylpyridine **1**: 489
6,7-Dimethyl-8-ribityllumazine **8**: 421
Dimethylsilanediol **9**: 542
Dimethylsuberiimidate dihydrochloride **7**: 478
Dimethylsulfide **9**: 53
Dimethyl terephthalate **3B**: 435
Dimethyltrisulfane **9**: 53
DIN **10**: 398
DIN 6167 **8**: 170
DIN 54900 **10**: 403
DIN CERTCO **10**: 387, 403, 465
– Compostability mark **10**: 406
DIN FNK 103.2 **10**: 369
Dinoflagellates **1**: 212
*Dioscorea caucasica* **8**: 235
*Dioscorea opposita* **6**: 501, 503
*Dioscoreophyllum cumminsii* **8**: 207, 217
*Dioscoreophyllum cumminsii* Diels
– Monellin **8**: 205
Dioxanone **4**: 382
1,5-Dioxepan-2-one
– Polymerization
– – Mechanism **4**: 35
Dioxygenase **2**: 348
Dipeptidase E **7**: 97
Diphenol adduct **7**: 469
1,4-Diphenyl-1,3-butadiene
– Biodegradation **9**: 365
1,3-Diphenyl-1-butene
– Biodegradation **9**: 365
2,4-Diphenyl-1-butene
– Biodegradation **9**: 365
Diphenylethane
– Biodegradation **9**: 365
Diphenylmethane
– Biodegradation **9**: 365
2,4-Diphenyl-4-methyl-2-pentene
– Biodegradation **9**: 365
1,3-Diphenyloctane

– Biodegradation 9: 365
4-Diphosphocytidyl-2-*C*-methylerythritol synthase 2: 61
5′-Diphosphoglucose (UDP)-pyrophosphorylase 5: 165
Diphosphomevalonate decarboxylase 2: 51
*Diplodactylus*
– Adhesive protein 8: 362
Directed molecular evolution
– Protein engineering 7: 423
Direct uptake system
– Biopolymer 9: 191
Disease 2: 185
Disinfection 10: 225
Disinfection of water 1: 319
Disintegration 9: 239, 10: 118, 400
– Biodegradability 10: 401
Disintegration testing 10: 383
Dispersant 7: 157
Dissolved organic carbon concentration (DOC) 3B: 117
Disuccinimidyl suberate 7: 478
Disulfane-monosulfonic acid 9: 50
Disulfide
– Oxidation state 9: 37
Disulfide bond
– Cross-link 7: 467
Disulfoton 1: 287
Diterpene 2: 64
5,5-Dithiobis(2-nitrobenzoic acid) 8: 265
Dithionate
– Oxidation state 9: 37
Dithionite
– Oxidation state 9: 37
Dityrosine 7: 469
Diurnal regulation 1: 13
Divanilloyltetrahydrofuran 1: 104
Divinyl adipate 3A: 385, 386, 9: 348
$\gamma$-DL-PGA synthetase
– *Bacillus subtilis* 7: 150
– – Reaction mechanism 7: 151
DLR 10: 9
– Natural fiber composite 10: 12
DNA
– Biofilm 10: 214
DNA Chip technology
– As a predictive tool 8: 475
DnaK 7: 235
DNA photolyase
– *Escherichia coli* 9: 172
DNA photolyase–repair 9: 172
DNA polymerase 7: 34, 40
DNA-polymerase-$\alpha$-primase 3A: 78
DNA shuffling
– Protein engineering 7: 425
DNA uptake 3A: 152
Dodecamethylcyclohexasiloxane 9: 542
Dodecanol 10: 185
*n*-Dodecylbenzene
– Biodegradation 9: 365
Dolichol 2: 28, 35
– Biosynthesis 2: 138
– Dolichyl diphosphate 2: 138
– Polyisoprenoid alcohol 2: 137
– Stereochemistry 2: 137, 139
Dolichyl pyrophosphate 10: 142
*Dolomedes*
– Spider silk
– – Protein sequence 8: 9
DOLON CC 9: 230
DOLON VA 9: 230
Domain swapping 7: 274
Donlar 9: 253
Door paneling element 10: 20, 21
DOPA 1: 233
Dopa 7: 472, 480
L-DOPA 7: 414
Dopachrome 1: 233
DOPA melanin 1: 241
DOPA melanin oligomer 1: 234
Dopamine $\beta$-hydroxylase 8: 257
Dopaquinone 1: 233, 7: 473, 480
Dow Company 10: 463
Doxorubicin 9: 475
– In nanoparticle 9: 465
DP-2A 8: 60
DP-2A Protein
– Fiber formation 8: 64
– Solution property 8: 63
DP-1B 8: 61
DP-1B Gene 8: 59, 60, 62
DP-1B Protein
– Fiber formation 8: 64
– Solution property 8: 63
DPG
– Isomer
– – Mass spectrum 9: 285
– Metabolic product
– – Mass spectrum 9: 286
– Structural and optical isomer 9: 284
Dragendorff-positive substance 7: 108
Dragline 8: 35
Dragline fiber
– Manufacture 8: 72
Dragline silk 8: 4, 19, 59, 65, 85
– Mechanical property
– – Elasticity 8: 83
– – Energy to break 8: 83

– – Strength 8: 83
Dragline silk fibroin 8: 85
Dragline silk protein 8: 10
– In yeast
– – DP-1B Gene 8: 62
– Spinning 8: 98
Dragline spider silk gene
– ADF-3 8: 101
– MaSpI 8: 101
– MaSpII 8: 101
Dragline thread 8: 27
*Dreissena polymorpha*
– Adhesive protein 8: 362
Drilling fluid 10: 77
*Drosophila* 2: 138, 6: 496, 509
*Drosophila melanogaster* 2: 350, 7: 445
– Proteasome 7: 445
Drug carrier 9: 439
Drug delivery 4: 108, 5: 398
Drug delivery system 4: 195, 9: 474, 479, 10: 183, 249
Drug release 4: 111
DSM 2: 298, 10: 342
DSM N.V
– Industrial enzyme 7: 380
3D Structure
– Cutinase 3A: 28
dTDP-4-Dehydrorhamnose 3,5-epimerase 8: 237
dTDP-4-Rhamnose epimerase 8: 238
*Duganella* 3B: 98
– Polydioxanone biodegradation 9: 530
*Duganella zoogloeoides*
– PHC biodegradation 9: 419
*Dunaliella salina*
– Function of polyphosphate 9: 21
Dunlop 2: 156, 367
DuPont Nemours 2: 298, 3B: 302, 4: 331, 9: 397, 10: 289
– Nylon 66 3B: 162
– Polylactic acid 10: 476
– Polytrimethylene terephthalate 10: 412
– 1,3-Propanediol 10: 287
– Spider silk analog 8: 92
– Synthetic spider silk 8: 18
DuPraw
– Cytoskeleton 7: 344
*Durvillea antarctica* 6: 219
– Alginate 6: 219
Dutch Association of Composting Companies 10: 406
Dutch Shell 3B: 375
Dye-binding 8: 485
Dyehouse wastewater 8: 190
*Dyera costulata* 2: 8, 11, 75
Dye 1: 477
Dynamic mechanical analysis 3B: 241
Dynamic mechanical thermal analysis 9: 208
Dynamic storage modulus 4: 8
Dynein 7: 352

***e***

EAA copolymer 10: 165
Eastman Chemical
– Eastar Bio 3B: 338
EBPR activated sludge 3A: 340, 343
Echinocandin 6: 203
Echinodermata 8: 370
Echinoid
– Skeletal element 8: 295
– Spine 8: 295
*Ecklonia maxima* 6: 219
– Alginate 6: 219
Ecobalance, Inc. 10: 483
Ecoflex® 4: 299, 10: 446
– Application 4: 304
– – Coated material 4: 305
– – Compost bag 4: 305
– – Food wrapping 4: 305
– – Laminated material 4: 305
– – Mulch film 4: 305
– – Orientated film 4: 305
– – Starch blend 4: 305
– Biodegradation 4: 305 f, 308
– Blown film
– – Property 4: 303
– – Water vapor permeability 4: 303
– Certification 4: 308
– Compostability 4: 309
– Composting 4: 307
– Degradation
– – *Thermomonospora fusca* 4: 309
– Degradation product
– – Ecotoxicology 4: 310
– Ecotoxicity 4: 305
– Masterbatch 4: 303
– Material property 4: 302
– Patent 4: 311
– Processing
– – Film extrusion 4: 302
– Property profile 4: 302
– Structure 4: 301
– Viscosity function 4: 304
*E. coli* SJ 16 3A: 202
Ecolyte PS 9: 376
Ecosac 10: 425
Ecotoxicity
– PAA 9: 311
*Ectocarpus*

– Adhesive protein 8: 362
Ectoine synthase 8: 237
*Ectothiorhodospira shaposhnikovii* 3A: 179, 223, 227, 359 f
*Ectothiorhodospira shaposhnikovii* N1 3A: 177, 185, 196
EDS process 1: 483
Effect
– Crystallization 8: 440
Effluent treatment 1: 196, 198
EF-Tu 7: 364, 369
– Cytoskeleton 7: 365, 368
– Truncated gene 7: 366
Egg albumin
– Solubility 8: 442
Egg-laying cycle 8: 311
Eggshell 7: 470, 8: 310
Ehlers-Danlos syndrome
– OI 8: 136
Elaiophylidene 4: 383
Elasticity 3A: 258
Elastified concrete 2: 245
Elastin 7: 468
– Cross-link 7: 467
– Medical application 10: 267
– Protein structure 8: 14
– Secondary structure 8: 49
– Synthetic protein 8: 72
Elastin analog
– Amino acid sequence 8: 56
Elastin-like protein 8: 68
Elastoflex 10: 8, 10
Electrochemical impedance spectroscopy 10: 112
Electrochemical resistivity 10: 120
Electron diffraction
– Protein assembly 7: 278
Electron diffraction diagram 3B: 213
Electronic insulation 10: 110
Electron micrograph 3A: 129
Electron microscopy 7: 289
Electrophoresis 8: 485
Electrostatic force 7: 273
ELISA-based detection 8: 487
Ellmans reagent 8: 265
*Elodea* 1: 30
Elongation factor G 7: 18
*Elymus canadensis* 2: 11
*Elymus repens* 2: 11
Embden-Meyerhof-Parnas pathway 2: 57, 3A: 346
Embolism 10: 268
Emulsan 5: 14, 92 ff
– Acetylheteropolysaccharide 5: 95
– Alasan 5: 95
– Application 5: 105
– BD4 emulsan 5: 95
– Biodispersan 5: 95
– depolymerase 5: 102
– Emulsan 378 5: 95
– Food emulsifier 5: 95
– Insecticide emulsifier 5: 95
– Liposan 5: 95
– Mannan-lipid-protein 5: 95
– Natural role 5: 98
– – Attachment to surface 5: 99
– – Bioavailability 5: 99
– – Detachment from surface 5: 99
– – Surface area 5: 99
– – Toxic heavy metal 5: 99
– Oil tanker 5: 93
– Oily ballast water 5: 93
– Patent 5: 105
– Production 5: 105
– Protein complex 5: 95
– RAG-1 emulsan 5: 95
– Sulfated polysaccharide 5: 95
– Thermophilic emulsifier 5: 95
γ-Emulsan
– Application 5: 105
– Patent 5: 105
– Production 5: 105
Emulsion polybutadiene 2: 300
EN 13432 10: 400
Enamel
– Crystalline organization 8: 347
– Mouse 8: 348
Enantiomeric pure chemical 1: 469
Enantiopure alcohol 7: 414
Enantiopure amine 7: 414
Enantioselectivity 10: 295
Enantone® 4: 196
Encapsulation 8: 400
Encystment
– Glycogen 5: 22
End-capping 4: 363
*Endo*-arabinase 6: 359
Endocuticle 8: 162
Endocytic marker 7: 353
Endocytosis 7: 353
Endodermis 1: 29
Endodextranase 5: 335
End-of-Life Vehicle 10: 466
*Endo*-galactanase 6: 359
Endoglucanase 7: 405
*Endo*-β-1,3-glucanase 5: 58, 6: 73, 182
*Endo*-β-1,6-glucanase 6: 182
*Endo*-β-D-mannanase
– Metabolism of galactomannan 6: 328
*Endo*-pectate lyase 6: 359

*Endo*-pectin lyase **6**: 359
Endoplasmic reticulum **1**: 35, **8**: 83, 327
*Endo*-polygalacturonase **6**: 359
Endopolyphosphatase
– *Giardia duodenalis* **9**: 18
Endoskeleton **8**: 290
Endothermic transition **10**: 163
Energy **1**: 183 f, **10**: 359, 360
Energy consumption **1**: 68
Energy-dispersive X-ray spectrometry **2**: 385
Energy saving **1**: 189 f, 199
Energy source
– Cement kiln **2**: 406
– Tire **2**: 406
Energy supply **1**: 461
Engineering **10**: 97
Enhanced biological phosphorus removal system **10**: 145
Enhanced oil recovery **5**: 94
ENI **2**: 298
Enniatin **7**: 64
Enoyl-CoA hydratase **3A**: 109, 175, 208, 220, 305, 419, 427
(*R*)-Enoyl-CoA hydratase **3A**: 221
Enoyl-CoA hydratase I **3A**: 420, 421
Enoyl-CoA hydratase II **3A**: 420, 421
Enoyl-CoA isomerase **3A**: 296, 419, 427
Enoylreductase **9**: 94, 99
*Entameoba histolytica*
– Absence of hemozoin **9**: 137
*Entamoeba* **9**: 10
*Enterobacter aerogenes* **5**: 23, **6**: 13
*Enterobacter agglomerans* **3B**: 283, 285
*Enterobacter cloacae* **5**: 9, 198
– Alginate lyase **6**: 223
– Murein **5**: 443
Enterobactin **7**: 57
*Enterococcus* **3B**: 289
*Enterococcus caecorum* **1**: 369 f
*Enterococcus faecalis*
– Murein **5**: 443
*Enterococcus faecium*
– Murein **5**: 444
Enterokinase **8**: 490
*Enteromorpha* **8**: 364
– Zoospore
– – Adhesive protein
– – – Mussel
– – *Mytilus edulis* **8**: 365
Enterostatin **8**: 243
Entner-Doudoroff pathway **2**: 55, 62, **3A**: 346, **5**: 25, 183
– Recombinant *E. coli* **3A**: 258
Entrained-flow gasification **1**: 484
Environmental concern **1**: 182
Environmental degradation **9**: 239, 241
Environmental impact **10**: 410
Environmental problems **2**: 403
Environmental remediation
– Ferritin **8**: 413
Environmental stress **1**: 30
Environmentally degradable **9**: 240
Enviro Plastic **9**: 230
Enzymatic combustion **1**: 134
Enzymatic decarboxylation **1**: 465
Enzymatic polymerization **3B**: 442
– Application **3A**: 392
– Crosslinkable polyester **3A**: 387 f
– Enantioselective polymerization **3A**: 387
– End-functionalized polyester **3A**: 382
– From dicarboxylic acid ester **3A**: 384
– From dicarboxylic acid **3A**: 384
– Lipase **3A**: 387 f
– Patent **3A**: 392
– PHB depolymerase **3A**: 380
– Polycondensation of divinyl ester **3A**: 386
– Polymerization of dicarboxylic acid **3A**: 383
– Polymerization of glycol **3A**: 383
– *Pseudomonas lemoignei* **3A**: 380
– *Pseudomonas stutzeri* **3A**: 380
– Regioselectivity **3A**: 387
Enzyme
– Organic synthesis **7**: 412
– Processing of fat **7**: 414
– Technical application **7**: 377
Enzyme screening **7**: 417
Epichlorhydrin
– Medical application **10**: 267
Epichlorohydrin elastomer **2**: 306
Epicuticle **8**: 162
Epiderm **1**: 15
Epidermal intercellular junction **3A**: 3
Epidermis **3A**: 3
Epidermolysis bullosa
– OI **8**: 136
*Epidermophyton stockdaleae*
– Cell wall **6**: 126
Epigenetic mineral **1**: 433
Epimerase **3A**: 320, **5**: 186
Epimerization domain **7**: 62
Epithelial cell **7**: 355, **8**: 3
Epothilone **7**: 55, **9**: 98
Epothilone B
– Structural formula **9**: 92
Epoxide hydrase **3A**: 17
Epoxide rubber **2**: 306
Epoxy acrylate **10**: 4
Epoxy fiberglass laminate **10**: 430

Epoxy resin **10**: 4
9,10-Epoxystearate **3A**: 13
EPS **5**: 6, **10**: 34
EPS material **10**: 101
EPS matrix **10**: 212, 219
– *Pseudomonas aeruginosa* **10**: 215
*Equisetum* **1**: 8
Ercedex® **4**: 180
Ergosterol
– Biosynthesis **2**: 122
Ergotpeptide **7**: 57
Ericaceae **1**: 220
Error-prone PCR method **7**: 40
*Erwinia amylovora*
– Levan **5**: 353
– Levan biosynthesis **5**: 359
– Levansucrase **5**: 359
*Erwinia herbicola*
– Levan production **5**: 365
*Erwinia* sp.
– Cellulose biodegradation **6**: 292
*Erwinia* species **2**: 132
*Erythrina crista-galli* **1**: 14
Erythrocyte **1**: 387, **7**: 212
– *Plasmodium chabaudi*-infected **9**: 151
Erythromycin **7**: 70, **9**: 97
– Biosynthesis **9**: 93, 94
– DEBS-protein **9**: 94
Erythromycin A
– Structural formula **9**: 92
Erythronic acid **1**: 96 f
Erythrose 4-phosphate **1**: 75
*Escherichia coli* **2**: 55, 57 ff, 62 f, 65 f, 95, 134, 139, **3A**: 31, 126, 128 ff, 137 ff, 144, 152 f, 160, 219, **3B**: 5, 108, 273, **4**: 30, 58, **5**: 9, 23, 26, 31, 433, **7**: 28, 31, 88, 213, 230, **8**: 61, 82, 100, 112, 208, 217, **9**: 6, 7, 9, 11, 12, 22, **10**: 283, 310
– Anaerobic metabolic pathway **3B**: 276
– Biosynthesis **9**: 67
– Branching enzyme **5**: 29
– Colicin E3 **7**: 23
– Cupin protein **8**: 238
– Cyanophycin **7**: 87
– Cyanophycin production **7**: 99
– Cytoskeleton **7**: 365
– DNA photolyase **9**: 172
– DP-1B Gene **8**: 62
– Effect of lentinan **6**: 169
– EF-Tu **7**: 366
– Elastin-like protein **8**: 69
– Elongation factor EF-Tu **7**: 371
– Exopolyphosphatase **9**: 13
– Expression system
– – Arabinose operon promoter system **8**: 482 ff
– – BL21-AI **8**: 480
– – BL21-CodonPlus **8**: 480
– – C41 **8**: 480
– – C43 **8**: 480
– – Nova Blue **8**: 480
– – Origami **8**: 480
– – Promoter system **8**: 481
– – Rosetta **8**: 480
– – Tuner **8**: 480
– Ferritin-like protein **8**: 413
– Function of polyphosphate **9**: 21
– Glycogen biosynthesis **5**: 27
– Glycogen synthesis **5**: 22
– Guanosine pentaphosphate **9**: 16
– High-throughput method **8**: 473
– Lactate dehydrogenase **3B**: 277
– *lacZ* Gene **8**: 61
– L-Lysine **10**: 293
– Metabolically engineered **3B**: 291
– mreB-Like gene **7**: 361
– mreB Protein **7**: 369
– Multicellular behavior **10**: 210
– Murein **5**: 444
– Murein biosynthesis **5**: 447
– Murein biosynthetic gene **5**: 456
– Murein hydrolase **5**: 449
– Murein sacculus **5**: 434
– Murein structure **5**: 438, 445
– Murein synthase **5**: 448
– Peptide synthetase **7**: 57
– Poly(3-hydroxybutyrate) **10**: 320
– Polyphosphate **10**: 141, 144
– Polyphosphate kinase **10**: 142
– PPK **9**: 8
– PPX **9**: 14, 17
– Production of S-layer protein **7**: 310
– Pyruvate-formate lyase **3B**: 277
– Ribosomal RNA **7**: 3
– Ribosome **7**: 3
– SecE **7**: 239
– Silicon biodegradation **9**: 547, 549
– Silk gene **8**: 52 f
– Spider silk analog **8**: 92
– Spider silk protein **8**: 58
– Succinic acid **10**: 286
– Synthetic silk gene **8**: 17
– Thaumatin **8**: 207
*Escherichia coli* formate dehydrogenase **7**: 27
*Escherichia coli* HsIV
– 20S Proteasome **7**: 446
*Escherichia coli* IFO13500
– Inhibition by ε-PL **7**: 111
*Escherichia coli* K12
– Murein biosynthesis gene **5**: 457

*Escherichia freundii* **6**: 587
*Escherichia intermedia* **6**: 14
*E. shaposhnikovii* **3A**: 359
Esso
– Xanthan **5**: 281
α-Ester
– Chemical synthesis **3B**: 439
β-Ester
– Chemical synthesis **3B**: 439
Esterase **3A**: 20, 64, **7**: 408, **1**: 372, 398, 406, **4**: 192, **5**: 11
– 3D Structure **3A**: 64
– Poly(alkylcyanoacrylate) **9**: 472
– *Pseudomonas fluorescens* **3B**: 63
– Ser-His-Asp triad **3A**: 65
– Stickies control **7**: 410
– *Streptomyces diastatochromogenes* **3B**: 63
– Textile processing **7**: 406
Ester bond
– Hydrolytic chain cleavage **10**: 107
γ-Esterification **1**: 11
Estrogenic activity **1**: 386
Estrogenic effect **1**: 381
Etamycin **7**: 57
ETBE **7**: 393
Ethanol
– Global production **7**: 394
Ethanol production **7**: 396
– Lignocellulose-based raw material **7**: 400
Ethephon **2**: 3, 154
Ether-alcohol dehydrogenase **9**: 277
3-Ether of cellulose **6**: 298
Ethosuccimide
– In nanoparticle **9**: 465
Ethyl cellulose **10**: 64
1-Ethyl-3-(3-dimethylaminopropyl)-carbodiimide **3A**: 25
Ethylene **2**: 173, 177 ff, 188
– Latex flow **2**: 179
Ethylene copolymer **2**: 305
Ethylenediaminedisuccinate **3B**: 273
Ethylenediaminetetra-acetate (EDTA) **3B**: 273
Ethylene generator **2**: 154
Ethylene glycol **3B**: 211, **10**: 117
Ethyleneglycoldiglycidylether **7**: 477 f
Ethylene oxide **2**: 188
Ethylene-vinylacetate **10**: 45
Ethylene-vinyl alcohol copolymer **10**: 169
Ethyl hydroxyethyl cellulose **10**: 64
2-Ethyl-4-methyl imidazole **10**: 202
Ethyl tertiary butyl ether **7**: 393
*Euagrus*
– Spider silk
– – Protein sequence **8**: 9
Eubacterium **1**: 407
*Eubacterium yurii*
– S-Layer **7**: 290
*Eucalyptus* **1**: 17, 24, 39
Eucalyptus chip **1**: 194
*Eucalyptus globulus* **1**: 34
*Eucalyptus grandis* **1**: 137
*Eucalyptus gunnii* **1**: 40
*Eucheuma*
– Carrageenan production **6**: 247, 259
*Eucheuma cottonii*
– Carrageenan **6**: 251
*Eucheuma denticulatum*
– Carrageenan **6**: 251
*Eucommia* **2**: 354
*Eucommia ulmoides* Oliv. **2**: 18
*Eufolliculina uhligi* **6**: 495
*Euglena gracilis* **2**: 64, **3A**: 57
Eukaryote
– PHA **3A**: 123
Eumelanin **1**: 233, 236, 239, **8**: 163
*Euonymus alatus* **3A**: 48
*Euphausia superba* **6**: 513
*Euphorbia* **10**: 58
*Euphorbiaceae* **1**: 383, **2**: 180
*Euphorbia lactiflua* **2**: 11
*Euphorbia lagascae* **3A**: 16
*Euphorbia* sp. **2**: 11
*Euprosthenops* sp.
– Spider silk
– – Property **8**: 32
European Climate Change Program **10**: 464
European Commission **10**: 398
– Directive
– – Directive on Packaging and Packaging Waste **10**: 466
– – End-of-Life Vehicle **10**: 466
– – Waste from Electrical and Electronic Equipment **10**: 466
– Recommendation **2**: 400
European Committee for Standardization **10**: 398
European Council Directive **10**: 402
– On packaging and packaging waste **10**: 394, 396
European Council Directive 94/62/EC
– Packaging waste **10**: 397
European wool **8**: 161
Evaluation **10**: 402
EVM copolymer **2**: 305
Evolution **1**: 31
Evolution cycle **7**: 424
*Excellospora japonica* **3B**: 95
*Excellospora viridilutea* **3B**: 95
*Excellospora viridilutea* JCM 3398 **3B**: 90

Exine **1**: 222
Exochelin **7**: 56
Exocuticle **8**: 162
Exoenzyme **10**: 105
*Exo*-β-1,3-glucanase
– Glucan biosynthesis **6**: 201
*Exo*-β-D-glucosaminidase
– *Aspergillus fumigatus* KH-94 **6**: 141
– *Aspergillus oryzae* IAM-2660 **6**: 141
– *Penicillium* sp. AF9-P-112 **6**: 141
– *Trichoderma reesei* **6**: 141
*Exo*-pectate lyase **6**: 359
*Exophila jeanselmei* REN-11A
– Polyurethane biodegradation **9**: 325
*Exo*-polygalacturonase **6**: 359
Exopolyphosphatase **3A**: 117, **10**: 147
– *Acinetobacter* ADP1 **9**: 13
– *Acinetobacter johnsonii* 210A **9**: 13
– Biodegradation
– – Prokaryote **9**: 13
– Enzymatic reaction **9**: 13, 17
– *Escherichia coli* **9**: 13
– Inhibitor **9**: 13
– *Klebsiella aerogenes* **9**: 13
– Localization **9**: 17
– Property **9**: 17
– *Saccharomyces cerevisiae* **9**: 17
– Substrate specification **9**: 17
Exopolysaccharide **5**: 5, 11, **10**: 214, 310
– Application **6**: 111 ff
– – *Hansenula (Pichia) holstii* **6**: 113
– – *Rhodotorula* spp. **6**: 114
– – *Sporobolomyces albo-rubescens* **6**: 114
– – *Tremella aurantia* **6**: 114
– – *Tremella fuciformis* **6**: 113
– – *Tremella mesenterica* **6**: 113
– *Aureobasidium pullulans* **6**: 95
– Biodegradation **6**: 110, **9**: 177
– Biosynthesis
– – *Cryptococcus laurentii* **6**: 108
– – *Cryptococcus neoformans* **6**: 107 f
– – *Hansenula capsulata* NRRL Y-1842 **6**: 109
– – *Tremella mesenterica* **6**: 108
– *Candida albicans* **6**: 96, 106
– *Candida bogoriensis* **6**: 96
– *Candida buffoni* **6**: 96
– *Candida diffluens* **6**: 96
– *Candida foliarum* **6**: 96
– *Candida ingens* **6**: 96
– *Candida javanica* **6**: 96
– *Candida utilis* **6**: 96
– Chemical analysis **6**: 105
– Chemical structure **5**: 409, **601**:
– – *Lactobacillus delbruekii* ssp. *bulgaricus* NCFB 2772 **5**: 411
– – *Lactobacillus helveticus* LB161 **5**: 411
– – *Lactobacillus paracasei* 34-1 **5**: 411
– – *Lactobacillus sake* 0-1 **5**: 411
– – *Lactococcus lactis* ssp. *cremoris* SBT 0495 **5**: 411
– – *Streptococcus thermophilus* CNCMI 733 **5**: 412
– – *Streptococcus thermophilus* OR 901 **5**: 412
– – *Streptococcus thermophilus* S3 **5**: 412
– Chemical structure **6**: 96 f, 99
– *Cryptococcus* **6**: 102
– *Cryptococcus laurentii* **6**: 99, 101, 106
– *Cryptococcus neoformans* **6**: 95, 105 ff
– – Chemical structure **6**: 103 f
– Detection **6**: 105
– From bacterium **9**: 177
– Function **6**: 107, **9**: 193
– *Hansenula capsulata* **6**: 98, 105
– *Hansenula holstii* **6**: 106
– *Hansenula holstii* NRRL Y-2448 **6**: 96, 98
– – Chemical structure **6**: 97
– India ink stain **6**: 107
– Lactic acid bacterium
– – Application **5**: 423, 424, 425
– – Bactoprenyl pyrophosphate **5**: 418
– – Biosynthesis **5**: 415, 416, 418, 420
– – Biotechnological production **5**: 420, 421, 422
– – Chemical analysis **5**: 414
– – Chemical composition **5**: 410
– – Detection **5**: 414
– – Gene **5**: 418, 420
– – Genetics **5**: 416
– – Isolation **5**: 414
– – Kinetics of EPS biosynthesis **5**: 423
– – *Lactobacillus acidophilus* **5**: 421
– – *Lactobacillus casei* CG11 **5**: 410
– – *Lactobacillus delbrueckii* ssp. *bulgaricus* **5**: 418, 421
– – *Lactobacillus delbrueckii* ssp. *bulgaricus* CNRZ 416 **5**: 410
– – *Lactobacillus delbrueckii* ssp. *bulgaricus* CNRZ 1187 **5**: 410, 421
– – *Lactobacillus delbrueckii* ssp. *bulgaricus* NCFB 2772 **5**: 410, 422, 423
– – *Lactobacillus helveticus* LB161 **5**: 410
– – *Lactobacillus helveticus* var. *jugurti* **5**: 410
– – *Lactobacillus kefiranofaciens* **5**: 410
– – *Lactobacillus paracasei* **5**: 410
– – *Lactobacillus rhamnosus* **5**: 410, 423
– – *Lactobacillus sake* 0-1 **5**: 410, 423
– – *Lactococcus lactis* ssp. *cremoris* **5**: 420
– – *Lactococcus lactis* ssp. *cremoris* LC330 **5**: 410

– – *Lactococcus lactis* ssp. *cremoris* SBT 0495 5: 410
– – *Lactococcus lactis* ssp. *lactis* 5: 420
– – Nutritional parameter 5: 421
– – Occurrence 5: 413
– – Pathway 5: 417, 419
– – Physiological function 5: 413
– – Purification 5: 414
– – *Rediococcus* 5: 410
– – Regulation 5: 416
– – *Streptococcus salivarius* ssp. *thermophilus* 5: 421
– – *Streptococcus thermophilus* 5: 418
– – *Streptococcus thermophilus* CNCMI 733 5: 410
– – *Streptococcus thermophilus* EU20 5: 410
– – *Streptococcus thermophilus* LY03 5: 423
– – *Streptococcus thermophilus* OR 901 5: 410
– – *Streptococcus thermophilus* S3 5: 410
– – *Streptococcus thermophilus* S22 5: 421
– – Structural analysis 5: 415
– *Lactobacillus delbrueckii* ssp. *bulgaricus* 5: 412
– *Lactobacillus helveticus* 5: 412
– Molecular genetics
– – *Cryptococcus neoformans* **6**: 109
– Occurrence **6**: 106
– Patent
– – Application **6**: 111 f
– – *Cryptococcus laurentii* **6**: 116
– – *Hansenula (Pichia) holstii* **6**: 115
– – *Tremella fuciformis* **6**: 115
– – *Tremella mesenterica* **6**: 116
– *Peniophora* **6**: 106
– Phosphomannan **6**: 95
– Production
– – *Cryptococcus laurentii* var. *flavescens* **6**: 110
– – *Sporobolomyces albo-rubescens* CBS 482 **6**: 110
– – *Tremella mesenterica* **6**: 110
– Property
– – *Hansenula (Pichia) holstii* **6**: 113
– – *Rhodotorula* spp. **6**: 114
– – *Sporobolomyces albo-rubescens* **6**: 114
– – *Tremella aurantia* **6**: 114
– – *Tremella fuciformis* **6**: 113
– – *Tremella mesenterica* **6**: 113
– Regulation **6**: 109
– *Rhodotorula glutinis* **6**: 105, 107
– *Rhodotorula minuta* **6**: 107
– *Rhodotorula mucilaginosa* **6**: 107
– *Rhodotorula rubra* **6**: 105, 107
– Sphingan group 5: 239
– *Sporobolomyces albo-rubescens* **6**: 105, 107
– *Sporobolomyces* spp. Y-6493 **6**: 105
– *Stereum hirsutum* **6**: 106
– *Torulopsis rotundata* **6**: 95
– *Tremella aurantia* **6**: 106
– – Chemical structure **6**: 101 f
– *Tremella fuciformis* **6**: 98 ff, 106
– *Tremella mesenterica* **6**: 99, 102, 106
– *Tremella mesenterica* NRRL Y-6158
– – Chemical structure **6**: 101
– – Repeating unit **6**: 101
Exopolysaccharide colanic acid 5: 8
Exoskeleton **8**: 290
Exothermic transition **10**: 163
Exotic wool **8**: 161
Extant protein **9**: 406
Extracellular degradation
– Lipase-box **3A**: 113
– Oligomer hydrolase **3A**: 113
Extracellular enzyme **10**: 367, 460
Extracellular β-D-glucanase **9**: 187
Extracellular PHA depolymerase
– Cloning
– – *Pseudomonas lemoignei* **3B**: 55
Extracellular polysaccharide **10**: 213
– Occurrence in yeast **6**: 95
– See also EPS 5: 3
Extraction of humic substance
– Alkaline solvent **1**: 254
– Aqueous salt solution **1**: 255
– Chelate complex **1**: 255
– Dimethylformamide **1**: 255
– Dimethylsulfoxide **1**: 255
– Ethylenediaminetetraacetic acid **1**: 255
– Extraction method **1**: 254
– Other extractant **1**: 255
– Solvent **1**: 254
Extruder-roll-head machine **2**: 266
Extruder **2**: 267
Exudate gum **10**: 70
Exxon **2**: 298
Exxon Valdez oil spill 5: 125

## *f*

Fabric-care enzyme **7**: 388
FACIT Collagen **8**: 131
F-Actin **7**: 351
F-Actin filament
– Electron micrograph **7**: 352
Factor Xa **8**: 490, 491
*Fad* mutant **3A**: 108
*Fagus sylvatica* **3A**: 48
Familial aneurysm
– OI **8**: 136
FANN® rheology **10**: 56, 67
Farnesal **2**: 40
*trans,trans*-Farnesyl benzyl ether **2**: 29
Farnesyl diphosphate **2**: 116

*E,E*-Farnesyl diphosphate 2: 82
*trans-trans*-Farnesyl diphosphate 2: 14
Farnesyl diphosphate synthase 2: 92
*Fasciola hepatica*
– Viteline protein 7: 472
Fatty acid biosynthesis 3A: 322, 9: 93
Fatty acid *de novo* synthesis 3A: 208
Fatty acid dimer 4: 205
Fatty acid elongation
– GNS1 6: 196
Fatty acyl-ACP thioesterase 3A: 422
Fe-Binding protein 8: 269
Federal Regulation on Composting 10: 385
Feed additive 10: 293
Fengycin 7: 58
Fenthion 1: 287
Fenton reaction 1: 139
Fenugreek 6: 323
– Chemial structure 6: 324
– Occurrence 6: 326
Fermentation technology 3A: 219
Fern 1: 7 f
Ferrichrom 7: 57
Ferrihydrite 8: 408
Ferritin 8: 257, 417
– Application 8: 413
– Assembly 8: 412
– Bacterioferritin 8: 407
– Carbodiimide activation 8: 411
– Chemical derivatization 8: 412
– Cross-linking association 8: 412
– Ferroxidase 8: 409
– For nanoparticle synthesis 8: 409
– 5α Helical segment 8: 408
– Human H ferritin 8: 409
– Mammalian ferritin 8: 407
– Mineralization of ferrihydrite 8: 408
– Outer surface
– – Modification 8: 411
– Photocatalyst 8: 413
– Protein cage 8: 410
– Two-dimensional array 8: 412
Ferritin aggregate 8: 407
Ferritin-like protein 8: 406, 413
– *Listeria* 8: 414
– *Listeria innocua* 8: 414
Ferritin protein cage
– Ribbon diagram 8: 408
Ferroxidase 8: 409, 410
Fertilizer 10: 153
– Polyphosphate 9: 3
Ferulate 1: 33
Ferulate hydroxylase 1: 14
Ferulate 5-hydroxylase 1: 34, 39, 41, 73, 75, 79, 3A: 59
Ferulic acid 1: 15, 74, 3A: 46, 5: 7
Ferulic acid dimerization 1: 21
Feruloylation 1: 20
Feruloyl-CoA 1: 33, 74, 78 f
Feruloyl esterase 3A: 63, 6: 359, 362
*Fervidobacterium pennavorans* 6: 15
Fetal bone 8: 339
Fettchemie
– Natural fiber composite 10: 12
Fettschlammkohle 1: 397
Ffh 7: 230
Fiber 7: 485
Fiberboard 10: 44
Fiber composite
– Biopolymer 10: 6
– Suitable fiber 10: 6
Fiberglass pallet
– LCA 10: 435
Fiber-phenolic catalyst 8: 365
Fiber-reinforced polymer 10: 3
– Aerospace technology 10: 2
– Biodegradation
– – *Alcaligenes faecalis* 10: 110
– – *Chaetomium* sp. 10: 110
– – *Cladosporium cladosporioides* 10: 110
– – *Penicillium funiculosum* ATCC 9644 10: 110
– Fiber orientation 10: 5
– Problem 10: 2
– Shear force 10: 5
– Stiffness 10: 5
– Technical application 10: 2
– Tensile strength 10: 5
Fiber-reinforced polymeric composite 10: 99
Fiber-reinforced polymeric composite material
– Application 10: 112
Fiber swelling 8: 172
Fibrillar protein
– Self-assembling 8: 68
Fibrinogen 7: 487
Fibrinogen adsorption 10: 254
Fibrinolysis 1: 385
*Fibrobacter succinogenes*
– Cellulose biodegradation 6: 292
Fibroin 8: 35
– *Bombyx mori* 8: 88
– Synthetic protein 8: 72
Fibroin filament 8: 40
– Degumming 8: 33
– Elasticity 8: 33
Fibroin-related protein 8: 73
Fibromodulin
– Proteoglycan 6: 592

Fibronectin coating 10: 251
Fibrous protein 8: 120
– Cost 8: 70
– Future prospect 8: 70
– Microbial production system 8: 75
– Patent 8: 70, 71, 72, 73, 74, 75
– Recombinant microorganism 8: 47
*Ficus* 2: 187
*Ficus elastica* 2: 8, 11, 75 f, 78, 81 f, 96, 99 f, 157, 192
Fidia Advanced Biopolymers
– Hyaluronan production 5: 395
Filament
– Actin filament 7: 270
– Bipolar 7: 267
– Microtubule
– – Protofilament 7: 270
– Myosin 7: 270
– Polar 7: 267
Filament winding 10: 15
Filippis gland 8: 40
Filler 10: 104
Film 4: 20
– LCA key indicator 10: 439
1 Film
– Pseudoplastic behavior 10: 169
Film stacking procedure 10: 17
Fine chemicals
– PHA 4: 384
Fine coke
– Application 1: 481
– Production 1: 481
Finnish solid-waste association
– Apple logo 10: 406
Fischer–Tropsch synthesis 1: 479
Fisher esterification 9: 460
Fixed-bed pressure gasification 1: 483
FK506 7: 58, 9: 98
FK520 9: 98
Flag 8: 83, 85
Flagelliform silk 8: 85
– Mechanical property
– – Elasticity 8: 83
– – Energy to break 8: 83
– – Strength 8: 83
Flame retardant 10: 104
*Flammulina velutipes*
– Antitumor glycan 6: 163
– Glycan 6: 166
Flatworm
– Adhesive protein 8: 362
Flatworm parasite
– Adhesive protein 8: 362
Flaviolin 1: 231
*Flavobacterium* 9: 403
– Nylon biodegradation 9: 405
– PEG degradation 9: 273
*Flavobacterium heparinum* 6: 587
*Flavobacterium polyglutamicum*
– PGA-biodegradation 7: 154
*Flavobacterium* sp. 6: 14, 9: 403, 10: 118
– Dextran biodegradation 5: 307
– Nylon biodegradation 9: 409
*Flavobacterium* species 9: 410
*Flavobacterium* sp. KI72 9: 404
– Nylon biodegradation 9: 401
Flavocytochrome *c* 9: 43
Flavonoid 1: 34, 77
Flax 10: 3, 6
– Heating value 10: 442
Flax fiber 1: 21
Flax retting
– Enzyme 7: 401
*Flexithrix dorotheae*
– Polyglutamate 5: 497
Floating biofilm 10: 210
Floc 5: 2, 10: 210
Flocculant 7: 157, 159
Flocculating agent
– Algin 10: 152
– Aluminum sulfate 10: 152
– Biopolymer 10: 152
– Chitosan 10: 152
– Inorganic flocculant 10: 152
– Microbial flocculant 10: 152
– Naturally occurring biopolymer flocculant 10: 152
– Organic synthetic polymer flocculant 10: 152
– Polyacrylamide derivative 10: 152
– Polyacrylic acid 10: 152
– Polyaluminum chloride 10: 152
– Polyethylene imine 10: 152
Flocculation 5: 12
Floor screed 10: 39
– Formulation 10: 40
Flow promoter 10: 104
Flue-gas desulfurization system 1: 442
Fluid-bed carbonization 1: 478
Fluid-bed gasification 1: 484
Fluid bilayer membrane
– Charge density 7: 207
– Transbilayer property 7: 207
Fluid mosaic model 7: 204
Fluorescence *in situ* hybridization 3A: 342
– Investigation of biofilm 10: 212
Fluorescence labeling 7: 43
Fluorescent strain 8: 487
3-Fluorocatechol

– Polymerization 1: 355
5-Fluoro-2′-deoxyuridine 10: 263
11-Fluorooxidosqualene 2: 34
14-Fluorooxidosqualene 2: 34
Fluoro rubber 2: 302 ff, 402
5-Fluorouracil 3A: 89
– Release profile 4: 109
Flux control coefficient 3A: 258
FMC BioPolymer 6: 225
FMC Corporation 6: 248
– Carrageenan production 6: 262
*Fomes fomentarius* 1: 159
*Fonsecaea pedrosoi*
– Chitin synthase gene 6: 129
Food additive 5: 13
Food and Drug Administration 9: 426, 443
Food application 7: 160
– Xanthan 5: 279
Food-grade property 8: 386
Food hydrocolloid 5: 251
Food industry
– New market 10: 344
Food packaging 3A: 307, 10: 183, 455
Food preservative
– ε-PL 7: 114
Food processing industry 10: 344
Foot protein 8: 366, 368
Footwear 2: 290
Ford, Henry 8: 385
Forest product laboratory 1: 192
*Forsythia suspensa* 1: 41
Fosmidomycin 2: 60, 64, 66
Fossil lignocellulose 1: 397
Fossil resource 10: 3
Four-base codon strategy 7: 32, 36
Fourier transform infrared spectroscopy 9: 376
Fragile skin disease 8: 124
*Fraxinus excelsior* 3A: 48
*Fraxinus pennsylvanica* 1: 35
FRCPM
– Biodegradation
– – *Aspergillus versicolor* 10: 113
– – *Chaetomium* sp. 10: 113
– – *Cladosporium cladosporioides* 10: 113
– Biodeterioration 10: 113
– Microbial deterioration 10: 114
Free energy of hydrolysis
– Polyphosphate 9: 3
Free-radical polymerization 10: 201
– Inhibitor 9: 461
Freeze drying 1: 306
Freudenberg 1: 3, 67, 91
Freudenberg principle 3B: 171
Frey–Wyssling complex 2: 77 f, 158
Frey–Wyssling particle 2: 13, 155
Friedelanes 2: 119
FRPCM
– Application 10: 112
Fructan 5: 6, 6: 441
Fructan:fructan fructosyltransferase 6: 451
Fructan-1-exohydrolase 6: 454
2,6-β-Fructan 6-levanbiohydrolase 5: 362
Fructosyltransferase 6: 451
– *Aspergillus* 6: 451
– *Aureobasidium* 6: 451
– *Bacillus macerans* 6: 451
– *Penicillium* 6: 451
Fructozyme
– Inulin analysis 6: 450
Fruit fly
– Adhesive protein 8: 362
Fruit processing 6: 363
FTIR spectroscopy 2: 385
– Investigation of biofilm 10: 212
FtsY 7: 230
FtsZ
– Structure 7: 368
FtsZ Polypeptide 7: 359
FtsZ Protein 7: 367
*Fuasrium redolens* 9: 376
*Fucus* 1: 8
*Fucus gardneri*
– Adhesive protein 8: 362
– Alginate 5: 182
Fuel oil 1: 478
Fulvic acid 1: 250, 258 ff, 395
– Affect on plant growth 1: 284
– Biodegradation 1: 360 ff
– Carbon source 1: 283
– Chemical degradation 1: 268
– Chemical hydrolysis 1: 317
– Chemical structure 1: 278
– $^{13}$C-NMR spectroscopy 1: 275 ff, 316
– Composition 1: 278
– Depolymerization 1: 413
– Detection 1: 310
– Electron spin resonance (ESR) spectrometry 1: 341
– Elemental composition 1: 308
– Energy source 1: 283
– ESR spectroscopy 1: 277
– Fluorescence spectroscopy 1: 273, 313, 341
– FTIR spectroscopy 1: 314
– Gel permeation chromatography 1: 309, 341
– $^{1}$H-NMR spectroscopy 1: 275 ff, 316
– Interaction with trace metal 1: 287 ff
– IR Spectroscopy 1: 274
– Liquid chromatography 1: 310

– Molecular model 1: 278
– Molecular weight 1: 264, 266, 341
– NMR-spectroscopy 1: 316
– $^{15}$N-NMR spectroscopy 1: 277, 316
– Nutritional aspect 1: 283
– $^{31}$P-NMR spectroscopy 1: 316
– Polydispersity 1: 266
– Production of photoreactant 1: 287
– Solubility 1: 262
– Spectral property 1: 312
– Surface-enhanced raman spectroscopy 1: 341
– Two-dimensional NMR spectroscopy 1: 316
– Ultrafiltration 1: 342
– UV-Vis spectroscopy 1: 273
Fumarase **10**: 291
Fumarate 1: 154
Fumarate reduction 1: 369
Fumaric acid **10**: 289, 290, 291
– Structural formula **10**: 284
Fumurate reductase **3B**: 276
Function
– Suberin **3A**: 65
Functional derivative **4**: 348
Functional polyester
– Synthesis
– – Michael type reaction **4**: 355
Functional polyether **9**: 255
Functions of humic substance
– Electron donor 1: 367
– Interspecies electron shuttle 1: 367
– Redox mediator 1: 367
– Terminal electron acceptor 1: 367
Function of lignin
– UV Protection 1: 31
Fungal conidia
– Self-inhibitor **3A**: 29
Fungal morphogenesis
– *Aureobasidium pullulans* **6**: 7
Fungicide 1: 239
*Funtumia elastica* **2**: 157
Furanocoumarin **2**: 58, 63
*Furcellaria*
– Carrageenan production **6**: 259
*Fusarium culmorum* **3B**: 93
*Fusarium lini* B
– PVA biodegradation **9**: 332
*Fusarium moniliforme* **4**: 41, 192 f
– Cell wall **6**: 126
*Fusarium oxysporum* 1: 136, 407 f, **6**: 505
– Cell wall **6**: 126
– Chitin **6**: 127
*Fusarium oxysporum* Schlectendahl
– Silicone biodegradation **9**: 553
*Fusarium proliferatum* 1: 136 f, 360
*Fusarium redolens*
– Polyethylene biodegradation **9**: 379
*Fusarium solani* 1: 136, **2**: 328 f, 342 f, **3B**: 93, **4**: 41, **10**: 110
*Fusarium solani phaseoli*
– Chitosanase **6**: 139
*Fusarium solani phaseoli* SUF386
– Chitosanase **6**: 140
*Fusarium solani* IFO31093 **9**: 204
– Nitrocellulose biodegradation **9**: 204
*Fusarium solani pisi* **3A**: 20, 27 ff, 32 f, 63
– Cutinase **3A**: 27
*Fusarium* sp. 1: 360
– Dextran degradation **5**: 306
– Peptide synthetase **7**: 58
Fusion protein
– Biotinylation **8**: 489
– Calmodulin-binding protein **8**: 488, 489
– Enterokinase **8**: 490
– Factor Xa **8**: 490
– Glutahtione *S*-transferase **8**: 488 f
– Maltose-binding protein **8**: 488, 489
– Polyhistidine **8**: 489
– PreScission **8**: 490
– Protease cleavage **8**: 489
– RNase S **8**: 489
– Streptavidin **8**: 489
– TEV **8**: 490
– Thioredoxin **8**: 488
– Thrombin **8**: 490

## g

*Gadusmorhua* **6**: 504
Gaea Ace **9**: 230
Gaea Ace CS **9**: 230
Galactan-degrading enzyme
– *Endo*-(1,4)-β-D-galactanase **6**: 361
– *Endo*-(1,6)-galactanase **6**: 361
– β-D-Galactosidase **6**: 361
Galactoglucan **5**: 215
Galactokinase **5**: 416
D-Galactokinase
– Metabolism of galactomannan **6**: 328
Galactomannan gum
– Extraction **6**: 339
– Patent **6**: 330
– Production **6**: 339
Galactomannan **5**: 2, **6**: 322
– Application **6**: 332 f
– Biochemistry **6**: 328
– Biodegradation **6**: 328
– Biosynthesis **6**: 328
– Chemical modification **6**: 331
– Composition **6**: 325

– Degrading enzyme
– – *Endo*-β-D-mannanase 6: 329
– – α-D-Galactosidase 6: 329
– Distribution of side chain 6: 325
– Enzymatic modification 6: 331
– Food additive
– – Carob bean gum 6: 330
– – Degree of purity 6: 330
– – Guar gum 6: 330
– – Tara gum 6: 330
– Food grade material 6: 329
– Function 6: 327
– General characteristic 6: 332 f
– Metabolic pathway 6: 328
– Occurrence 6: 325 f
– Patent 6: 338
– Producers 6: 332
Galactose 8: 122
α-D-Galactosidase
– Guar 5: 14
– Metabolism of galactomannan 6: 328
β-Galactosidase 6: 359
Galactosyltransferase 6: 357
– Metabolism of galactomannan 6: 328
Galacturonic acid 6: 355, 359
α-1,4-Galacturonosyl transferase 6: 357
Galena 1: 445
Galenus
– Catgut suture 8: 121
– Conformation 8: 121
Gancyclovir 9: 478
– In nanoparticle 9: 465
Ganoderan B 6: 165
– Antidiabetic property 6: 170
Ganoderan C 6: 165
*Ganoderma* 1: 195
*Ganoderma applanatum* 1: 140, 6: 165
– Antitumor glycan 6: 163
*Ganoderma colossum* 1: 159
*Ganoderma japonicum* 6: 169
*Ganoderma lucidum* 1: 141, 144, 187, 6: 165
– Antifibrotic property 6: 169
– Antiinflammatory property 6: 169 f
– Antitumor glycan 6: 163
– Effect of lentinan 6: 169
– Glycan 6: 166, 170
*Ganoderma* sp. 1: 186
– Glycan 6: 167
*Ganoderma tsugae* 6: 143, 165
– Antitumor glycan 6: 163
– Glycan 6: 167
Garlic 9: 53
Gaseous fuel 1: 483
Gaseous sulfur 9: 44
Gas-liquid chromatography/mass spectrometry 3A: 7
Gasoline 1: 482, 2: 404
*Gasteracantha mammosa*
– Silk protein
– – Sequence 8: 6
*Gasterosteus aculeatus*
– Adhesive protein 8: 362
Gastric bleeding 2: 33
Gastric juice secretion 2: 33
Gas well 10: 45
GDP-D-Glucose 2′-epimerase
– Metabolism of galactomannan 6: 328
GDP-D-Glucose pyrophosphorylase
– Metabolism of galactomannan 6: 328
GDP-Mannose dehydrogenase 5: 187
GDP-Mannose pyrophosphorylase 5: 101, 187
GDP-D-Mannose pyrophosphorylase
– Metabolism of galactomannan 6: 328
GDP-Mannuronic acid
– Biosynthetic pathway 5: 183
Gelatin 6: 42, 8: 119, 121, 385, 386, 400, 10: 83, 84, 86
– Application 8: 138, 140
– – Food 8: 139
– – Glue 8: 139
– – In medicine 8: 139
– – Medical product 8: 139
– – Metallurgy 8: 139
– – Natural leather 8: 139
– – Nutritional 8: 139
– – Pharmaceutical 8: 139
– – Photography 8: 139
– – Plastic manufacture 8: 139
– – Printing 8: 139
– – Synthetic leather 8: 139
– Medical application 10: 267
– Patent 8: 142
– Production 8: 138, 140
– Recombinant gelatine 8: 140
– Simplified structure 10: 85
Gelatin-polyphosphate microcapsule 8: 400
Gelbstoff 1: 302
Gel electrophoresis
– Sphingan 5: 251
Gelfoam® 4: 225, 9: 444
*Gelidium*
– Carrageenan 6: 251
Gellan 5: 13, 216, 250, 9: 193
– Application 9: 179
– *Auromonas* (*Pseudomonas*) *elodea* 9: 179
– Biodegradation 9: 175
– Commercialization 5: 13
– Depolymerization 9: 188

– Gellan-assimilating bacterium
– – *Bacillus* sp. GL1 **9**: 188
– *Sphingomonas paucimobilis* **9**: 179
Gellan biodegradation
– Cleavage product
– – Tetrasaccharide **9**: 189
– Enzyme property **9**: 190
– Gellan lyase
– – Property **9**: 189
– β-D-Glucosidase **9**: 189
– Glucuronyl hydrolase **9**: 189
– α-L-Rhamnosidase **9**: 189
– Sphinganase **9**: 189
Gellan gum
– Application **9**: 179
Gellan lyase **9**: 189
– Gene **9**: 188
– Post-translational processing **9**: 192
– Processing **9**: 190
– Property **9**: 188
Gelling agent **5**: 10
Gel-permeation chromatography **2**: 329, **9**: 245
Genencor **3B**: 302
Genencor International Inc.
– Industrial enzyme **7**: 380
General Mills Chemicals Inc.
– Xanthan **5**: 283
General secretion pathway **7**: 229
– Component **7**: 230
Genetic code **7**: 3, 4
– Codon triplet **7**: 5
– Deviation
– – Ciliate **7**: 5
– – Mitochondria **7**: 5
– Elongator $tRNA^{Met}$ **7**: 5
– Internal methionine codon **7**: 5
Genetic competence
– Polyphosphate **9**: 20
Genetic engineering **3A**: 219
Genetic transformation **1**: 9
Genetisinic acid **1**: 383
Gengiflex® **10**: 312
Genome analysis
– NRPS gene cluster **7**: 69
Genzyme Corp.
– Hyaluronan production **5**: 395
*Geobacillus stearothermophilus*
– S-Layer **7**: 296, 302, 304, 308
– S-Layer protein
– – Amino acid sequence **7**: 300 f
*Geobacillus stearothermopohilus* ATCC 12980
– S-Layer **7**: 303
*Geobacillus stearothermophilus* NRS2004/3a
– S-Layer **7**: 303
*Geobacillus stearothermophilus* PV72/p6
– S-Layer **7**: 303
*Geobacter metallireducens* **1**: 367 ff
*Geobacter* sp. JW-3 **1**: 370
*Geobacter* sp. TC-4 **1**: 370
*Geobacter sulphurreducens* **1**: 370
*Geothrix fermentans* **1**: 369 f
*Geotrichium candidum*
– Dimethyltrisulfane **9**: 53
*Geotrichum* sp. WF9101 **9**: 338
Geranylacetone **2**: 40
Geranyl benzyl ether **2**: 29
Geranylgeranylacetone **2**: 31
German Indstitute for Standardization **10**: 398
German Packaging Directive **10**: 385
German Packaging Ordinance **10**: 468
Germination
– Protein cleavage **8**: 228
Getty Scientific Development Co.
– Xanthan **5**: 283
*Geukensia demissa* **8**: 372
Giant mussel
– Adhesive protein **8**: 362
*Giardia duodenalis* **9**: 18
*Gibberella fujikuroi* **9**: 96
– Polyketide synthase system **9**: 97
*Gigartina*
– Carrageenan producer **6**: 247
*Gigartina radula*
– Carrageenan **6**: 251
Gilsonite **10**: 58
Ginger beer plant **10**: 210
*Ginkgo* **1**: 37 f
*Ginkgo biloba* **1**: 38, **2**: 34 f, **3A**: 47
Ginkgolide **2**: 56 f, 64
Glactine910® **4**: 180
Glass-fiber
– Reinforced plastic **10**: 5
Glass fiber-reinforced polymer **10**: 19
Glass transition temperature **2**: 379
Gliadel® **9**: 448, 449
Gliadel™ **4**: 225 ff, **9**: 445
Gliadel implant **9**: 448
Glial fibrillary acidic protein **7**: 355
*Gliocladium deliquescens* **1**: 186
*Gliocladium roseum* **1**: 186, **10**: 110
*Gliocladium viride* **1**: 186
Globulin
– Allergenicity **8**: 229
– Allergic response **8**: 232
– *Arachis hypogaea* **8**: 225
– Breeding **8**: 227
– Classification
– – Globulin

– – – *Glycine max* 8: 225
– Crystallization 8: 229
– Desiccation-associated protein 8: 236
– Expression in bacteria
– – *Escherichia coli* 8: 239
– Expression in plant 8: 240, 241
– Expression in yeast
– – *Hansenula polymorpha* 8: 240
– – *Saccharomyces cerevisiae* 8: 240
– Function 8: 227
– *Macademia integrifolia* 8: 229
– *Malva parviflora* 8: 229
– Modification 8: 239
– Over-expression 8: 239
– *Phaseolus vulgaris* 8: 225
– Physiology 8: 227
– *Pisum sativum* 8: 225
– Plant defense 8: 229
– Recombinant
– – Feeding trial 8: 243
– Reduction of allergenic 8: 233
– Selection 8: 227
– Structural evolution 8: 236
– Three-dimensional structure 8: 229
– Treatment of associated allergy 8: 233
– *Vicia faba* 8: 225
α-Globulin 2: 160
Globulin content
– Food processing characteristic 8: 234
Globulin gene family
– Evolution of variation 8: 234
*Gloeophyllum trabeum* 1: 138, 9: 281
*Glomus intraradices* 2: 65
Glucan
– Biodegradation 9: 186
β-1,3-Glucan
– Biosynthesis 6: 192 f, 201 f
– – Enzyme 6: 191
– – Glucan synthase 6: 191, 196
– – Inhibitor 6: 196
– – Knr4p 6: 197
– – Regulation 6: 194 ff
– – Rho1p 6: 194 f
– Cross-linking
– – Glucanase 6: 201
– – Glucanosyltransferase 6: 202
– Glucan remodelling 6: 201
– Glucan synthase 6: 192
– Isolation 6: 186
– Remodelling 6: 202
β-1,6-Glucan
– Biosynthesis 6: 201 f
– – Cellular location 6: 200
– – Cytoplasmic protein 6: 200
– – Enzymes involved 6: 198 ff
– – Golgi membrane protein 6: 199
– – *Saccharomyces cerevisiae* 6: 198 f
– – TRAPP II component 6: 200
– Cross-linking
– – Glucanase 6: 201
– – Glucanosyltransferase 6: 202
– Glucan remodeling 6: 201
– Isolation 6: 186
– Remodeling 6: 202
β-1,3-Glucanase 2: 94, 6: 72, 188
β-D-Glucanase 9: 187
β-Glucanase 6: 67, 72
Glucan
– Application 6: 165
– Ganoderan B 6: 165
– Ganoderan C 6: 165
– *Ganoderma applanatum* 6: 165
– *Ganoderma lucidum* 6: 165
– *Ganoderma tsugae* 6: 165
– PSP 6: 165
– *Trametes versicolor* 6: 165
Glucansucrase 5: 306
– Dextran biosynthesis 5: 304
Glucan synthase 6: 190, 193
– Fks1p 6: 191
– Fks2p 6: 191
– Inhibitor
– – Cancidas™ 6: 203
– – Candin 6: 203
– – Caspofungin acetate 6: 203
– – Echinocandin 6: 203
– – Glycolipid papulacandin 6: 203
– – Papulacandin B 6: 203
– – Pharmaceutical application 6: 203
– – Pneumocandin 6: 203
1,3-Glucan synthase
– Inhibitor
– – L-733,560 6: 196
1,3-β-Glucan synthase
– Property 6: 71
1,3-β-D-Glucan synthase
– Activation 6: 72
– Schizophyllan 6: 72
– Structural gene 6: 71
β-Glucan synthase 6: 68
– Proteinic acceptor molecule 6: 68
– Transport 6: 68
Glucoamylase 6: 4, 7: 396, 397
– *Aspergillus* 6: 13
– *Aspergillus niger* 7: 391
– Biodegradation of pullulan 6: 13, 18
– *Candida* 6: 13
– Protein engineering 7: 422

– *Rhizopus* **6**: 13
– *Sclerotium* **6**: 13
Glucodextranase **5**: 335
Glucokinase
– Cellulose biosynthesis **6**: 287
Glucomannan **5**: 2
*Gluconacetobacter* **5**: 13, 44
– Levan **5**: 356
*Gluconacetobacter xylinum* **5**: 5, 9, 40, **6**: 279, 286
– Bacterial cellulose
– – Fibrillar structure **6**: 311
– Cellulose biosynthesis **6**: 289, 291
– Glycolytic enzyme **6**: 291
*Gluconobacter* **9**: 277
*Gluconobacter oxydans* **3B**: 278, **5**: 73
– Dextran **5**: 304
– Levan production **5**: 365
Glucopyranoside **3A**: 383
Glucosamine 6-phosphate-*N*-acetyltransferase **6**: 495
Glucose
– Glass transition temperature **2**: 379
Glucose isomerase **7**: 389
– Protein engineering **7**: 422
– *Streptomyces griseofuseus* **7**: 392
– *Streptomyces murinus* **7**: 392
– *Streptomyces olivochromogenes* **7**: 392
– *Streptomyces rubigonosus* **7**: 392
Glucose-6-monocorynomycolate **5**: 117
Glucose oxidase
– Textile processing **7**: 406
Glucosephosphate isomerase **6**: 495
Glucose pyrophosphorylase **5**: 141
β-Glucosidase **1**: 34, **6**: 72
β-D-Glucosidase **9**: 189
α-Glucosidase trehalase
– Chitin biosynthesis **6**: 494
Glucosylgalactose **8**: 122
Glucosyl polyphosphazene **9**: 508
Glucosyltransferase **5**: 164, **6**: 11
Glucuronidase **2**: 97
β-Glucuronidase **5**: 391
Glucuronoglucan **6**: 166
Glucuronoxylomannan **6**: 113
D-Glucurono-D-xylo-D-mannan
– Chemical structure **6**: 100
Glucuronyl hydrolase **9**: 189
Glucuronyltransferase **6**: 108
γ-Glu-Cys dipeptidyl transpeptidase **8**: 275
Glue
– Collagen **8**: 385
Glutamate dehydrogenase **10**: 294
Glutamate synthase **10**: 294
Glutamic acid
– Biosynthetic pathway **10**: 294
– Structural formula **10**: 293
L-Glutamic acid **10**: 292
Glutamic acid racemase
– *Bacillus subtilis* **7**: 148
– *Bacillus subtilis* (*chungkookjang*) **7**: 147
– *Bacillus subtilis* (*natto*) **7**: 147
L-Glutamic acid synthase **7**: 140
Glutamine fructose-6-phosphate aminotransferase **6**: 495
L-Glutamine synthetase **7**: 140
ε-(γ-Glutamyl)-lysine **7**: 469
γ-Glutamyltranspeptidase **7**: 143, 150
Glutaraldehyde **7**: 477, 478
Glutathione
– Degradation **9**: 150
Glutathione degradation **9**: 137
Glutathione synthesis **8**: 269
Glutathione synthetase **8**: 279
Glutathione *S*-transferase **3B**: 120, **8**: 488, 489
– Fusion protein **8**: 484
Glutathione *S*-transferase fusion protein **3B**: 220
Glutathionyldopa **1**: 233
Glutelin
– Modification **8**: 241
Glutelin A cDNA **8**: 242
Gluten **8**: 395, 397
– Protein structure **8**: 14
Gluten film **8**: 397
Glutinane **2**: 119
Glycan
– *Agaricus blazei* **6**: 166
– *Agrocybe cylindracea* **6**: 167
– *Amanita muscarid* **6**: 167
– Antidiabetic property **6**: 170
– Antifibrotic property **6**: 169
– Antiinflammatory property **6**: 169 f
– Antimicrobial property **6**: 169
– Antiviral property **6**: 168
– Application **6**: 167, 169, 171
– – Antitumor glycan **6**: 163
– *Auricularia auricula* **6**: 167
– *Auricularia auricula-judae* **6**: 169
– Chemical modification **6**: 167
– *Cordyceps ophioglossoides* **6**: 167
– Definition **6**: 160
– *Dendropolyporus umbellatus* **6**: 167
– *Dictyophora indusiata* **6**: 169
– *Flammulina velutipes* **6**: 166
– *Ganoderma japonicum* **6**: 169
– *Ganoderma lucidum* **6**: 166, 169 f
– *Ganoderma* sp. **6**: 167

- *Ganoderma tsugae* **6**: 167
- *Grifola frondosa* **6**: 167
- Grifolan **6**: 164
- Hepato-protective property **6**: 169
- *Hericium erinaceus* **6**: 167
- Hypocholesterolemic property **6**: 170
- Hypoglycemic property **6**: 170
- Krestin **6**: 164
- *Lentinula edodes* **6**: 166
- Patent **6**: 170 f
- *Phytophthora parasitica* **6**: 164
- *Pleurotus sajorcaju* **6**: 167
- Polysaccharide Kureha **6**: 164
- Production **6**: 171
- Proflamin **6**: 166
- PSK **6**: 164
- *Trametes gibbosa* **6**: 170
- *Trametes versicolor* **6**: 164, 166, 168
- *Tremella fuciformis* **6**: 170
- *Tricholoma mongolicum* **6**: 166

Glyceraldehyde-2-aryl ether **1**: 95
Glyceraldehyde unit **1**: 104
Glyceride **8**: 169
Glycerol **10**: 185, 283
- Glass transition temperature **2**: 379

Glycerol dehydratase **3B**: 283, 286
Glycerol dehydrogenase **3B**: 282, 285, **10**: 287
Glycerol hydratase **3B**: 285
Glycerol kinase **2**: 57
Glycerol 3-phosphate cytidylyltransferase **5**: 473
Glycerol phosphate dehydrogenase **5**: 30
Glycerol 3-phosphate dehydrogenase **2**: 57, **3B**: 285, **10**: 287
Glycerol-3-phosphate phosphatase **3B**: 285, **10**: 287
Glycerophospholipid **7**: 205
Glyceryl polyphosphazene **9**: 508
*Glycine max* **1**: 41, **8**: 225, 229
- Cupin protein **8**: 238

Glycinin **8**: 227, 241, 387
- Pharmaceutically active peptide **8**: 243
- Three-dimensional structure **8**: 234

Glycocalyx **7**: 291
- Cell wall **5**: 503

Glycogen **5**: 10, 21
- *Bacillus* **5**: 23
- Biosynthesis
- – ADP-glucose pyrophosphorylase **5**: 23
- – Branching enzyme activity **5**: 23
- – Glycogen synthase **5**: 23
- EBPR **9**: 24
- Energy storage role **5**: 22
- *Enterobacter aerogenes* **5**: 23
- *Escherichia coli* **5**: 23
- Function **5**: 22
- Glycogen **5**: 22
- Mammalian glycogen **5**: 22
- Microbial glycogen **5**: 22
- *Streptcoccus mitis* **5**: 23
- *Streptomyces viridochromogenes* **5**: 23

Glycogen accumulation **3A**: 341
Glycogen biosynthesis
- *Agrobacterium* **5**: 25
- *Agrobacterium tumefaciens* **5**: 28
- *Arthrobacter* **5**: 25
- *Bacillus stearothermophilus* **5**: 28
- Branching enzyme **5**: 28
- *Clostridium pasteuranium* **5**: 25
- Cyanobacteria **5**: 25
- *Enterobacter hafniae* **5**: 25
- *Escherichia coli* **5**: 25, 28
- Genes **5**: 31
- – Adenylate cyclase **5**: 32
- – ADP-glucose pyrophosphorylase **5**: 32
- – α-Amylase **5**: 32
- – Cyclic AMP receptor protein **5**: 32
- – Glucan hydrolase/transferase **5**: 32
- – Glycogen branching enzyme **5**: 32
- – Glycogen phosphorylase **5**: 32
- – Glycogen synthase **5**: 32
- – (p)ppGpp3′-Pyrophosphosphohydrolase **5**: 32
- – (p)ppGpp Synthase I **5**: 32
- Genetic regulation
- – ATP-glucose pyrophosphorylase **5**: 30
- – *Escherichia coli* **5**: 30
- – Glycogen branching enzyme **5**: 30
- – Glycogen synthase **5**: 30
- – *Salmonella typhimurium* **5**: 30
- Glycogen synthase **5**: 28
- *Mycobacterium smegmatis* **5**: 25
- Regulation **5**: 32
- – *Escherichia coli* **5**: 31
- *Rhodocyclus purpureus* **5**: 25
- *Rhodopseudomonas* sp. **5**: 25
- *Rhodopseudomonas viridis* **5**: 25
- *Rhodospirillum* **5**: 25
- *Salmonella typhimurium* **5**: 25, 28

Glycogen branching enzyme **5**: 28, 30
Glycogen synthase **5**: 23, 30
- Glycogen biosynthesis **5**: 28

Glycol **10**: 60
Glycolate oxidase **3A**: 415, **9**: 289
- Biosynthesis of scleroglucan **6**: 45

Glycolide
- Polymerization **3B**: 342

Glycolipid papulacandin **6**: 203

Glycolipid
– *Acinetobacter calcoaceticus* 5: 115
– Analysis 5: 115
– Application 5: 125
– *Arthrobacter paraffineus* 5: 115
– Chemical structure 5: 115
– Chemical synthesis 5: 124
– Complex glycolipid
– – *Acinetobacter calcoaceticus* RAG-1 5: 118
– – *Acinetobacter* spp. 5: 118
– Fermentative production
– – *Arthrobacter corynebacteria* 5: 123
– – *Arthrobacter paraffineus* 5: 123
– – *Arthrobacter* spp. 5: 123
– – *Corynebacterium* sp. 5: 123
– – *Nocardia* sp. 5: 123
– – *Pseudomonas* sp. DSM 2874 5: 123
– – *Pseudomonas* spp. 5: 123
– – *Pseudomonas* 44T1 5: 123
– – *Rhodococcus erythropolis* 5: 123
– – *Rhodococcus* spp. 5: 123
– Glycosyl diglyceride 5: 116
– Occurrence 5: 115 f
– Production by biotransformation 5: 124
– *Pseudomonas aeruginosa* 5: 115
– Purification 5: 124
– – Continuous process 5: 125
– Recovery 5: 124 f
– Structure 5: 116
– Trehalolipid
– – *Brevibacterium* 5: 118
– – *Corynebacterium* 5: 118
– – *Methanobacterium paraffinicum* 5: 118
– – *Mycobacterium* 5: 118
– – *Mycobacterium tuberculosis* 5: 118
– – *Nocardia* 5: 118
– – *Nocardia corynebacteroides* 5: 118
– – *Rhodococcus erythropolis* 5: 118
α,ω-Glycol **3A**: 386
Glycolysis **2**: 55, **5**: 25
*Glycomyces harbinensis* JCM 7347 **3B**: 90
Glycopeptide **7**: 294
Glycopeptide antibiotic **5**: 455
Glycophorin **7**: 212, 356
Glycoprotein **7**: 294
(Glyco-)protein sheath
– Cell wall **5**: 503
Glycosaminoglycan **5**: 381
Glycosidase **9**: 269
Glycosphinogolipid **8**: 169
Glycosterol **8**: 169
Glycosyltransferase **6**: 357, **7**: 323
– Dextran biosynthesis **5**: 304
Gly-Gly-Xaa repeat **8**: 85
Glyoxal **7**: 477, 478
Glyoxal oxidase **1**: 134, 142 f, 145, 150, 161
Glyoxylate bypass **3A**: 253
Glyoxylate cycle **2**: 57, **3A**: 420
Glypican
– Proteoglycan **6**: 584
Gly-Pro-Pro hydroxylase **8**: 328
Golden orb spider **8**: 29
Goldenrod **2**: 8, 11, 20, 86
Golgi apparatus **1**: 34, **8**: 329
*Gongronella butleri*
– Biotechnological production **6**: 141
Goodrich **3B**: 373
Goodyear **2**: 156, 298, 367, 378, **10**: 425
*Gordona terrae* JCM 3206 **3B**: 90
*Gordonia* **1**: 471, **2**: 332, 348, 368
*Gordonia alkanivorans* **2**: 339 f, 346
*Gordonia polyisoprenivorans* **2**: 334, 339, 340, 346
*Gordonia polyisoprenivorans* Kd2[T] **2**: 331
*Gordonia polyisoprenivorans* VH2 **2**: 332 f, 350, 352
*Gossypium hirsuttum* **3A**: 48
Gout **1**: 381
GPC-MALLS
– Xanthan **5**: 265
Grace, W. R. **4**: 55
*Gracilaria*
– Carrageenan **6**: 251
Graft copolymerization
– Plasma-induced **10**: 199
Graft polymer **9**: 256
Grahamimycin **4**: 383
Gramicidin S **7**: 57, 61, 63
Gramicidin S synthetase **7**: 60, 70
Graminaea **1**: 11, 32, 103
Granule-bound **3A**: 356
Granule surface protein **3A**: 110
Granulocyte-colony stimulating factor
– In nanoparticle **9**: 465
Graphite furnace atomic absorption spectrometry **3A**: 141
Grass **1**: 12, 25, 27, **2**: 11
(GRAS) status **5**: 408
Greasy wool **8**: 193
Green Board "ASUMI" **9**: 230
Green chemistry **10**: 474
– 12 Principles **10**: 476, 477
Green fluorescent protein **7**: 344, **8**: 85
Greenhouse gas emission **10**: 488
Greenhouse gas saving **10**: 441
GreenPla identification **10**: 406
Green plastic **4**: 3, 16, **10**: 474
Green strength **2**: 14, 221
GR-Hydrolysis **6**: 359
*Grifola frondosa* **5**: 137 f, **6**: 164

– Antitumor glycan 6: 163
– Effect of lentinan 6: 169
– Glycan 6: 167
Grifolan 5: 137
– Application 6: 164
– *Grifola frondosa* 6: 164
– Structure 5: 138
Grindsted™
– Galactomannan product 6: 332
GroEL 7: 235
GroEL/GroES Complex
– Symmetric complex 7: 269
Grout 10: 39
Growth hormone-releasing factor
– In nanoparticle 9: 465
GTPase
– *Candida albicans* 6: 72
– *Saccharomyces cerevisiae* 6: 72
GTP-binding protein 6: 69
Guaiacyl glycerol 1: 104
Guaiacyl-type lignin 1: 8
Guanosine-diphosphomannose dehydrogenase
– Alginate biosynthesis 5: 185
Guanosine pentaphosphate
– Enzymatic reaction 9: 16
– *Escherichia coli* 9: 16
Guar 5: 15, 6: 323, 10: 69
– Chemical structure 6: 324
– *Cyamopsis tetragonolobus* L. Taub. 6: 327
– Occurrence 6: 326
– Producer 6: 331
– Product 6: 329
Guaran
– Guar gum 6: 329
Guarcel
– Galactomannan product 6: 332
Guar ether 10: 69
Guar gum 5: 7, 6: 42, 329 f
– Application 6: 335, 336
– – Food 6: 333 f
– *Cyamopsis tetragonolobus* 10: 68
– General characteristics 6: 335, 336
– In construction application 10: 51
– Modification 6: 336
– Repeating unit 10: 68
– Viscosity 10: 89
GuarNT®
– Galactomannan product 6: 332
Guayule 2: 3, 8, 11, 20, 75, 95, 97, 101, 153, 174, 180 f, 324
Guayule rubber 2: 2, 6
– Composition 2: 3
– Content 2: 3
– Mayor producer 2: 3
Guided bone regeneration 4: 108
Guided tissue regeneration 4: 107
Guilford Pharmaceuticals 9: 448
α-L-Guluronic acid
– Chemical structure 5: 180
Gum arabic 10: 83, 89
– Commercialization 5: 13
Gum guar 5: 12
– Commercialization 5: 13
Gum karaya 10: 83, 89
Gummi-Mayer 2: 405
Gum tragacanth 10: 83, 89
Gutta 2: 153
Gutta percha 2: 11, 18, 75
– Chemical structure 2: 7 ff
– *trans*-Configuration 2: 7 ff
Guttation droplet 1: 401
Gymnosperm 1: 7, 21, 34, 213
Gynecological disease
– Application of humic substance 1: 381
– Therapeutic effect of humic substance 1: 381
Gypsum 10: 34
Gypsum plaster 10: 63
– Composition 10: 64
Gypsum retarder 10: 44, 81

## h

$H_2$: Sulfur oxidoreductase
– *Pyrodictium abyssi* 9: 48
*Haematococcus pluvialis* 5: 233
*Haemophilus influenzae* 2: 61, 139, 3A: 126
– Dipeptidase E 7: 97
– mreB-Like gene 7: 361
– Murein biosynthesis gene 5: 457
*Haemophilus influenzae* type B 5: 2
*Haemoproteus columbae* 9: 135
*Haemoproteus* sp.
– Hemozoin 9: 136
– Pigment 9: 145
Hair fiber
– Alpaka 10: 7
– Angora fiber 10: 7
– Cashmere 10: 7
– Goat hair 10: 7
– Horse hair 10: 7
– llama 10: 7
– Mohair fiber 10: 7
– Rabbit hair 10: 7
– Wool 10: 7
Hair follicle 8: 158
"Hairy" region-degrading enzyme 6: 360
Halfcystine 8: 166
*Haliotis* 8: 305, 307, 308

*Haliotis laevigata* **8**: 299
– Molluscan shell protein **8**: 300
*Haliotis rufescens* **8**: 299
– Molluscan shell protein **8**: 300
– SEM image **8**: 301
*Haliotis tuberculata*
– Alginate lyase **6**: 223
*Haloarcula japonica*
– S-Layer protein
– – Amino acid sequence **7**: 301
*Haloarcula marismortui* **7**: 10
Halobacteria
– Cell wall biosynthesis **5**: 505
*Halobacterium*
– Cell wall **5**: 495 f, 503
*Halobacterium cutirubrum* **2**: 57
*Halobacterium halobium* **5**: 3
– S-Layer **5**: 500 f, **7**: 289, 290, 293, 296
– S-Layer protein
– – Amino acid sequence **7**: 301
Halobutyl rubber **2**: 310
*Halococcus*
– Cell wall **5**: 495 f, 503
*Halococcus morrhuae* **5**: 498
*Halococcus morrhuae* CCM 859
– Pseudomurein **5**: 499
*Halococcus turkmenicus*
– Polyglutamate **5**: 497
Halodesoxycellulose **6**: 296
*Haloferax*
– Cell wall **5**: 503
*Haloferax volcanii* **5**: 500 f
– S-Layer **5**: 500, **7**: 293, 295
– S-Layer protein
– – Amino acid sequence **7**: 301
Halogenated butyl rubber **2**: 219, 223
*Halomonas eurihalina* **5**: 95, 98
Hancock **2**: 156
Hanging drop **8**: 446
Hanging drop procedure **8**: 453
Hanover Industrial Fair **10**: 24
*Hansenula* **5**: 6
*Hansenula capsulata* **6**: 98, 105
*Hansenula capsulata* NRRL Y-1842 **6**: 109
*Hansenula holstii* NRRL Y-2448 **6**: 96 ff
*Hansenula mrakii*
– Killer toxin-resistant mutant **6**: 197
*Hansenula (Pichia) holstii* **6**: 106, 113, 115
*Hansenula polymorpha* **8**: 240
Hard coal **1**: 396
Hardwood **1**: 7, 22, 92, 135
Hardwood pulp
– Cellulose raw material **6**: 294
Hayashibara Co., Ltd. **6**: 16
Hazard Analysis Critical Control Point **10**: 151
3HB dehydrogenase **3A**: 114
3HB-dimer **3B**: 33
3HB dimer hydrolase **3B**: 68
3HB oligomer hydrolase **3B**: 31, 33
– *Acidovorax* sp. SA1 **3B**: 33
– *Alcaligenes faecalis* T1 **3B**: 32
– Extracellular **3B**: 33
– Intercellular **3B**: 33
– Property **3B**: 33
– *Pseudomonas lemoignei* **3B**: 32 f
– *Ralstonia pickettii* **3B**: 32
– *Ralstonia pickettii* A1 **3B**: 33
– *Ralstonia pickettii* T1 **3B**: 33
– *Rhodospirillium rubrum* **3B**: 33
– Substrate specificity **3B**: 33
– *Zoogloea ramigera* I-16-M **3B**: 33
3HB oligomer
– Chemical analysis **3B**: 68
– Hydrolysis **3B**: 69
3HB-trimer **3B**: 33
H-Coal process **1**: 482
HC-Toxin **7**: 57
Healon® **6**: 593
Heaprin
– Anticoagulant agent **10**: 268
Heart muscle **7**: 342
Heart surgery
– Poly(3HB) patch **10**: 260
Heart valve **4**: 106, **10**: 248
Heart valve scaffold **4**: 107
Heating element **10**: 457
Heat shock protein
– *Methanococcus jannaschii* **7**: 269
– Symmetric complex **7**: 269
Heavy metal-binding protein
– Biotechnological interest **8**: 258
Heavy metal intoxication **1**: 386
Heavy-metal-polluted wastewater **5**: 485
*Helianthus* **2**: 11
*Helianthus annuus* **2**: 8, 86
*Helianthus tuberosus* **6**: 442
– Inulin biosynthesis **6**: 452
– Inulin production **6**: 455
Helical symmetry **7**: 267
*Helicobacter pylori* **4**: 113, **9**: 9, 12
– *mreB*-Like gene **7**: 361
– mreB Protein **7**: 369
– Murein **5**: 443
*Helix pomatia* **6**: 182
*Helminthosporium sativum* **3A**: 63
*Helminthosporium solani* **3A**: 63
β-Hematin **9**: 141, 151, 152
– In vitro synthesis **9**: 144

Hematopoietic necrosis virus **7**: 321
Hemazoin
– Chemical structure
– – Carboxylate oxygen coordinate bond **9**: 136
– – FePPIX **9**: 136
– – Head-to-tail dimer model **9**: 136
– Localization **9**: 136
– Occurrence **9**: 136
– *Plasmodium berghei* **9**: 136
Hemicellulose **1**: 15 ff, **6**: 278
Hemilignin **1**: 3
Hemoglobin **9**: 139
– Catabolism **9**: 130
– First protein crystal **8**: 428
– Solubility **8**: 442
Hemo-melanin **9**: 138
Hemozoin **9**: 129, 139, 151
– Alternative name **9**: 138
– Analysis **9**: 138
– – Fourier transform infrared **9**: 141
– – FTIR analysis **9**: 141
– – Resonance Raman spectroscopy **9**: 141
– – Rietveld refinement **9**: 141
– – X-ray powder diffraction **9**: 141
– Biochemical formation
– – Chloroquine **9**: 142
– – Inhibitor **9**: 142
– – Mefloquine **9**: 142
– – *Plasmodium berghei* **9**: 142
– Chemical structure **9**: 135
– Composition **9**: 140
– Discovery **9**: 133
– FePPIX synthesis **9**: 137
– Formalin pigment **9**: 143
– Formation
– – Chloroquine **9**: 149
– – Chloroquine inhibition **9**: 150
– – Chloroquine treatment **9**: 149
– – Inhibition **9**: 148, 149, 150
– Function **9**: 137
– *Haemoproteus* sp. **9**: 136
– Hemoglobin degradation **9**: 132
– – Fenton reaction **9**: 133
– – Haber–Weiss reaction **9**: 133
– – Oxygen radical generation **9**: 133
– Histidine-rich protein family **9**: 148
– Immune modulation **9**: 151
– *In vitro* synthesis **9**: 144
– Iron–oxygen coordinate bond **9**: 140, 141
– Leukocyte pigment **9**: 153
– Occurrence **9**: 137
– Outlook **9**: 154
– Patent **9**: 154
– Perspective **9**: 154
– *Plasmodium falciparum* **9**: 140, 146, 147
– *Plasmodium lophurae* **9**: 140, 146
– Prognostic indicator **9**: 153
– Purification **9**: 138
– *Schistosoma* sp. **9**: 136
– Solubility **9**: 138
– Structure **9**: 138
– – Iron–oxygen coordinate bond **9**: 141
Hemozoin crystal **9**: 146, 147
Hemp **10**: 3, 6
– Heating value **10**: 442
Henkel KGaA
– Xanthan **5**: 283
Henry's pigment **9**: 139
Heparan sulfate **5**: 216, **6**: 580
– Chemical structure **6**: 579
– Proteoglycan **6**: 592
Heparin **4**: 223, **6**: 577, 593
– Medical application **10**: 268
Hepatotoxin **9**: 97
*n*-Heptylbenzene
– Biodegradation **9**: 365
*Herbaspirillum* **3B**: 55
*Herbidospora cretacea* JCM 8553 **3B**: 90
Herbstreith and Fox KG **6**: 369
Hercosett process **8**: 188
Hercules Inc.
– Xanthan **5**: 283
*Hericium erinaceus*
– Antitumor glycan **6**: 163
– Glycan **6**: 167
Hernia repair mesh **10**: 264
Heteroatom chain polymer **9**: 251
*Heterobasidion annosum* **1**: 140, 144
Heterosaccharide
– Cell wall **5**: 503
Hevamine **2**: 160
*Hevea brasiliensis* **2**: 2 f, 7, 10, 75 ff, 82 f, 87, 94, 96, 99, 101 ff, 115, 153 f, 158, 173, 180, 185, 190, 324, 362, **6**: 506, 508
– British East India Company **2**: 157
– *Microcyclus ulei* **2**: 157
– Origin **2**: 157
– South American leaf blight **2**: 157
– Transfer to Asia **2**: 157
– Transgenic plants **2**: 97
*Hevea* seedling
– Molecular weight distribution **2**: 10
*Hevea* tree **2**: 2
– Timber **2**: 6
– Transgenic plant **2**: 5
Hevein **2**: 93, 103, 160, 169, 189
Hever **2**: 94
1,8,16-Hexadecanetriol **3A**: 7

Hexakinase 5: 141
Hexamethoxymethylmelamine 9: 348
Hexamethylene diisocyanate 7: 477 f
Hexamethyltrisiloxane-1,5-diol 9: 556
2,5-Hexanedione 7: 477, 478
Hexasulfide dianion $S_6^{2-}$ 9: 39
Hexokinase 6: 48, 495
– Metabolism of galactomannan 6: 328
Hexosamine production 2: 32
*n*-Hexylbenzene
– Biodegradation 9: 365
High-density polyethylene
– LCA analysis 10: 421
– Property 3B: 113
High-fructose corn syrup 7: 389
High glycine–typrosine protein 8: 171
High-performance elastomer 2: 293
High-performance polymer 10: 355
– Application 10: 357
High-throughput
– Protein purification protocol
– – Protein purification
– – – Polyhistidine 8: 489
High-throughput technique 8: 469
High volatile bituminous coal 1: 396
*Hirsutella necatri*
– Chitinase 6: 135
*Hirsutella thompsonii*
– Chitinase 6: 135
His-tag affinity purification 7: 37
Histidine
– Complexation
– – Aryl-histidine adduct 7: 469
– – Diphenol adduct 7: 469
– – Dityrosine 7: 469
– – $\varepsilon$-($\gamma$-Glutamyl)-lysine 7: 469
– – Imine-type adduct 7: 469
– – Lysyl-quinone adduct 7: 469
– – Trityrosine 7: 469
Histidine-rich protein family 9: 148
Histidinoalanine 8: 170
Histidinohydroxylysinonorleucine 8: 126
HIV virus 6: 168
HMG-CoA reductase 2: 51, 53, 88, 168
– Activation by cytosolic calmodulin 2: 166
– Correlation to rubber yield 2: 166
– Diurnal variation 2: 166
HMG-CoA synthase 2: 87
HM pectin 6: 348
Hobumer
– Natural fiber composite 10: 12
Hodge-Petruska model 8: 334
Hoechst AG
– Xanthan 5: 282
*Hofmannophila* 8: 191
$H_2O_2$ formation 1: 155
Hog liver esterase 3B: 91
*Holcus lanatus* 8: 270
Holoproteasome 7: 449
Homeostasis 7: 440
Homogalacturonan 6: 350
Homogentisate dioxygenase 8: 237, 238
Homologous recombination 8: 53
Homopolythioester
– Biodegradation 9: 77
*Homo sapiens* 6: 501, 503, 510
– Cupin protein 8: 238
Homoserine dehydrogenase 10: 295
Hopanoid 2: 56 f, 116
*Hordeum vulgare* 6: 503
– Cupin protein 8: 238
*Hordeum vulgaris* 3A: 66
Hormonal imbalance 1: 381
*Hormosira banksii*
– Adhesive protein 8: 362
Horner–Wittig reaction 2: 30
Horseradish peroxidase 1: 198, 410
– Nylon biodegradation 9: 399
Horsetail 1: 7 f
Household composting inlet
– LCA 10: 425
Household waste 10: 468
HPCL
– Viscosity 10: 13
$^3$H-Phenylalanine 1: 34
HTW process 1: 484
H-Type lignin 1: 7
Human disease
– cPHA 3A: 158
Human erythrocyte
– Cytoskeleton 7: 356
Humanic substance formation
– Pathway 1: 250
– Polyphenol theory 1: 250
Human sex hormone
– Biosynthesis 2: 127 ff
Human waste 10: 140
Humectant 7: 157
Humic acid 1: 249, 252 f, 258 ff, 305, 355 f, 396, 462, 490, 6: 143, 10: 56
– Biodegradation 1: 360 ff
– Chemical degradation 1: 268
– Chemical hydrolysis 1: 317
– Chemical structure 1: 278
– $^{13}$C-NMR spectroscopy 1: 275 ff
– Composition 1: 278
– Decolorization 1: 467
– Depolymerization 1: 467

– Electron spin resonance (ESR) spectrometry 1: 341
– Elemental composition 1: 308
– ESR spectroscopy 1: 277
– Fluorescence spectroscopy 1: 273, 341
– Fractal analysis 1: 279 ff
– Gel permeation chromatography 1: 341
– [1]H-NMR spectroscopy 1: 275 ff
– In construction application 10: 51
– Interaction with trace metal 1: 287 ff
– IR spectroscopy 1: 274
– IR spectrum 1: 338
– Molecular model 1: 278
– Molecular weight 1: 264, 266, 341, 395
– [15]N-NMR spectroscopy 1: 277
– Phase transfer catalysis 1: 332
– Polydispersity 1: 266
– Polymer derived from 1: 383 ff
– Production of photoreactant 1: 287
– Product of boron tribromide treatment 1: 334
– Solubility 1: 262
– Spectral property 1: 312
– Surface-enhanced raman spectroscopy 1: 341
– Thioacidolysis 1: 343
– Two-dimensional structural model 1: 279 ff
– Ultrafiltration 1: 342
– UV-Vis spectroscopy 1: 273

Humic compound
– Biofilm 10: 214

*Humicola insolvens* 5: 58

*Humicola lanuginosa*
– Lipase 7: 384

*Humicola lutea*
– Cell wall 6: 126

*Humicola* (*Thermomyces*) sp. 1: 360

Humic substance 1: 27, 154
– Adsorption 1: 257, 284 ff
– Adsorption to activated carbon 1: 306
– Adsorption to alumina 1: 306
– Adsorption to ion exchange resins 1: 306
– Adsorption to non ionic resins 1: 306
– Aerobic bacteria 1: 356
– Affect on plant growth 1: 284
– Alkaline hydrolysis 1: 331
– Anaerobic biodegradation 1: 366
– Analytical flash pyrolysis 1: 335
– Anti-inflammatory effect 1: 384
– Antiviral activity 1: 382
– Application 1: 380 ff
– As electron acceptor 1: 367
– Bioavailability of pollutants 1: 319
– Biodegradability 1: 351 ff
– Biodegradation 1: 356 ff
– Blackfoot disease 1: 387
– Blood coagulation 1: 385
– Carbon source 1: 283
– Cardiac disease 1: 319
– Chemical analyses 1: 328
– Chemical degradation 1: 267, 328 ff
– Chemical function 1: 282
– Chemical hydrolysis 1: 316 f
– Chemical oxidation method 1: 329
– Chemical structure 1: 259, 263, 277, 306 f
– [13]C-NMR spectroscopy 1: 275 ff, 316, 339 f
– Complex with metal ions 1: 311
– Complex formation 1: 318
– Composition 1: 267, 327
– Concentration 1: 303 f
– Conformation 1: 267
– Contribution to DOC 1: 303 f
– Contribution to organic matter 1: 350
– Corrosion in metallic pipes 1: 319
– CP-MAS NMR spectroscopy 1: 340
– Decolorization 1: 357
– Decomposition by isolated enzymes 1: 364
– Definition 1: 327
– Degradation with potassium persulfate 1: 329
– Degradative thermal technique 1: 270
– Detection 1: 310
– Effect on abiotic hydrolysis 1: 286
– Effect on herbicides 1: 286
– Electron spin resonance (ESR) spectrometry 1: 341
– Elemental analysis 1: 328
– Elemental composition 1: 259, 307
– Energy source 1: 283
– Environmental function 1: 284
– ESR spectroscopy 1: 277
– ESR technique 1: 289
– Estrogenic activity 1: 386
– Ether bond cleavage 1: 333
– Extraction 1: 253
– Fibrinolysis 1: 385
– Fluorescence 1: 312
– Fluorescence spectroscopy 1: 273, 341
– Formation 1: 250, 351 ff
– Formation of free radicals 1: 277
– Fractal analysis 1: 279 ff
– Fractionation procedure 1: 256 ff
– Fraction 1: 305
– Freeze drying 1: 306
– FTIR spectroscopy 1: 314, 337
– Fulvic acid 1: 250, 267
– Functional group 1: 260
– Function 1: 282, 319, 327
– Gel chromatography 1: 256
– Gel permeation chromatography 1: 341
– General property 1: 249, 303 f, 327
– Genesis 1: 250, 351 ff

– $^{1}$H-NMR spectroscopy 1: 275 ff, 316
– Humic acid 1: 249 ff, 267
– Humin 1: 250
– Hydrolysis 1: 268
– Hydrophilic interaction 1: 304
– Hydrophobic adsorption 1: 286
– Hydrophobic interaction 1: 304
– In aqueous environments 1: 302 ff
– Industrial product 1: 380
– Influence on soil-borne plant disease 1: 284
– Infrared spectroscopy 1: 337
– In soils 1: 249 ff
– Interactions with organic pollutants 1: 284
– Interactions with other molecules 1: 318
– Interactions with trace metals 1: 287 ff
– Interaction with chlorine 1: 319
– International humic substances society 1: 327
– IR spectroscopy 1: 274, 289
– Isoelectric focusing 1: 257
– Isolation 1: 258
– Isotachophoresis 1: 257
– $KMnO_4$ oxidation 1: 269, 329
– Ligand exchange mechanism 1: 285
– Liquid chromatography 1: 310
– Mass spectrometry 1: 315
– Medical application 1: 381
– Membrane filtration 1: 306
– Molecular model 1: 277
– Molecular weight 1: 256, 264, 309, 341
– Mutagenicity 1: 386
– NMR-Spectroscopy 1: 316
– $^{15}$N-NMR spectroscopy 1: 277, 316, 340
– Novel biopolymer 1: 380
– Number-average MW 1: 264
– Nutritional aspect 1: 283
– Occurrence 1: 303
– Origin 1: 303, 327
– Oxidation with CuO 1: 330
– Oxidation with $RuO_4$ 1: 330
– Oxidative degradation 1: 268
– Pharmacological effect 1: 382
– Phase transfer catalysis 1: 332
– Photosensitization 1: 287
– Physical function 1: 282
– $^{31}$P-NMR spectroscopy 1: 316
– Polyacrylamide gel electrophoresis 1: 257
– Polydispersity 1: 264, 265, 309
– Polymer derived from 1: 383 ff
– Polyphenol theory 1: 250
– Precipitation 1: 256
– Preparative thermochemolysis 1: 335
– Production of photoreactants 1: 287
– Product of boron tribromide treatment 1: 334
– Product of CuO oxidation 1: 331
– Pro-inflammatory property 1: 384
– Protection against ionizing irradiation 1: 387
– Purification 1: 253, 257 ff
– Pyrolysis GC/MS 1: 333
– Pyrolysis product 1: 271, 315
– Pyrolysis technique 1: 270
– Quinone-hydroquinone model 1: 277
– Reactive functional group 1: 285
– Reduction method 1: 333
– Reductive degradation 1: 268
– Selective chemical degradation 1: 330
– Soil fertility 1: 282
– Solid-state NMR 1: 339
– Solubility 1: 256
– Solubilization effect 1: 286
– Solution NMR 1: 339
– Sorbent extraction 1: 306
– Source for mutagenic compounds 1: 319
– Spectral property 1: 311
– Spectroscopic method 1: 273
– Stability 1: 353
– Structure 1: 267
– Surface-enhanced Raman spectroscopy 1: 341
– Transesterification with boron trifluoride–methanol 1: 330
– Turnover rate 1: 353
– Two-dimensional NMR spectroscopy 1: 316, 339
– Two-dimensional structural model 1: 279 ff
– Ultracentrifugation 1: 257
– Ultrafiltration 1: 257, 342
– UV-Vis spectroscopy 1: 273, 311, 337
– Vacuum distillation 1: 306
– Veterinary-medical application 1: 386
– Weight-average MW 1: 265
– Z-average MW 1: 265
– Zetapotential 1: 311
Humic substance formation
– Demethylation of lignin 1: 251
– Lignin-protein theory 1: 251
– N-Substituted glycosylamine 1: 251
– Polyphenol theory 1: 252
– Sugar-amine theory 1: 251
Humification 1: 249
Humin 1: 250
– $^{13}$C-NMR spectroscopy 1: 340
– CP-MAS NMR spectroscopy 1: 340
– IR spectrum 1: 338
– $^{15}$N-NMR spectroscopy 1: 340
– Preparative thermochemolysis 1: 335
HYAFF™ 5: 397
Hyaluronan 5: 379 ff, **6**: 585
– Application 5: 396
– – Adhesion prevention 5: 398
– – Drug delivery 5: 398

– Biosynthesis 5: 384
– – Elongation 5: 384, 390
– – Gene 5: 386
– – Hyaluronan synthase 5: 384 f
– – Influence of chain length 5: 390
– – Intracellular signal transduction 5: 390
– – Localization 5: 385
– – Mammalian cell 5: 384
– – Mechanism 5: 384
– – *Pasteurella* 5: 384, 386
– – Regulation 5: 389 f
– – Signal transduction 5: 390
– – Streptococcus 5: 384
– – *Xenopus laevis* 5: 386
– Catabolism 5: 391
– CD44
– – Binding to ankyrin 5: 387
– – Glycosylation 5: 387
– – Phosphorylation 5: 387
– – Proteolysis 5: 387
– Cellular function 5: 391 f
– Chain export 5: 385
– Chemical structure 5: 383, **6**: 579
– Commercial producer 5: 395
– Degradation 5: 394
– – Hyaluronidase 5: 395
– Degradation by free radicals 5: 394
– Discovery 5: 381
– Edema 5: 393
– Function 5: 387 f, 391, 393 f
– Hyaluronan-binding protein 5: 386 f
– – RHAMM 5: 388
– Hyaluronan synthase
– – *Streptococcus pyogenes* 5: 386
– Macromolecular assembly 5: 385
– Market 5: 396
– Medical application
– – Arthritis 5: 397
– – Ophthalmics 5: 397
– – Scarring 5: 397
– – Wound healing 5: 397
– Metastasis 5: 393
– Molecular weight 5: 385, 395
– Occurrence 5: 383
– *Pasteurella* 5: 383
– Patent 5: 396
– Pathological function
– – Edema 5: 393
– – Major virulence factor 5: 393
– – Metastasis 5: 393
– – Streptococcus 5: 393 f
– Physiological function 5: 392
– Production 5: 396
– – From rooster combs 5: 395
– – From streptococcus 5: 395
– – *Streptococcus zooepidemicus* 5: 395
– Product
– – Convatec 5: 398
– Receptor 5: 386 ff
– Release from the cell surface 5: 389
– – Hyaluronidase 5: 388
– Repeating unit 5: 383
– *Streptococcus* sp. 5: 383
– Swelling 5: 385
– Synovia 5: 393
– Turnover 5: 391
– Wound healing 5: 392
Hyaluronan binding protein 5: 382
Hyaluronan oligosaccharide 5: 398
Hyaluronan synthase 5: 384 f, **6**: 585
– Expression 5: 389
– Inhibition 5: 389
– Regulation 5: 389 f
– Stimulation 5: 389
– Suicide inhibitor
– – UDP-GlcNac 5: 389
Hyaluronan synthase gene **6**: 498
Hyaluronate **9**: 192
Hyaluronate lyase
– Post-translational processing **9**: 192
– Processing **9**: 190
Hyaluronic acid 5: 381, **6**: 577
– Commercialization 5: 13
– Medical application **10**: 268
Hyaluronidase 5: 388, 391, 393, **6**: 588, **9**: 186
– Bacterial 5: 395
– From testis 5: 395
– Mammalian-type 5: 395
Hybrid polyketide synthase **9**: 98
Hydantoin **10**: 296
Hydantoinase **7**: 414, **10**: 296, 297
*Hydra*
– γ-PGA **7**: 135, 142
– γ-PGA production **7**: 127
Hydragen® **6**: 528
Hydratase **3A**: 320
Hydrocaffeic acid **1**: 383
Hydrocarbon degradation
– Glycolipid 5: 114
Hydrocarbon 5: 92
Hydrogel **7**: 156, 157, **9**: 498
Hydrogel-forming protein
– Amino acid sequence **8**: 57
Hydrogenated nitrile rubber **2**: 311
Hydrogenation
– rubber crumb **2**: 404
Hydrogenation catalyst **1**: 478
Hydrogenation process **1**: 478

Hydrogen iodide **1**: 333
*Hydrogenomonas eutropha* H16 **3B**: 45
*Hydrogenophaga pseudoflava* **3B**: 27
Hydrogen peroxide **1**: 13, 36
Hydrogen sulfide
– Characterization **9**: 40
– Chemistry **9**: 40
– Property **9**: 41
– Reaction **9**: 41
– Structure **9**: 40
Hydroid **1**: 8
α/β Hydrolase fold region **3A**: 198
Hydrolase **1**: 409
α/β Hydrolase **3A**: 22
Hydrolysis **3B**: 353
Hydrolytically degradable plastic **9**: 241
Hydrolytic degradation **9**: 239
4-Hydroperoxy cyclophosphamide **4**: 227
Hydrophobic adsorption **1**: 286
Hydrophobicity **7**: 209
Hydrophobin **6**: 82
Hydrophobization **1**: 20
Hydroquinone **1**: 383
Hydroxy acid **10**: 288
– Biotechnological production
– – Annual production **3B**: 288
– – Cost **3B**: 288
ω-Hydroxy acid **3A**: 7
ω-Hydroxy acid dehydrogenase **3A**: 57
γ-Hydroxy acid **3B**: 299
(*R*)-3-Hydroxyacyl-ACP-CoA transacylase **3A**: 222, 423
– *Pseudomonas aeruginosa* **3A**: 231
– *Pseudomonas oleovorans* **3A**: 231
– *Pseudomonas putida* **3A**: 231
– *Pseudomonas* sp. 61-3 **3A**: 231
3-Hydroxyacyl-ACP-CoA transferase **3A**: 221
(*R*)-3-Hydroxyacyl-ACP-CoA transferase **3A**: 227, 235, 238, 240
3-Hydroxyacyl-acyl carrier protein-CoA transacylase **3A**: 175
Hydroxyacyl-CoA:cutin transacylase **3A**: 18
3-Hydroxyacyl-CoA dehydrogenase **3A**: 304
*S*-3-Hydroxyacyl-CoA dehydrogenase **3A**: 419
3-Hydroxyacyl-CoA epimerase **3A**: 419 ff, 427
α-Hydroxyalkanoic acid
– Chemical synthesis **3B**: 439
– Cyclic diester **3B**: 439
– Oligo(α-hydroxyalkanoic acid) **3B**: 439
Hydroxyalkyl cellulose **6**: 297
3-Hydroxyanthranilate 3,4-dioxygenase **8**: 237
Hydroxyapatite **8**: 324
*p*-Hydroxybenzaldehyde **3A**: 45 f, 58
Hydroxybenzophenone **8**: 191
Hydroxybenzotriazole **8**: 191
1-Hydroxybenzotriazole **1**: 166
2-Hydroxybiphenyl **1**: 401
4-Hydroxybutyrate dehydrogenase **3A**: 235
D(–)-3-Hydroxybutyrate dehydrogenase
– *Azospirillum brasilense* **3B**: 34
– *Azotobacter beijerinckii* **3B**: 34
– *Rhodopseudomonas spheroides* **3B**: 34
– *Rhodospirillium rubrum* **3B**: 34
– *Zoogloea ramigera* **3B**: 34
3-Hydroxybutyrate (3HB) **3A**: 344, **9**: 65
3-Hydroxybutyric acid
– Methylated **3B**: 5
4-Hydroxybutyric acid
– Detection **3B**: 16
4-Hydroxybutyric acid-CoA transferase **3A**: 235
3-Hydroxybutyric acid dehydrogenase **4**: 381
(*R*)-3-Hydroxycarboxylic acid **4**: 377 f
– Application **4**: 380
4-Hydroxy-*β*(carboxymethyl) cinnamic acid **1**: 8
18-Hydroxy-$C_{18}$-9,12-dienoic acid **3A**: 7
Hydroxycellulose **10**: 10
18-Hydroxy-$C_{18}$-9-enoic acid **3A**: 7
*p*-Hydroxycinnamic acid **1**: 20
Hydroxycinnamic acid metabolism **1**: 9
Hydroxycinnamic acids **1**: 11, 18, 21
Hydroxycinnamic precursors **1**: 31
Hydroxycinnamoyl CoA:ω-hydroxy palmitic acid *O*-hydroxycinnamoyl transferase **3A**: 59
Hydroxycinnamoyl-CoA:tyramine *N*-(hydroxycinnamoyl) transferase **3A**: 59
Hydroxycinnamylaldehyde **1**: 72
5-Hydroxyconiferyl alcohol **1**: 33, 74
5-Hydroxyconiferyl aldehyde **1**: 33, 74
4-Hydroxydecanoic acid
– Detection **3B**: 16
3-Hydroxydecanoyl-ACP:CoA transacylase **3A**: 321 f
3-Hydroxy-5-*cis*-dodecenoic acid **3A**: 419
6-Hydroxy-*cis*-3-dodecenoic acid
– Detection **3B**: 16
18-Hydroxy-*cis*-9,10-epoxy-$C_{18}$ **3A**: 17
18-Hydroxy-9,10-epoxy-$C_{18}$ acid **3A**: 5, 7 f, 15, 17
18-Hydroxy-*cis*-9,10-epoxy-$C_{18}$ acid **3A**: 17
ω-Hydroxy-9,10-epoxy $C_{18}$ acid **3A**: 15, 54
18-Hydroxy-9,10-epoxy-$C_{18}$-12-enoic acid **3A**: 7, 15 f
2-Hydroxyethoxypropionic acid **4**: 42
(1′*R*,3*R*,4*R*)-3-[1′-Hydroxyethyl]-4-acetoxy-2-azetidinone **4**: 383
Hydroxyethyl cellulose **10**: 64, 65
Hydroxyethyl cellulose acetate
– Polymer blend **9**: 212
– Property **9**: 212

2-Hydroxyethyl methacrylate **10**: 192
7-Hydroxyethyltheophylline **10**: 263
(Hydroxyethyl)thiamine diphosphate **2**: 53
β-Hydroxy fatty acid dehydrogenase **3A**: 56
ω-Hydroxy fatty acid dehydrogenase
– Purification **3A**: 58
– Stereospecificity **3A**: 58
5-Hydroxyferulate **1**: 33, 74
5-Hydroxyferuloyl-CoA **1**: 33, 74
5-Hydroxyguaiacyl **1**: 72
4-Hydroxyheptanoic acid **3A**: 303
– Detection **3B**: 16
16-Hydroxyhexadecanoic acid **3A**: 7
(*R*)-3-Hydroxyhexanoate **3A**: 110
3-Hydroxyhexanoate (3HHx) **3A**: 344
4-Hydroxyhexanoic acid
– Detection **3B**: 16
5-Hydroxyhexanoic acid **3A**: 303
– Detection **3B**: 16
6-Hydroxyhexanoic acid **3B**: 334
Hydroxyjuglone **1**: 231
α-Hydroxyl acid dehydrogenase **9**: 278
ω-Hydroxylation **3A**: 13
18-Hydroxy-linoleic acid **3A**: 15
Hydroxyl radical **1**: 236
Hydroxylysine **8**: 126, 338
– Collagen **8**: 124
– Discovery **8**: 122
Hydroxylysino-5-ketonorleucine **8**: 337
Hydroxylysinonorleucine **7**: 468, 470
Hydroxylysylpyridinoline **8**: 337, 340
3-Hydroxy-2-methylbutyrate (3H2MB) **3A**: 341 ff
Hydroxymethylfurfural **1**: 251
Hydroxymethylglutaryl-CoA **2**: 51
3-Hydroxy-3-methylglutaryl-CoA **2**: 81
3-Hydroxy-3-methylglutaryl coenzyme A reductase **2**: 91
3-Hydroxy-2-methylvalerate (3H2MV) **3A**: 341 ff
1-Hydroxy-2-naphthoate dioxygenase **8**: 237
(*S*)-Hydroxynitrile lyase **2**: 95, 103
ω-Hydroxyoctadec-9-enoic acid **3A**: 45
(*R*)-3-hydroxyoctanoate **3A**: 110
4-Hydroxyoctanoic acid **3A**: 303
– Detection **3B**: 16
18-Hydroxyoleic acid **3A**: 15
16-Hydroxy-10-oxo-$C_{16}$ **3A**: 7
16-Hydroxypalmitic acid **3A**: 14
5-Hydroxypentane-2,3-dione **2**: 58
3-Hydroxy-4-pentenoate **10**: 196
3-Hydroxy-4-pentenoic acid **3B**: 7
3-Hydroxy-4-pentenoyl-CoA **3A**: 194
3-Hydroxy-*n*-phenylalkanoic acid **3B**: 28
*β*-Hydroxyphospine **2**: 30
Hydroxyproline **10**: 85
– Collagen **8**: 124
– Discovery **8**: 122
*trans*-4-Hydroxyproline
– Adhesive protein **8**: 367
Hydroxypropyl cellulose **10**: 39, 64
Hydroxypropylhexanoate **9**: 77
Hydroxypropyl starch **10**: 63
Hydroxypropylthiobutyrate **9**: 77
3-Hydroxypropylthio-octanoate **9**: 77
(Hydroxypropyl)xylan
– Biodegradability **9**: 208
Hydroxy-terminated PHA **4**: 70
3-Hydroxy-7-*cis*-tetradecenoic acid **3A**: 419
3-Hydroxyvalerate (3HV) **3A**: 341, 344
4-Hydroxyvaleric acid
– Detection **3B**: 16
5-Hydroxyvaléric acid
– Detection **3B**: 16
Hygromycin **7**: 23
Hygromycin-B **8**: 102
*Hygrophorus* **2**: 12, 184
Hyper-branched methacrylated polyester **4**: 39
Hyper-branched polyester **4**: 38
Hyperstar polymer **3B**: 351
*Hyphantria cunea* **6**: 510
*Hyphodontia setulosa* **1**: 185, 189
*Hypholoma fasciculare* **1**: 361
*Hypholoma marginatum* **1**: 363
*Hyphomonas* **5**: 8
Hypobromite **9**: 258
Hypochlorite **3B**: 3, **9**: 258
Hypocholesterolemic activity **8**: 243
Hypogravity **1**: 30
*Hypoxylon* **1**: 136

## *i*

IBAW
– Compostability mark **10**: 403, 404, 406
ICI **10**: 475
– Biopol® **4**: 5, 55
– PHA copolymer **3B**: 235
ICN Biomedical Research Products
– Proteoglycan producer **6**: 593
Icosahedral symmetry **7**: 269
Icosahedral virus particle **8**: 415
Icosahedron **8**: 415
IDP isomerase **2**: 164
Iduronic acid **5**: 3
IF subunit protein
– Cytokeratin **7**: 355
– Desmin **7**: 355
– Glial fibrillary acidic protein **7**: 355
– Neurofilament **7**: 355
– Vimentin **7**: 355

IGOR process **1**: 479, 482
*Ilyobacter delafieldii* **3B**: 48
Imine-type adduct **7**: 469
Immunomodulator **5**: 15
Immunomodulatory glycan **6**: 162
Immunostimulatory role **2**: 66
Implantable polymer **9**: 425
Implant material
– Poly(3HB) **10**: 259
Implant **4**: 109
Impregnation device **10**: 16
Incineration **10**: 366
Inclusion body **8**: 485
Indane
– Biodegradation **9**: 365
Indian laurel **2**: 8, 11, 21
Indian rubber tree **2**: 75
Indole **1**: 490
Indole acetic acid **1**: 81
Indomethacin **4**: 222
– In nanoparticle **9**: 465
Industrial coal conversion **1**: 394
Industrial enzyme
– Discovery
– – Key technology **7**: 416
– Key technology
– – Nature's diversity **7**: 417
– World market **7**: 380
Industrial product
– Biotechnology **10**: 352
Inflammation marker **1**: 381
Influenza A virus **1**: 384
Influenza B virus **1**: 384
Infrared (IR) spectroscopy **2**: 327
Inhibitor
– Carpropamid **1**: 240
– DHN melanin biosynthetic pathway **1**: 240
– 3,4-Oxide-3-methyl-1-butyl diphosphate **2**: 84
– Phthalide **1**: 240
– Pyroquilon **1**: 240
– Tricyclazole **1**: 240
Inhibitor of chitin synthase
– 8-(6,6-Dimethylaminohepta-2,4-diynyl)amino-4*H*-benz[1,4]-oxazin-3-one **6**: 133
– Nikkomycin **6**: 133
– Polyoxin **6**: 133
Initiator **3B**: 347, 351, 375
– Chemical synthesis **3B**: 394
Injection grout **10**: 42
Injection molding **2**: 277 f
Ink gland **1**: 233
In nanoparticle
– Isobutylcyanoacrylate **9**: 466
*Inonotus hispidus* **6**: 126
*Inonotus obliquus*
– Antitumor glycan **6**: 163
– *Auricularia* spp. **6**: 163
Inorganic polysulfide
– Characterization **9**: 40
– Chemistry **9**: 40
– Nucleophilic displacement reaction **9**: 41
– Property **9**: 41
– Reaction **9**: 41
– Structure **9**: 40
Inorganic sulfur compound **9**: 38
– Biological role **9**: 37
Insect cuticle **7**: 470
Insecticide **1**: 286
Insect silk
– Mechanical property **8**: 32
Institut Français du Pétrole **5**: 283
Instrument Makar, Inc. **4**: 195
Insulin
– In nanoparticle **9**: 465
– Protein crystallization **8**: 428
Intercellular groove **3A**: 4
Interessengemeinschaft Biologisch Abbaubare Werkstoffe **10**: 403
γ-Interferon **7**: 456
Interior side panel
– LCA key indicator **10**: 440
Interleukin-1 **1**: 381
Intermodal surface transportation act **2**: 403
Intermolecular acetalization
– Biodegradation **9**: 337
Intermolecular alcoholysis **3B**: 353
Intermolecular transesterification **3B**: 353
Internal fixation device **10**: 248
International Organization for Standardization **10**: 398
International Wool Textile Organization **8**: 170
Interphase animal cell
– Cytoskeleton **7**: 350
Intracellular degradation
– *A. beijerinckii* **3A**: 114
– Acetoacetate-succinyl-CoA transferase **3A**: 114 f
– Acetoacetyl-CoA synthetase **3A**: 114 f
– Activator **3A**: 113
– Dimer hydrolase **3A**: 111
– 3HB dehydrogenase **3A**: 114
– Heat-stable protein factor **3A**: 111
– Inhibitor **3A**: 111
– 3-Ketothiolase **3A**: 115
– *phaZ* **3A**: 110
– Poly(3HB) depolymerase **3A**: 111
– *R. eutropha* **3A**: 111, 114
– *R. rubrum* **3A**: 113
– *Sinorhizobium meliloti* **3A**: 115

– *Zoogloea ramigera* **3A**: 114
Intracellular depolymerase **3A**: 111, 294
Intracellular PHA degradation **3B**: 23
– 3HB oligomer hydrolase **3B**: 33 f
– Related enzyme
– – Acetoacetate-succinyl CoA transferase **3B**: 35
– – Acetoacetyl-CoA synthetase **3B**: 34, 35
– – Acetoacetyl-CoA transferase **3B**: 34
– – D(–)-3-Hydroxybutyrate dehydrogenase **3B**: 34
– – 3-Ketothiolase **3B**: 35
Intracellular PHA depolymerase **3A**: 238, 240, **3B**: 26
– Activator **3B**: 30
– *Bacillus megaterium* **3B**: 29, 31
– 3HB-oligomer **3B**: 29
– Inhibitor
– – Bovine serum albumin **3B**: 29
– – Dithioerythritol **3B**: 29
– – Dithiothreitol **3B**: 29
– – Phenylmethylsulfonyl fluoride **3B**: 29
– – PMSF **3B**: 29
– – Triton X-100 **3B**: 29
– – Tween 20 **3B**: 29
– Lipase box **3B**: 31
– *Paracoccus denitrificans* **3B**: 31
– *phaZ* **3B**: 28, 31
– *Pseudomonas aeruginosa* **3B**: 28
– *Pseudomonas oleovorans* **3B**: 28
– *Pseudomonas putida* U **3B**: 28
– *Pseudomonas resinovorans* **3B**: 28
– *Pseudomonas* sp. 61-3 **3B**: 28
– *Ralstonia eutropha* **3B**: 30, 31
– *Rhodobacter sphaeroides* **3B**: 31
– *Rhodospirillium rubrum* **3B**: 30
– *Rickettsia prowasekii* **3B**: 31
– Trypsin **3B**: 30
– *Zoogloea ramigera* I-16-M **3B**: 30, 31
Intracellular poly(3HB) depolymerase **3B**: 36
– *Paracoccus denitrificans* **3B**: 32
– Primary structure **3B**: 32
– *Ralstonia eutropha* **3B**: 32
– *Rhodobacter sphaeroides* **3B**: 32
– *Rickettsia prowazekii* **3B**: 32
Intracellular proteolysis
– Control **7**: 440
– Homeostasis **7**: 440
Intramolecular acetalization
– Biodegradation **9**: 337
Intramolecular transesterification **3B**: 353
Intravascular stent **10**: 258
Intron **8**: 476
*Inula helenium* **6**: 442
Inulin **6**: 439
– Actinomycete **6**: 445
– *Agave Azul Tequila Weber* **6**: 445
– Analysis
– – Amyloglucosidase **6**: 450
– – Enzymatic method **6**: 450
– – Fructozyme **6**: 450
– *Aspergillus sydowi* **6**: 443
– Bacillaceae **6**: 445
– Biodegradation
– – *Arthobacter globiformis* **6**: 454
– – *Arthobacter urefaciens* **6**: 454
– – *Aspergillus ficuum* **6**: 454
– – *Aspergillus niger* **6**: 454
– – *Bacillus circulans* **6**: 454
– – By microorganism **6**: 454
– – *Chrysosporium pannorum* **6**: 454
– – Fructan exohydrolase **6**: 453
– – In plant **6**: 453, 454
– – Inulinase **6**: 454
– – *In vitro* hydrolysis **6**: 454
– – *Kluyveromyces fragilis* **6**: 454
– – Molecular genetics **6**: 454
– – *Penicillium purpurogenum* **6**: 454
– – *Pseudomonas* **6**: 454
– Biological property **6**: 461
– Biosynthesis
– – *Allium cepa* **6**: 152
– – *Cichorium intybus* **6**: 152
– – *Cynara scolymus* **6**: 152
– – Fructan:fructan fructosyltransferase **6**: 451
– – Fructosyltransferase **6**: 451
– – *Helianthus tuberosus* **6**: 152
– – In bacteria **6**: 451
– – In plants **6**: 152, 451
– – Inulosucrase **6**: 451
– – Levansucrase **6**: 451
– – Molecular genetics **6**: 152
– – Sucrose:sucrose fructosyltransferase **6**: 451
– – *Taraxacum officinale* **6**: 152
– Chemical analysis
– – AOAC method 997.08 **6**: 449
– – Gas chromatography **6**: 446 ff
– – High-performance liquid chromatography **6**: 446 f
– – HPAEC analysis **6**: 447 f
– – In Food **6**: 449
– – Permethylation **6**: 449
– Chemical modification **6**: 467
– Chemical structure **6**: 442 f
– Commercial production **6**: 458
– *Dahlia* **6**: 442
– Detection
– – AOAC method 997.08 **6**: 449
– – Gas chromatography **6**: 446 f

– – High-performance liquid chromatography **6**: 446 f
– – HPAEC analysis **6**: 447 f
– – In food **6**: 449
– – Permethylation **6**: 449
– Diabetic patient **6**: 442
– Discovery **6**: 441
– Enterobacteriaceae **6**: 445
– Food application **6**: 465 ff
– *Helianthus tuberosus* **6**: 442
– *Inula helenium* **6**: 442
– Inulin production **6**: 456
– *In vitro* synthesis **6**: 451
– Isolation **6**: 456
– – The ORAFTI process **6**: 457
– *Lactobacillus reuteri* **6**: 445
– Material property **6**: 461
– Molecular weight **6**: 442 ff
– Non-food application **6**: 467 f
– Nutritional property **6**: 461
– Occurrence **6**: 441, 444
– – In bacteria **6**: 445
– – In plants **6**: 445
– Patent **6**: 469 ff
– Physiological function **6**: 446
– Processing **6**: 456
– Production
– – *Aspergillus niger* **6**: 455
– – Chicory **6**: 455 f
– – *Cichorium intybus* **6**: 455
– – *Dahlia* **6**: 455
– – From plants **6**: 455 f
– – *Helianthus tuberosus* **6**: 455
– – Jerusalem artichoke **6**: 455 f
– – RAFTILINE® **6**: 457
– – RAFTILINE HP® **6**: 457
– – RAFTILOSE® **6**: 458
– – RAFTISWEET® **6**: 458
– – The ORAFTI process **6**: 457
– Property **6**: 458, 461
– – Caloric value **6**: 462
– – Effect on gut function **6**: 463
– – Effect on lipid metabolism **6**: 462
– – Increase in mineral absorption **6**: 464
– – Intestinal acceptability **6**: 465
– – Modulation of gut microflora **6**: 463
– – Physico-chemical property **6**: 459 f
– – Reduction of cancer risk **6**: 464
– – Suitability for diabetics **6**: 464
– Pseudomonaceae **6**: 445
– Scale of production **6**: 458
– Streptococcaceae **6**: 445
– *Streptococcus mutans* **6**: 445
Inulinase **6**: 454
Inuloscurase
– Inulin biosynthesis **6**: 451
Invertebrate
– Grazing **10**: 103
*In vitro* polymerization
– Lipase catalyzed
– – Initiation **3A**: 379
– – Propagation **3A**: 379
*In vitro* synthesis
– ATP regeneration **3A**: 206
– *A. vinosum* **3A**: 206
– Lag phase
– – *Ralstonia eutropha* **3A**: 358 f
– PHA **3A**: 206
– PHB depolymerase **3A**: 380
– Priming reaction **3A**: 359
– *Pseudomonas lemoignei* **3A**: 380
– *Pseudomonas stutzeri* **3A**: 380
– Recycling of CoA **3A**: 206
*In vitro* translation **7**: 29
Iodoacetamide **9**: 13
Iodotrimethylsilane **3A**: 9
Ion-exchange material **1**: 222
Ionic polymerization **3B**: 389
Iota-Carrageenan gel
– Structure **10**: 87
*Ipomoea batatas* **6**: 420
*Ipomoea purpurea* **2**: 59
IPP isomerase **2**: 51, 88
– Reaction mechanism **2**: 89
*Iridaea*
– Carrageenan producer **6**: 247
Irradiation
– PAA **9**: 309
$\gamma$-Irradiation **10**: 199
Irving Langmuir **7**: 203
ISO **10**: 396, 398
– Compostability standard **10**: 400
ISO 472 **10**: 369
Isoamylase **5**: 28
Isobutyllene-isoprene rubber **2**: 323
Isochroman **1**: 37
Isocitrate dehydrogenase **3A**: 115, 253
Isocitrate dehydrogenase leaky mutant
– *R. eutrophia* **3A**: 281
Isocyanate **10**: 4
(3-Isocyanatopropyl)triethoxysilane **10**: 192
Isodesmosine **7**: 468
Isodimorphism **3B**: 243, **4**: 63
Isolate A1 **3B**: 47
Isolate S2 **3B**: 47
Isolate T107 **3B**: 47
Isolate Z925 **3B**: 47
Isolation of chitosan

– *Aspergillus niger* **6**: 142
– *Saprolegnia* sp. **6**: 142
– *Trichoderma reesei* **6**: 142
Isolation of lignin
– Cellulolytic enzyme lignin **1**: 91
– Liquid–liquid extraction **1**: 91
– Milled wood lignin **1**: 91
Isoleucine insensitive mutant **3A**: 416
Isomaltodextranase **5**: 335
– Dextran biodegradation **5**: 307
Isopanose **6**: 14
– Enzymatic production **6**: 18
Isopentenyl diphosphatase isomerase **2**: 92
Isopentenyl diphosphate **2**: 8, 51, 80
Isopentenyl pyrophosphate
– Biosynthesis **2**: 83
Isopeptide cross-linking **7**: 473
Isophytochelatin
– Chemical structure **8**: 263
Isoprene **2**: 220, 224, **10**: 70
– Acetone–acetylene process **2**: 208
– Adsorption process **2**: 209
– Chemical synthesis **2**: 208
– Dehydration of aldehyde **2**: 209
– Dehydrogenation of isoamylene and isopentane **2**: 209
– Empirical formula **2**: 206
– Extraction distillation **2**: 216
– Formaldehyde-isobutylene process **2**: 209, 215
– From cracked naphtha **2**: 209
– Membrane process **2**: 209
– Property **2**: 206
– Propylene dimerization process **2**: 208
– Synthesis **2**: 206
– Technical production **2**: 215
Isoprene rule **2**: 114
Isoprene unit **2**: 7, 50
Isoprenoid biosynthesis **2**: 52
– Head-to-tail condensation **2**: 50 ff
– Inhibitor **2**: 53
– Liver **2**: 51
– Methylerythritol phosphate pathway **2**: 53
– Mevalonate-independent route **2**: 53
– Mevalonate pathway **2**: 51
– Yeast **2**: 51
Isoprenoid glycosyl lipid carrier **5**: 416
Isoprenoid
– Cell constituent **2**: 50, 56
Isopropyl-β-D-galactopyranoside **8**: 481
Isopullulanase
– *Aspergillus niger* **6**: 14
– *Bacillus licheniformis* **6**: 14
– *Bacillus polymyxa* **6**: 14
– *Bacillus stearothermophilus* **6**: 14
– *Bacteroides thetaiotaomicron* **6**: 14
– *Flavobacterium* sp. **6**: 14
– *Themoactinomyces vulagaris* **6**: 14
Isotactic poly(*R*-lactide) **3B**: 413, 415
Isotactic poly(*S*-lactide) **3B**: 413
Isothermal crystallization method
– Intermolecular crystallization **3B**: 208
– Intramolecular crystallization **3B**: 208
Isothermal heating **1**: 270
Isovanillic acid **1**: 162
ISP Alginates Ltd. **6**: 225
Itaconic acid **10**: 289, 291
– Structural formula **10**: 284
Itaconic acid ester
– Structural formula **10**: 284
Iterative polymerization strategy
– Synthetic silk gene **8**: 16
Iturin **7**: 57
IWTO **8**: 170
IWTO method 32–1982 **8**: 170

## *j*

Jaguar
– Galactomannan product **6**: 332
Jalaric acid **4**: 29
*Janthinobacterium lividum* **10**: 102
– Chitinase **6**: 135
Japan Biological Information Research Center **8**: 473
Japanese Biodegradable Plastics Society **10**: 369
Jätelaitosyhdisty **10**: 406
Jelutong **2**: 8, 11, 21, 75
Jersey Production Research Co.
– Xanthan **5**: 281
Jerusalem artichoke **6**: 456
– Inulin production **6**: 455
Joint filler
– Compound **10**: 41
– Lime **10**: 42
– Methyl cellulose **10**: 42
– Portland cement **10**: 42
Jojoba wax ester synthesis **3A**: 18
JSR **2**: 298
*Juliana adstringens*
– Proteoglycans **6**: 595
Jungbunzlauer AG
– Xanthan **5**: 282
*Junghuhnia separabilima* **1**: 144
Jute **10**: 6

## *k*

Kaken Pharmaecutical Col., Ltd.
– Production **6**: 79

Kanebo, Inc.
– LACTRON™ **4**: 243
KAP **8**: 159, 171
KAP gene **8**: 159
Kappa number **1**: 193, 195
*Kappaphycus*
– Carrageenan production **6**: 259
*Kappaphycus alvarezii*
– Carrageenan **6**: 251 f
– Carrageenan biosynthesis
– – Sulfohydrolase I **6**: 258
– – Sulfohydrolase II **6**: 258
Kapton HN **10**: 111
Karakul **8**: 161
KcsA
– 3D Structure **3A**: 155
Kefir grain **10**: 210
Kelco Biospecialities Ltd.
– Xanthan **5**: 281
Kelco Company **5**: 240, **10**: 74
Kelp
– Adhesive protein **8**: 362
Kenaf
– Heating value **10**: 442
Keratan sulfate **6**: 580, 585, **8**: 312
– Chemical structure **6**: 579
Keratein **8**: 181
Keratin **8**: 158, 159, 160, 171, 181, 388
– Arrangement of hydrogen bond **8**: 165
– Cross-link **7**: 467
– Secondary structure **8**: 49
– Tripartite structure **8**: 165
α-Keratin
– α-Helix structure **8**: 164
– Structure **8**: 164
β-Keratin **8**: 158
– Structure **8**: 164
– X-Ray diffraction pattern **8**: 165
Keratin-associated protein **8**: 159, 160, 171
Keratin cuticle
– Layer structure **8**: 162
Keratin fiber **8**: 163
– Differential thermal analysis **8**: 175
– Thermal denaturation **8**: 175
Keratin filament **7**: 358
Keratin microfibril **8**: 163
α-Keratin pattern
– X-Ray reflection **8**: 164
β-Keratin pattern
– X-Ray reflection **8**: 164
Keratin sequence
– Web-based protein database
– – Information database **8**: 184
– – National Center for Biotechnology **8**: 184
– – Protein Information Resource **8**: 184
– – SWISS-PROT Database **8**: 184
β-Keratin structure **8**: 165
*Kerria lacca*
– Shellac **4**: 39
3-Ketoacyl-ACP reductase **3A**: 322, 327, **9**: 94
3-Ketoacyl-ACP synthase **3A**: 322, **9**: 94
3-Ketoacyl-acyl carrier protein (ACP) reductase **3A**: 419
3-Ketoacyl-CoA reductase **3A**: 221, 305, 320, 419
β-Ketoacyl-CoA thiolase **3A**: 109
Ketoacyl synthase **3A**: 56
2-Ketobutyrate
– Decarboxylation **3A**: 416
– Poly(3HB-*co*-3HV) **3A**: 416
α-Ketoglutarate dioxygenase **8**: 237
Ketopiperazine **7**: 178
3-Ketothiolase **3A**: 115, 412, **3B**: 35 f
β-Ketothiolase **3A**: 175, 179, 221, 225, 235, 238, 240, 253, 322, **4**: 56, 59, 381
– *Acinetobacter* sp. RA3849 **3A**: 230
– *Alcaligenes latus* ATCC29713 **3A**: 230
– *Alcaligenes latus* ATCC29714 **3A**: 230
– *Alcaligenes latus* SH-69 **3A**: 230
– *Allochromatium vinosum* **3A**: 230
– *Burkholderia* sp. DSMZ9242 **3A**: 230
– *Chromobacterium violaceum* **3A**: 230
– *Comamonas acidvorans* **3A**: 230
– *Ectothiorhodospira spaposhnikovii* **3A**: 230
– Kinetic constant **3A**: 257
– *Paracoccus denitrificans* **3A**: 230
– Ping-Pong
– – Bi-Bi mechanism **3A**: 256
– *Pseudomonas acidophila* **3A**: 230
– *Pseudomonas* sp. 61-3 **3A**: 230
– *Ralstonia eutropha* H16 (*bktB*) **3A**: 230
– *Ralstonia eutropha* H16 (*phaA*) **3A**: 230
– Rate equation **3A**: 256
– *Rhodobacter capsulatus* **3A**: 230
– *Rickettsia prowazekii* Madrid E **3A**: 230
– *Sinorhizobium meliloti* 41 **3A**: 230
– *Synechocystis* sp. PCC6803 **3A**: 230
– *Thiocystis violacea* 2311 **3A**: 230
– *Vibrio cholerae* **3A**: 230
– *Zoogloea ramigera* **3A**: 230
Kevlar
– Chemial structure **9**: 398
– Mechanical property **8**: 4
– – Elasticity **8**: 83
– – Energy to break **8**: 83
– – Strength **8**: 83
Kevlar® **8**: 42
– Aramid fiber **8**: 64
– Commercial production **8**: 42

– Cost **8**: 42
Key enzyme of PHA synthesis **3A**: 173
Kibun Food Chemifa Co.
– Hyaluronan production **5**: 395
*Kielmeyera coriacea* **3A**: 48
Killer toxin **6**: 197 f
– Pore-forming protein **6**: 198
Kimitsu Chemical Industries Co. **6**: 225
Kinesin **7**: 351
Kinetochore **7**: 349
Kinetochore fiber **7**: 349
*Kitasatospora setae* JCM 3304 **3B**: 90
*Klebsiella aerogenes* **9**: 11
– Alginate lyase **6**: 223
– Exopolyphosphatase **9**: 13
– Polyphosphate **10**: 144
– PPX **9**: 14
*Klebsiella aerogenes* type 25 **5**: 198
*Klebsiella planticola* **6**: 13
– Pullulanase **6**: 423
*Klebsiella pneumoniae* **3B**: 279, 282 ff, **5**: 198, **6**: 15, **9**: 12, **10**: 287
– Alginate lyase **9**: 184
– Biofilm **10**: 234, 235
– 3-Dehydroshikimate dehydratase **10**: 286
– Effect of lentinan **6**: 169
– Protocatechuate decarboxylase **10**: 286
– Silicon biodegradation **9**: 547, 549
*Klebsiella pneumoniae* K28
– Silicon biodegradation **9**: 547
*Klebsiella* sp.
– Flocculant **10**: 152
*Kleinia odora* **3A**: 12
Klibanov **7**: 413
*Kluyveromyces fragilis*
– Inulinase **6**: 454
*Kluyveromyces lactis*
– Thaumatin **8**: 207
Knoevenagel condensation reaction **9**: 460
Koji **7**: 396
Koken™ **8**: 142
Kompostierbarkeit **10**: 380
Konjac mannan **5**: 7
– Commercialization **5**: 13
Koppers–Totzek process **1**: 484
Korea Kumho **2**: 298
Kraft lignin **1**: 120 f
– Injection-molding machine **1**: 122
– Lignopol® **1**: 122
– Thermoplastic mold **1**: 122
Kraft process **1**: 68, 73, 182
Kraft pulp
– Bleach boosting **7**: 407
Kraft pulping **1**: 118
Krestin **5**: 137, 150, **6**: 164
– Application **6**: 164
– Structure **5**: 138, **6**: 164
Kynurenine **8**: 170

## *l*

Laboratory testing protocol
– Biodegradability **9**: 239
*Labrunum anagyroides* **3A**: 48
Laccase **1**: 42, 81, 134, 142 f, 195, 198, 372, 398, 415 ff, 467 f, **7**: 405
– ABTS **1**: 159
– Application for delignification **1**: 160
– Biodegradation of humic substances **1**: 362 ff
– Catalytic site **1**: 158
– Classification **1**: 158
– 3D Structure **1**: 158
– Gene **1**: 160
– Heterologous expression **1**: 160
– Mediator **1**: 159
– Organic solvent **1**: 160
– Phenoxy radical **1**: 145
– Property **1**: 158
– Radical formation **1**: 159
– Reaction **1**: 157
– Reaction mechanism **1**: 145, 159
– Regulation **1**: 157
– Textile application **7**: 402
– Textile processing **7**: 406
*Laccifer lacca* **4**: 39
Laccijalaric acid **4**: 29
Laccilaksholic acid **4**: 29
Laccishellolic acid **4**: 29
LACEA **4**: 4, 251, 261
– Application **4**: 265 f
– – Agricultural **4**: 267
– – Civil engineering material **4**: 267
– – Composting material **4**: 267
– Biodegradability testing **4**: 269
– Marketing activity **4**: 265
– Patent **4**: 271
– Physical property **4**: 262
– Product **4**: 262
Lacea H 100 **10**: 10
*lac* Operator **8**: 59
Lacquer **10**: 432
– Environmental impact **10**: 432
– LCA key indicator **10**: 439
*Lactabacillus plantarum* IFO12519
– Inhibition by ε-PL **7**: 111
Lactacystin **7**: 448
*β*-Lactamase **10**: 235
L-Lactamide
– Biotechnological production

– – Patent **3B**: 307
*Lactarius* **2**: 11, 76, 96, 183
*Lactarius chrysorrheus* **2**: 19, 96, 184
*Lactarius subplinthogalus* **2**: 12, 184
*Lactarius volemus* **2**: 8, 10, 12, 19, 77, 87, 96, 184
Lactate dehydrogenase **3B**: 277, 290
L-Lactate dehydrogenase gene **3B**: 291
Lactic acid **3B**: 271, 435, **10**: 288
– Bacterial fermentation **4**: 134
– Biotechnological production
– – Annual production **3B**: 288
– – *Aspergillus awamori* **3B**: 292
– – Batch process **3B**: 292
– – Byproduct **3B**: 291
– – Carbon source **3B**: 293 ff
– – Cargill Dow **3B**: 298
– – *Carnobacterium* **3B**: 289
– – Catabolic pathway **3B**: 290
– – Continuous membrane cell recycle system **3B**: 297
– – Continuous process **3B**: 297
– – Cost **3B**: 288
– – *Enterococcus* **3B**: 289
– – *Escherichia coli* **3B**: 291
– – Immobilized cell system **3B**: 297
– – L-Lactate dehydrogenase gene **3B**: 291
– – *Lactobacillus* **3B**: 289
– – *Lactobacillus amylophilus* **3B**: 292
– – *Lactobacillus amylophilus* ATCC 49845 **3B**: 293
– – *Lactobacillus amylovorus* **3B**: 292, 297
– – *Lactobacillus amylovorus* ATCC 33620 **3B**: 293
– – *Lactobacillus amylovorus* ATCC 33622 **3B**: 293
– – *Lactobacillus amylovorus* NRRL B-4542 **3B**: 293
– – *Lactobacillus casei* **3B**: 291
– – *Lactobacillus casei* NRRL B-441 **3B**: 293
– – *Lactobacillus delbrueckii* **3B**: 289, 291 f, 298
– – *Lactobacillus delbrueckii* IFO3534 **3B**: 293
– – *Lactobacillus delbrueckii sowjeskij* **3B**: 293
– – *Lactobacillus delbrueckii* sp. *bulgaricus* CNRZ 369 **3B**: 293
– – *Lactobacillus delbrueckii* sp. *delbrueckii* **3B**: 293
– – *Lactobacillus delbrueckii* sp. *delbrueckii* ATCC 9649 **3B**: 293
– – *Lactobacillus delbrueckii* ssp. *bulgaricus* **3B**: 297
– – *Lactobacillus fermentum* **3B**: 292
– – *Lactobacillus helveticus* **3B**: 291
– – *Lactobacillus helveticus* Milano **3B**: 293 f
– – *Lactobacillus lactis* **3B**: 292
– – *Lactobacillus paracasei* No 8 **3B**: 294
– – *Lactobacillus pentosus* **3B**: 294
– – *Lactobacillus pentosus* NRRL B-227 **3B**: 294
– – *Lactobacillus pentosus* NRRL B-473 **3B**: 294
– – *Lactobacillus plantarum* **3B**: 291, 294
– – *Lactobacillus plantarum* ATCC 14917 **3B**: 294
– – *Lactobacillus plantarum* NRRL B-787 **3B**: 294
– – *Lactobacillus plantarum* NRRL B-788 **3B**: 295
– – *Lactobacillus plantarum* NRRL B-813 **3B**: 295
– – *Lactobacillus plantarum* USDA 422 **3B**: 295
– – *Lactobacillus rhamnosus* **3B**: 292
– – *Lactobacillus rhamnosus* ATCC 10863 **3B**: 295, 297
– – *Lactobacillus* spp. **3B**: 291
– – *Lactococcus* **3B**: 289
– – *Lactococcus lactis* **3B**: 291
– – *Lactococcus lactis* sp. *lactis* ATCC **3B**: 295
– – *Lactococcus lactis* sp. *lactis* ATCC 19435 **3B**: 295 f
– – *Lactococcus lactis* sp. *lactis* NRRL B-4449 **3B**: 296
– – *Lactococcus* spp. **3B**: 291
– – *Leuconostoc* **3B**: 289
– – Lignocellulosic material **3B**: 292
– – Mixed culture **3B**: 295
– – Molasses **3B**: 291
– – *Oenococcus* **3B**: 289
– – Patent **3B**: 304 ff
– – *Pediococcus* **3B**: 289
– – Phosphoenolpyruvate carboxylase **3B**: 291
– – Pta-Acetate kinase pathway **3B**: 291
– – Starch **3B**: 291
– – *Streptococcus* **3B**: 289, 291
– – *Tetragenococcus* **3B**: 289
– – *Trichoderma reesei* **3B**: 292
– – *Vagococcus* **3B**: 289
– – *Weissella* **3B**: 289
– Dehydration **4**: 136
– Fermentative production **3B**: 288
– Lactate ester **3B**: 288
– Pharmaceutical application **3B**: 288
– Polycondensation **4**: 136
– Purification **3B**: 298
– Ring-opening polymerization **4**: 136
– Separation **3B**: 298
– Structural formula **10**: 285
– Synthesis **4**: 136
Lactic acid bacterium
– Catabolic pathway **3B**: 290
– Exopolysaccharide **5**: 407
– Heterofermentative **3B**: 290
– Homofermentative **3B**: 290
– Nutrient requirement **3B**: 292
– Property **3B**: 289
Lactide
– Structural formula **10**: 285
– Structure **10**: 184

L-Lactide **4**: 238
– Anionic polymerization **10**: 188
– Polymerization **3B**: 342
Lactobacilli **2**: 137
*Lactobacillus* **3B**: 289
*Lactobacillus acidophilus*
– Exopolysaccharide **5**: 421
– S-Layer **7**: 297, 308
– S-Layer protein
– – Amino acid sequence **7**: 301
*Lactobacillus amylophilus* **3B**: 292
*Lactobacillus amylophilus* ATCC 49845 **3B**: 293
*Lactobacillus amylovorus* **3B**: 292, 297
*Lactobacillus amylovorus* ATCC 33620 **3B**: 293
*Lactobacillus amylovorus* ATCC 33622 **3B**: 293
*Lactobacillus amylovorus* NRRL B-4542 **3B**: 293
*Lactobacillus arabinosus* **5**: 476
*Lactobacillus brevis* **3B**: 283
– S-Layer protein
– – Amino acid sequence **7**: 301
*Lactobacillus brevis* IFO3960
– Inhibition by ε-PL **7**: 111
*Lactobacillus brevis* TCC 8287
– S-Layer **7**: 302
*Lactobacillus buchneri* **3B**: 283
*Lactobacillus casei* **3B**: 291
*Lactobacillus casei* CG11
– Exopolysaccharide **5**: 410
*Lactobacillus casei* NRRL B-441 **3B**: 293
*Lactobacillus crispatus*
– S-Layer **7**: 308
– S-Layer protein
– – Amino acid sequence **7**: 301
*Lactobacillus delbrueckii* **3A**: 255, **3B**: 289, 291, 292, 298
*Lactobacillus delbrueckii* IFO3534 **3B**: 293
*Lactobacillus delbrueckii* sp. *sowjeskij* **3B**: 293
*Lactobacillus delbrueckii* sp. *bulgaricus* CNRZ 369 **3B**: 293
*Lactobacillus delbrueckii* sp. *delbrueckii* **3B**: 293
*Lactobacillus delbrueckii* sp. *delbrueckii* ATCC 9649 **3B**: 293
*Lactobacillus delbrueckii* ssp. *bulgaricus* **3B**: 297, **5**: 418
– Exopolysaccharide **5**: 408
*Lactobacillus delbrueckii* ssp. *bulgaricus* CNRZ 416
– Exopolysaccharide **5**: 410
*Lactobacillus delbrueckii* ssp. *bulgaricus* CNRZ 1187
– Exopolysaccharide **5**: 410, 421
*Lactobacillus delbrueckii* ssp. *bulgaricus* NCFB 2772 **5**: 411
– Exopolysaccharide **5**: 410, 422, 423
*Lactobacillus fermentii* **5**: 116
*Lactobacillus fermentum* **3B**: 292
*Lactobacillus helveticus* **3B**: 291, **5**: 412
– Exopolysaccharide **5**: 408
– S-Layer protein
– – Amino acid sequence **7**: 301
*Lactobacillus helveticus* LB161 **5**: 411
– Exopolysaccharide **5**: 410
*Lactobacillus helveticus* Milano **3B**: 293 f
*Lactobacillus helveticus* var. *jugurti*
– Exopolysaccharide **5**: 410
*Lactobacillus kefiranofaciens*
– Exopolysaccharide **5**: 410
*Lactobacillus lactis* **3B**: 292
*Lactobacillus paracasei*
– Exopolysaccharide **5**: 410
*Lactobacillus paracasei* 34-1 **5**: 411
*Lactobacillus paracasei* No 8 **3B**: 294
*Lactobacillus pentosus* **3B**: 294
*Lactobacillus pentosus* NRRL B-227 **3B**: 294
*Lactobacillus pentosus* NRRL B-473 **3B**: 294
*Lactobacillus plantarum* **2**: 34, 57, 139, **3B**: 291, 294
*Lactobacillus plantarum* ATCC 14917 **3B**: 294
*Lactobacillus plantarum* NRRL B-787 **3B**: 294
*Lactobacillus plantarum* NRRL B-788 **3B**: 295
*Lactobacillus plantarum* NRRL B-813 **3B**: 295
*Lactobacillus plantarum* USDA 422 **3B**: 295
*Lactobacillus reuteri*
– Inulin **6**: 445
– Levan **5**: 356
*Lactobacillus rhamnosus* **3B**: 292
– Exopolysaccharide **5**: 410, 423
– Lactic acid **10**: 288
– Productivity **10**: 288
*Lactobacillus rhamnosus* ATCC 10863 **3B**: 295, 297
*Lactobacillus sake* 0-1 **5**: 411
– Exopolysaccharide **5**: 410, 423
*Lactobacillus* spp. **3B**: 291
*Lactococcus* **3B**: 289
*Lactococcus lactis* **1**: 369 f, **3B**: 291
*Lactococcus lactis* sp. *lactis* ATCC **3B**: 295
*Lactococcus lactis* sp. *lactis* ATCC 19435 **3B**: 295, 296
*Lactococcus lactis* sp. *lactis* NRRL B-4449 **3B**: 296
*Lactococcus lactis* ssp. *cremoris*
– Exopolysaccharide **5**: 408, 420
*Lactococcus lactis* ssp. *cremoris* LC330
– Exopolysaccharide **5**: 410
*Lactococcus lactis* ssp. *cremoris* SBT 0495 **5**: 416 f
– Exopolysaccharide **5**: 410
*Lactococcus lactis* ssp. *lactis*
– Exopolysaccharide **5**: 408, 420
*Lactococcus mesenteroides* **5**: 60, 300
– Alternan **5**: 324
– Alternansucrase **5**: 68
– Dextran **5**: 303

– Dextransucrase 5: 68
*Lactococcus mesenteroides* NRRL B-1355
– Alternan 5: 328 f, 335, 337
– Alternansucrase 5: 330
– Dextran 5: 301
*Lactococcus mesenteroides* NRRL B-512F
– Dextran 5: 340
*Lactococcus mesenteroides* strain 61-2
– Aternan 5: 329
*Lactococcus mesenteroides* strain NRRL B-1299 5: 301
*Lactococcus mesenteroides* strain NRRL B-512F
– Dextran 5: 301, 302, 304 f, 307
– Dextransucrase 5: 304
*Lactococcus* spp. **3B**: 291
Lactone **3B**: 271, **7**: 57
– Biotechnological production
– – γ-Butyrolactone **3B**: 299 f
– – Cargill Inc. **3B**: 299
– – γ-Hydroxy acid **3B**: 299
– – Lactide **3B**: 299
– Enzymatic polymerization
– – Proposed mechanism **4**: 32
– Structure **10**: 184
– Synthesis of polyester **10**: 289
LACTRON™ **4**: 243
*Lactuca* **2**: 181
lacUV5 Promoter **8**: 481
Laksholic acid **4**: 29
Lamellar single crystal **3B**: 208
Laminaran
– Commercialization **5**: 13
*Laminaria* **5**: 7, 13
*Laminaria digitata* **5**: 138, **6**: 219
– Alginate **6**: 219
*Laminaria hyperborea*
– Alginate **6**: 219 f
– Blade **6**: 219
– Stipe **6**: 219
– Suter cortex **6**: 219
*Laminaria japonica* **6**: 219, 223
– Alginate **6**: 219 f
*Laminaria saccharina*
– Adhesive protein **8**: 362
Laminarin
– Structure **5**: 138
*Lamprocystis roseopersicina* 3112 **3A**: 177
*Lampropedia* spp. **3A**: 343
Landfill cost **2**: 406
Landfilling **10**: 366
Landfill **2**: 406
Lanosterol **2**: 33, 120
Lanthanide compound **4**: 34
Lanthionine **8**: 167, 170, 179
Larvae
– Grazing **10**: 103
Lateral force microscopic image **3B**: 213
Latex
– Air-dried sheet **2**: 12
– Allergen **2**: 94, 97
– Allergy **2**: 6
– Annual production **2**: 3
– Annual yield **2**: 12
– Biosynthesis of rubber **2**: 173
– B-serum **2**: 159
– Calcium binding protein **2**: 165
– Calmodulin **2**: 165
– Carbohydrate **2**: 160
– Colloidal stability **2**: 164, 171
– Component **2**: 13, 155
– Composition **2**: 13, 76 ff, 158 ff, 161, 165 ff
– Conservation **2**: 3
– Consumer **2**: 3
– C-serum **2**: 159
– C-serum fraction **2**: 165
– Deproteinization **2**: 6, 13
– Extraction of proteins **2**: 6
– Factor affecting rubber yield **2**: 176
– Frey–Wyssling complex **2**: 77, 158
– Frey–Wyssling particle **2**: 13, 155
– α-Globulin **2**: 160
– Hevamine **2**: 160
– Hevein **2**: 160
– High-molecular weight compound **2**: 165
– Homeostasis **2**: 170
– Inorganic substance **2**: 161
– Latex flow **2**: 179
– Latex of fungi **2**: 183
– Latex of plants different from *Hevea* **2**: 180 ff
– Latex usage **2**: 188
– Latex vessel plugging **2**: 171
– Latex vessel **2**: 158
– Latex yield **2**: 176
– Laticifer **2**: 161
– Lipid **2**: 160
– Lutoid particle **2**: 77, 167
– Lutoid **2**: 155, 158, 167
– Metabolism **2**: 172
– Non-rubber constituent **2**: 6, 159
– Possible function in plants **2**: 182
– Preservation **2**: 13
– Production **2**: 5
– Production according to country **2**: 3
– Protein **2**: 159
– Purification **2**: 6
– Ribbed smoked sheet **2**: 12
– Rubber elongation factor **2**: 160
– Rubber particle **2**: 77

– Shipment **2**: 12
– Size of rubber particle **2**: 161
– Standard Malaysian Rubber **2**: 12
– Standard Thai Rubber **2**: 12
– Stimulation of production **2**: 154
– Tapping **2**: 3, 5, 12, 158, 172, 176
– Yield per hectare **2**: 3
Latex additive
– Antifoam **2**: 240
– Coagulating agent **2**: 240
– Colloidally active substance **2**: 239 ff
– Emulsifier **2**: 239 ff
– Filler **2**: 241
– Foaming agent **2**: 240
– Heat-sensitizing agent **2**: 240
– Pigment **2**: 241
– Protective colloid **2**: 240
– Rubber chemical **2**: 240
– Ultra accelerator **2**: 240
– Wetting agent **2**: 240
Latex allergen **2**: 94
Latex allergy
– 14, 20, 23, and 28 kDa protein **2**: 186
– Antigen **2**: 185 ff
– Chitin-binding protein **2**: 187
– Cross-reactivity of allergen **2**: 187
– Hepatitis **2**: 188
– Hevamine **2**: 189
– Hevein **2**: 187, 189
– HIV **2**: 188
– IgE antibody **2**: 186
– Latex-allergic patient **2**: 186
– Latex glove **2**: 188
– Latex protein allergen **2**: 186
– Medical glove **2**: 188
– Prick test **2**: 185 ff
– Product avoidance **2**: 185 ff
– REF **2**: 189
– Role of ethylene **2**: 187
– Rubber elongation factor **2**: 189
– Small rubber particle protein **2**: 189
Latex dispersion **10**: 45
Latex glove **2**: 188
– Allergen **2**: 163
Latex processing **2**: 236
– Additive **2**: 239
– Compounding **2**: 241
– In-house distribution **2**: 239
– Processing procedure **2**: 241
– Storage **2**: 239
– Transportation **2**: 239
Latex producing plant
– Apocynaceae **2**: 180 ff
– Asclepiadaceae **2**: 180 ff
– Asteraceae **2**: 180 ff
– Euphorbiaceae **2**: 180 ff
– *Hevea brasiliensis* **2**: 180 ff
– Loranthaceae **2**: 180 ff
– Moraceae **2**: 180 ff
– Sapotaceae **2**: 180 ff
Latex testing **2**: 237
– Bacterial contamination **2**: 239
– Chemical stability **2**: 238
– Coagulation point **2**: 238
– Content of coagulum **2**: 238
– Deformation hardness **2**: 239
– Density **2**: 238
– Dry rubber content **2**: 238
– Elastic modulus **2**: 239
– Film hardness **2**: 239
– Gelation time **2**: 238
– Glass transition temperature **2**: 239
– Mechanical stability **2**: 238
– Minimum film-formation temperature **2**: 239
– Mooney viscosity **2**: 239
– Particle-size distribution **2**: 238
– pH Value **2**: 238
– Residual monomer content **2**: 238
– Setting point **2**: 238
– Surface tension **2**: 238
– Tensile elongation **2**: 239
– Tensile strength **2**: 239
– Total solids content **2**: 238
– Viscosity **2**: 238
– White point temperature **2**: 239
Latex vessel **2**: 76, 154
Latex yield
– Ethylene **2**: 177 ff, 179
– Lutoid stability **2**: 179
– Lytic enzyme **2**: 177 ff
– Permeability of laticifer **2**: 179
– Regulation of polyisoprene biosynthesis **2**: 177
– Vessel plugging **2**: 179
Lathyrogen **8**: 123
*Latrodectus geometricus*
– Silk protein
– – Sequence **8**: 6
*Latrodectus mactans*
– Spider silk
– – Property **8**: 32
Laundering test **4**: 244
Laundry-detergent product **7**: 382
Lauraceae **2**: 187
Laurate ω-hydroxylase **3A**: 57
Laurencione **2**: 58
Layer **7**: 267
– Design **7**: 275
*a*-Layer **8**: 162

LBG **5**: 12, 14
LCA **10**: 410
– Methodology **10**: 412
LCA key indicator
– End product **10**: 439
– Plastic pellet **10**: 437
LD-carboxypeptidase **5**: 448
LDPE
– LCA result **10**: 423
Leachable impurity **4**: 100
*Le Conte* **8**: 191
Lectin **6**: 507
*Lecythophora* sp. **1**: 186
*Leersia virginica* **2**: 11
*Legionella* **1**: 234
*Legionella pneumophila* **3B**: 25
Legumin seed storage **8**: 223
*Leishmania* **6**: 505
*Lemna* **1**: 30
Lemoigne **4**: 55
– Poly(3HB) **10**: 249
Lemoigne, Maurice
– Biography **3B**: 164
– Scientific observations **3B**: 166
*Lens culinaris* **8**: 229
*Lens culinaris* subsp. *culinaris*
– Convicilin **8**: 235
– Lentil **8**: 235
Lenthionine
– Chemical structure **9**: 53
Lentinan **5**: 137, 150
– Antidiabetic property **6**: 170
– Antimicrobial property **6**: 169
– *Candida albicans* **6**: 169
– *Dendropolyporus umbellatus* **6**: 169
– *Escherichia coli* **6**: 169
– *Ganoderma lucidum* **6**: 169
– *Grifola frondosa* **6**: 169
– *Klebsiella pneumoniae* **6**: 169
– *Lentinula edodes* **6**: 163, 168
– *Listeria monocytogenes* **6**: 169
– *Micrococcus luteus* **6**: 169
– *Mycobacterium tuberculosis* **6**: 169
– *Pseudomonas aeruginosa* **6**: 169
– *Saccharomyces cerevisiae* **6**: 169
– *Schistosoma japonicum* **6**: 169
– *Schistosoma mansoni* **6**: 169
– *Staphylococcus aureus* **6**: 169
– Structure **5**: 138, **6**: 163
– *Trametes versicolor* **6**: 169
– *Tricholoma lobayense* **6**: 169
Lentinan sulfate
– Antiviral property **6**: 168
*Lentinula edodes* **1**: 144, 156, 159, 160, 197
– Antitumor glycan **6**: 163
– Effect of lentinan **6**: 169
– Glycan **6**: 166
– Lentinan **6**: 163
– Lentinan sulfate **6**: 168
*Lentinus edodes* **1**: 187, 197, **5**: 137 f, 150
– Biotechnological production **6**: 141
– Chitin **6**: 127
– Chitosan **6**: 127
Leonardite **1**: 408
Leonardite particle **1**: 397
*Lepas anatifera*
– Adhesive protein **8**: 363
*Lepas fascicularis*
– Adhesive protein **8**: 363
Lepidoptera
– Fiber **8**: 84
*Lepista nebularis* **1**: 363
*Lepista nuda* **1**: 363
Leptophos **1**: 286
*Leptosphaeria coniothyrium* **3A**: 63
*Leptospirillum ferrooxidans* **1**: 444, 448
*Leptothrix* sp. **3B**: 53, 94
*Leptothrix* sp. strain HS **3B**: 56
*Lesquerella* **6**: 323
*Lessonia nigrescens* **6**: 219
– Alginate **6**: 219
Lettuce **8**: 208
*Leucaena leucocephala* **1**: 38
Leucine aminopeptidase **7**: 88
Leucine zipper motif **8**: 68
Leucodopachrome **1**: 233
*Leuconostoc* **3B**: 289, **5**: 13
*Leuconostoc citreum* strain NRRL B-742
– Dextran **5**: 301
*Leuconostoc mesenteroides* IFO3832
– Inhibition by ε-PL **7**: 111
*Leuconostoc* species **10**: 90
Leukocyte function
– Perturbation **9**: 151
Levan **5**: 9, 12, 351 ff
– Agricultural application **5**: 368
– Application **5**: 368, 370 f
– – Food application **5**: 369
– – Other application **5**: 369
– Biodegradation
– – *Bacillus subtilis* **5**: 363 f
– – Enzymology **5**: 362
– – Levanase **5**: 362
– – Levanase operon **5**: 364
– – Levan fructotransferase **5**: 363
– – Levansucrase **5**: 363
– – *Lolium perenne* **5**: 363
– – *Rahnella aquatilis* **5**: 363

– – Regulation 5: 364
– Biosynthesis 5: 360
– – *Acetobacter diazotrophicus* 5: 359
– – *Acetobacter xylinus* 5: 359
– – *Bacillus subtilis* 5: 361
– – Enzymology 5: 358
– – *Erwinia amylovora* 5: 359
– – Genetic basis 5: 359
– – Levansucrase 5: 358
– – *Pseudomonas syringae* pv. *glycinea* 5: 359
– – *Pseudomonas syringae* pv. *phaseolicola* 5: 359
– – *Rahnella aquatilis* 5: 359
– – Regulation 5: 361, 362
– – *Zymomonas mobilis* 5: 359, 361
– Biotechnological production
– – *Bacillus* 5: 365 f
– – *Bacillus polymyxa* 5: 365
– – *Erwinia herbicola* 5: 365
– – Fermentative production 5: 365
– – *Gluconobacter oxydans* 5: 365
– – *In vitro* biosynthesis 5: 365
– – *Pseudomonas* 5: 366
– – *Rahnella* 5: 366
– – *Rahnella aquatilis* 5: 365
– – *Rahnella aquatilis* ATCC 33071 5: 366
– – Yield 5: 365
– – *Zymomonas mobilis* 5: 365 f
– Chemical analysis 5: 357
– Chemical structure 5: 354
– – Types of linkage 5: 355
– Commercial production 5: 366
– Cost 5: 367
– Current problems 5: 371
– Detection
– – High-pressure liquid chromatography 5: 357
– – Spectrophotometry 5: 357
– Discovery 5: 354
– Levan competitor 5: 367
– Levan-producing strain
– – Isolation 5: 365
– – Screening 5: 365
– Levan sucrase 5: 360
– Limit 5: 371
– Market analysis 5: 367
– Medical application 5: 368
– Occurrence
– – *Acetobacter xylinum* 5: 356
– – *Actinomyces naeslundii* 5: 356
– – *Bacillus circulans* 5: 356
– – *Bacillus stearothermophilus* 5: 356
– – *Bacillus subtilis* 5: 356
– – *Gluconacetobacter* 5: 356
– – *Lactobacillus reuteri* 5: 356
– – *Pseudomonas syringae* pv. *glycinea* 5: 356
– – *Pseudomonas syringae* pv. *phaseolicola* 5: 356
– – *Rahnella aquatilis* 5: 356
– – *Serratia levanicum* 5: 356
– – *Zymomonas mobilis* 5: 356
– Patent 5: 370, 371
– Pharmaceutical application 5: 368
– Physiolocigal function 5: 357
– Production 5: 370, 371
– Property 5: 367
– – Viscosity of solutions 5: 368
– Purification 5: 366
– Recovery 5: 366
Levanase 5: 362
Levan fructotransferase
– Levan biodegradation 5: 363
Levansucrase
– Alignment of deduced amino acid sequences 5: 360
– Inulin biosynthesis **6**: 451
– Levan 5: 358
– Levan biodegradation 5: 363
– Reaction mechanism 5: 358
– Regulation
– – At translational level 5: 361
– *Zymomonas mobilis* 5: 370
Levonorgestrel **10**: 264
$LiAlD_4$ **3A**: 5, 9
$LiAlH_4$ **3A**: 5
$LiAlH_4$ treatment **3A**: 12
Lichenysin **7**: 57
Lifecore Biomedical
– Hyaluronan production 5: 395
Life cycle **10**: 461
Life-cycle analysis **10**: 474
– Biopolymer production **10**: 481
– PHA production
– – By fermentation **10**: 481
– – In plants **10**: 482
Life cycle assessment **10**: 409 f
– Element **10**: 412
Life cycle impact assessment **10**: 413
Life cycle interpretation **10**: 413
Life cycle inventory analysis **10**: 413
Ligand-exchange material **1**: 222
Ligation **8**: 476
Light scattering **1**: 94, 234
Lignification **1**: 13, 14, 24, 29, 34, 42
Lignification pattern **1**: 6, 9
Lignin **1**: 250 ff, **6**: 278, **10**: 8, 10
– Acidolysis **1**: 95, 98
– Aminolysis **1**: 99
– Biodegradation **1**: 118, 130 ff, **10**: 108
– Biosynthesis **1**: 12, 14, 19
– "Bulk"-type polymerization hypothesis **1**: 5

– Carbonyl group 1: 100
– Chemical degradation 1: 94 ff, 97
– Chemical structure 1: 118
– Content 1: 11 ff
– Cupric oxide oxidation 1: 96 f
– Definition 1: 3
– Distribution 1: 23, 29
– Energetic content 1: 12
– Evolution 1: 31
– Functions 1: 21, 118
– Global synthesis 1: 13
– Hardwood lignin 1: 103
– Heating value 10: 442
– History 1: 4 ff
– Isolation 1: 91
– Methoxyl group analysis 1: 98
– Molecular structure 1: 4, 6
– Molecular weight analysis 1: 93 ff
– Network model 1: 5
– Nitrobenzene oxidation 1: 96 f
– Occurrence 1: 6 ff
– Oxidation with periodate 1: 99
– Ozonolysis 1: 96, 97
– Permanganate oxidation 1: 96 f
– Phenolic hydroxyl group 1: 98
– Phenylpropane building block 1: 105
– Producer 1: 120
– Pyrolysis product 1: 271
– Quantitative determination 1: 92
– Quinoid structure 1: 100
– Reductive cleavage after derivatization 1: 98
– Softwood lignin 1: 102, 106
– Source 10: 431
– Stuctural model 1: 102
– Template effect 1: 5, 9
– Thioacidolysis 1: 95, 98
– Tissue-specific difference 1: 9
Lignin analysis
– Aromatic nucleus 1: 101
– $^{13}$C NMR spectroscopy 1: 100, 112
– 2D NMR spectroscopy 1: 101, 113
– 3D NMR spectroscopy 1: 101, 114
– $^{19}$F NMR spectroscopy 1: 100
– FTIR spectroscopy 1: 116
– $^{1}$H NMR spectroscopy 1: 100, 111
– $^{1}$H NMR spectrum 1: 102
– Infrared spectroscopy 1: 100, 105
– NMR spectrometry 1: 100
– NMR spectroscopy 1: 105
– $^{31}$P NMR spectroscopy 1: 100, 115
– Side chain structure 1: 101
– Ultraviolet-visible spectroscopy 1: 100
– UV spectroscopy 1: 115
Lignin application
– Additive in concrete mixtures 1: 121
– Additive in rubber products 1: 121
– Additive to animal feed 1: 121
– Additive to duroplasts 1: 121
– Agriculture 1: 126
– Chemical raw material 1: 121
– Crude oil well drilling mud 1: 121
– Humus 1: 126
– Injection-molding machine 1: 122
– Lignopol® 1: 122
– Organic expander in lead-acid batteries 1: 121
– Other applications 1: 121
– Plastics industry 1: 126
– Production of briquettes 1: 121
– Production of composite colors 1: 121
– Thermoplastic mold 1: 122
Ligninase 1: 134, 142
Lignin biodegradation 1: 251
– Actinomycete 1: 135
– Application 1: 185
– Aryl alcohol oxidase 1: 161
– Bacterium 1: 135
– Biobleaching 1: 184, 195
– Biopulping 1: 183, 185 ff
– Biotechnology 1: 163
– Brown-rot basidiomycete 1: 137
– $^{13}$C-CP-MAS NMR spectrometry 1: 139
– Cellobiose:quinone oxidoreductase 1: 161
– Cellobiose oxidase 1: 161
– $^{14}$C-Labeled lignin 1: 141
– Effluent treatment 1: 184, 196
– Glyoxal oxidase 1: 161
– *In vitro* degradation 1: 164
– Microfungus 1: 135
– NMR spectroscopy 1: 141
– Pyranose oxidase 1: 161
– Soft-rot fungus 1: 136
– Solid-state fermentation 1: 138
– White-rot fungus 1: 140, 185 ff
Lignin biosynthetic gene 1: 76
Lignin-degrading fungus 1: 183
Ligninolytic basidiomycete 1: 361
Ligninolytic enzyme 1: 404
– Application 1: 197
– Aryl alcohol oxidase 1: 142 ff
– Benzenediol:oxygen oxidoreductase 1: 142 ff
– Bleaching 1: 197
– Effluent treatment 1: 198
– Glyoxal oxidase 1: 142 ff
– Laccase 1: 142 ff
– Ligninase 1: 142 ff
– Lignin peroxidase 1: 142 ff
– Manganese peroxidase 1: 142 ff
– Melanin 1: 240

Lignin peroxidase 1: 131, 142 f, 146, 198, 410
– Biodegradation of humic substances 1: 362
– Catalytic site 1: 149 ff
– Cation radical 1: 145
– Crystal structure 1: 147 ff
– 3-D Structure 1: 148
– Function of veratryl alcohol 1: 150
– Heterologous expression 1: 151
– Homologous expression 1: 151
– Molecular genetics 1: 148
– Molecular mass 1: 148
– Reaction mechanism 1: 145, 148 ff
Lignin structure
– Aromatic nucleus 1: 101
– Hardwood lignin 1: 103
– Phenylpropane building block 1: 105
– Side chain structure 1: 101
– Softwood lignin 1: 102, 106
Lignin type 1: 37
Lignite 1: 395 f, 462, 10: 32, 56
– Consumption 1: 432
– Environmental impacts 1: 433
– In construction application 10: 51
– Occurrence 1: 432
– Production 1: 432
– Sulfur content 1: 432
Lignite depolymerization product 1: 470
Lignite hydrophobation
– Decarboxylase 1: 417
Lignocellulose 1: 15 ff
– Biodegradable polymer 9: 226
– Plastic
– – Application 9: 226
Lignocellulosic 9: 226
Lignocellulosic biomass 10: 488
Lignocellulosic material 3B: 292
Ligno-hemicellulosic matrix 1: 24
Lignopol®
– Automotive industry 1: 122
– Electrical engineering 1: 122
– Fitting for coffins 1: 12 f
– Leisure product 1: 122
– Packaging form part 1: 122, 124
– Physical property 1: 123
– Product used in landscaping 1: 122 f
– Technical one-way form part 1: 122, 124
Lignopolystyrene graft copolymer
– Microbial deterioration 10: 114
Lignostilbene-$\alpha$,$\beta$-dioxygenase 2: 348 f
Lignostilbene 2: 323
Lignosulfonate 10: 32, 52, 79, 84
– Additive in concrete mixtures 1: 121
– Additive in rubber products 1: 121
– Additive to animal feed 1: 121
– Additive to duroplasts 1: 121
– Chemical raw material 1: 121
– Concrete slump 10: 53
– Crude oil well drilling mud 1: 121
– In construction application 10: 51
– Organic expander in lead-acid batteries 1: 121
– Other applications 1: 121
– Production of briquettes 1: 121
– Production of composite colors 1: 121
– Usage 10: 55
Lignosulfonic acid 1: 119 f
Lilac 1: 38
Lime 10: 42, 44
Limestone filler 10: 40
Limestone powder 10: 60
Limonene 10: 70
Limpet
– Adhesive protein 8: 362
Linear peptide 7: 56
Linkage unit 5: 474
Linoleic acid 3A: 15
Lipase 3A: 21, 377, 3B: 59, 96, 99, 4: 16, 7: 382, 408, 414, 415, 9: 421, 10: 116
– *Achromobacter* sp. 3B: 91
– Application 7: 384
– *Bacillus* sp. 3B: 64 f
– *Bacillus stearothermophilus* 3B: 65
– *Bacillus subtilis* 3B: 64, 4: 42
– *Bacillus thermocatenulatus* 3B: 64
– Biotechnology 10: 356
– *Burkholderia glumae* 3B: 64 f
– *Caenorhabditis elegans* 3B: 64
– *Candida antarctica* 3A: 378
– *Candida cylindracea* 4: 42
– *Candida rugosa* 3A: 377
– Catalytic triad 3B: 65
– Cleaning application 7: 411
– Enantioselective copolymerization 3A: 382
– Hog liver esterase 3B: 91
– *In vitro* synthesis 3A: 381
– – ε-Caprolactone 3A: 378
– – 12-Dodecanolide 3A: 378
– – 16-Hexadecanolide 3A: 378
– – 3-Methyl-4-oxa-6-hexanolide 3A: 378
– – 15-Pentadecanolide 3A: 378
– – 11-Undecanolide 3A: 378
– Kinetic data 3A: 380
– Lipase box 3B: 64
– Modification of polymers 3A: 391
– *Mucor miehei* 3A: 384
– PBA 3B: 91
– PCL 3B: 91
– PHB 3B: 91
– Pitch control 7: 410

- Poly(*cis*-2-butene adipate) **3B**: 91
- Poly(*cis*-2-butene sebacate) **3B**: 91
- Polycondensation of divinyl esters **3A**: 386
- Poly(cyclohexylenedimethyl adipate) **3B**: 91
- Poly(cyclohexylenedimethyl succinate) **3B**: 91
- Poly(ethylene azelate) **3B**: 91
- Polymerization of cholic acid **3A**: 390
- Polystyrene biodegradation **9**: 366
- Polyurethane biodegradation **9**: 326, 327
- Porcine pancreas lipase **3A**: 377
- Postulated mechanism **3A**: 386
- PPL **3B**: 91
- Protein engineering **7**: 422
- *Pseudomonas aeruginosa* **3B**: 64
- *Pseudomonas cepacia* **3A**: 377
- *Pseudomonas fluorescens* **3A**: 378; **3B**: 65
- *Pseudomonas* sp. **4**: 32
- Regioselective initiation **3A**: 383
- *Rhizopus arrhizus* **3B**: 91; **4**: 12, 42
- *Rhizopus delemar* **3B**: 91, 92, **4**: 40
- *Rhyzopus arrhizus* **9**: 366
- Substrate **3A**: 378
- Substrate specificity **3A**: 380, **3B**: 64
- Textile application **7**: 402

Lipase box **3B**: 33, 64 f
Lipase CA **3A**: 385
Lipase consensus sequence **3B**: 27
Lipase-lactone complex **3A**: 379
Lipid bilayer membrane
- Physical property **7**: 205

Lipid intermediate
- Biosynthesis **5**: 51
- Cellulose biosynthesis **5**: 51

Lipid pyrophosphate: UDPGlc-phosphotransferase **5**: 51
Lipid pyrophosphate phosphohydrolase **5**: 51
Lipodepsinonapeptide **6**: 196
Lipoglycan
- Cell wall **5**: 503
- Thermoplasma **5**: 501

Lipoic acid
- Chemical structure **9**: 53

Lipolase® **7**: 384
*Lipomyces starkeyi*
- Dextran degradation **5**: 306

Lipo-oxygenase pathway **1**: 384
Lipopolysaccharide **5**: 3
Liposome **7**: 231
- S-Layer-coated **7**: 321

Lipoteichoic acid **7**: 62
Lipoxygenase **3A**: 11, 18
Liquefaction **1**: 404
Liquefaction amylase **7**: 396
Liquefied coal **1**: 464
- Composition **1**: 464
- Hydrophobicity **1**: 465
- Water content **1**: 465

*Liquidambar styraciflua* **1**: 41
Liquid crystalline spinning **8**: 39
Liquid dextrose **6**: 422
Liquid fuel **1**: 481
Liquid polyisoprene **2**: 207, 213, 219, 223
Liquid sulfur **9**: 44
Liquid Tide® **7**: 387
*Liriodendron tulipifera* **1**: 42, **2**: 59 f
*Listeria innocua* **8**: 414
- Ferritin-like protein **8**: 413

*Listeria monocytogenes*
- ActA Protein **7**: 353
- Effect of lentinan **6**: 169

*Littorina* sp.
- Alginate lyase **6**: 223

Living polymerization **3B**: 374, 389
Lizard
- Adhesive protein **8**: 362

LM Pectin **6**: 348
Loblolly pine **1**: 70, 72
Locust bean **6**: 322
Locust bean gum **5**: 7, **6**: 42, **10**: 69
- Commercialization **5**: 13
- Viscosity **10**: 89

Lodgepole pine **1**: 81
*Loglio vulgaris* **6**: 513
Lohmann, Karl
- Polyphosphate **9**: 3

Lohmann reaction **7**: 344
*Lolium perenne*
- Levan biodegradation **5**: 363

Lomustine **4**: 111
Loose fill **10**: 417, 419, 420
- LCA **10**: 418
- LCA key indicator **10**: 439

Loose-fill chip **10**: 430
Loose-fill-packaging **10**: 455
Loose fill packaging material
- LCA study **10**: 421

Loranthaceae **2**: 180
*Lottia limatula*
- Adhesive protein **8**: 362

Lovastatin **9**: 97
- Structural formula **9**: 92

Low back pain **1**: 381
Low-density polyethylene **10**: 395
- LCA result **10**: 416
- Property **3B**: 113

Low-density serum lipoprotein **3A**: 129
Low rank brown coal **1**: 395 f
Low volatile bituminous coal **1**: 396

Lubricant 2: 40
Luciferase 10: 142, 150
Luciferin 10: 142
*Lucilia cuprina*
– Inhibitor of chitin synthesis 6: 497
Lumazine synthase 8: 406, 421
Lumican
– Proteoglycan 6: 592
Luminescence 10: 150
Lump coke
– BHT process 1: 481
– Form-coke process 1: 481
Lunare ZT 9: 230
Lupeol 2: 119
*Lupinus albus* 8: 229
*Lupinus albus* L. 8: 229
*Lupinus angustifolius* 6: 361
– Pectin biodegradation 6: 361
Lurgi–Spülgas process 1: 478
Lustrin A 8: 304
Lutein 2: 56
*Luteococcus japonicus* JCM 9415 3B: 90
Lutoid particle 2: 77, 170
– B-serum 2: 169
– Colloidal stability 2: 171
– Composition 2: 167
– Content latex 2: 167
– Enzyme 2: 168
– Function 2: 167, 171
– Hevein 2: 169
– Latex vessel plugging 2: 171
– Lutoid membrane protein 2: 168
– Membrane 2: 168
– Size 2: 167
– Ultrastructure 2: 168
– Volume 2: 167
Lutoid 2: 155
Lyase 6: 360
Lycopadiene
– Chemical structure 9: 115
Lycopene 2: 131
*Lycopersicon esculentum* 1: 41
– Cd-Binding complex 8: 259
*Lycophyllum shimeji*
– Chitin 6: 127
*Lycopodium* 1: 8
*Lycopodium clavatum* 1: 211, 222
*Lyophyllum decastes*
– Antitumor glycan 6: 163
L-Lysine 10: 292, 293
– Biosynthesis 10: 295
– Industrial production 10: 294
Lysine aldol condensate 7: 468
Lysine biosynthesis 7: 66
Lysinoalanine 8: 170, 179
Lysinonorleucine 7: 468
*Lysobacter lactamgenus*
– Peptide synthetase 7: 56
*Lysobacter* sp.
– Peptide synthetase 7: 58
Lysobactin 7: 58
Lysome 7: 440
Lysozyme 6: 507, 7: 314, 8: 311, 314
– Crystal 8: 432
Lysyl hydroxylase 8: 131
– OI 8: 136
Lysyl oxidase 7: 474, 8: 126
– OI 8: 136
– Protein cross-linking 7: 474
Lysylpyridinoline 8: 337, 340
Lysyl-quinone adduct 7: 469
*Lytechinus variegatus*
– Syncitium 8: 350
Lytic transglycosylase 5: 448

*m*
Mabinlin 8: 205
– Amino acid sequence 8: 211
– *Capparis masaikai* 8: 208
– Mabinlin isoform 8: 208
– Patent 8: 214, 217
*Mabrachea sulfureum* 4: 293
Macintosh 2: 156
*Macrocystis* 5: 7
*Macrocystis pyrifera* 6: 219
– Alginate 6: 219 f
Macroinitiator 3B: 350
Macromolecular crystal
– Property 8: 435
Macromonomer 3A: 383
Mad cow disease
– Carrageenan 6: 261
*Magnaporthe grisea* 1: 239 f, 3A: 29
Magnetite
– In nanoparticle 9: 466
Magnetite crystal 8: 324
*Magnetospirillum magnetotacticum* 3A: 178
Magnetotactic bacterium 8: 324
*Magnolia* 1: 38 f
*Magnolia kobus* 1: 35
Maillard reaction 1: 327, 355, 387
Maitotoxin
– Polyketide 9: 93
– Structural formula 9: 92
Maize 1: 11, 15, 27, 42, 71, 3A: 404
– Synthesis of poly(3HB) 3A: 413
Maize protein 8: 388
Maize transposon 3A: 13

Major dragline protein
– Gene construction **8**: 58
Major producer of synthetic rubbers
– Bayer **2**: 298
– DSM **2**: 298
– DuPont **2**: 298
– ENI **2**: 298
– Exxon **2**: 298
– Goodyear **2**: 298
– JSR **2**: 298
– Korea Kumho **2**: 298
– Michelin **2**: 298
– Nippon Zeon **2**: 298
Major textile fiber
– Market **8**: 193
– World consumption **8**: 193
Malaria
– Chicken malaria **9**: 139
– Distribution **9**: 131
– Duck malaria **9**: 139
– Formalin pigment **9**: 143
– Hemoglobin degradation **9**: 132
– History **9**: 134
– Monkey malaria **9**: 139
– Mouse malaria **9**: 139
– Occurrence **9**: 131
– Other parasite pigment **9**: 143
– Pathogenesis
– – *Plasmodium falciparum* **9**: 132
– – *Plasmodium vivax* **9**: 132
– Pigment associate **9**: 134
– *Plasmodium falciparum* **9**: 131
– *Plasmodium kochi* **9**: 135
– *Plasmodium malariae* **9**: 131
– *Plasmodium ovale* **9**: 131
– *Plasmodium vivax* **9**: 131
– Sporozoite **9**: 131
Malaria patient
– Hemozoin **9**: 153
Malaria pigment **9**: 135
Malate **1**: 154
Malate dehydrogenase **10**: 291
Malate metabolism **1**: 13
MALDI mass spectrometric analysis **8**: 492
Maleic acid **7**: 177
Maleic anhydride **4**: 207, **10**: 198
5-Maleimidofluoroscein **8**: 419
Malic acid **3A**: 85, **3B**: 439, 441
Malic acid-based polyester **4**: 334
Malic acid benzyl ester **3A**: 78
Malic-based terpolyester
– Heparin mimicking **4**: 341
– Synthesis **4**: 341
Malide **3B**: 440
Malonyl-CoA-ACP transacylase **3A**: 221 f
Maltodextrin **6**: 424
Maltodextrinase
– *Flavobacterium* sp. **6**: 14
Maltose-binding protein **8**: 488, 489
*Malus pumila* **3A**: 8, 48
Mammalian macrophage
– Absence of hemozoin **9**: 137
*Manduca sexta* **6**: 505, 509
– Cuticle **7**: 471
Manganese-oxidizing bacterium **10**: 228
Manganese peroxidase **1**: 134, 142 f, 145 f, 153, 195, 197, 359, 398, 403, 412 ff, 467
– Biodegradation of humic substances **1**: 362 ff
– Catalytic cycle **1**: 152 ff
– Cation radical **1**: 152
– Crystal structure **1**: 151 ff
– Degradation of melanins **1**: 240
– Heterologous expression **1**: 157
– Homologous expression **1**: 157
– Hybrid enzyme **1**: 157
– Molecular mass **1**: 151 ff
– *Nematoloma frowardii* **1**: 154
– Nylon biodegradation **9**: 399
– Reaction mechanism **1**: 152 ff
– Textile processing **7**: 406
Manganese peroxidase **1**: 131
*Manihot esculenta* **6**: 419
*Manihot glaziovii* **2**: 157
*Manikara bidentata* ssp. **2**: 11
*Manikara zapota* **2**: 11, 17
Manmade fiber
– Property **8**: 31
Mannan **6**: 95
Mannanase
– Application **7**: 386
– Mannaway® **7**: 386
– Tide Deep Clean® **7**: 386
Mannaway® **7**: 386, 387
*Mannheimia succiniciproducens*
– Succinic acid **10**: 286
*Mannheimia succiniciproducens* MBEL 55E **10**: 283
Mannoglucan **6**: 166
Mannoprotein **5**: 6
α-D-Mannosidase **9**: 187
β-D-Mannosidase
– Metabolism of galactomannan **6**: 328
D-Mannosyltransferase
– Metabolism of galactomannan **6**: 328
Mannuronan C-5-epimerase **5**: 187, 191, **6**: 222
– Catalyzed reaction **6**: 224
– Effect on composition **6**: 224
– *Pseudomonas aeruginosa* **5**: 191
β-D-Mannuronic acid

– Chemical structure 5: 180
MAP Application
– Patent 8: 375
*Maranta arundinacea* 6: 420
*Marasmius aliacens* 1: 363
*Marasmius quercophilus* 1: 141, 144, 158
Marine snow 10: 210
*Marinobacter* sp. NK-1 3B: 46
MaSp2 8: 60
MaSp1 Consensus repeat 8: 58
MaSp2 Consensus repeat 8: 58
MaSpI 8: 83, 85, 86, 91
– In mice 8: 106
MaSpII 8: 83
– Repeating pentapeptide 8: 85
MaSpI-mRNA
– *Nephila clavipes* 8: 85
MaSp1 Segment 8: 65
Mater-Bi 10: 6, 159, 169, 423
– Application 10: 172
– Bag 10: 172
– Biodegradability 10: 174
– Composition 10: 417
– Compostability 10: 174
– Environmental impact 10: 419
– Knitted net 10: 173
– LCA analysis 10: 421
– Loose fill 10: 417
– Novamont 10: 160
– Physical property 10: 175
– Product 10: 170
– Product on the market 10: 171
– Property 10: 174
– Wrapping 10: 172
Mater-Bi bag 10: 422
Mater-Bi YI 01 U/2 10: 10
Material
– Efficient production 10: 355
Material industry 10: 346
Material testing
– Electrochemical resistivity 10: 120
– Hydrolysis 10: 120
Mat from fiberglass
– Energy requirement 10: 433
$\alpha$-Mating factor gene 8: 63
*Matricaria recutita* 2: 64
Matrix metalloproteinase 8: 135
*Matsuebacter chitosanotabidus* 3001
– Chitosanase 6: 139, 140
McLafferty rearrangement 3B: 9
– *Pseudomonas oleovorans* 3B: 178
MCL-PHAs 3B: 136, 139
– Analysis 3B: 5
– Crystalline organization 3B: 180
– Physical property
– – Average monomer mass 3B: 179
– – Average side chain length 3B: 179
– – Density 3B: 179
– – $T_g$ 3B: 179
– – $T_m$ 3B: 179
– *Pseudomonas oleovorans* 3B: 178 f
– *Pseudomonas putida* 3B: 179
MCL-Poly(3HA)
– Application
– – Biodegradable plastic 3A: 292
– – Biodegradable rubber 3A: 308
– – Cheese coating 3A: 309
– – Composting bag 3A: 307
– – Food packaging 3A: 307
– – Paint binder 3A: 308
– – Patent 3A: 309
– – Pressure-sensitive adhesive (PSA) 3A: 308
– – Source of chiral synthons 3A: 292
– Discovery 3A: 293
– In transgenic plants 3A: 420
– Molecular weight 3A: 293
– Monomer composition
– – *P. oleovorans* 3A: 296
– PHA production
– – Cheese coating 3A: 309
– – Patent 3A: 309
– Production 3A: 296
– *Pseudomonas aeruginosa* 3A: 293
– *Pseudomonas fluorescens* 3A: 293
– *Pseudomonas lemonnier* 3A: 293
– *Pseudomonas oleovorans* 3A: 293
– *Pseudomonas putida* 3A: 293
– *Pseudomonas testosteroni* 3A: 293
MCL-Poly(3HA) production
– Acrylic acid 3A: 304
– *Arabidopsis thaliana* 3A: 310
– Biomass concentration 3A: 297
– Biomass productivity 3A: 297
– Byproduct 3A: 302
– By recombinant pseudomonads 3A: 302
– Downstream processing 3A: 306
– Fed-batch experiment 3A: 298
– Fermentation process 3A: 297
– Heat production 3A: 301
– 3-Hydroxyacyl-CoA dehydrogenase 3A: 304
– MCL-Poly(3HA) productivity 3A: 297
– Oxygen transfer
– – Co-substrate 3A: 301
– – *P. oleovorans* 3A: 301
– – *P. putida* 3A: 301
– Oxygen transfer rate 3A: 302
– PHA-negative mutant 3A: 303
– *P. putida* KT2442

– – Constituent **3A**: 299
– – Control of monomer composition **3A**: 299
– – From industrial byproducts **3A**: 299
– Producer **3A**: 307
– Production parameter **3A**: 306
– *Pseudomonas oleovorans* **3A**: 297
– *Pseudomonas putida* **3A**: 297
– – Biomass concentration **3A**: 298
– – From coconut oil **3A**: 298
– – From linseed oil **3A**: 298
– – From rape seed oil **3A**: 298
– – From tall oil **3A**: 298
– Recombinant *E. coli* **3A**: 304 f
– rRNA-homology group 1 **3A**: 293
– *Thiocapsa pfennigii* **3A**: 303
– Transgenic plant **3A**: 310
– Two-phase fed-batch cultivation **3A**: 297
– Versus Poly(3HA) production **3A**: 307
– Versus SCL-Poly(3HA) production **3A**: 306
McMurry coupling **2**: 41
Mechanical function **1**: 25
Mechanical pulping **1**: 187, 198
– Lignin-degrading fungus **1**: 185 ff
Mechanical pulping process **1**: 182
Mechanical support **1**: 21
Mediator compound
– 2,2′-Azinobis(3-ethylbenzthiazoline-6-sulfonate) **1**: 133
– Hydroxybenzotriazole **1**: 133
Mediator **1**: 404, 469
*Medicago* **1**: 10
*Medicago sativa* **1**: 41 f
Medical adhesive **7**: 486
Medical glove **2**: 188
Medulla **8**: 163
Mefloquine **9**: 142
*Megabalanus rosa*
– Adhesive protein **8**: 363
Megalomicin **9**: 97
*Megarhyssa lunator*
– Chitin–protein complex **6**: 488
Meiji Seika Kabushiki Kaisha **7**: 161
Melamine **10**: 32
Melanin **6**: 12
– Application **1**: 240
– Biodegradability **1**: 240
– Biosynthesis **1**: 231, 233
– Cytological research **1**: 240
– Function **1**: 230
– Localisation in the cell **1**: 232
– Molecular weight **1**: 232
– Occurrence **1**: 230 ff
– Production **1**: 240
– Removal of pollutants **1**: 240
– Structure **1**: 231, 235
Melanin analysis
– Infrared spectroscopy **1**: 234
– NMR spectroscopy **1**: 234
Melanin biosynthesis
– DHN pathway **1**: 238 ff
– DOPA pathway **1**: 240
– Enzyme **1**: 239
– Eumelanin **1**: 239
– Gene **1**: 239
– Inhibitor **1**: 240
– *In vitro* biosynthesis **1**: 240
– Melanocyte stimulating hormone **1**: 239
– Melanosome **1**: 232
– Pathway **1**: 238 ff
– Pheomelanin **1**: 240
– Polymerizing oxidase **1**: 238 ff
– Precursor **1**: 238 ff
– Regulation **1**: 239
– Scytalone dehydratase **1**: 239
– Tyrosinase **1**: 240
– Tyrosinase-related protein 1 and 2 **1**: 240
Melanin function
– Antioxidant **1**: 235
– Attractant **1**: 237
– Coloration **1**: 237
– Desiccation **1**: 236
– Hearing **1**: 238
– Interaction with hydroxyl radicals **1**: 236
– Interaction with superoxide anions **1**: 236
– Invasive growth **1**: 237
– Melanoma **1**: 235
– Ornamentation **1**: 237
– Photoprotection **1**: 235
– Photosensitizer **1**: 237
– Protection against antibiotics **1**: 236
– Protection against heavy metals **1**: 236
– Protection against phagocytosis **1**: 237
– Protection against predation **1**: 236
– Redox buffer **1**: 236
– Sexual display **1**: 237
– Structural strength **1**: 237
– Thermoregulation **1**: 236
– Virulence factor **1**: 237
Melanin-like structure **8**: 170
Melanocyte **1**: 233
Melanocyte cancer **1**: 233
Melanocyte stimulating hormone **1**: 239
Melanoidin **1**: 356, 358
Melanoma **1**: 233, 235
"Melanosome-like" structure **1**: 232
Melanosome **1**: 232 f
Melt flow index
– PHA **3B**: 253

Melting temperature **3B**: 114
Melt stability
– PHA **3B**: 254
Membrane filtration **1**: 306
Membrane-forming lipid
– Chemical structure **7**: 206
Membrane lipid **2**: 41
Membrane protein
– Biological function **7**: 215
– Genomic **7**: 215
– Proteomic **7**: 215
– Structure **7**: 208
*Membranipora membranacea*
– Adhesive protein **8**: 362
Menaquinone **2**: 56, 133 f
– Biosynthesis **2**: 135 ff
Meniscus regeneration **10**: 248
*p*-Menthadiene **10**: 70
Mercaptoalkanoate
– Natural occurrence **9**: 75
– – 3MP **9**: 76
3-Mercaptoalkanoic acid
– Chemical synthesis **9**: 66
3-Mercaptobutyrate **9**: 65
Mercaptolytic digest **8**: 170
3-Mercaptopropionate **9**: 65
– Natural occurrence **9**: 76
3-Mercaptopropionic acid **3A**: 199, **9**: 66
Mercedes automobile **10**: 436
Merck
– Xanthan **5**: 282
Merginate **10**: 10
Merino sheep **8**: 158
Merino wool **8**: 158, 161
– Amino acid composition **8**: 167
– Electrophoretic protein-separation pattern **8**: 171
– Morphology **8**: 162
– Stoichiometry **8**: 162
Merino wool fiber **8**: 162
– Differential thermal analysis **8**: 175
Merozoite **9**: 136
*Meruliporia incrassata* **1**: 138
*Merulius tremellosus* **1**: 147, 159
*meso*-Dilactide **4**: 184
*Mesoplodon densirostris* **8**: 343
*Mesorhizobium loti*
– Murein biosynthesis gene **5**: 457
Mesquite **6**: 323
– Chemical structure **6**: 324
– Occurrence **6**: 326
Messenger RNA **7**: 12
– Bacterial mRNA **7**: 12
– Eukaryotic mRNA **7**: 12
– Monocistronic **7**: 12
– Polycistronic **7**: 12
Metabolic engineering **1**: 82, **3A**: 417
– *Alcaligenes latus* **3A**: 250
– Carbon flux **3A**: 425
– In transgenic plants **3A**: 421
– Metabolic flux analysis **3A**: 250
– PHA production
– – Recombinant *E. coli* **3A**: 273 f
– Plant metabolic pathway **3A**: 425
– *Pseudomonas fragi* **3A**: 241
– *Pseudomonas* sp. 61-3 **3A**: 241
– Recombinant *Escherichia coli* **3A**: 250
– *R. eutropha* PHB-4 **3A**: 241
Metabolic flux **1**: 13
Metabolic flux analysis **3B**: 277
– Acetoacetyl-CoA reductase **3A**: 256
– Elasticity **3A**: 258
– Flux control coefficient **3A**: 258
– From acetate **3A**: 254
– From butyrate **3A**: 254
– From glucose **3A**: 254
– From lactate **3A**: 254
– β-Ketothiolase **3A**: 256
– PHA production **3A**: 249
– PHA synthase **3A**: 257
– Phosphoglucose isomerase **3A**: 258
Metabolic pathway engineering **10**: 352
Metabolic pathway **3A**: 219, 421
– PHA **3A**: 221
Metabolix, Inc. **10**: 475
Metachromatic granule **10**: 141
Metagenomic **7**: 420
Metal absorbent **7**: 157
Metal alkoxide **3B**: 345, 392, 394
– Initiator **3B**: 396
Metal-binding motif **8**: 264
Metal carboxylate **3B**: 343
– Tin octoate **3B**: 402
Metal chelator
– Biochemistry **8**: 274
– Metal-binding characteristic of **8**: 274
Metal homeostasis **8**: 267, 270, 272
Metal ion complex **1**: 288 ff
Metallochaperone **8**: 257
– *Arabidopsis thaliana* **8**: 266
– *Caenorhabditis elegans* **8**: 266
– Chemical structure **8**: 260
– Copper-trafficking pathway **8**: 268
– Function **8**: 267
– Occurence **8**: 266
– Role **8**: 267, 268
– *Saccharomyces cerevisiae* **8**: 266
– Structural property **8**: 264

Metalloproteinase 8: 135
Metallothionein 8: 257
– *Arabidopsis thaliana* 8: 271
– Biochemistry 8: 274
– Biotechnological application 8: 278
– Chemical analysis 8: 264
– Chemical structure 8: 260
– Crystal structure 8: 262
– Detection 8: 264
– Equine kidney cortex 8: 258
– Function 8: 267, 271
– Gene 8: 276
– Isoform 8: 272
– Localization 8: 272
– Metal-binding characteristic of 8: 274
– Mammalian 8: 261
– Molecular genetic 8: 276
– Nomenclature 8: 260
– Occurrence 8: 266
– Patent 8: 279, 280, 281
– Physiology 8: 272
– Regulation 8: 276
– *Silene vulgaris* 8: 271
– Structure 8: 260
– *Synechococcus* 8: 261
Metaphase 7: 349
*Metarhizium anisopliae*
– Chitinase 6: 135, 137
– Chitin synthase gene 6: 129
– Peptide synthetase 7: 57
*Metarhizium flavoviride*
– Chitinase 6: 137
*Metasequoia glyptostroboides* 8: 235
Methacrylic acid
– Structural formula 10: 284
Methanesulfonyl chloride 3A: 9
Methanethiol 9: 53
Methanethiol oxidase 9: 54
*Methanobacterium*
– Cell wall 5: 496, 503
*Methanobacterium bryntii*
– Cell wall degradation 5: 507
*Methanobacterium formicicum*
– Cell wall degradation 5: 507
*Methanobacterium paraffinicum* 5: 118
*Methanobacterium thermoautotrophicum* 5: 98, 9: 12
– Biosynthesis of polyphosphate 9: 21
– Cell wall degradation 5: 507
– Cupin protein 8: 238
– mreB-Like gene 7: 361
– PPK 9: 21
*Methanobacterium wolfei*
– Cell wall degradation 5: 507
*Methanobrevibacter*
– Cell wall 5: 496, 503
Methanochondroitin 5: 498
– Biodegradation
– – *Methanosarcina barkeri* 5: 507
– Biosynthetic pathway 5: 505
– Cell wall 5: 503
*Methanococcus*
– Cell wall 5: 496, 503
– 20S Proteasome 7: 455
*Methanococcus jannaschii* 7: 41
– Ancestral protocupin 8: 239
– Genome sequence 7: 419
– Heat-shock protein 7: 269
*Methanococcus voltae*
– S-Layer protein
– – Amino acid sequence 7: 301
*Methanocorpusculum*
– Cell wall 5: 503
*Methanoculleus*
– Cell wall 5: 503
*Methanogenium*
– Cell wall 5: 503
*Methanolacinia*
– Cell wall 5: 503
*Methanolobus*
– Cell wall 5: 503
*Methanomicrobium*
– Cell wall 5: 503
*Methanoplanus*
– Cell wall 5: 503
*Methanopyrus*
– Cell wall 5: 503
*Methanosaeta*
– Cell wall 5: 503
*Methanosarcina*
– Cell wall 5: 495 f, 503
*Methanosarcina barkeri*
– Cell wall degradation 5: 507
*Methanosarcina mazei*
– Cell wall 5: 498
– S-Layer protein
– – Amino acid sequence 7: 301
*Methanosarcina* sp. G1
– Cell wall 5: 498
*Methanosphaera*
– Cell wall 5: 503
*Methanospirillum*
– Cell wall 5: 496, 503
*Methanospirillum hungatei*
– S-Layer 7: 309
*Methanothermus*
– Cell wall 5: 496, 503
*Methanothermus fervidus*

– Cell wall biosynthesis 5: 506
– S-Layer 5: 500
– S-Layer protein
– – Amino acid sequence 7: 301
*Methanothermus sociabilis*
– S-Layer protein
– – Amino acid sequence 7: 301
*Methanothrix*
– Cell wall 5: 503
Methazole 1: 286
Methchloroperbenzoic acid 4: 350
Methiocarb 1: 287
Methionine hydroxy analogue 9: 82
Methotrexate 4: 222
– In nanoparticle 9: 465
γ-(7-Methoxycoumarin-4-yl)-L-homoalanine 7: 43
4-[(3-Methoxyphenyl)methyl]-2,2,6,6-tetramethyl-1-oxa-4-aza-2,6-disilacyclohexane hydrochloride 9: 542
Methoxy-poly(ethylene glycol) 9: 509
4-Methoxy-2,2,6,6-tetramethylpiperidin-1-yloxyl
– Modification of chitin 6: 142
3-Methyl-2-benzothiazolinone-hydrazone 7: 476
2-Methyl-1,3-butadiene 2: 7, 10: 70
6-Methylcarboxybenzyl-morpholine-2,5-dione
– Synthesis 4: 354
Methylcellulose 6: 305, 10: 40, 42, 60, 64
Methylcysteine-synthetase 8: 279
3-Methyl-1,4-dioxane-2,5-dione 4: 183
Methylene 9: 5
Methylene blue 3A: 89
4-Methylene-oxetan-2-one 3B: 437
2,9-Methylene-2,3-oxidosqualene 2: 33
Methylerythritol 2: 58
Methylerythritol cyclodiphosphate 2: 61
Methylerythritol phosphate pathway 2: 53
– Biotechnological impact 2: 65
– 1-Deoxy-D-xylulose 5-phosphate isomero-reductase 2: 60
– 1-Deoxy-D-xylulose 5-phosphate synthase 2: 59
– Discovery 2: 55 ff
– Distribution 2: 63
– Evolutionary impact 2: 63
– Fosmidomycin 2: 64, 66
– Immunostimulatory role 2: 66
– Inhibitor 2: 64
– Isoprenoid biosynthesis 2: 54
– Kinetic data 2: 59
– Substrate specificity 2: 59
Methylglyoxal synthase 3B: 282, 10: 287
Methyl 3-hydroxydecanoate 3B: 9
Methyl hydroxyethyl cellulose 10: 64, 65
Methyl hydroxypropyl cellulose 10: 64, 65
2-Methylisobutyryl-CoA 9: 101
4-Methylmercapto-2-hydroxy-butyric acid
– Commercial production 9: 82
– Production 9: 84
6-Methyl-2,5-morpholindione 10: 187
*N*-Methylmorpholine-*N*-oxide process 6: 301
*Methylobacterium extorquens* 3A: 179, 182, 186, 196, 272
*Methylobacterium extorquens* IBT6 3A: 177, 223, 227
*Methylobacterium fujisawaense* 2: 57
*Methylobacterium organophilum* 3A: 268, 271, 281, 10: 322
– Fermentation data 10: 321
– Poly(3-hydroxybutyrate) 10: 320
*Methylobacterium organophilum* NCIB 11278 3A: 272
*Methylobacterium rhodesenium* 3A: 109
*Methylobacterium rhodococcus* 3A: 114
*Methylobacterium* sp. 9: 272
*Methylobacterium* sp. KCTC 0048 3A: 272
Methylpentanediol 8: 440
α-Methyl-β-pentyl-β-propiolactone 10: 194
1-Methyl-3-phenylindane
– Biodegradation 9: 365
6-Methylsalicylic acid 9: 93, 97
– Structural formula 9: 92
Methylsilanetriol 9: 542, 553
*N*-Methyl-transferase 7: 55
*O*-Methyltransferase 1: 15, 39, 77 ff, 3A: 59
*N*-Methyl transferase domain 7: 64
*O*-Methyltyrosine 7: 31
*Metroxylon sagu* 6: 420
Mevalonate kinase 2: 51
Mevalonate pathway 2: 51 f, 84
Mevalonate phosphate 2: 51
Mevinolin 2: 53
Meypro™
– Galactomannan product 6: 332
Mica 10: 10
Michael-type polyaddition 4: 356
Michael-type reaction 4: 355
Michelin 2: 298
Micoribal deterioration 10: 97
*Microbacterium*
– PAA biodegradation 9: 316
*Microbacterium ammoniaphilum*
– Production of L-glutamic acid 10: 293
*Microbacterium* sp. II-7-12 9: 306
Microbial biofilm 2: 333, 10: 99
– Polystyrene foam 10: 101
Microbial biomass 1: 350
Microbial biopolymer
– Scleroglucan 10: 72
– Succinoglycan 10: 72

– Welan gum **10**: 72
– Xanthan gum **10**: 72
Microbial coal conversion
– Decarboxylase **1**: 465
Microbial desulfurization **1**: 446, **2**: 381
– Dibenzothiophene **1**: 452
– Methanogenic bacteria **1**: 451
– Sulfur-reducing bacteria **1**: 451
Microbial deterioration **2**: 387
Microbial detoxification **2**: 369
Microbial devulcanization **2**: 381
Microbial exopolymer
– *Alcaligenes faecalis* var. *myxogenes* 10C3 **5**: 136
– Curdlan **5**: 136
Microbial flocculant **10**: 152
Microbially influenced corrosion **10**: 227
Microbial mat **10**: 211
Microbial polyester **4**: 29, 366, **9**: 64
– Production of chiral compound **4**: 375
Microbial polysaccharide **10**: 310
Microbial production
– Silk **8**: 51
Microbial production system **8**: 75
Microbial S-layer **7**: 285
– *Aeromonas hydrophila* **7**: 290, 300, 302, 321
– *Aeromonas salmonicida* **7**: 289, 290, 300, 302, 304, 308, 321
– *Aneurinibacillus thermoaerophilus* **7**: 296, 303
– Application **7**: 314, 317, 324, 325
– – Dipstick **7**: 313
– – Matrix for the immobilization of function macromolecule **7**: 311
– – Monomolecular protein lattice **7**: 315
– – Supporting structure for functional lipid membrane **7**: 318
– – Supramolecular structure **7**: 313
– – Template for nano particle **7**: 316
– – *Thermoanaerobacter thermohydrosulfuricus* L111-69 **7**: 312
– – Ultrafiltration membrane **7**: 311
– – Vaccine development **7**: 321, 322
– *Aquaspirillum serpens* **7**: 308
– *Aquaspirillum serpens* MW 5 **7**: 309
– *Aquaspirillum* sp. **7**: 289
– *Bacillus anthracis* **7**: 300, 308
– *Bacillus brevis* 47 **7**: 302
– *Bacillus coagulans* E38/V1 **7**: 317
– *Bacillus licheniformis* **7**: 300
– *Bacillus pseudofirmus* **7**: 300
– *Bacillus pseudofirmus* OF4 **7**: 308
– *Bacillus sphaericus* **7**: 289, 300, 309
– *Bacillus sphaericus* CCM 2177 **7**: 306, 317
– *Bacillus thuringiensis* **7**: 300
– *Bacillus thuringiensis* ssp. *galleriae* **7**: 300
– *Bacteroides* ssp. **7**: 290
– *Bdellovibrio bacteriovorus* **7**: 308
– Biodegradation **7**: 309
– Biotechnological application **7**: 290
– *Brevibacillus brevis* **7**: 289, 300
– *Brevibacillus brevis* 47 **7**: 290, 309
– *Campylobacter fetus* **7**: 289, 290, 302, 308, 309
– *Campylobacter fetus* ssp. *fetus* **7**: 300, 308
– *Campylobacter rectus* **7**: 300, 308
– *Caulobacter crescentus* **7**: 300, 302, 308
– *C. fetus* **7**: 304
– Chemical analysis **7**: 294
– Chemical characterization **7**: 293
– Chemical property **7**: 295
– *Clostridium difficile* **7**: 289, 290, 295, 300, 303, 308, 309
– *Clostridium thermocellum* **7**: 300
– *Deinococcus radiodurans* **7**: 289, 300, 316
– Discovery **7**: 288
– Envelope structure **7**: 319
– *Eubacterium yurii* **7**: 290
– Function **7**: 307, 308
– *Geobacillus stearothermophilus* **7**: 296, 300 ff, 304, 308
– *Geobacillus stearothermophilus* ATCC 12980 **7**: 303
– *Geobacillus stearothermophilus* NRS2004/3a **7**: 303
– *Geobacillus stearothermophilus* PV72/p6 **7**: 303
– Glycoprotein **7**: 294
– *Haloarcula japonica* **7**: 301
– *Halobacterium halobium* **7**: 289, 290, 293, 296, 301
– *Haloferax volcanii* **7**: 293, 295, 301
– Isolation **7**: 293
– *Lactobacillus acidophilus* **7**: 297, 301, 308
– *Lactobacillus brevis* **7**: 301
– *Lactobacillus brevis* TCC 8287 **7**: 302
– *Lactobacillus crispatus* **7**: 301, 308
– *Lactobacillus helveticus* **7**: 301
– Linkage region **7**: 294
– *Methanococcus voltae* **7**: 301
– *Methanosarcina mazei* **7**: 301
– *Methanospirillum hungatei* **7**: 309
– *Methanothermus fervidus* **7**: 301
– *Methanothermus sociabilis* **7**: 301
– Morphogenesis **7**: 304
– Occurrence **7**: 291
– Patent **7**: 323, 324, 325
– Peptidoglycan layer **7**: 297
– Production
– – In *Escherichia coli* **7**: 310
– *Rickettsia prowazekii* **7**: 289, 301, 308
– *Rickettsia rickettsii* **7**: 301

– *Rickettsia typhii* 7: 301, 308
– Scanning force microscopial 7: 292
– Self-assembly
– – *In vitro* 7: 305, 306
– – *In vivo* 7: 304
– – Self-assembly product 7: 305
– *Serratia marcescens* 7: 301, 302
– S-Layer gene 7: 297
– S-Layer glycopeptide 7: 294
– S-Layer glycoprotein 7: 294
– *Sporosarcina ureae* 7: 317
– *Staphylothermus marinus* 7: 301, 308
– Structural property 7: 295
– *Sulfolobus acidocaldarius* 7: 316
– *Synechococcus* GL-24 7: 308
– *Thermoanaerobacterium thermosaccharolyticum* S102-70 7: 296
– *Thermoanaerobacter kivui* 7: 302
– *Thermoanaerobacter thermosulfurigenes* 7: 308
– *Thermoproteus tenax* 7: 309
– *Thermus thermophilus* 7: 302
– *Thermus thermophilus* HB8 7: 303
– Ultrastructure 7: 291, 292, 293
– *Wolinella recta* 7: 290
Microbial surfactant 5: 94
*Microbiospora rosea* **3B**: 95
Microcapsule 8: 400
Microcin B17 7: 66
Micrococcin 7: 58
*Micrococcus* 1: 234
– Nitrile hydratase 10: 298
*Micrococcus luteus* 2: 139
– Effect of lentinan 6: 169
– Murein structure 5: 438
*Micrococcus luteus* ATCC 4698 5: 472
*Micrococcus luteus* B-P 26 2: 99
*Micrococcus luteus* IFO12708
– Inhibition by ε-PL 7: 111
*Micrococcus* sp. 6: 14
Microcolony 10: 219
*Microcyclus ulei* 2: 157
Microcystin 7: 55, 57, 64, 9: 97, 98
*Microcystis aeruginosa*
– Aggregate 10: 213
– Modified polyketide synthase 9: 98
– Peptide synthetase 7: 57
Microfibrils 1: 21 ff, 2: 169
Microfibril structure 8: 333
Microfilament 7: 351
Microfouling 10: 98, 102
*Microlunatus phosphovorus* **3A**: 342, 9: 8
*Microlunatus phosphovorus* JCM 9379 **3B**: 90
*Microlunatus phosphovorus* strain NM-1
– Polyphosphate 10: 144
*Micromonospora* 2: 326, 331, 335, 339 f, 346
*Micromonospora aurantiaca* 1: 471, 2: 332, 339 f, 346
*Micromonospora aurantiaca* W2b 2: 333
*Micromonospora chalcea* JCM 3031 **3B**: 90
*Micromonospora megalomicea*
– Polyketide synthase system 9: 97
*Micromonospora melanosporea* IFO 12515
– PGA-biodegradation 7: 154
Microorganism 1: 26
Microparticulate carrier 4: 110
Microsphere 4: 112, 10: 187
*Microsporum fulvum*
– Cell wall 6: 126
*Microtetraspora glauca* JCM 3300 **3B**: 90
*Microthrix parvicella* 9: 8
Microtubule
– Assembly–disassembly 7: 348
– Self-assembly 7: 262, 348
– Structure 7: 347
– Tubulin 7: 346
Microtubule organizing center 7: 348
Microvilli 7: 357
Midwest Center for Structural Genomics 8: 473
Milk protein 8: 386
Milled wood lignin 1: 91
Mimetic fiber
– Native protein 8: 72
*Mimusops balata* 2: 18, 75
Mineral deposition 10: 222
Mineral fiber 10: 7
Mineralization 9: 242
– Invertebrate 8: 348
Mino model **3A**: 345
Minor translocation system
– Tat 7: 229
– Type I–IV secretion system 7: 229
Miraculin 8: 210
– Amino acid sequence 8: 211
– Patent 8: 215, 216, 217
– *Richadella dulcifera* 8: 209
Mite 8: 41
Mitin Ff 8: 191
Mitosporic fungus **3A**: 86
Mitotic animal cell
– Cytoskeleton 7: 350
Mitotic spindle 7: 350
Mitsubhishi Kasei Company
– Cyclofructan production 6: 454
Mitsui Chemicals 10: 476
Mitsui Chemicals Lacty 4: 4
Mitsui Toatsu Chemical, Inc. 4: 5
Mixed culture **3B**: 295

Mobil Oil Corporation
– Xanthan 5: 282
Model compound
– 2-Anthraquinone-2,6-sulfonate 1: 368
– Benzylmethylsulfide 1: 451, 453
– Dibenzothiophene 1: 451, 453
– Dibenzyl sulfide 1: 451
Modification of polymers
– Lipase-catalyzed 3A: 391
Modified amino acid 7: 55
Modified mortar and filler 2: 245
Modified natural polymer
– Chemical modified polymer 9: 240
– Graft polymer 9: 240
Modified polyketide synthase
– Gene 9: 98
– Novel polyketide
– – Genetic engineering 9: 99
Modular protein structure 7: 53
Molasses 3B: 291
Molded foam 2: 243
Molecular weight 1: 11
– According to age of plant 2: 9
– Environmental condition 2: 9
– PHA 3B: 253
Molecular weight analysis
– Electron microscopy 1: 266
– Gel-chromatography 1: 266
– Gel permeation chromatography 1: 93
– Light scattering 1: 93, 266
– Mass spectrometry 1: 93
– Polydextran 1: 93
– Polystyrene gel 1: 93
– Size exclusion chromatography 1: 93 ff
– Ultrafiltration 1: 93
– Vapor pressure osmometry 1: 93
– X-ray scattering 1: 266
Mollusk shell 8: 348
– Mineralization 8: 349
– Organization of the organic matrix 8: 349
*Monascus purpureus* 2: 341, 343
*Monascus ruber* 2: 341, 343
*Monas muelleri*
– Polymeric sulfur compound 9: 39
Monellin 8: 205, 207
– Amino acid sequence 8: 211
– Gene expression
– – *Candida utilis* 8: 208
– – *Escherichia coli* 8: 208
– – Lettuce 8: 208
– – *Saccharomyces cerevisiae* 8: 208
– – Tomato 8: 208
– Patent 8: 213, 214, 217
Monensin 9: 97
*Monilinia fructigena* 6: 63
Monobromobimane 8: 265
Monochloramine 10: 235
Monocotyledon 1: 7, 15, 21, 32
Monocupin 8: 237, 238
Monoepoxide 9: 213
Monofunctional transglycosylase 5: 453
Monogastric animal
– Feed supplement 3A: 424
Monogenean
– Adhesive protein 8: 362
Monolignol 1: 41
Monolignol glucoside 1: 35
– Coniferin 1: 34
– Syringin 1: 34
Monolignol precursor 1: 74
Monomer
– Efficient production 10: 355
Monophenol hydroxylation 7: 475
Monoterpene 2: 63, 64
Monsanto 3A: 266, 409, 4: 4, 55, 9: 255, 10: 429, 483
– 4-Methylmercapto-2-hydroxy-butyric acid 9: 84
Monsanto Chemical Co.
– Phosphorus fiber 10: 151
Monsanto Company Ltd. 10: 468, 475, 482
Montan wax 1: 479, 490
Moraceae 2: 180
Morflurazon 1: 286
*Morinda citrifolia*
– Anthraquinone 6: 522
Morpholine-2,5-dione monomer 4: 353, 355
Mortar 10: 39, 66
Mosquito
– *Plasmodium falciparum* 9: 135
Mosses 1: 7 f
Mothproofing 8: 191
Mothproofing agent 8: 191
Motor fuel 1: 478
mreB 7: 367
mreB-Like gene
– *Aquifex aeolicus* 7: 361
– *Bacillus cereus* 7: 361
– *Bacillus subtilis* 7: 361
– *Borrelia burgdorferi* 7: 361
– *Campylobacter jejuni* 7: 361
– *Caulobacter crescentus* 7: 361
– *Chlamydia* 7: 361
– *Escherichia coli* 7: 361
– *Haemophilus influenzae* 7: 361
– *Helicobacter pylori* 7: 361
– *Methanobacterium thermoautotrophicum* 7: 361
– *Pasteurella multocida* 7: 361
– *Pseudomonas fluorescens* 7: 361

– *Rickettsia prowazekii* 7: 361
– *Streptomyces coelicolor* 7: 361
– *Thermotoga maritima* 7: 361
– *Treponema pallidum* 7: 361
– *Vibrio cholerae* 7: 361
– *Wolinella succinogenes* 7: 361
*M. tuberculosis* H37RV (*Mycobacterium tuberculosis* H37RV)
– PPGK 9: 15
Mucin 8: 312
Mucoadhesion
– Surface chemistry 8: 370
Mucoperiosteum 10: 261
Mucoperlin 8: 304
*Mucor circinelloides*
– Chitin synthase gene 6: 129
*Mucor indicaeseudaticae*
– Chitosanase 6: 138
*Mucor lausannesis* 1: 407
*Mucor miehei* 3A: 384
*Mucor mucedo* 1: 397, 6: 143
*Mucor rouxii* 6: 131
– Biotechnological production 6: 141
– Chitinase 6: 135
– Chitin deacetylase 6: 133 f, 142
– Chitin synthase 6: 128
– Chitosanase 6: 138 f
Mulch film 10: 430, 457
– Incineration 10: 444
Mulch foil 10: 455
Multicellular organism 7: 340
Multicopperoxidase Fet3 8: 268
Multifunctional alcohol
– Star-shaped polymer 3B: 351
Multiple symmetry element 7: 266
Mummies
– Seed gum 6: 322
Municipal solid waste incineration 10: 415
Murein 5: 431 ff
– Analysis of composition 5: 442
– Application
– – Adjuvant 5: 459
– *Bacillus megaterium* 5: 434
– *Bacillus subtilis* 5: 440
– Biological activities 5: 458
– Biosynthesis
– – *Bacillus halodurans* 5: 457
– – *Bacillus subtilis* 5: 457
– – Bacitracin 5: 456
– – *Buchnera* sp. APS 5: 457
– – *Caulobacter crescentus* 5: 457
– – Cycloserine 5: 456
– – *Escherichia coli* 5: 447, 457
– – *Escherichia coli* K12 5: 457
– – Fosfomycin 5: 456
– – *Haemophilus influenzae* 5: 457
– – Inhibition 5: 455 f
– – Lipid intermediate 5: 446
– – *Mesorhizobium loti* 5: 457
– – Molecular genetics 5: 457
– – Multienzyme complex 5: 453
– – Murein hydrolase 5: 446, 448 f
– – Murein synthase 5: 446
– – *Mycobacterium leprae* 5: 457
– – *Mycobacterium tuberculosis* 5: 457
– – *Neisseria meningitidis* MC58 5: 457
– – *Pasteurella multocida* 5: 457
– – Pathway 5: 447
– – Penicillin 5: 455
– – Precursor lipid II 5: 445
– – *Pseudomonas aeruginosa* 5: 457
– – Recycling of turnover product 5: 454
– – Regulation 5: 456
– – Teicoplanin 5: 455
– – Transglycosylase 5: 448
– – Transpeptidase 5: 448
– – Tunicamycin 5: 456
– – Turnover product 5: 453 f
– – UDP-MurNAc(pentapeptide) 5: 446
– – Vancomycin 5: 455
– – *Vibrio cholerae* 5: 457
– – *Xylella fastidiosa* 5: 457
– Chemical structure 5: 435
– – *Corynebacterium poinsettiae* 5: 438
– – *Escherichia coli* 5: 438
– – *Micrococcus luteus* 5: 438
– – Secondary modification 5: 438 ff
– – Species-specific structural variation 5: 436
– – *Staphylococcus aureus* 5: 438
– – *Streptococcus faecium* 5: 438
– Chemical structure
– – Secondary modification 5: 436
– Composition
– – *Enterococcus faecium* 5: 444
– – *Escherichia coli* 5: 444
– – *Staphylococcus aureus* 5: 444
– – *Streptomyces pneumoniae* 5: 444
– – Variability 5: 444
– Covalent attachment of other wall components
– – Braun's lipoprotein 5: 441
– – Surface protein 5: 440
– – Teichoic acid 5: 440
– – Teichuronic acid 5: 440
– Fine structure 5: 441
– – Length distribution 5: 442
– Isolation 5: 435
– Length distribution 5: 441
– Murein biosynthesis gene

– – *Escherichia coli* 5: 456
– – Genetic map 5: 456
– Murein hydrolase 5: 458
– Murein sacculus 5: 452
– Production 5: 459
– Protoplast 5: 434
– *Staphylococcus aureus* 5: 440
– *Streptococcus pneumonidae* 5: 440
– Three-dimensional structure
– – *Bacillus subtilis* 5: 445
– – *Escherichia coli* 5: 445
– Variant 5: 436
Murein hydrolase 5: 446, 448, 458
Murein sacculus 5: 434
– Growth mechanism 5: 449
– – Gram-negative bacteria 5: 451
– – Gram-positive bacteria 5: 450
– – "Inside-to-outside" 5: 450
– – "Three-for-one" growth mechanism 5: 451
– – "Three-for-one" model 5: 452
Murein synthase 5: 446
Musaceae 2: 187
Muscle titin 8: 66
Musculoskeletal disease
– Application of humic substance 1: 381
– Therapeutic effect of humic substance 1: 381
Mushroom 2: 8
Mussel
– Byssus 7: 471
Mussel adhesive analog
– Amino acid sequence 8: 56
Mussel adhesive protein
– Application 8: 370
Mussel byssus
– Adhesion 8: 369
Mutagenicity 1: 386
MVA kinase 2: 88
MVA-P kinase 2: 88
MVA-PP decarboxylase 2: 88
Mycelial ball 10: 210
*Mycelia sterilia*
– Peptide synthetase 7: 58
*Myceliophthora thermophila* 1: 159
*Mycena amicata* 1: 363
*Mycena epipterygia* 1: 363
Mycobacillin 7: 57
*Mycobacterium* 1: 234, 2: 326, 335
– SecA protein
– – ATP binding 7: 237
*Mycobacterium citreum* 1: 358
*Mycobacterium fortuitum* 1: 471, 2: 66, 332, 339 f, 346
– Nylon biodegradation 9: 405
*Mycobacterium globiforme* 2: 336
*Mycobacterium lacticola* 2: 336
*Mycobacterium leprae* 5: 116, 9: 12
– Murein biosynthesis gene 5: 457
– PPGK 9: 15
*Mycobacterium phlei* 5: 93
– PPGK 9: 14
*Mycobacterium smegmatis*
– Peptide synthetase 7: 56
*Mycobacterium* sp. 2: 326
*Mycobacterium* spp. 5: 116, 118, 124
*Mycobacterium tuberculosis* 5: 118, 9: 9, 12, 14
– Effect of lentinan 6: 169
– Modified polyketide synthase 9: 98
– Murein biosynthesis gene 5: 457
– Peptide synthetase 7: 56
– Polyglutamate 5: 497
– PPGK 9: 14, 15
*Mycobacterium tuberculosis* H37RV,
see *M. tuberculosis* H37RV
Mycobactin 7: 56, 9: 98
*Mycoplana rubra* 3B: 5
*Mycoplana* sp.
– PAA biodegradation 9: 307
*Mycoplasma genitalium*
– SecE 7: 239
*Mycoplasma pneumoniae*
– Cytoskeleton 7: 343, 364, 365
– EF-Tu 7: 364, 366
Mycosubtilin 7: 55, 57, 9: 98
Mycoton 6: 143
Mylar film 3B: 211
Myocardial infarction
– Hyaluronan 5: 393
Myosin 7: 270, 344, 353, 354
Myosin filament 7: 342
*Myrococcus* 2: 132
*Myrothecium* sp. TM-4222
– PGA-biodegradation 7: 154
*Mytilus californianus* 8: 365, 372
*Mytilus edulis* 8: 299, 365, 370, 372
– Byssus precursor protein 7: 472
– Polydecapeptide 7: 483
*Mytilus galloprovincialis* 8: 365
*Mytilus trossolus* 8: 365
Myxalamid 7: 58, 9: 98
*Myxococcus fulvus* 2: 57
*Myxococcus xanthus*
– Modified polyketide synthase 9: 98
– Peptide synthetase 7: 58
*Myxococcux xanthus*
– Polyketide 9: 98
Myxothiazol 9: 98

## n

Na-Carboxymethyl cellulose 10: 64

Na-Carboxymethyl hydroxyethyl cellulose **10**: 64
Nacre
– Biomineralization **8**: 307, 309
Nacre growth
– Working hypothesis **8**: 303
Nacrein **8**: 297, 303
Nacre protein
– Function
– – Atomic force microscopy study **8**: 308
Nacre tablet **8**: 306
NADH-cytochrome c reductase **2**: 168
NADH-NADP transhydrogenase **3A**: 115
NADH-quinone reductase **2**: 168
NADPH-cytochrome $P_{450}$ reductase **3A**: 13, 57
NADPH-dependent acetoacetyl-CoA reductase **3A**: 220
8N3AMP **5**: 26
Nanocapsule **9**: 466, 467
Nanoparticle **9**: 459, 466, 471, 475
– Ferric oxide **8**: 411
– Iron oxide **8**: 413
– Oxyhydroxide **8**: 412
Nanosphere **9**: 463, 475, 480
Nanotechnology **7**: 262
– Cage system **8**: 405
– Protein **8**: 405
$NaOCH_3$ **3A**: 9
Naphthalocyanine
– In nanoparticle **9**: 466
2-Naphthylalanine **7**: 31
*N*-(1-Naphthyl)ethylenediamine **3A**: 89
*Nasturtium* pollen **3A**: 19
National power production
– GHG emission **10**: 446
Native lignin **1**: 3
8N3ATP **5**: 26
*Natrialba aegyptiaca*
– γ-PGA **7**: 135
– γ-PGA production **7**: 127
*Natronococcus*
– Cell wall **5**: 496, 503
*Natronococcus occultus* **5**: 498
– γ-PGA **7**: 135
– Polyglutamate **5**: 497
Natto mucilage **7**: 158
Natural constituent **10**: 401
Natural fiber **10**: 1, 3, 6, 7
Natural fiber composite **10**: 14, 409
– Biocomposite profile **10**: 21
– Box-type carrier **10**: 22
– Designer office chair **10**: 20
– Door paneling element **10**: 20, 21
– Filament winding **10**: 15
– From Biopol **10**: 12
– Impregnation device **10**: 16
– Interior paneling **10**: 22
– Matrix system **10**: 10, 12
– Patent
– – Composite **10**: 25
– – Fiber **10**: 24
– – Resin **10**: 25
– Press molding **10**: 15, 18
– Production **10**: 24
– Pultruded support slat **10**: 21
– Pultrusion **10**: 15
– Safety helmet **10**: 22
– Seat pan **10**: 20
– Thermal molding process **10**: 19
– Thermoplastic **10**: 9
– Thermoset **10**: 12
– Track vehicle **10**: 22
– Tube **10**: 22
– Wet impregnation **10**: 16
Natural isoprenoid
– Acyclic xanthophyll **2**: 131
– Bile acid **2**: 125 ff
– Biotechnological impact **2**: 140
– Carotenoid **2**: 128 ff
– Cholesterol **2**: 120
– Coenzyme Q **2**: 134
– Conformation **2**: 119
– Cyclic xanthophyll **2**: 132
– Dolichol **2**: 137
– Ergosterol **2**: 122 ff
– Higher plant sterol **2**: 123 ff
– Human sex hormone **2**: 127
– Menaquinone **2**: 133
– Perspective **2**: 140
– Steroid **2**: 119
– Ubiquinone **2**: 133
Natural polyisoprene
– Annual synthesis **2**: 75
– Balata **2**: 18, 207
– Biosynthesis **2**: 8, 113 ff
– Carotenoid **2**: 28
– Chemical structure **2**: 18 ff, 114
– $^{13}$C-NMR spectroscopy **2**: 18, 20 f
– Distribution **2**: 75
– Diversity **2**: 112
– Guayule **2**: 20
– Guayule rubber **2**: 153
– Gutta percha **2**: 18, 207
– *Hevea* rubber **2**: 153
– Higher polyisoprenoid alcohol **2**: 28
– Highly polymerized polyisoprene **2**: 28
– $^{1}$H-NMR spectroscopy **2**: 19
– Hybrid isoprenoid **2**: 28
– Isoprene rule **2**: 114

– Molecular weight 2: 11, 18, 21
– Natural rubber type 2: 8
– Occurrence 2: 10, 75, 112
– *cis*-Polyisoprene 2: 10, 20
– *trans*-Polyisoprene 2: 11, 17
– *trans*-1,4 Polyisoprene 2: 207
– Polyprenol type 2: 8
– Squalene 2: 115
– Steroid 2: 28
– Terpenoid 2: 28
– Triterpene 2: 115
– Wild rubber 2: 21
– Wild rubber type 2: 8
Natural polymer
– Carboxylation 9: 257
– Modification
– – Graft polymer 9: 256
– Polysaccharide
– – Chemical modification 9: 257
Natural rubber 2: 2, 153, 379, 398
– Allergen 2: 97
– Anaerobic biodegradation 2: 354
– Annual consumption 2: 289, 362
– Biodegradation 2: 322 ff, 367, 368, 10: 106
– Biosynthesis 2: 8, 14 ff, 79 ff, 174 ff
– Branching 2: 17
– Chemical structure 2: 5, 7 ff, 362
– $^{13}$C-NMR spectroscopy 2: 14 ff
– Competition with synthetic rubber 2: 6, 76, 205, 289
– Composition 2: 76, 323
– *cis*-Configuration 2: 7
– Consumption 2: 236
– Consumption according to region 2: 290
– FTIR spectroscopy 2: 16
– Glass transition temperature 2: 379
– $^{1}$H-NMR spectroscopy 2: 14 ff
– Microorganism 2: 368
– Molecular weight 2: 9, 17, 79, 82, 97, 161, 181
– Molecular weight distribution 2: 10
– Oxidative degradation of rubber chains 2: 16
– Polydispersity 2: 9
– Production 2: 3
– Property 2: 295
– Purification 2: 7
– Stereochemistry 2: 82
– Treatment with sodium methoxide 2: 7
– World market 2: 236
Natural rubber product
– Condom 2: 13
– Glove 2: 13
Natural silk gene
– Expression in microbe 8: 51
Nature's diversity 7: 417
Nature Works$^{TM}$ 4: 4, 17, 237, 244
Nature Works$^{TM}$ PLA 4: 235
*Nautilus* 8: 305
*Nautilus macrophalus* 8: 299
*Neisseria gonorrhoeae* 9: 9, 12, 52
– Murein structure 5: 439
*Neisseria meningitidis* 5: 2, 9: 9, 11, 12
– High molecular-weight polyP 9: 8
– Murein 5: 443
*Neisseria meningitidis* MC58
– Murein biosynthesis gene 5: 457
*Neisseria sicca*
– Cellulose acetate 9: 207
Neisser stain 9: 5
*Nematoloma frowardii* 1: 142, 144, 152, 362, 364 f, 405, 407, 410, 412 ff
– Chelator 1: 154 ff
– Manganese peroxidase 1: 154 ff
– Mediator 1: 154 ff
Neohesperidine Dc 8: 204
Neomycin phosphotransferase 2: 97
Neopentyl glycol 10: 39
Neoxanthin 2: 348
Neoxanthin dioxygenase 2: 349
*Nephila* 8: 27, 29
– A-Zone epithelium 8: 36
– Golden orb spider 8: 29
*Nephila clavipes* 8: 6, 43, 65, 104, 112
– Dragline protein 8: 86
– Dragline silk 8: 58, 88
– MaSp2 8: 52
– MaSp1 gene 8: 52
– Protein sequence
– – Consensus sequence 8: 7
– Silk 8: 4
– Silk protein 8: 52, 84
– – Sequence 8: 6
– – Structure 8: 12
– Spider silk protein
– – Sequence 8: 8
*Nephila* dragline silk
– $^{13}$C two-dimensional NMR 8: 34
– Fiber composition 8: 34
– Fiber structure 8: 34
*Nephila edulis*
– Silk spinning 8: 33
– Spider silk
– – Property 8: 32
*Nephila madagascariensis*
– Silk protein
– – Sequence 8: 6
– Spider silk protein
– – Sequence 8: 8
*Nephila senegalensis*

– Silk protein
– – Sequence **8**: 6
*Nephila* sp. **8**: 38
*Nephila* spider **8**: 37
– Thread **8**: 40
*Nephila* spider dragline silk
– Tensile strength **8**: 31
*Nereocystis luetkeana*
– Adhesive protein **8**: 362
Nerve cell
– Cytoskeleton **7**: 350
Nerve cuff **10**: 248
Nerve regeneration **10**: 264
Nerve repair **4**: 114
Neste company **10**: 430
Neste PLA **10**: 10
Nestle **10**: 476
*Neu* gene **8**: 69
Neurodermatitis **1**: 381
*Neuroeclipsis bimaculata*
– Spinning apparatus **8**: 41
Neurofilament **7**: 355
Neuromelanin **1**: 232 f, 237
*Neurospora crassa* **1**: 360, 407, 415 f, **2**: 130, **6**: 69, **8**: 211
– Chitinase **6**: 135
– Chitin synthase **6**: 128, 130
– Chitin synthase gene **6**: 129, 131
– Glucan synthase **6**: 197
*Neurospora sitophila* **1**: 137
Neurosporene **2**: 131
Neurotoxic **10**: 152
Neutral red **9**: 5
Neutral sugar **6**: 355
New rubber product **2**: 386
Newtonian fluid **8**: 39
New York Structural Genomics Research Consortium **8**: 473
New Zealand wool **8**: 161
Nexia
– Synthetic spider silk **8**: 18
Nexia Biotechnologies **8**: 92
N′-Geranylpiperazinyl farnesylacetamide **2**: 33
Nε-(γ-Glutamyl)lysine **8**: 168
*Nicotiana benthamiana* **2**: 117
– Cellulose biosynthesis **6**: 288
*Nicotiana glutinosa* **5**: 126
*Nicotiana plumbaginifolia* **2**: 94 f
*Nicotiana tabacum* **1**: 41 ff, 415, **5**: 126
Niddamycin **9**: 97
Nigeran **5**: 6
Nikkomycin **6**: 133
– Inhibitor of chitin synthesis **6**: 497
Nile Red **3A**: 208, **3B**: 50
Nippon Zeon **2**: 298
Nitrile-butadiene rubber **2**: 323
Nitrile hydratase **7**: 414, **10**: 298
– Textile processing **7**: 406
Nitrile rubber **2**: 299
Nitrobenzene oxidation **1**: 97
3-*N*-(7-Nitro-2,1,3-benzooxadiazol-4-yl)-2,3-diamino-propionic acid **7**: 43
Nitrobenzoxadiazole **2**: 33
Nitroblue tetrazolium **7**: 476
Nitrocellulose **3B**: 433
– Biodegradation **9**: 204
– Degrading organism **9**: 204
Nitrogen radical **1**: 235
Nitroglycerine **9**: 204
Nitrophenylalanine **7**: 44
*p*-Nitrophenyl[1-$^{14}$C]acetate **3A**: 25
*Nitrosomonas europaea* **10**: 153
– Cyanophycin synthetase **7**: 96
*Nitzschia alba* **2**: 64
N′-Methylpiperazinyl geranylgeranylacetamide **2**: 33
NMMO process **6**: 300
NMR spectroscopy **8**: 472
– Chemical shift **3B**: 10
– – Poly(3HB) lattice **3B**: 149
– – Poly(3HV) lattice **3B**: 149
– COSY **3B**: 11
– 2D-DQF **3B**: 11
– HMBC NMR spectrum **3B**: 11
– $^1$H-NMR **3B**: 11
– Investigation of biofilm **10**: 212
3-N,N-Dimethylaminopropyl farnesylacetate **2**: 33
*Nocardia* **2**: 327, 331, 336, 339 f, 368, **3B**: 279
– Adipic acid **10**: 286
*Nocardia amarae* YK-1
– Flocculant **10**: 152
*Nocardia asteroides* **2**: 328, 337, 339 f, 352
*Nocardia asteroides* JCM 3384 **3B**: 90
*Nocardia brasiliensis* **2**: 339
*Nocardia corallina* **1**: 471, **3A**: 177, 179, 182, 186, 196, 223, 227, 327
*Nocardia corynebacteroides* **5**: 116, 118
*Nocardia erythropolis* **5**: 116
*Nocardia lactamdurans*
– Peptide synthetase **7**: 56
*Nocardia minima*
– PPGK **9**: 14
*Nocardia nova* JCM 6044 **3B**: 90
*Nocardia opaca* **1**: 471
*Nocardia* sp. **2**: 339, **5**: 118, 123
*Nocardia* sp. strain 835A **2**: 329 f, 334, 337, 344, 345, 368
*Nocardioides albus* JCM 3185 **3B**: 90

*Nocardioides* N106
– Chitosanase **6**: 140
*Nocardioides* strain K-01
– Chitosanase **6**: 139
*Nocardiopsis dassonville*
– Teichoic acid **5**: 469
*Nocardiopsis dassonvillei* JCM 7437 **3B**: 90
*Nocotiana tobacum* cv. SNN **8**: 88
Nomex **9**: 397
Nonautomotive mechanical goods **2**: 290
Nonbilayer lipid **7**: 243
Non-cultivable microorganism **7**: 420
Non-food application **8**: 384
Nonlignin phenolics **1**: 8, 12
Non-naphtha resource **10**: 357
Nonnatural amino acid **7**: 36
– Anthraquinonylalanine **7**: 44
– 2-Anthrylalanine **7**: 28
– *N*-Biotinyl-L-phenylalanine **7**: 31
– Chemical aminoacylation **7**: 26, 28
– Electron transfer **7**: 44
– Error-prone PCR method **7**: 40
– *Escherichia coli* **7**: 31
– Five-base codon **7**: 33
– Fluorescence labeling
– – $\beta$-Anthraniloyl-L-$\alpha$,$\beta$-diaminopropionic acid **7**: 43
– – $\gamma$-(7-Methoxycoumarin-4-yl)-L-homoalanine **7**: 43
– – 3-*N*-(7-Nitro-2,1,3-benzooxadiazol-4-yl)-2,3-diamino-propionic acid **7**: 43
– Four-base codon **7**: 33, 37, 38
– Four-base codon strategy
– – *Escherichia coli* **7**: 32
– *In vitro* protein-synthesizing system **7**: 26
– *In vitro* translation **7**: 29
– *O*-Methyltyrosine **7**: 31
– 2-Naphthylalanine **7**: 31
– Nitrophenylalanine **7**: 44
– *p*-Nitrophenylalanine **7**: 33
– Nonnatural base pair **7**: 35
– Protein **7**: 25
– Pyrazolylalanine **7**: 28
– 1-Pyrenylalanine **7**: 28
– 2-Pyrenylalanine **7**: 28
– Random position **7**: 37
– Special codon/anticodon pair **7**: 26
– Synthesis of nonnatural amino acid **7**: 26
– *Thermus thermophilus* **7**: 33, 34
Nonnatural base pair **7**: 35
Non-Newtonian flow **8**: 39
Nonphotosynthetic bacterium **2**: 131
Non-ribosomal biosynthesis **7**: 51
– Genetic alteration of programming **7**: 70
– Heterologous expression **7**: 70
– Manipulation of NRPS system **7**: 70
– Metabolic engineering **7**: 70
Non-storage poly-3-hydroxyalkanoate **3A**: 123
Nonwoven **10**: 17
– Impregnation **10**: 15
*n*-Nonylbenzene
– Biodegradation **9**: 365
2-*nor*-6-Deoxyerythronolide B **9**: 99
Norflurazon **1**: 219
Northeast Structural Genomics Consortium **8**: 473
Norwalk-like virus **8**: 420
Norwalk virus **8**: 420
– Protein cage system **8**: 416
Nosiheptide **7**: 58
*Nostoc commune* **5**: 5
*Nostoc* sp.
– Modified polyketide synthase **9**: 98
Nostopeptolie **9**: 98
Novagen **8**: 489
Novamont **10**: 417, 421
– Mater-Bi **10**: 160
– Production capacity **10**: 171
Novel biopolymer
– Antiviral activity **1**: 383
– Effect on 5-lipoxygenase **1**: 384
– Effect on phospholipase A **1**: 384
Novel Polyketide
– Genetic engineering **9**: 98
Novozyme A/S
– Industrial enzyme **7**: 380
NRPS/PKS hybrid **9**: 96
Nuclease S1 **10**: 151
Nucleating agent
– Cyclohexyl phosphonic acid **4**: 68
– Organophosphorous compound **4**: 68
– Technical grade $NH_4Cl$ **4**: 68
Nucleic acid
– Crystallization **8**: 427
Nucleic acid manipulation **8**: 469
Nucleoside 5′-monophosphate **10**: 151
Nylon
– Annual production **9**: 399
– Biodegradation **9**: 395, 399
– – Adaptation **9**: 410
– – *Alcaligenes* **9**: 403
– – *Alcaligenes* sp. D-2 **9**: 404
– – 6-Aminohexanoate **9**: 410
– – 6-Aminohexanoate-cyclic-dimer hydrolase **9**: 403
– – Aminohexanoate-dimer hydrolase **9**: 403
– – 6-Aminohexanoate-dimer hydrolase **9**: 408

– – 6-Aminohexanoate-oligomer hydrolase 9: 403
– – Biochemistry 9: 401
– – Enzyme 9: 406
– – Enzymology 9: 402, 407, 408
– – Evolution 9: 410
– – Extant protein 9: 406
– – *Flavobacterium* 9: 403, 405
– – *Flavobacterium* sp. 9: 403, 409 f
– – *Flavobacterium* sp. KI72 9: 401, 404
– – Gene 9: 404
– – Glue 9: 406
– – *Mycobacterium fortuitum* 9: 405
– – Nylon degrading enzyme 9: 409
– – Patent 9: 411, 412
– – Plasmid 9: 405
– – Plasmid curing 9: 404
– – Plasmid dependence 9: 403
– – Proposed mechanism 9: 401
– – *Pseudomonas* 9: 401, 403
– – *Pseudomonas aeruginosa* 9: 409
– – *Pseudomonas aeruginosa* PAO 9: 410
– – *Pseudomonas* sp. NK87 9: 401, 404, 405
– Chemial structure 9: 397, 398
– Discovery 9: 397
– Main application 9: 398, 399
– Market price 9: 399
– Preparation of nylon oligomer 9: 397
– Production 9: 398
– – Major company 9: 400
– Property 9: 399
Nylon-6,6 **3B**: 162, **9**: 396, 397
– Glass transition temperature 2: 379
Nylon-12
– Chemial structure 9: 398
Nylon degradation
– Proposed mechanism 9: 401
Nylon degrading enzyme
– Substrate specificity 9: 409
Nylon oligomer
– Biodegradation
– – Biochemistry 9: 401
Nylon oligomer degradation
– Gene 9: 404
Nylon oligomer-degrading enzyme
– Catalytic activity 9: 407
Nylon, type 6
– Mechanical property
– – Elasticity 8: 83
– – Energy to break 8: 83
– – Strength 8: 83
Nystatin 9: 97

***O***
Obipectin 6: 369
*Ochromonas danica* 2: 64
*n*-Octadecylbenzene
– Biodegradation 9: 365
3,3,4,4,5,5,6,6-Octafluorooctane-1,8-diol **3A**: 389
Octamethylcyclotetrasiloxane 9: 542
– Application 9: 551
*cyclo*-Octasulfur molecule $S_8$ 9: 39
Octreotide
– In nanoparticle 9: 465
*n*-Octylbenzene
– Biodegradation 9: 365
*n*-Octyl ester of 2,4-D 1: 286
Ocular therapy 9: 478
Odontoblast 8: 330, 344
Odorant 9: 53
OECD guideline 10: 377
OECD study
– Agrochemical 10: 352
– Biotechnology 10: 352
*Oenococcus* **3B**: 289
Ofloxacin
– In nanoparticle 9: 465
$OHB_{19/23}$/polyP complex
– Selectivity **3A**: 142
Oil-based synthetic
– Market 8: 193
Oil drilling
– Xanthan 5: 281
Oil-field application
– Sphingan 5: 252
Oil-in-water emulsion 5: 14, 92
Oil recovery 6: 39, 82
Oil well 10: 45
Oil well cementing 10: 48
Oil well construction 10: 46
Oil well drilling
– Cellulose ether 10: 66
Old rubber tyre 2: 370
Oleandomycin 9: 97, 101
Oleic acid **3A**: 15, 63
Oleochemical 10: 13
Oligoalginate 9: 193
Oligoalginate lyase 9: 183
Oligoenimine 8: 170
Oligoesterification 9: 214
Oligo(α-hydroxyalkanoic acid)
– Chemical synthesis **3B**: 439
Oligomer hydrolase **3B**: 68
Oligomeric ester
– Chemical synthesis **3B**: 431, 434 f
– Enzymatic polymerization **3B**: 442

Oligomeric polyester
– Chemical synthesis **3B**: 433
Oligomeric poly(3HB)
– Chemical synthesis **3B**: 437
OmpX
– *Escherichia coli* **7**: 213
Onagraceae **1**: 220
Opegan® **6**: 593
*Ophiostoma ainoae* **1**: 186
*Ophiostoma paceae* **1**: 186
*Ophiostoma piliferum* **1**: 186, 232
Ophthalmic
– Hyaluronan **5**: 397
Ophthalmic surgery **5**: 13
Orb-web **8**: 29
Orb-web spider **8**: 30
*cis-* or *trans-*Configuration **2**: 7
ORF Request **8**: 493
Organic polysulfane
– Characterization **9**: 53
– Chemistry **9**: 53
– Cystine **9**: 53
– In garlic **9**: 53
– Lenthionine **9**: 53
– Lipoic acid **9**: 53
– Metabolism
– – Under oxidative condition **9**: 53, 54
– – Under reductive condition **9**: 54
– Occurrence **9**: 53
– Structure **9**: 53
Organisation for Economic Cooperation and Development (OECD) **3B**: 117
Organolanthanide complex **3B**: 347
Organophosphorous compound **4**: 68
Organopolysulfane **9**: 41
Organosiloxane
– Biodegradation **9**: 542, 543, 544, 556
– Biodegradation *in vitro* **9**: 543
– Biodegradation *in vivo* **9**: 554
– Biodegradation process **9**: 548
– Degradation **9**: 543
– Environmental fate **9**: 543, 544
– *In vitro* biodegradation
– – *Pseudomonas fluorescens* **9**: 545
– – *Pseudomonas putida* **9**: 545
– Patent **9**: 558
– Property **9**: 543
– Structure **9**: 542
Organosolve pilot-scale pulping mill **10**: 431
Organylsulfane **9**: 39
Ornithine carbamoyltransferase
– *Pyrococcus furiosus* **7**: 269
*Orpinomyces joyonii*
– Cellulose biodegradation **6**: 292
Orthocortex **8**: 160
Orthopedic **10**: 248
Orthophosphate
– Detection
– – 2-Amino-6-mercapto-7-methylpurine ribonucleoside **9**: 7
– – Ribonucleoside phosphorylase **9**: 7
Orthorhombic sulfur crystal **9**: 46
*Oryza sativa* **6**: 419
Osteoblast **8**: 330
Osteogenesis imperfecta
– OI **8**: 136
Osteogenesis model **8**: 345
Osteomyelitis **4**: 110, 227
Osteopontin **8**: 314
– Chicken **8**: 311
Osteosynthesis plate **10**: 262
Osteosynthesis screw
– Poly(3HB-*co*-15%3HV) **10**: 259
*Oudemansiella mucida* **1**: 161
Outer membrane protein X
– *Escherichia coli* **7**: 213
Ovalbumin **8**: 311, 314
*Ovis aries* **8**: 158
Ovocalyxin-32 **8**: 313
Ovocleidin-17 **8**: 314
Ovocleidin-116 **8**: 313
Ovotransferrin **8**: 314
Oxalate **1**: 154
Oxalate decarboxylase **8**: 237, 238
Oxalate oxidase **8**: 236, 238
– Barley
– – Structure **8**: 230
*Oxalobacter* **3B**: 55
Oxidant
– *N*-Bromo-succinimide **7**: 478
Oxidase **7**: 482
β-Oxidation **3A**: 322
β-Oxidation cycle **3A**: 420
β-Oxidation inhibitor **3A**: 304
β-Oxidation pathway **3A**: 208
Oxidative cleavage **2**: 349
Oxidative degradation **9**: 239
Oxidative dehydrogenation **1**: 91
Oxidatively degradable plastic **9**: 241
3,4-Oxide-3-methyl-1-butyl diphosphate **2**: 84
Oxidized cellulose **6**: 298
Oxidized sterol **8**: 169
Oxidoreductase **7**: 388
2,3-Oxidosqualene:lanosterol cyclase **2**: 118
Oxidosqualene lanosterol cyclase **2**: 33
oxi-PVA hydrolase **9**: 342
5-Oxo-6-deoxy erythronolide B **9**: 100
18-Oxo-9,10-epoxy-$C_{18}$ acid **3A**: 19

16-Oxo-9,or10-hydroxy-$C_{16}$ **3A**: 7
6-Oxychitin
– Chemical structure **6**: 521
Oxygenase **2**: 352
Oxygenic photosynthetic organism **2**: 131
Oxygen radical-mediated damage
– Prevention **9**: 137
Oxygen radical **1**: 235
Oxygen uptake **9**: 245
Ozonolysis **1**: 97, 211, 218, **9**: 120

## p

PAA
– Application **9**: 302, 304
– Biodegradation **9**: 306
– – Influence of UV irradiation **9**: 309
– Chemical structure **9**: 303
– Commercialization **9**: 301
– Degradation product **9**: 311
– Discovery **9**: 301
– Ecotoxicity **9**: 311
– Function **9**: 304
– Market **9**: 302
– Superabsorbent polymer **9**: 301
– Use **9**: 302
– Water-soluble PAA **9**: 304
PAA biodegradation
– *Actinetobacter genospecies* 11W2 **9**: 306
– *Arthorobacter* sp. **9**: 302
– *Arthrobacter* sp. NO-T8 **9**: 306
– Effect of molecular weight **9**: 302
– *Microbacterium* sp. II-7-12 **9**: 306
– Physiology **9**: 310
– *Pseudomonas* sp. **9**: 302
– *Xanthomonas maltophilia* W1 **9**: 306
PACA
– Poly(alkylcyanoacrylate) **9**: 458
PACA-based material **9**: 459
PACA nanoparticle **9**: 463
PACA-poly(ethylene glycol) **9**: 459
Pachyman **5**: 137
– Structure **5**: 138
Packaging waste **10**: 398
– Recovery **10**: 397
– Recycling **10**: 397
Paclitaxel **4**: 227
Pactamycin **7**: 23
*Paecilomyces lilacinus* **2**: 329, 342, 343, **3B**: 48, 54, 94
– Dextran degradation **5**: 306
*Paecilomyces* sp. **1**: 360, 371, 407
– Flocculant **10**: 152
*Paenibacillus*
– Xanthan biodegradation **5**: 271
*Paenibacillus* sp. **9**: 185
*Paenibacillus* species **9**: 186
Paint **2**: 245, **8**: 398, **10**: 45
Paint binder **3A**: 308
Palmitic acid **8**: 396
Palmitoylation **7**: 348
PAL *see* Phenylalanine ammonia lyase **1**: 33
Pancreatic lipase **3A**: 6, 9, 11, 20
Pancreatic stone protein **8**: 313
*Pandalus borealis*
– Chitin **6**: 491
– Chitosan **6**: 491
Panicoideae **1**: 32
Panose **6**: 14
– Enzymatic production **6**: 18
*Pantoea agglomerans* **1**: 368
*Panus tigrinus* **1**: 144, 156, 160, 402
Papaya **2**: 187
Paper **1**: 68
Paper coating **2**: 246, **8**: 396, **10**: 455
Paper industry **1**: 182 ff
Papermaking
– Amylase **7**: 408
– Cellulase **7**: 408
– Lipase **7**: 408
– Protease **7**: 408
Paper pulp **9**: 248
Papulacandin B **6**: 203
*P. arabinosum* (*Propionibacterium arabinosum*)
– PPGK **9**: 14
*Paracoccidioides brasiliensis*
– Chitin synthase gene **6**: 129
*Paracoccus denitrificans* **1**: 369 f, **3A**: 110, 177, 179, 181, 186, 196, 223, 227, 236, 272, 281, **3B**: 31 f
*Paracoccus pantotrophus*
– Sox gene **9**: 51
– Tetrathionate oxidation **9**: 51
Paracortex **8**: 160
Paraffin **1**: 478, 488, **10**: 58, 59
Parathion **1**: 286
Parenchyma **1**: 11, 27
Paromomycin **7**: 23
*Parthenium argentatum* **2**: 2, 8, 10, 20, 78, 83, 95 ff, 153, 174, 180 f, 192, 324
Parvalbumin **8**: 297
*Pasteurella*
– Glycogen biosynthesis **5**: 386
– Hyaluronan **5**: 383
*Pasteurella multocida*
– mreB-Like gene **7**: 361
– Murein biosynthesis gene **5**: 457
Pasteur Institute **4**: 55
Patent **9**: 125
*Patinopecten yessoenis*
– Molluscan shell protein **8**: 300

Patulin **9**: 93
*Paucimonas lemoignei* **3B**: 46, 50, 54 f
– PHA depolymerase **9**: 77
PBC
– Degradation **3B**: 97
– Microbial biodegradation
– – *Acinetobacter calcoaceticus* **9**: 419
– – *Acinetobacter junii* **9**: 419
– – Degradation product **9**: 419
– – *Duganella zoogloeoides* **9**: 419
– – *Pseudomonas lemoignei* **9**: 419
– – *Pseudomonas veronii* **9**: 419
– – *Ralstonia pickettii* **9**: 419
– – *Roseateles depolymerans* **9**: 419
– – *Variovorax paradoxus* **9**: 419
PBES fibers
– Aerobic biodegradation **4**: 16
– Marine exposure **4**: 16
– Tensile strength **4**: 16
– Weight profile **4**: 16
PBES *see also* Poly(butylene succinate-co-ethylene succinate)
– Environmental degradation **4**: 15
– Enzymatic degradation **4**: 15
– Small-angle X-ray scattering **4**: 15
– Yarn property **4**: 14
PBG
– Application **9**: 269
– Chemical structure **9**: 271
PBS/A degradation
– *Acidovorax delafieldii* **3B**: 96
– Lipase **3B**: 96
PBS degradation
– *Microbiospora rosea* **3B**: 95
PBS fiber *see also* Poly(butylene succinate)
– Aerobic biodegradation **4**: 16
– Marine exposure **4**: 16
– Tensile strength **4**: 16
– Weight profile **4**: 16
PBS *see also* Poly(butylene succinate)
– Crystalline parameter
– – Enzymatic degradation **4**: 14
– Environmental degradation **4**: 15
– Enzymatic degradation **4**: 15
– Small-angle X-ray scattering **4**: 15
– Yarn property **4**: 14
PCL **3B**: 216
– LCA data **10**: 443
P(ε-CL) **4**: 43
– Biodegradability **4**: 41
P(ε-CL-b-DXO-ε-CL) **4**: 37
PCL biodegradation
– *Pullularia pullulans* **3B**: 92
PCL crystal **9**: 221
– Unit cell **3B**: 217
PCL depolymerase
– Degradation of cutin **3B**: 93
PCL-diol
– Chemical structure **9**: 324
PCL fiber
– Dynamic storage modulus **4**: 8
– Environmental degradation **4**: 8
– Enzymatic degradation **4**: 9, 13
– Lipase
– – *Rhizopus arrhizus* **4**: 12
– PCL monofilament **4**: 8
– – Biodegradation **4**: 11
– – SEM photograph **4**: 9, 11
– Property **4**: 7
– SEM photograph **4**: 13
– Soil buria **4**: 9
– Structure **4**: 7
– Wide-angle X-ray diffraction **4**: 8
P(ε-CL-g-acrylamide) **4**: 37
PCL multifilament
– Crystallinity **4**: 11
– Enzymatic degradation **4**: 11
– Rate of degradation **4**: 11
– Seawater exposure test **4**: 11
– SEM photograph **4**: 11
PCL-β-poly(fluoroalkylene oxide)-β-PCL block copolymer **10**: 191
PCL *see also* Poly(ε-caprolactone)
– Functional derivative **4**: 348
PCL single crystal
– Electron micrograph **3B**: 217
p-Coumaric acid **1**: 334
PCR reaction
– Protein engineering **7**: 425
PC Synthase activity **8**: 274
PDLLA
– Injection-molded sample
– – *In vivo* degradation **10**: 258
PE
– Heating value **10**: 442
PEA **3B**: 218, 223
Pea **8**: 400
Peanut allergen **8**: 229
Pea protein **8**: 387
Peat
– Balneotherpaeutic use **1**: 381
– Medical application **1**: 381
Peat moss
– Formation **10**: 108
PEC
– Microbial biodegradation **9**: 419
Pectate **9**: 192
Pectate lyase **6**: 360

Pectic compound 1: 27
Pectin 3A: 3, 6: 345 ff, 7: 403, 10: 83, 87
– Analysis of constituents
– – Ferulic acid content 6: 356
– – Galacturonic acid 6: 355
– – Neutral sugar 6: 355
– – Substituent 6: 356
– Application 6: 371
– – HM pectin 6: 369
– – LM pectin 6: 370
– – Stabilizing property 6: 372
– Backbone 6: 349
– Biodegradation 6: 357, 363, 365 ff
– – Arabian-degrading enzyme 6: 361
– – α-L-Arabinofuranosidase 6: 361
– – *Aspergillus niger* 6: 361 f
– – *Bacillus subtilis* 6: 361
– – *Endo*-α-L-arabinanase 6: 361
– – *Endo*-(1,4)-β-D-galactanase 6: 361
– – *Endo*-(1,6)-galactanase 6: 361
– – *Exo*-arabinanase 6: 361
– – Feruloyl esterase 6: 362
– – Galactan-degrading enzyme 6: 361
– – β-D-Galactosidase 6: 361
– Biodegratation 6: 364
– Biosynthesis 6: 356
– – Galactosyltransferase 6: 357
– – α-1,4-Galacturonosyl transferase 6: 357
– – Glycosyltransferase 6: 357
– – Rhamnogalacturonan-acetyltransferase 6: 357
– Changes with processing 6: 362 f
– Characterization 6: 355
– Chemical degradation 6: 358
– Chemical structure 6: 349 f
– – Macromolecular feature 6: 353
– – Molar mass 6: 353
– – Nonsugar substituent 6: 351
– – Side chain 6: 351
– – Structural element 6: 351
– Classification 6: 365
– Commercialization 5: 13
– Composition 6: 349
– Conformation 6: 354
– Definition 6: 348
– Degree of esterification 6: 348
– Discovery 6: 348
– Distribution 6: 352, 353
– Extraction 6: 355
– Gelation 6: 370, 372, 373
– – "Hairy" region-degrading enzyme 6: 360
– – *Lupinus angustifolius* 6: 361
– – Lyase 6: 360
– – Pectin-degrading enzyme 6: 359
– – Pectin esterase 6: 359
– – Pectin lyase 6: 360
– – Pectin methylesterase 6: 359
– – Polygalacturonase 6: 360
– – Protopectinase 6: 358
– – RG acetylesterase 6: 361
– – RG galacturonohydrolase 6: 361
– – RG lyase 6: 361
– – RG rhamnohydrolase 6: 361
– "Hairy" region 6: 350
– Homogalacturonan 6: 349
– Localization in cell walls 6: 352 f
– Macromolecular feature 6: 353 f
– Molar mass 6: 353
– Molecular genetic 6: 357
– Molecular weight 6: 354
– Nonsugar substituent 6: 351
– Occurrence 6: 352, 353
– Pectin producer
– – Danisco-Cultor 6: 369
– – Degussa Texturant Systems 6: 369
– – Herbstreith and Fox KG 6: 369
– – Obipektin 6: 369
– Pectolytic enzyme 6: 358, 364
– Plant product texture 6: 362
– Plant product transformation 6: 362
– Primary structure 6: 349
– Production
– – CP-Kelco 6: 369
– – Danisco-Cultor 6: 369
– – Degussa Texturant Systems 6: 369
– – Extraction 6: 367 f
– – Herbstreith and Fox KG 6: 369
– – Obipektin 6: 369
– – Producer 6: 369
– – Raw material 6: 367
– – Regulation 6: 368
– – World market 6: 368 f
– Property 6: 369, 371
– – LM pectin 6: 370
– – Stabilizing property 6: 372
– Ripening 6: 362
– – Of fruits 6: 363
– Side chain 6: 351
– "Smooth" region 6: 350
– Stabilizing property 6: 372
– Storage 6: 362
– Structure 6: 351, 354, 10: 88
– Substituent 6: 356
– Type 6: 350, 365
– World market 6: 368
Pectinaceous glue 3A: 4
Pectin acetyl-esterase 6: 359
Pectinase 6: 47, 364

– Cotton scouring 7: 404
– Textile application 7: 402
*Pectinatus* sp. **3B**: 273
Pectin-degrading enzyme 6: 359
Pectin esterase 6: 359
Pectin lyase 6: 360
Pectin methylesterase 6: 359
– *Aspergillus foetidus* 6: 352
– *Aspergillus japonicus* 6: 352
– *Aspergillus niger* 6: 352
– *Trichoderma reesei* 6: 352
Pectin 5: 7, 216
Pectolytic enzyme
– Fruit processing
– – Pressing 6: 363
– Industrial application 6: 363
– – Enzymatic valorization 6: 367
– – Juice clarification 6: 365
– – Liquefaction 6: 364, 366
– – Maceration 6: 364, 366
– – Pressing 6: 364
– Pectinase 6: 364
– Vegetable processing 6: 363
*Pediastrum boryanum* 1: 212
*Pediococcus* **3B**: 289
– Exopolysaccharide 5: 410
*Pediococcus pentosaseus* 6: 514
*Pedobacter* sp. KP-2
– PAA-biodegradation 7: 185
Peduncle 1: 12
PEG
– Aerobic metabolism 9: 276
– Anaerobic biodegradation
– – Anaerobic bacterium 9: 279
– Anaerobic degradation
– – Proposed mechanism 9: 281
– Application 9: 268, 269
– Biodegradation 9: 274
– – Aerobic biodegradation 9: 272
– – *Agrobacterium* 9: 272
– – *Alcaligenes faecalis* var. *denitrificans* 9: 280
– – Alcohol dehydrogenase/oxidase 9: 275
– – Aldehyde dehydrogenase/oxidase 9: 275
– – Ether-bond-splitting enzyme 9: 275
– – *Gloeophyllum trabeum* 9: 281
– – *Methylobacterium* sp. 9: 272
– – Microorganism 9: 272, 273
– – PEG acetaldehyde lyase 9: 280
– – *Pelobacter venetianus* 9: 280
– – *Pseudomonas aeruginosa* 9: 272, 276
– – *Pseudomonas stutzeri* 9: 272
– – *Rhizobium* 9: 272
– – *Rhizobium* sp. GOA 9: 274
– – *Rhodopseudomonas acidophila* 9: 272
– – Specificity 9: 275
– – *Sphingomonas* sp. 9: 272
– – *Sphingomonas terrae* 9: 272, 274
– Chemical structure 9: 271
– Enzymatic degradation
– – *Acetobacter* 9: 277
– – Alcohol dehydrogenase 9: 277
– – *Comamonas testosteroni* 9: 277
– – *Gluconobacter* 9: 277
– – *Ralstonia eutropha* 9: 277
– – *Rhodopseudomonas acidophila* 9: 277
– – Specificity of enzyme 9: 278
– – Tetrahydrofurfuryl alcohol dehydrogenase 9: 277
– – Vanillyl alcohol dehydrogenase 9: 277
– Symbiotic degradation 9: 274
PEG acetaldehyde lyase
– *Acetobacterium* sp. 9: 280
– *Pelobacter venetianus* 9: 280
PEG biodegradation
– Ether-bond cleavage 9: 290
– Physiology
– – *Bacteroides* 9: 289
– – *Desulfovibrio* 9: 289
– – Glycolate oxidase 9: 289
PEG-DH 9: 275, 291
– Apparent kinetic parameter 9: 291
PEG lyase 9: 281
PEG/PBT microsphere
– Protein release 10: 193
PEG-PDLLA block copolymer 10: 189
PEG/PLA block copolymer
– Chemical synthesis **3B**: 339
PEG-PLA copolymer
– Biodegradation 10: 188
Pellicle 10: 210
*Pelobacter venetianus* 9: 280
*Penaeus japonicus* 6: 509
Penicillin acylase 7: 414
Penicillin V
– In nanoparticle 9: 465
*Penicillium* 2: 325, 341, 343
– Inulin biosynthesis 6: 451
– Polyketide 9: 93
*Penicillium carylophilum Dierckx*
– Nitrocellulose biodegradation 9: 204
*Penicillium chrysogenum* 1: 136, 360
– Chitin synthase gene 6: 129
– Peptide synthetase 7: 56
*Penicillium citrinum* 1: 407
*Penicillium cyclopium* **3A**: 78, **3B**: 437
*Penicillium frequentans* 1: 359 f
*Penicillium funiculosum* **3A**: 63, **3B**: 48, 54
– Polyurethane biodegradation 9: 325

*Penicillium islandicum*
– Chitosanase **6**: 140
*Penicillium janthinellum* P9
– Chitinase **6**: 135 f
*Penicillium pinophilum* **3B**: 54
*Penicillium purpurogenum*
– Inulinase **6**: 454
*Penicillium roqueforti* **4**: 192
– Thaumatin **8**: 207
*Penicillium* sp. **1**: 359 f, 397, 400, 405, 415, **3B**: 93
– Polyurethane biodegradation **9**: 325
*Penicillium* sp. 14-3 **3B**: 89, 91
*Penicillium* sp. AF9-P-112
– *Exo*-β-D-glucosaminidase **6**: 141
*Penicillium spinulosum*
– Chitosanase **6**: 139
*Penicillium* sp. M4 **1**: 403
*Penicillium* spp. **5**: 6
*Penicillium variabile* **2**: 329, 342 f
*Penicillum simplicissimum*
– Polyethylene biodegradation **9**: 379
*Peniophora* **6**: 106
Pentadecanolactone
– Polymerization **3B**: 342
Pentadin **8**: 205
– *Pentadiplandra brazzeana* **8**: 209
*Pentadiplandra brazzeana* **8**: 209
– Brazzein **8**: 205
– Pentadin **8**: 205
*Pentadiplandra brazzeana* Baillon **8**: 209
Pentaerythritol **10**: 184 f
Pentaerythritol ethoxylate
– Branched bacterial polyester **4**: 66
2,3,4,5,6-Pentafluorobenzyl bromide **3B**: 6
9,10,12,13,18-Pentahydroxy-$C_{18}$ acid **3A**: 8
2,4-Pentanedione **7**: 477, 478
Pentathionate dianion $S_5O_6^{2-}$ **9**: 39
4-Pentenoic acid **10**: 196
PEP carboxylase **3B**: 276
Pepsin **7**: 88
Peptaibol **7**: 66, **9**: 98
Peptide
– Heavy metal-binding **8**: 255
Peptide oligomer
– Microbial production **8**: 71
Peptide synthetase
– *Acremonium chrysogenum* **7**: 56
– *Actinoplanes teichomyceticus* **7**: 56
– *Alternaria alternata* **7**: 57
– *Amycolatopsis mediterranei* **7**: 56
– *Amycolatopsis orientalis* **7**: 56
– *Anabaena* strain 90 **7**: 57
– *Aspergillus nidulans* **7**: 56
– *Aspergillus quadricinctus* **7**: 57
– *Aureobasidium pullulans* **7**: 57
– *Bacillus brevis* **7**: 57
– *Bacillus licheniformis* **7**: 57, 58
– *Bacillus subtilis* **7**: 56, 57, 58
– *Beauveria bassiana* **7**: 58
– *Claviceps purpurea* **7**: 57
– *Cochliobolus carbonum* **7**: 57
– *Cylindrotrichum oligosporum* **7**: 58
– *Escherichia coli* **7**: 57
– *Fusarium* sp. **7**: 58
– Gramicidin S synthetase **7**: 60
– *Lysobacter lactamgenus* **7**: 56
– *Lysobacter* sp. **7**: 58
– *Metarhizium anisopliae* **7**: 57
– *Microcystis aeruginosa* **7**: 57
– *Mycelia sterilia* **7**: 58
– *Mycobacterium smegmatis* **7**: 56
– *Mycobacterium tuberculosis* **7**: 56
– *Myxococcus xanthus* **7**: 58
– *Nocardia lactamdurans* **7**: 56
– *Penicillium chrysogenum* **7**: 56
– *Pseudomonas aeruginosa* **7**: 56
– *Pseudomonas syringae* **7**: 57
– *Pseudomonas syringae* pv. ph. **7**: 56
– *Pseudomonas tolaasii* **7**: 58
– *Rhizobium leguminosrum* **7**: 57
– *Sepedonium ampullosporum* **7**: 56
– *Septoria* sp. **7**: 57
– *Staphyloccocus equorum* **7**: 58
– *Stigmatella aurantaica* **7**: 58
– *Streptomyces acidiscabies* **7**: 56
– *Streptomyces actuosus* **7**: 58
– *Streptomyces chrysomallus* **7**: 57
– *Streptomyces clavuligerus* **7**: 56
– *Streptomyces coelicolor* **7**: 58, 60
– *Streptomyces fradiae* **7**: 58
– *Streptomyces griseoviridis* **7**: 57
– *Streptomyces hygroscopicus* **7**: 56, 58
– *Streptomyces laurentii* **7**: 58
– *Streptomyces lavendulae* **7**: 56
– *Streptomyces pristineaspiralis* **7**: 57
– *Streptomyces roseosporus* **7**: 58
– *Streptomyces* sp. **7**: 58
– *Streptomyces triostinicus* **7**: 57
– *Streptomyces verticillus* **7**: 56
– *Streptomyces virginiae* **7**: 57
– *Theonella swinhoei* **7**: 53
– *Tolypocladium niveum* **7**: 57
– *Trichoderma virens* **7**: 56
– *Trichoderma viride* **7**: 56
– *Ustilago maydis* **7**: 57
– *Vibrio anguillarum* **7**: 56
– *Vibrio cholerae* **7**: 56
– *Xanthomonas albilineans* **7**: 58

– *Yersinia enterocolitica* 7: 56
– *Yersinia pestis* 7: 56
Peptide synthetase system
– *Acremonium chrysogenum* 7: 69
– Biosynthetic gene cluster
– – In eukaryote 7: 69
– – In prokaryote 7: 69
– Catalytic cycle 7: 66
– Domain interaction 7: 68
– Epimerization domain 7: 62
– Historical introduction 7: 59
– *N*-Methyl-transferase domain 7: 62
– Protein domain
– – Adenylate domain 7: 59
– – Carrier domain 7: 61
– – Condensation domain 7: 62
– – Epimerization domain 7: 62, 63
– – *N*-Methyltransferase domain 7: 64
– – Oxidation and reduction domain 7: 66
– – Thioesterase domain 7: 63
– Reaction cycle 7: 66, 67, 68
– Side reaction 7: 68
– Tailoring reaction 7: 68
– Thioesterase 7: 65
Peptidoglycan 5: 3, 431 ff
Peptidolactone 7: 63
Peptidomannan 6: 168
Peptidyl 7: 4
Peptidyl-prolyl-*cis*/*trans*-isomerase 7: 235
Peptidyl transferase 7: 18
Peptidyl transferase center 7: 19
*Perenniporia medulla-panis* 1: 185, 189
Perfloxacin mesilate
– In nanoparticle 9: 465
Perfluorhexane 10: 253
Performance product 10: 355
Perfume fixative 2: 40
Pericardial patch 4: 103, 10: 248, 250
Pericardium
– Regeneration 10: 252
Periplasmic space 9: 182
Perithecia 1: 232
Peritoneum 10: 253
Perlecan
– Proteoglycan 6: 584
Perlite 10: 44
Perlustrin
– Aragonite-associated protein 8: 303
Permanganate oxidation 1: 97
Permethrin 8: 191
Peroxidase 1: 42, 81, 135, 357 f, **3A**: 60, 7: 405, 8: 487
– Regulation **3A**: 61
– Substrate specificity 1: 36
– Textile application 7: 402
– Textile processing 7: 406
Peroxidase gene
– *TAP1* **3A**: 60
– *TAP2* **3A**: 60
Peroxidase 1: 401, 403, 414, 467, **3A**: 11
Peroxyl radical 1: 153
Persister cell 10: 237
Perspective of production
– Block copolymer 2: 225
– Butyl rubber 2: 225
– Cyclized rubber 2: 225
– Isoprene 2: 224
– 3,4 Polyisoprene 2: 225
– *cis*-1,4 Polyisoprene 2: 224
– *trans*-1,4 Polyisoprene 2: 225
– Styrene butadiene isoprene rubber 2: 225
*Perthenium argentatum* 2: 75
Perutz 8: 429
PES **3B**: 217, 223
PES degradation
– *Bacillus* sp. TT96 **3B**: 95
PES single crystal **3B**: 223
– Electron diffraction diagram **3B**: 218
– Electron micrograph **3B**: 218, 223
PET
– Heating value 10: 442
Petrochemical 9: 64, 10: 13
Petrochemistry 10: 343
Petroleum industry 5: 92
*Peziza* 2: 11, 96, 183
P(FAD-SA)
– Erosion rate 9: 432
Pfeifer und Langen
– Dextran 5: 308
PGA **3A**: 78, 4: 4
– Application 4: 195 f
– Biomet, Inc. 4: 195
– Bionx Implants, Inc. 4: 195
– Bone surgery 4: 195
– Drug-delivery system 4: 195
– Instrument Makar, Inc. 4: 195
– Patent 4: 196
– Producer 4: 195
– Production 4: 195
– Smith & Nephew Endoscopy 4: 195
– World market 4: 195
γ-PGA
– Commercialization 10: 318
– Production 10: 318
– Recovery 10: 319
PGA-b-PCL block copolymer 10: 191
γ-PGA *endo*-depolymerase
– *Bacillus licheniformis* ATCC 9945A 7: 154

– *Myrothecium* sp. TM-4222 **7**: 154
$\gamma$-PGA synthetase **7**: 143
$\gamma$-D-PGA synthetase
– *Bacillus licheniformis* **7**: 149
– Reaction mechanism **7**: 149
$\gamma$-L-PGA synthetase
– ATPase activity **7**: 152
– *Bacillus halodurans* **7**: 152
– *Bacillus licheniformis* **7**: 149
– Organization of gene **7**: 153
PHA *see also* Polyhydroxyalkanoate **3A**: 105, **4**: 366
– Acyl-CoA synthetase **3A**: 207
– Adsorbable polymeric scaffold **4**: 78
– Antibody **3A**: 125
– Application **3A**: 107, **3B**: 166, 235 ff
– – Animal nutrition **4**: 115
– – Anticancer agent **4**: 111
– – Artery augmentation **4**: 104
– – Atrial septal defect repair **4**: 105
– – Cardiovascular **4**: 103
– – Cardiovascular stent **4**: 105
– – Dental **4**: 107
– – Dressing **4**: 117
– – Drug delivery **4**: 108
– – Drug release **4**: 111
– – Dusting powder **4**: 117
– – Feed supplement **3A**: 424
– – Fiber property **3A**: 424
– – Guided bone regeneration **4**: 108
– – Guided tissue regeneration **4**: 107
– – Heart valve **4**: 106
– – Heart valve scaffold **4**: 107
– – Human nutrition **4**: 114
– – Implantation **4**: 107
– – Implant **4**: 109
– – Maxillofacial **4**: 107
– – Microparticulate carrier **4**: 110
– – Microsphere **4**: 112
– – Nerve repair **4**: 114
– – Nutritional use **4**: 114
– – Orthopedic **4**: 115
– – Pericardial patch **4**: 103
– – Prodrug **4**: 114
– – Soft tissue repair **4**: 117
– – Suture **4**: 116
– – Tablet **4**: 109
– – Treatment of osteomyelitis **4**: 110
– – Urology **4**: 116
– – Vascular graft **4**: 105
– – Wound management **4**: 116
– ATP regeneration **3A**: 206
– *Azotobacter vinelandii* **3A**: 125 ff
– *Bacillus megaterium* **3B**: 106, 270
– *Bacillus subtilis* **3A**: 126
– Bioabsorption **4**: 101
– Biocompatibility **4**: 76, 97
– Biodegradability **3B**: 45, 72, 116
– Biodistribution **4**: 101
– Biological depolymerization **4**: 379
– Biophysical state **3B**: 45
– Biosynthesis
– – Acetoacetyl-CoA dehydrogenase **3A**: 109
– – Energetic efficiency **3A**: 294
– – Enoyl-CoA hydratase **3A**: 109
– – β-Ketoacyl-CoA thiolase **3A**: 109
– – *phaD* **3A**: 110
– Butyrate kinase **3A**: 207
– Carbapenem antibiotic **4**: 381
– Chain-length of constituents
– – Terminology **3A**: 175
– Chemical degradation
– – Acidic hydrolysis **3B**: 195
– – Lamellar poly(3HB) crystal **3B**: 195
– – Saponification **3B**: 195
– Chemical depolymerization **4**: 378
– Chemical modification **10**: 196
– Chemical synthesis
– – Ring-opening polymerization **3B**: 237
– CoA recycling **3A**: 206
– Constituent **4**: 80
– Complex with polyphosphate **3A**: 125
– Composition **3B**: 135, **4**: 63
– Constituent **3A**: 361, **3B**: 11 ff, 135 ff
– cPHAs **3A**: 125
– Crystalline property **3B**: 257 ff, 262
– Crystallinity **3B**: 45, 245
– Crystallite **3B**: 257
– Crystallization **3B**: 187 f
– – Kinetics **3B**: 241
– Crystallization rate **3B**: 250
– Derivative
– – $\alpha$-Crotonic acid **3B**: 3
– Detection **3B**: 166
– Dioxanone **4**: 382
– Diversity
– – Poly($HA_{MCL}$) **3A**: 107
– – Poly($HA_{SCL}$) **3A**: 107
– – Poly(3HB-co-3HV **3A**: 107
– Electron micrograph **3A**: 129
– Epoxidation **10**: 202
– *Escherichia coli* **3A**: 126 ff
– Extracellular degradation **3A**: 113
– From environment **3A**: 338
– Function
– – Carbon reserve **3A**: 115
– – Detoxification **3A**: 294
– – Energy reserve **3A**: 115
– – Functional difference **3A**: 294

– – Reserve material **3A**: 293
– – Redox regulator **3A**: 115
– – "Sink" for reducing power **3A**: 115
– Functional group **4**: 367
– Functionalization **10**: 196, 201
– General property **3B**: 167 f
– Genetic competence **3A**: 126 ff
– Haemocyanin-conjugated PHA **3A**: 125
– *Haemophilus influenzae* **3A**: 126
– Hemocompatibility **4**: 78
– High-energy irradiation **10**: 199
– History **3B**: 165
– (*R*)-Hydroxycarboxylic acid **4**: 377
– Incorporation of 4-hydroxybutyrate **3B**: 135
– In Eukaryotes **3A**: 123
– Intracellular degradation **3A**: 115, **3B**: 23
– In transgenic plants
– – Fiber property **3A**: 424
– *In vitro* biosynthesis **3A**: 353
– – Butyrate kinase **3A**: 369
– – Patent **3A**: 369
– – Phosphotransbutyrylase **3A**: 369
– *In vitro* cell culture testing **4**: 98
– *In vitro* degradation **4**: 101
– *In vitro* depolymerization
– – *Alcaligenes latus* **4**: 380
– – *Pseudomonas aeruginosa* **4**: 380
– – *Pseudomonas oleovorans* **4**: 380
– – *Ralstonia eutropha* **4**: 380
– – *Rhodospirillum rubrum* **4**: 379
– *In vitro* synthesis **3A**: 206 f
– – Bovine serum albumin **3A**: 367
– – *Clostridium propionicum* **3A**: 368
– – CoA recycling system **3A**: 368
– – Molecular weight **3A**: 365
– – Molecular weight polydispersity **3A**: 366
– – New type of PHA **3A**: 367
– – Polymer property **3A**: 365
– – Repeating unit distribution **3A**: 365
– – *R. eutropha* **3A**: 368
– – Stabilizing of PHA synthase activity **3A**: 367
– *In vivo* bioabsorption **4**: 102
– *In vivo* depolymerization **4**: 379
– *In vivo* tissue response **4**: 99
– Ion-conducting complex **3A**: 133
– Material property **3B**: 235
– – Crystallinity **3B**: 260
– – Crystallization temperature **3B**: 251
– – Deformation **3B**: 256
– – Deformation property **3B**: 255
– – Ductile behavior **3B**: 248
– – Ductility **3B**: 245
– – Dynamic mechanical analysis **3B**: 241, 247
– – Dynamic mechanical spectrum **3B**: 247
– – Elongation at break **3B**: 248 f
– – Extension to break **3B**: 256
– – Flexibility **3B**: 245
– – Glass transition temperature **3B**: 246
– – Loss modulus **3B**: 247
– – Mechanical analysis **3B**: 241
– – Melt flow index **3B**: 253
– – Melting point **3B**: 244
– – Melt stability **3B**: 254
– – Molecular weight **3B**: 249, 253
– – Morphology **3B**: 255
– – Processing temperature **3B**: 254
– – Rheological measurement **3B**: 241
– – Storage modulus **3B**: 247
– – Stress strain measurement **3B**: 241
– – $T_g$ **3B**: 245, 247, 251
– – Tensile modulus **3B**: 248
– – Thermal degradation **3B**: 255
– – Young's modulus **3B**: 259
– – Zero-shear viscosity **3B**: 253
– Mechanical property **4**: 95 f
– Medical application **4**: 91, **10**: 249
– Melt property **3B**: 252
– Metabolic pathway **4**: 381
– – Enoyl-CoA hydratase **3A**: 220
– – NADPH-dependent acetoacetyl-CoA reductase **3A**: 220
– – Pathway I **3A**: 220 f
– – Pathway II **3A**: 220 f
– – Pathway III **3A**: 220 f
– – PHA biosynthesis from glucose **3A**: 220
– – Related carbon source **3A**: 221
– – (*R*)-Specific enoyl-CoA hydratase **3A**: 220
– Microbial biosynthesis **4**: 56
– Molecular structure **4**: 63
– Molecular weight **3A**: 207
– Molecular weight determination **3B**: 239
– Natural occurrence **4**: 97
– New type of PHA **3A**: 367
– Nucleation **3B**: 251
– Occurrence of PHA in natural environments **3B**: 167
– *P. aeruginosa* **3A**: 207
– Patent **4**: 118
– Peroxide modification **10**: 200
– PHA biosynthesis **3B**: 106
– PHA composition **3B**: 107
– PHA depolymerase
– – Lipase-box **3A**: 113
– PHA synthase **3A**: 365
– Pharmaceutical application **4**: 91
– Phosphotransbutyrylase **3A**: 207

– Physical 3**B**: 233
– Physico-chemical property 3**B**: 72
– Plastic production 10: 426
– Poly(3HB) 3**B**: 135
– Poly(3HB-*co*-3HV) 3**B**: 135
– Polyphosphate 3**A**: 206
– Processing 3**B**: 231
– Processing characteristics
– – Effect of nucleating agents 4: 67
– – Effect of plasticizers 4: 68
– Production 4: 95
– – Operating cost 10: 331
– Property 3**B**: 107, 135, 149 ff, 167 ff, 178, 187 f, 233
– *Pseudomonas cichorii* 10: 202
– *Pseudomonas oleovorans* 4: 367, 10: 202
– Solubility 3**B**: 133, 151
– Sterilization 4: 96
– Synthetic oligomer 3**A**: 134
– Tacticity 3**B**: 63
– Thermal degradation
– – β-Butyrolactone 3**B**: 189
– – Crotonic acid 3**B**: 190
– – Ethanal 3**B**: 190
– – Ketene 3**B**: 190
– – Product 3**B**: 190
– – Propene 3**B**: 190
– Thermal property 4: 95 f
– Transformation 3**A**: 127
PHA accumulation
– *Bacillus megaterium* 3**B**: 134
– *Escherichia coli* 3**B**: 108
– *Ralstonia eutropha* 3**B**: 108
PHA analysis
– Alkaline hydrolysis 3**B**: 3
– CCD 3**B**: 142
– $^{13}$C-CP/MAS NMR 3**B**: 170
– Chemical ionization MS 3**B**: 9
– Circular dichroism 3**B**: 172
– $^{13}$C-NMR spectroscopy 3**B**: 139, 141
– COSY 3**B**: 7
– CPMAS NMR spectroscopy
– – Poly(3HB-*co*-3HV) 3**B**: 147
– Crotonic acid 3**B**: 3, 7
– 2D-$^{13}$C-$^{1}$H-Correlation spectroscopy 3**B**: 7
– Differential scanning calorimetry 3**B**: 139
– EI-MS spectrum 3**B**: 9
– Electron impact MS 3**B**: 9
– Enzymatic method 3**B**: 4
– FAB-MS 3**B**: 139, 141
– Gas chromatography (GC) 3**B**: 3, 5, 8, 12 ff, 139, 239
– GC analysis
– – Atomic emission detector 3**B**: 4
– GC-MS 3**B**: 8, 12 ff
– HPLC 3**B**: 4, 7 f
– 3-Hydroxy-4-pentenoic acid 3**B**: 7
– Infra-red method 3**B**: 4
– Mass spectrometry 3**B**: 6, 9
– McLafferty rearrangement 3**B**: 9
– MCL-PHA 3**B**: 5, 8
– Mild acidic hydrolysis 3**B**: 3
– NMR 3**B**: 7, 12 ff, 240
– – Two-dimensional 3**B**: 4
– NMR spectroscopy
– – Chemical shift 3**B**: 10
– – $^{13}$C-NMR Spectroscopy 3**B**: 10
– – $^{1}$H-NMR-Spectrum 3**B**: 10
– Optical rotatory dispersion 3**B**: 172
– Poly(3HB-*co*-4HB) 3**B**: 139
– Scanning electron micrograph 3**B**: 257
– SCL-PHA 3**B**: 5, 7
– Solid-state $^{13}$C-NMR spectroscopy 3**B**: 147
– Spectrophotometric method 3**B**: 4
– Thermal analysis 3**B**: 240
– Thermal gravimetric analysis 3**B**: 188
– – Poly(3HB-*co*-20% HV) 3**B**: 189
– Transesterification
– – Titanate-catalyzed 3**B**: 6
– Trimethylsilyl derivative 3**B**: 9
– X-ray analysis 3**B**: 240
– X-ray diffraction pattern 3**B**: 146 f
– X-ray scattering 3**B**: 170
PHA application
– Absorbable suture 3**B**: 166
– Biopol 3**B**: 168
– "Cat gut" 3**B**: 166
– Chemie Linz 3**B**: 167
– Compostable baby diaper 3**B**: 236
– Fiber 3**B**: 236
– Flexible film 3**B**: 236
– General property 3**B**: 167 f
– ICI 3**B**: 167
– Nonwoven binder 3**B**: 236
PHA biosynthesis 3**A**: 221, 253, 417
– Acetoacetyl-CoA reductase
– – *C. vinosum* 3**A**: 225
– – *Z. ramigera* 3**A**: 225
– Acyl-ACP:CoA transacylase 3**A**: 222
– *Aeromonas caviae* 3**A**: 220
– *Aeromonas hydrophila* 3**B**: 239
– *Alcaligenes latus* 3**A**: 265
– *Allochromatium vinosum* 3**A**: 220
– Amino metabolism 3**A**: 208
– *Azotobacter beijerinckii* 3**A**: 265
– *Bacillus megaterium* 3**A**: 355
– *Chromatium vinosum* 3**A**: 355
– Citric acid cycle 3**A**: 208

– *Clostridium acetobutylicum* **3A**: 236
– *Clostridium kluyveri* **3A**: 236
– Energetics **3A**: 295
– Enoyl-CoA hydratase **3A**: 208
– *Escherichia coli* **3A**: 219
– Fatty acid *de novo* synthesis **3A**: 208
– Fatty acid oxidation inhibitor **3B**: 239
– Fatty acid synthesis **3A**: 296
– From 4-hydroxybutyrate **3A**: 222
– From unsaturated fatty acids **3A**: 296
– HA-CoA thioester **3A**: 207
– (*R*)-3-Hydroxyacyl-ACP-CoA transacylase **3A**: 222
– (*R*)-3-Hydroxyacyl intermediates **3A**: 222
– β-Ketothiolase
– – *R. eutropha* **3A**: 225
– – *Z. ramigera* **3A**: 225
– Key enzyme
– – Acetoacetyl-CoA reductase **3A**: 322
– – 3-Hydroxydecanoyl-ACP:CoA transacylase **3A**: 322
– – 3-Ketoacyl-ACP reductase **3A**: 322
– – 3-Ketoacyl-ACP synthase III **3A**: 322
– – β-Ketothiolase **3A**: 322
– – Malonyl-CoA-ACP transacylase **3A**: 322
– – (*R*)-Specific enoyl-CoA hydratase **3A**: 322
– – Thioesterase I **3A**: 322
– Metabolic control analysis **3A**: 251
– Metabolic design **3A**: 207, 219
– – *ftsZ* Gene **3A**: 232
– – *parB*-Stabilized plasmid **3A**: 232
– – *Pseudomonas fragi* **3A**: 240
– – *Pseudomonas oleovorans* **3A**: 240
– – *Pseudomonas putida* GPp104 **3A**: 239 f
– – *Pseudomonas* sp. 61-3 **3A**: 240
– – *Ralstonia eutropha* PHB-4 **3A**: 237 f
– – Recombinant *Escherichia coli* **3A**: 232 ff
– Metabolic engineering
– – *ftsZ* Gene **3A**: 232
– – *parB*-Stabilized plasmid **3A**: 232
– – *Ralstonia eutropha* PHB-4 **3A**: 237 f
– – Recombinant *Escherichia coli* **3A**: 232 ff
– Metabolic engineering/*Pseudomonas fragi* **3A**: 240
– Metabolic engineering/*Pseudomonas oleovorans* **3A**: 240
– Metabolic engineering/*Pseudomonas putida* GPp104 **3A**: 239 f
– Metabolic engineering/*Pseudomonas* sp. 61-3 **3A**: 240
– Metabolic flux **3A**: 207
– Metabolic flux analysis **3A**: 249 f
– Metabolic pathway **3A**: 219, 406
– – *A. caviae* **3A**: 321 f
– – *Aeromonas caviae* **3A**: 320
– – *Aeromonas salmonisida* **3A**: 321
– – *E. coli* **3A**: 322
– – Epimerase **3A**: 321
– – *3-Hydroxydecanoyl-ACP:CoA transacylase* **3A**: 321
– – 3-Ketoacyl-ACP reductase **3A**: 321
– – 3-Ketoacyl-CoA reductase **3A**: 321
– – β-Oxidation pathway **3A**: 321
– – *P. aeruginosa* **3A**: 320, 322
– – *P. putida* **3A**: 321 f
– – *Pseudomonas oleovorans* **3A**: 320
– – *Pseudomonas* sp. 61-3 **3A**: 322
– – *Ralstonia eutropha* **3A**: 320, 322
– – (*R*)-Specific enoyl-CoA hydratase **3A**: 321
– Metabolite concentration **3A**: 251
– Organization of gene
– – *A. caviae* **3A**: 222
– – *Pseudomonas putida* U **3A**: 228
– – *Pseudomonas resinovorans* **3A**: 228
– – *Pseudomonas* sp. 61-3 **3A**: 228
– – *Ralstonia eutropha* H16 **3A**: 228
– – *Rhizobium etli* **3A**: 228
– – *Rhodobacter capsulatus* **3A**: 228
– – *Rhodobacter sphaeroides* 2.4.1 **3A**: 228
– – *Rhodobacter sphaeroides* ATCC17023 **3A**: 228
– – *Rhodobacter sphaeroides* RV **3A**: 228
– – *Rhodococcus ruber* NCIMB40126 **3A**: 229
– – *Rhodospirillium rubrum* **3A**: 222
– – *Rhodospirillum rubrum* ATCC25903 **3A**: 229
– – *Rhodospirillum rubrum* Ha **3A**: 229
– – *Rickettsia prowazekii* **3A**: 222, 229
– – *Sinorhizobium meliloti* 41 **3A**: 229
– – *Sinorhizobium meliloti* Rm1021 **3A**: 229
– – *Synechocystis* sp. PCC6803 **3A**: 229
– – *Thiococcus pfennigii* **3A**: 229
– – *Thiocystis violacea* **3A**: 229
– – *Vibrio cholerae* **3A**: 222, 229
– – *Zoogloea ramigera* **3A**: 229
– β-Oxidation **3A**: 294
– β-Oxidation pathway **3A**: 208
– *Paracoccus denitrificans* **3A**: 236
– PHA operon **3A**: 252
– *P. oleovorans* **3A**: 228, 294
– Poly(3-hydroxybutyrate-*co*-3-hydroxyhexanoate) **3B**: 239
– Proteome analysis **3A**: 258
– *Pseudomonas aeruginosa* **3A**: 228, 236
– *Pseudomonas fragi* **3A**: 241
– *Pseudomonas* sp. 61-3 **3A**: 222, 228, 241
– *Ralstonia eutropha* **3A**: 219, 252, 265, **3B**: 239
– Recombinant *Escherichia coli* **3A**: 265
– *R. eutropha* **3A**: 236
– *R. eutropha* PHB-4 **3A**: 241

– *Rhodospirillum rubrum* **3A**: 220, 355
– (*R*)-Specific enoyl-CoA hydratase
– – *A. caviae* **3A**: 230
– – *P. aeruginosa* **3A**: 230
– – *R. rubrum* **3A**: 230
– *Thiocapsa pfennigii* **3A**: 236
PHA biosynthesis enzyme
– Terminology **3A**: 175
PHA biosynthesis gene
– *Acinetobacter* sp. RA3849 **3A**: 180
– *Aeromonas caviae* **3A**: 181
– *Alcaligenes latus* **3A**: 180
– *Allochromatium vinosum* D **3A**: 185
– *Bacillus megaterium* **3A**: 180
– *Burkholderia* sp. DSMZ9242 **3A**: 180
– *Caulobacter crescentus* **3A**: 182
– *Chromobacterium violaceum* **3A**: 180
– *Comamonas acidovorans* **3A**: 181
– *Ectothiorhodospira shaposhnikovii* N1 **3A**: 185
– *Methylobacterium extorquens* **3A**: 182
– *Nocardia corallina* **3A**: 182
– *Paracoccus denitrificans* **3A**: 181
– *Pseudomonas aeruginosa* **3A**: 184
– *Pseudomonas mendocina* **3A**: 184
– *Pseudomonas oleovorans* **3A**: 184
– *Pseudomonas putida* U **3A**: 184
– *Pseudomonas resinovorans* **3A**: 184
– *Pseudomonas* sp. 61-3 **3A**: 181, 184
– *Ralstonia eutropha* **3A**: 180
– *Rhodobacter capsulatus* **3A**: 183
– *Rhodobacter sphaeroides* **3A**: 183
– *Rhodococcus ruber* **3A**: 181
– *Rhodospirillum rubrum* Ha **3A**: 183
– *Rickettsia prowazekii* **3A**: 183
– *Sinorhizobium meliloti* 41 **3A**: 182
– *Synechocystis* sp. PCC6803 **3A**: 185
– Terminology **3A**: 175
– *Thiocapsa pfennigii* **3A**: 185
– *Thiocystis violacea* **3A**: 185
– *Vibrio cholerae* **3A**: 181
– *Zoogloea ramigera* **3A**: 182
PHA blend **3B**: 114, 116
– Fractionation **3B**: 140, 141
*phaC* **3A**: 108
*phaCAB* operon **3A**: 179
PHA constituent
– Analysis **3B**: 12 ff
– – *cis* and *trans* Octenoic acid **3B**: 10
– 3-Hydroxybutyrate (3HB) **3A**: 344
– 4-Hydroxybutyric acid **3B**: 16
– 4-Hydroxydecanoic acid **3B**: 16
– 3-Hydroxy-5-*cis*-dodecenoate **3B**: 11
– 6-Hydroxy-*cis*-3-dodecenoic acid **3B**: 16
– 4-Hydroxyheptanoic acid **3A**: 303, **3B**: 16
– 3-Hydroxy-*cis,cis,cis*-7,10,13-hexadecatrienoic **3B**: 10
– 3-Hydroxyhexanoate (3HHx) **3A**: 344
– 4-Hydroxyhexanoic acid **3B**: 16
– 5-Hydroxyhexanoic acid **3A**: 303, **3B**: 16
– 3-Hydroxy-2-methylbutyrate (3H2MB) **3A**: 341, 343 f
– 3-Hydroxy-2-methylvalerate (3H2MV) **3A**: 341, 343 f
– 4-Hydroxyoctanoic acid **3A**: 303, **3B**: 16
– 3-Hydroxy-*cis,cis,cis*-5,8,11-tetradecatrienoic **3B**: 10
– 3-Hydroxy-5-*cis*-tetradecenoate **3B**: 11
– 3-Hydroxy-7-*cis*-tetradecenoate **3B**: 11
– 3-Hydroxyvalerate (3HV) **3A**: 341, 344
– 4-Hydroxyvaleric acid **3B**: 16
– 5-Hydroxyvaleric acid **3B**: 16
PHA copolymer
– *Aeromonas caviae* **3B**: 111
– *Alcaligenes latus* **3B**: 111, 112
– Biodegradability
– – Degree of crystallinity **3B**: 122
– Cast film extrusion **3B**: 254
– Chemical synthesis
– – Initiator **3B**: 238
– *Comamonas acidovorans* **3B**: 112
– Comonomer distribution **3B**: 142
– Crystallinity **3B**: 110, 261
– Crystallization rate **3B**: 250
– Crystal structure **3B**: 211
– Elongation to break **3B**: 113
– Glass transition temperature **3B**: 110, 113
– Isodiomorphism **3B**: 169
– Lamellae **3B**: 261
– Material property **3B**: 246, 249
– Melting temperature **3B**: 109, 113 f
– Micellar crystal **3B**: 261
– Phase diagram **3B**: 150
– Physical property **3B**: 109
– Poly(3HB-*co*-4HB) **3B**: 112
– Poly(3HB-*co*-3HP) **3B**: 112
– Property **3B**: 113
– – Phase diagram **3B**: 150
– *Pseudomonas* sp. 61-3 **3B**: 112
– *Ralstonia eutropha* **3B**: 109, 112
– Random copolymer **3B**: 142
– Spherulite **3B**: 261
– Tensile strength **3B**: 113
– X-ray diffraction **3B**: 260
– Young's modulus (GPa) **3B**: 113
PHA crystal
– Cell dimension **3B**: 173
– Crystalline unit cell **3B**: 172
– Lamellar morphology **3B**: 186

– Lamellar single crystal 3B: 180
– Orthorhombic Poly(3HB) unit cell 3B: 174
– Orthorhombic space group 3B: 175
– Packing energy 3B: 173
– Poly(3HB) 3B: 180
– Syndiotactic poly(3HB) 3B: 175
– Torsional angle summary 3B: 173
– Transmission electron micrograph 3B: 181, 254
– Unit cell 3B: 173
PHA cycle 4: 381
*phaD* 3A: 110
PHA degradation 3B: 93
– *Acidovorax* sp. 3B: 46
– *Alcaligenes eutrophus* 3B: 45
– *Alcaligenes faecalis* 3B: 48, 121
– *Alcaligenes faecalis* AE122 3B: 46
– *Alcaligenes faecalis* T1 3B: 46, 55, 73
– Amorphous form 3B: 72
– *Amycolatopsis* sp. 3B: 49
– *Amycolatopsis* sp. HT-6 3B: 95
– *Aspergillus fumigatus* 3B: 48
– *Aureobacterium saperdae* 3B: 46
– *Bacillus* sp. 3B: 45
– Biodegradability
– – Lamellar thickness 3B: 123
– – Poly(BA) 3B: 119
– – Poly(BSU) 3B: 119
– – Poly(EA) 3B: 119
– – Poly(ESU) 3B: 119
– – Poly(3HB) 3B: 119
– – Poly(4HB) 3B: 119
– – Poly(6HH) 3B: 119
– – Poly(3HO) 3B: 119
– – Poly(2HP) 3B: 119
– – Poly(3HP) 3B: 119
– – Poly(3HV) 3B: 119
– – Poly(5HV) 3B: 119
– Biodegradation 3B: 45
– Biopol® bottle 3B: 45
– *Clostridium*-like isolate 3B: 48
– *Comamonas acidovorans* 3B: 45, 49
– *Comamonas acidovorans* YM1609 3B: 46
– *Comamonas* sp. 3B: 45 f, 48, 52, 55, 73
– *Comamonas testosteroni* ATSU 3B: 46
– Crystallinity 3B: 72
– Effect of chemical structure 3B: 118
– Effect of solid-state structure 3B: 121
– Electrospray-ionization mass spectroscopy 3B: 68
– Enrichment of bacterium 3B: 51
– – Clear zone technique 3B: 50
– – Nile red 3B: 50
– – Overlay agar 3B: 50
– – Sudan red 3B: 50
– *Excellospora japonica* 3B: 95
– *Excellospora viridilutea* 3B: 95
– Extracellular 3B: 42, 45
– – Clearing zone formation (halos) 3B: 45
– Extracellular PHA depolymerase
– – *Acidovorax* sp. 3B: 53
– – *Alcaligenes faecalis* AE122 3B: 53
– – *Alcaligenes faecalis* T1 3B: 53
– – *Comamonas acidovorans* 3B: 53
– – *Comamonas* sp. 3B: 53
– – *Comamonas testosteroni* 3B: 53
– – *Leptothrix* sp. 3B: 53
– – *Pseudomonas fluorescens* GK13 3B: 53
– – *Pseudomonas lemoignei* 3B: 53
– – *Pseudomonas* sp. strain GM101 3B: 53
– – *Pseudomonas stutzeri* 3B: 53
– – *Ralstonia pickettii* 3B: 53
– – *Ralstonia pickettii* strain K1 3B: 53
– – *Streptomyces exfolicatus* 3B: 53
– – *Streptomyces hygroscopicus* 3B: 53
– Extracellular polyhydroxyalkanoate depolymerase 3B: 41
– 3HB Dimer hydrolase 3B: 68
– 3HB-Oligomer hydrolases 3B: 31
– *Herbaspirillum* 3B: 55
– *Hydrogenomonas eutropha* H16 3B: 45
– *Ilyobacter delafieldii* 3B: 48
– Intracellular
– – *Legionella pneumophila* 3B: 25
– Intracellular degradation 3B: 45
– – *Hydrogenophaga pseudoflava* 3B: 27
– – *Pseudomonas oleovorans* 3B: 27
– – *Ralstonia eutropha* 3B: 27
– Intracellular PHA depolymerase
– – *Ralstonia eutropha* H16 3B: 26
– Isolate A1 3B: 47
– Isolate S2 3B: 47
– Isolate T107 3B: 47
– Isolate Z925 3B: 47
– *Leptothrix* sp. 3B: 94
– *Marinobacter* sp. NK-1 3B: 46
– Molecular design 3B: 105
– Oligomer hydrolase 3B: 68
– *Oxalobacter* 3B: 55
– *Paecilomyces lilacinus* 3B: 48, 94
– *Paucimonas lemoignei* 3B: 46, 50, 55
– *Penicillium funiculosum* 3B: 48
– PHA depolymerase 3B: 185
– *Physarum polycephalum* 3B: 49
– *Pseudomonas fluorescens* GK13 3B: 48
– *Pseudomonas lemoignei* 3B: 46 f, 49, 50, 52, 55, 68, 72
– *Pseudomonas lemoignei* A62 3B: 47
– *Pseudomonas maculicola* 3B: 48

– *Pseudomonas* P1 **3B**: 45, 47
– *Pseudomonas* sp. **3B**: 47, 68
– *Pseudomonas* sp. A1 **3B**: 49
– *Pseudomonas stutzeri* YM1006 **3B**: 47
– *Pseudomonas stutzeri* YM1414 **3B**: 47
– *Ralstonia eutropha* **3B**: 30, 45
– *Ralstonia eutropha* H16 **3B**: 73
– *Ralstonia pickettii* **3B**: 47
– *Rhodospirillium rubrum* **3B**: 30
– Scanning electron microscopy **3B**: 52
– Stereoregularity **3B**: 72
– *Streptomyces exfoliatus* **3B**: 55
– *Streptomyces exfoliatus* K10 **3B**: 48
– *Streptomyces* sp. **3B**: 45
– Surface erosion **3B**: 52
– *Xanthomonas* sp. JS02 **3B**: 48
– *Zoogloea ramigera* I-16-M **3B**: 30
PHA depolymerase **3A**: 176, **4**: 5, 380 f
– *Acidovorax delafieldii* **3B**: 66
– *Acidovorax* sp. **3B**: 46, 56
– *Acidovorax* sp. TP4 **3B**: 54
– *Alcaligenes faecalis* **3B**: 48, 54, 56, 62, 66, 117
– *Alcaligenes faecalis* AE122 **3B**: 46, 60
– *Alcaligenes faecalis* T1 **3B**: 46
– *Amycolatopsis* sp. **3B**: 49
– *Aspergillus fumigatus* **3B**: 48, 54, 60
– *Aureobacterium saperdae* **3B**: 46
– *Bacillus circulans* **3B**: 62
– Binding to chitin **3B**: 60
– Biochemical property **3B**: 54
– – Catalytic domain **3B**: 56
– – Catalytic triad **3B**: 56
– – Composite domain structure **3B**: 56
– – Linking domain **3B**: 56
– – Lipase box **3B**: 56
– – Signal peptide **3B**: 56
– – Substrate-binding domain **3B**: 56
– Catalytic domain **3B**: 56, 67
– Catalytic mechanism **3B**: 60 f
– Catalytic triad **3B**: 56, 58, 61, 65, 67
– Cloning
– – Clearing zone formation **3B**: 51
– – *Pseudomonas fluorescens* **3B**: 51
– *Clostridium*-like isolates **3B**: 48
– *Comamonas acidovorans* **3B**: 49, 54, 56
– *Comamonas acidovorans* YM1609 **3B**: 46
– *Comamonas* sp. **3B**: 46, 48, 54, 56
– *Comamonas sp.* P37C **3B**: 65
– *Comamonas testosteroni* **3B**: 54, 56
– *Comamonas testosteroni* ATSU **3B**: 46
– Comparison to lipases **3B**: 59, 64 f
– Comparison to serine esterases **3B**: 61
– Composite domain structure **3B**: 56
– Domain structure
– – Cadherin-like domain **3B**: 57
– – Catalytic domain **3B**: 57
– – Fn3-domain **3B**: 57
– – Lipase box **3B**: 57
– – PHB binding domain **3B**: 57
– – Signal peptide **3B**: 57
– – Spacer **3B**: 57
– – Thr-rich region **3B**: 57
– Enantioselectivity
– – *Pseudomonas lemoignei* **3B**: 66
– – *Rhodospirillum rubrum* **3B**: 66
– Endogenous dimer-hydrolase activity **3B**: 67
– Endo mechanism **3B**: 183
– Exo mechanism **3B**: 183
– Extracellular **3B**: 29
– Hydrolysis product
– – *Acidovorax delafieldii* **3B**: 66
– – *Alcaligenes faecalis* **3B**: 66
– – *Pseudomonas lemoignei* **3B**: 66
– – *Rhodospirillum rubrum* **3B**: 66
– *Ilyobacter delafieldii* **3B**: 48
– Isolate A1 **3B**: 47
– Isolate S2 **3B**: 47
– Isolate T107 **3B**: 47
– Isolate Z925 **3B**: 47
– *Leptothrix* sp. strain HS **3B**: 56
– Linking domain **3B**: 56
– Lipase box **3B**: 56, 58, 65
– Lipase consensus sequence
– – *Pseudomonas oleovorans* **3B**: 27
– *Marinobacter* sp. NK-1 **3B**: 46
– Negative regulator **3B**: 72
– *Paecilomyces lilacinus* **3B**: 48, 54
– *Paucimonas lemoignei* **3B**: 46, 54, **9**: 77
– PEA **3B**: 223
– *Penicillium funiculosum* **3B**: 48, 54
– *Penicillium pinophilum* **3B**: 54
– PES **3B**: 223
– PES single crystal **3B**: 223
– PHA granule **3B**: 60
– PhaZ7 **3B**: 63
– *Physarum polycephalum* **3B**: 49
– Poly(3HB) **3B**: 223
– Poly(4HB) **3B**: 223
– PPL **3B**: 223
– Property **3B**: 117
– *Pseudomonas fluorescens* **3B**: 54, 56 f, 60, 67
– *Pseudomonas fluorescens* GK13 **3B**: 48, 51, 60, 65
– *Pseudomonas lemoignei* **3B**: 46 f, 49, 54, 56, 62, 64 f, 184 f
– – Thermoalkalophilic hydrolase **3B**: 62
– *Pseudomonas lemoignei* A62 **3B**: 47
– *Pseudomonas maculicola* **3B**: 48
– *Pseudomonas* P1 **3B**: 47

– *Pseudomonas* sp. **3B**: 47
– *Pseudomonas* sp. A1 **3B**: 49
– *Pseudomonas* sp. GM101 **3B**: 60, 62
– *Pseudomonas* sp. strain GM101 **3B**: 56
– *Pseudomonas stutzeri* **3B**: 54, 56, 60, 62, 67
– *Pseudomonas stutzeri* YM1006 **3B**: 47
– *Pseudomonas stutzeri* YM1414 **3B**: 47
– *Ralstonia pickettii* **3B**: 47, 54, 56
– Regulation
– – *Pseudomonas fluorescens* GK13 **3B**: 72
– – *Pseudomonas lemoignei* **3B**: 70 f
– – *Pseudomonas maculicola* **3B**: 72
– Related enzyme **3B**: 59
– *Rhodospirillum rubrum* **3B**: 66
– Signal peptide **3B**: 56
– Site-directed mutagenesis **3B**: 56, 65 f
– Splintering of PHA crystal **3B**: 184
– Splintering of Poly(3HB) **3B**: 183
– *Streptomyces exfoliatus* **3B**: 54, 56, 67
– *Streptomyces exfoliatus* K10 **3B**: 48
– *Streptomyces hygroscopicus* var. *ascomyceticus* **3B**: 56
– Substrate-binding domain **3B**: 56, 67
– Substrate specificity **3B**: 54, 62 ff
– *Xanthomonas*-like strain **3B**: 65
– *Xanthomonas* sp. JS02 **3B**: 48
*Phaeodactylum cornutum* **2**: 64
*Phaffia rhodozyma* IFO10129
– Inhibition by ε-PL **7**: 111
PHA film
– Elongation **3B**: 259
Phagolysosome **1**: 235
PHA granule **3A**: 205, 408, **3B**: 196
– *Acinetobacter* **3A**: 114
– Artificial amorphous granule **3A**: 113
– Autodigestion **3B**: 29 f
– $^{13}$C-NMR spectroscopy **3A**: 113
– Composition **3A**: 111
– *C. vinosum* **3A**: 114
– Differential centrifugation **3A**: 111
– Electron micrograph **3A**: 112
– GA24 protein **3A**: 114
– Granule-associated protein **3A**: 114
– Intracellular degradation **3A**: 111
– In transgenic plants **3A**: 405
– Membrane **3A**: 112
– *Methylobacterium rhodococcus* **3A**: 114
– Mild tryptic pretreatment **3A**: 111
– Milky suspension **3B**: 50
– Phasin **3A**: 114
– Property **3A**: 111
– *R. eutropha* **3A**: 114
– *Rhodococcus ruber* **3A**: 114
– Structure **3A**: 112
– Transmission electron micrograph **3B**: 195
– Treatment by protease **3A**: 111
PHA granulum **3A**: 204
PHA isolation
– Downstream processing **3A**: 306
*Phalaris canariensis* **2**: 11
PHA metabolism **3A**: 253
– Polyphosphate synthesis **3A**: 117
– Regulation
– – *Acinetobacter* spp. **3A**: 116
– – *N*-Acyl-homoserine lactone **3A**: 117
– – Autoinducer **3A**: 117
– – 3-Hydroxy-butryl-homoserine lactone **3A**: 118
– – Isocitrate dehydrogenase **3A**: 115
– – NADH/NAD ratio **3A**: 115
– – *P. aeruginosa* **3A**: 116, 118
– – Phosphenolpyruvate phosphotransferase **3A**: 116
– – Phosphorus depletion **3A**: 117
– – *P. oleovorans* **3A**: 116
– – Poly(3HB) degradation **3A**: 116
– – Polyphosphate operon **3A**: 117
– – Promoter **3A**: 116
– – *Pseudomonas* GacS **3A**: 118
– – Restricted growth **3A**: 115
– – *R. eutropha* **3A**: 116
– – Role of acetyl-CoA **3A**: 115
– – Transcriptional regulator **3A**: 117
– – *Vibrio harveyi* **3A**: 118
*Phanerochaete chrysosporium* **1**: 131 f, 140, 144, 147, 152, 159, 161, 163, 183, 185 ff, 194, 196 f, 240, 357, 361 f, 406 f, 410 ff, **9**: 338
*Phanerochaete flavido-alba* **1**: 144, 147
*Phanerochaete sordida* **1**: 144, 186
PHA oligomer
– Crystalline property **3B**: 192
– Crystalline structure **3B**: 189 f
– Single crystal **3B**: 193
PHA production **3A**: 346
– *A. latus* ATCC29714 **3A**: 271
– *Alcaligenes eutrophus* **3B**: 167
– *Alcaligenes latus* **3A**: 265, 268 ff
– *Alcaligenes* sp. SH-69 **3A**: 273, 281
– *A. vinelandii* UWD **3A**: 272
– *Azotobacter beijerinckii* **3A**: 265, 272
– Bacterial fermentation **10**: 428
– By fermentation **3A**: 291
– By recombinant *E. coli* **3A**: 283
– Cell density **3A**: 268 f, 271, 273, 275
– *Chromobacterium violaceum* **3A**: 273
– Cost of raw material **3A**: 252
– Cost **3A**: 271, 429
– DO-stat **3A**: 270

– Economic consideration
– – SCL-PHA **3A**: 281
– Efficiency **3A**: 266
– Elasticity **3A**: 258
– Fed-batch cultivation **3A**: 253
– Fed-batch culture **3A**: 267, 281
– Fed-batch culture strategy **3A**: 252
– Fermentation strategy **3A**: 278
– Fermentative production **3A**: 263
– Flux control coefficient **3A**: 258
– From acetate **3A**: 254
– From activated sludge **3A**: 337
– From butyrate **3A**: 253 f
– From casamino acid **3A**: 269
– From casein peptone **3A**: 269
– From glucose **3A**: 254 f
– From lactate **3A**: 254
– From sucrose **3A**: 269
– From whey **3A**: 276
– Glucose-utilizing mutant **3A**: 266
– High cell density cultivation **3A**: 255, 277
– High cell density culture **3A**: 267
– In activated sludge **3A**: 342
– In *Arabidopsis*
– – Electron micrograph **3A**: 408
– – PHA granule **3A**: 408
– In recombinant *E. coli* **3A**: 279
– Intracellular acetyl-CoA **3A**: 255
– In transgenic plants
– – *A. cavea* **3A**: 419
– – Acetoacetyl-CoA reductase **3A**: 406
– – *Aeromonas caviae* **3A**: 412
– – Alfalfa **3A**: 415
– – *Arabidopsis* **3A**: 403, 413, 417, 419, 422
– – Black Mexican sweet corn **3A**: 415
– – *Brassica* **3A**: 417
– – *Brassica napus* **3A**: 411 f, 429
– – Compartment **3A**: 421
– – Corn **3A**: 403, 413
– – Corn leave **3A**: 414
– – Cotton **3A**: 403
– – Economics **3A**: 429
– – Electron micrograph **3A**: 414
– – Expression of PHA biosynthesis gene **3A**: 407
– – Flux of acetyl-CoA **3A**: 407
– – HV/HB ratio **3A**: 418
– – *R*-3-Hydroxyacyl-ACP-CoA transacylase **3A**: 423
– – Isoleucine insensitive mutant **3A**: 416
– – 3-Ketoacyl-acyl carrier protein (ACP) reductase **3A**: 419
– – 3-Ketoacyl-CoA reductase **3A**: 419
– – 3-Ketothiolase **3A**: 406
– – Maize **3A**: 413
– – MCL-PHA **3A**: 403, 418 ff, 421 f
– – Mesophyll cell **3A**: 414
– – Metabolic engineering **3A**: 419
– – Metabolic pathway **3A**: 406
– – Molecular weight **3A**: 412, 420
– – Oilseed crop **3A**: 412
– – Overview on plants **3A**: 404
– – Patent **3A**: 427, 428
– – Peroxisome **3A**: 420 f
– – PHA synthase **3A**: 404, 406
– – Plastid **3A**: 421
– – Polydispersity **3A**: 412
– – Poly(3HB) **3A**: 403, 412
– – Poly(3HB-*co*-3HV) **3A**: 403, 415 f
– – Potato **3A**: 403, 415
– – *Pseudomonas aeruginosa* **3A**: 419
– – *Pseudomonas oleovorans* **3A**: 418
– – *Pseudomonas putida* **3A**: 419
– – Pyruvate dehydrogenase **3A**: 417
– – Pyruvate dehydrogenase complex **3A**: 416
– – Rape **3A**: 403
– – Regulation **3A**: 407
– – *Rhodospirillum rubrum* **3A**: 419
– – Synthesis of poly(3HB) **3A**: 411
– – Threonine deaminase **3A**: 417
– – Tobacco **3A**: 403, 415
– – Transgenic corn **3A**: 414
– – Transgenic rapeseed **3A**: 412
– Life cycle **10**: 428
– *Lyctobacillus delbrueckii* **3A**: 255
– Metabolic control analysis **3A**: 251
– Metabolite concentration **3A**: 251
– *Methylobacterium extorquens* **3A**: 272
– *Methylobacterium* sp. KCTC 0048 **3A**: 272
– Methylotrophic bacterium **3A**: 271
– Mixed culture **3A**: 255
– Monsanto **3A**: 266
– *M. organophilum* **3A**: 268, 271, 281
– *M. organophilum* NCIB 11278 **3A**: 272
– Nutrient limitation **3A**: 265
– *Paracoccus denitrifans* **3A**: 272, 281
– Patent **3A**: 259, 284, 347
– Plant **10**: 428, 436
– Poly(3HB-*co*-3HV) **3A**: 269, 272, 279, 281, 416
– Process flowsheet **3A**: 283
– Production scale **3A**: 429
– Productivity **3A**: 275 f
– Propionic acid **3A**: 268
– *Protomonas extorquens* **3A**: 271
– *Pseudomonas oleovorans* **3B**: 167
– *Ralstonia eutropha* **3A**: 250, 252, 265 f, 268, 281, 416, 429, **3B**: 167

– Recombinant *Escherichia coli* **3A**: 255, 265, 277, 281
– Recombinant *R. eutropha* **3A**: 279
– Regulation **3A**: 255
– *R. eutropha* strain **3A**: 267
– SCL-PHAs **3A**: 263, 284
– Semi-commercial process **3A**: 270
– Two-stage fed-batch culture **3A**: 267
– Under anaerobic conditions **3A**: 345
– Yield **3A**: 253
– Zeneca BioProducts **3A**: 266
*pha* Promoter **3A**: 330
PHA property **3B**: 135
– Conformation **3B**: 172
– Crystalline unit cell **3B**: 172
– Crystallinity **3B**: 187
– Crystallization **3B**: 149
– Dilute solution **3B**: 151
– Elastomeric **3B**: 162
– Enthalpy of fusion **3B**: 169
– Melting point **3B**: 169
– Melting temperature **3B**: 149
– Notched Izod impact strength **3B**: 168
– Optical rotation **3B**: 170
– Optical rotatory dispersion **3B**: 171
– Physical property **3B**: 168
– Poly(4HB) **3B**: 178
– Solution property **3B**: 151
– – NMR study **3B**: 152
– Solvent
– – Acetone **3B**: 151
– – 2-Chloroethanol **3B**: 172
– – Chloroform **3B**: 151, 172
– – Dichloroacetic acid **3B**: 151, 172
– – Dimethylformamide **3B**: 151
– – Ethylene dichloride **3B**: 151, 172
– – "Helicogenic" solvent **3B**: 152
– – Trifluoroethanol **3B**: 151, 172
– Specific rotation **3B**: 172
– Tensile strength **3B**: 172
– Thermal degradation **3B**: 188
– Thermoplastic **3B**: 162
– Young's modulus **3B**: 168
Pharmaceutical **1**: 477, **7**: 160
Pharmachem Corp.
– Dextran **5**: 308
Pharmacia **8**: 489
– Dextran **5**: 308
– Hyaluronan production **5**: 395
Phaseolin **8**: 238
– Three-dimensional structure **8**: 234
Phaseolotoxin **7**: 56
*Phaseolus vulgaris* **1**: 40, **2**: 93, **3A**: 66, **8**: 225, 228
– Cupin protein **8**: 238
– Phaseolin gene **8**: 245
*Phaseolus vulgaris* L. **8**: 229
Phase transfer catalyst **1**: 332
Phasin **3A**: 179, 186, 235, 238, 240, 327, 406
– Function **3A**: 114
– *phaP* mutant **3A**: 114
PHA single crystal **3B**: 107, 133
– Electron micrograph **3B**: 212 222
PHA structure
– AFM topographic image **3B**: 210
– *Alcaligenes latus* **3B**: 140
– Annealing temperature **3B**: 194
– *Comamonas acidovorans* DS-17 **3B**: 140
– Comonomer sequence distribution **3B**: 139
– Conformation **3B**: 173
– Crystalline conformation **3B**: 176 f
– Crystalline structure **3B**: 175
– Crystal structure
– – Poly(3HB) **3B**: 143
– – Poly(3HP) **3B**: 143
– – Poly(3HV) **3B**: 143
– – Unit cell dimension **3B**: 143 f
– Electron micrograph **3B**: 209 f
– 3HB Repeat unit **3B**: 173
– Helix conformation **3B**: 146
– Internal torsional angle **3B**: 175
– Isotactic Poly(3HB) chain **3B**: 176
– Lamellar crystal **3B**: 182, 196
– Lamellar single crystal **3B**: 185
– Lamellar thickness **3B**: 191
– Left-handed helix **3B**: 174
– MCL-PHA **3B**: 136, 139, 140, 142, 178, 180
– Molecular weight **3B**: 191
– PHA crystal **3B**: 180
– – Dimension **3B**: 146
– – Helix conformation **3B**: 146
– PHA property **3B**: 178
– Poly(3HB) **3B**: 142 f, 149 f
– – Lamellar crystal **3B**: 182
– Poly(4HB) **3B**: 176, 178
– Poly(3HB) crystal **3B**: 182
– Poly(3HB-*co*-4HB) **3B**: 139, 151, 177
– Poly(3HB) helix **3B**: 173
– Poly(3HB-*co*-3HP) **3B**: 140, 150
– Poly(3HB-*co*-31% 3HP) **3B**: 142
– Poly(3HB-*co*-3HV) **3B**: 139, 142 f, 149 f
– Poly(3HB) lamellar crystal **3B**: 196
– Poly(3HB) oligomers **3B**: 193
– Poly(3HB) single crystal **3B**: 194, 209 f
– Poly(3Hβ-*co*-3HV) **3B**: 183
– Poly(3HP) **3B**: 143, 150
– Poly(3HV) **3B**: 143, 145
– Poly(3HV) crystal **3B**: 186
– *Pseudomonas oleovorans* **3B**: 135 f, 140

– *Pseudomonas* sp. A33 **3B**: 136
– *Pseudomonas* strain GP4BH1 **3B**: 136
– *Ralstonia eutropha* **3B**: 135, 139 f, 177
– *Rhodospirillum rubrum* **3B**: 136
– SCL-PHA **3B**: 136 ff, 140
– Single crystal **3B**: 184, 194
– Thermal treatment **3B**: 210
– X-ray diffraction pattern **3B**: 187
– X-ray fiber diagram **3B**: 209
PHA synthase **3A**: 173 f, 175, 221, 235, 238, 240, 257, 326, 412, 421, **4**: 381, **9**: 65, 71, **10**: 325
– *A. caviae* **3A**: 186, 194
– *A. latus* **3A**: 186
– *A. vinosum* **3A**: 186, 194, 202
– *Acinetobacter* sp. RA3849 **3A**: 177, 223
– *Aeromonas caviae* **3A**: 177
– *Aeromonas caviae* FA440 **3A**: 223
– *Alcaligenes latus* **3A**: 177
– *Alcaligenes latus* DSM1123 **3A**: 223
– *Alcaligenes latus* DSM1124 **3A**: 223
– *Alcaligenes* sp. SH-69 **3A**: 177, 223
– *Allochromatium vinosum* D **3A**: 177, 223
– Alternative term
– – Polymerase **3A**: 356
– – Synthase **3A**: 356
– *A. vinosum* **3A**: 200
– – Lipase-based catalytic mechanism **3A**: 204
– *Azorhizobium caulinodans* **3A**: 177 f, 186
– *Azorhizobium caulinodans* ORS571 **3A**: 223
– *B. cepacia* **3A**: 194
– *B. pseudomallei* **3A**: 194
– *Bacillus megaterium* **3A**: 177
– *Bacillus megaterium* ATCC11561 **3A**: 223
– *Burkholderia cepacia* **3A**: 178, 186
– *Burkholderia pseudomallei* **3A**: 178, 186
– *Burkholderia* sp. **3A**: 186
– *Burkholderia* sp. DSMZ9242 **3A**: 177 f, 194, 223
– *C. acidovorans* **3A**: 186
– Catalytic cycle
– – Thiol group **3A**: 202
– Catalytic mechanism
– – Elongation **3A**: 204
– – Initiation **3A**: 204
– – Primer **3A**: 204
– *Caulobacter crescentus* **3A**: 177, 186, 223
– Characterization **3A**: 356
– *Chromobacterium violaceum* **3A**: 177
– *Chromobacterium violaceum* DSM30191 **3A**: 223
– *Comamonas acidovorans* **3A**: 177
– *Comamonas acidovorans* DS-17 **3A**: 223
– Composition **3A**: 358
– Covalent catalysis **3A**: 201
– *C. vinosum* **3A**: 358, 365
– Dimer of PhaC/E **3A**: 204
– Diversity **3A**: 368
– *Ectothiorhodospira shaposhnikovii* **3A**: 223, 359 f
– *Ectothiorhodospira shaposhnikovii* N1 **3A**: 177
– Elimination of lag phase **3A**: 360
– Granule-bound PHA synthase
– – *R. rubrum* **3A**: 356
– Highly variable N terminus **3A**: 200
– (*R*)-3-Hydroxyacyl-ACP:CoA transferase **3A**: 227
– *In vitro* synthesis **3A**: 357
– Hydrophobicity analysis
– – *A. vinosum* PhaC **3A**: 197
– – *A. vinosum* PhaE **3A**: 197
– – *P. aeruginosa* PhaC1 **3A**: 197
– – *R. eutropha* PhaC **3A**: 197
– *In vivo* substrate specificity **3A**: 208
– Isolation
– – *Chromatium vinosum* **3A**: 357
– – From recombinant *E. coli* **3A**: 357
– – *R. eutropha* **3A**: 357
– Kinetic constant **3A**: 257
– Kinetic study **3A**: 359
– Lag phase
– – *R. eutropha* **3A**: 358
– *Lamprocystis roseopersicina* 3112 **3A**: 177
– Localization **3A**: 195
– *Magnetospirillum magnetotacticum* **3A**: 178
– Mechanism of polymerization reaction **3A**: 361
– *Methylobacterium extorquens* **3A**: 186
– *Methylobacterium extorquens* IBT6 **3A**: 177, 223
– Multiple alignment **3A**: 108, 193
– Mutated enzyme **3A**: 363
– *Nocardia corallina* **3A**: 177, 186, 223
– Organization of genes
– – *Acinetobacter* sp. RA3849 **3A**: 226
– – *Aeromonas caviae* **3A**: 226
– – *Alcaligenes latus* DSM1123 **3A**: 226
– – *Alcaligenes latus* DSM1124 **3A**: 226
– – *Alcaligenes* sp. SH-69 **3A**: 226
– – *Allochromatium vinosum* **3A**: 226
– – *Azorhizobium caulinodans* **3A**: 226
– – *Bacillus megaterium* **3A**: 226
– – *Burkholderia* sp. DSMZ9242 **3A**: 226
– – *Caulobacter crecentus* **3A**: 226
– – *Chromobacterium violaceum* **3A**: 226
– – *Comamonas acidovorans* **3A**: 227
– – *Ectothiorhodospira spaposhnikovii* **3A**: 227
– – *Methylobacterium extroquens* IBT6 **3A**: 227
– – *Nocardia corallina* **3A**: 227
– – *Paracoccus denitrificans* **3A**: 227
– – *Pseudomonas acidophila* **3A**: 227
– – *Pseudomonas aeruginosa* DSM1707 **3A**: 227
– – *Pseudomonas oleovorans* **3A**: 227
– – *Pseudomonas putida* BMO1 **3A**: 227

– – *Pseudomonas putida* KT2440 **3A**: 227
– *P. aeruginosa* **3A**: 202
– – Topological model **3A**: 201
– *P. denitrificans* **3A**: 186
– *Paracoccus denitrificans* **3A**: 177, 223
– 4-Phosphopantetheinylation **3A**: 203
– Phylogenetic tree **3A**: 196
– Post-translational modification **3A**: 108, 202
– Primary structure **3A**: 186, 193
– Primed enzyme **3A**: 355
– Property **3A**: 358
– – *E. shaposhnikovii* **3A**: 359
– – *P. oleovorans* **3A**: 359
– – *R. eutropha* **3A**: 359
– Proposed catalytic mechanism **3A**: 202
– *Pseudomonas acidophila* **3A**: 177, 223
– *Pseudomonas aeruginosa* **3A**: 177 f, 186
– *Pseudomonas aeruginosa* DSM1707 **3A**: 223
– *Pseudomonas citronellolis* **3A**: 177
– *Pseudomonas fluorescens* **3A**: 177
– *Pseudomonas mendocina* **3A**: 177
– *Pseudomonas oleovorans* **3A**: 178, 224, 356
– *Pseudomonas putida* **3A**: 177
– *Pseudomonas putida* BM01 **3A**: 177, 224
– *Pseudomonas putida* KT2440 **3A**: 224, 227
– *Pseudomonas putida* KT2442 **3A**: 177
– *Pseudomonas putida* U **3A**: 177, 224
– *Pseudomonas resinovorans* **3A**: 178, 224
– *Pseudomonas* sp. **3A**: 177
– *Pseudomonas* sp. 61-3 **3A**: 177 f, 194, 224
– *Pseudomonas* sp. DSMZ1650 **3A**: 177
– *Pseudomonas* sp. GP4BH1 **3A**: 177
– *Pseudomonas syringae* **3A**: 178
– Quaternary structure **3A**: 195
– *Ralstonia eutropha* **3A**: 186, 194, 202
– – α/β Hydrolase fold region **3A**: 198
– – Mutated enzyme **3A**: 198
– – Truncated enzyme **3A**: 198
– *Ralstonia eutropha* H16 **3A**: 178, 224
– Reaction **3A**: 355
– Reaction mechanism **3A**: 202
– Reactive cysteine **3A**: 355
– *R. eutropha* **3A**: 356
– *Rhizobium etli* **3A**: 178, 186, 224
– *Rhodobacter capsulatus* **3A**: 177 f, 224
– *Rhodobacter sphaeroides* **3A**: 178, 224
– *Rhodobacter sphaeroides* ATCC17023 **3A**: 224
– *Rhodobacter sphaeroides* RV **3A**: 224
– *Rhodococcus ruber* **3A**: 178
– *Rhodococcus ruber* NCIMB40126 **3A**: 224
– *Rhodococcus ruber* PP2 **3A**: 178
– *Rhodopseudomonas palustris* **3A**: 178, 186
– *Rhodospirillum rubrum* ATCC25903 **3A**: 178, 224
– *Rhodospirillum rubrum* Ha **3A**: 178, 224
– *Rickettsia prowazekii* **3A**: 178 f
– *Rickettsia prowazekii* Madrid E **3A**: 224
– Salt concentration **3A**: 360
– Secondary structure **3A**: 195
– *Sinorhizobium meliloti* **3A**: 186
– *Sinorhizobium meliloti* 41 **3A**: 178, 224
– *Sinorhizobium meliloti* Rm1021 **3A**: 224
– Site directed mutagenesis **3A**: 203
– Site of acylation **3A**: 109
– Site-specific mutant **3A**: 199
– Site-specific mutation **3A**: 200
– Soluble form **3A**: 357
– Stability **3A**: 359
– Stereospecificity **3A**: 360
– Structure **3A**: 358
– Substrate specificity **3A**: 194, 199, 360
– – *Ectothiorhodospira shaposhnikovii* **3A**: 361
– – *In vitro* **3A**: 195
– – *In vivo* **3A**: 195
– – Position of hydroxyl group **3A**: 362
– – *Ralstonia eutropha* **3A**: 361
– – *R. eutropha* **3A**: 226
– – Substituent of substrate **3A**: 361
– – *Z. ramigera* **3A**: 226
– *Synechocystis* sp. PCC6803 **3A**: 178, 200, 225
– *Syntrophomonas wolfei* **3A**: 178
– Tertiary structure **3A**: 195
– *Thiocapsa pfennigii* **3A**: 194, 303, 328
– *Thiocapsa pfennigii* 9111 **3A**: 178
– *Thiococcus pfennigii* **3A**: 225
– *Thiocystis violacea* **3A**: 200
– *Thiocystis violacea* 2311 **3A**: 178, 225
– Three classes **3A**: 186
– Topological model **3A**: 199, 200
– Truncated enzyme **3A**: 194
– Type I **3A**: 359
– Type II **3A**: 359
– Type III **3A**: 359
– Type I PHA synthase **3A**: 108, 368
– Type II PHA synthase **3A**: 108, 368
– Type III PHA synthase **3A**: 108, 368
– Unspecificity **9**: 65
– $K_m$ Value **3A**: 356
– *Vibrio cholerae* **3A**: 178 f, 225
– *Zoogloea ramigera* **3A**: 178 f, 186, 225, 356
$PHA_{MCL}$ synthase **9**: 71
PHA synthase activity **3A**: 367
PHA synthase gene
– *Acinetobacter* sp. **3A**: 179
– *Aeromonas caviae* **3A**: 179
– *Alcaligenes latus* **3A**: 179

– *Allochromatium vinosum* **3A:** 179
– *Burkholderia* sp. DSMZ9242 **3A:** 179
– *Caulobacter crescentus* **3A:** 179
– *Chromobacterium violaceum* **3A:** 179
– Cloning strategy **3A:** 176
– *Comamonas acidovorans* **3A:** 179
– *Ectothiorhodospira shaposhnikovii* **3A:** 179
– Hybridization **3A:** 176
– *In vivo* staining **3A:** 176
– β-Ketothiolase **3A:** 179
– *Methylobacterioum extorquens* **3A:** 179
– *Nocardai corallina* **3A:** 179
– *P. aeruginosa* **3A:** 179
– PCR **3A:** 176
– *P. denitrificans* **3A:** 179
– *phaCAB* operon **3A:** 179
– *P. mendocina* **3A:** 179
– *P. putida* U **3A:** 179
– *P. resinovorans* **3A:** 179
– *Pseudomonas oleovorans* **3A:** 179
– *Pseudomonas* sp. 61-3 **3A:** 179
– *R. eutropha* **3A:** 176
– *Rhodobacter capsulatus* **3A:** 179
– *Rhodobacter sphaeroides* **3A:** 179
– *Rhodococcus ruber* **3A:** 179
– *Rhodospirillum rubrum* **3A:** 179
– *Rickettsia prowazekii* **3A:** 179
– *Sinorhizobium meliloti* **3A:** 179
– *Synechocystis* sp. PCC6803 **3A:** 179
– Technique **3A:** 176
– *Thiocapsa pfennigii* **3A:** 179
– *Thiocystis violacea* **3A:** 179
– Transposon mutagenesis **3A:** 176
– *V. cholerae* **3A:** 179
– *Zoogloea ramigera* **3A:** 179
PHA synthese
– SCL-MCL-PHA **3A:** 325
*phaZ* **3A:** 110, **3B:** 28
PHB **3B:** 117, **10:** 8
– Biodegradation
– – *Alcaligenes faecalis* **10:** 110
– – *Bacillus* sp. **10:** 110
– – *Penicillium funiculosum* ATCC 9644 **10:** 110
– – *Pseudomonas lemoignei* **10:** 110
– – *Pseudomonas* sp. **10:** 110
– Chlorination **10:** 197
– Copolymerization **10:** 198
– Crystal structure
– – MCL-poly(3HA) **3B:** 145
– – Unit cell **3B:** 145
– – Unit cell dimension **3B:** 144
– EBPR **9:** 24
– Single crystal **3B:** 183
– With hydroxybutyrate end group **10:** 194
– With penicillinic end group **10:** 194
P(3-HB) **4:** 43
P(4-HB) **4:** 43
PHB-b-pivalolactone block copolymer **10:** 195
PHB-b-PMMA block copolymer **10:** 195
PHB depolymerase **3A:** 380, **3B:** 123, 222, 224
– *Acidovorax facilis* **10:** 108
– *Alcaligenes faecalis* **3B:** 119 f, 122, 220, **10:** 108
– *Alcaligenes faecalis* T1 **3B:** 220, 223
– *Aspergillus fumigatus* **3B:** 221
– *Bacillus megaterium* **10:** 108
– *Bacillus polymyxa* **10:** 108
– Binding domain **3B:** 220
– Catalytic domain **3B:** 220
– Catalytic mechanism **3B:** 121
– *Comamonas acidovorans* **3B:** 119, 220
– *Comamonas acidovorans* YM1609 **3B:** 220
– *Comamonas testosteroni* **3B:** 220, **10:** 108
– *Cytophaga johnsonae* **10:** 108
– Domain structure **3B:** 220
– Glutathione *S*-transferase fusion protein **3B:** 220
– *Pseudomonas lemoignei* **3B:** 122 f, 220 f, **10:** 108
– *Pseudomonas pickettii* **3B:** 220
– *Pseudomonas stutzeri* **3B:** 119, 220 f
– *Pseudomonas stutzeri* YM1006 **3B:** 220
– *Pseudomonas syringae* subsp. *savastanoi* **10:** 108
– Stereoselectivity **3B:** 118
– *Streptomyces* spp. **10:** 108
– Substrate specificity **3B:** 124
– *Variovorax paradoxus* **10:** 108
P(3-HB-*co*-3-HV) **4:** 43
PHB-macromer **10:** 197
PHB production
– Annual operating cost
– – *Alcaligenes latus* **10:** 322
– – *Methylobacterium organophilum* **10:** 322
– – *Ralstonia eutropha* **10:** 322
– – Recombinant *Escherichia coli* **10:** 322
PHB synthase **3A:** 253, **4:** 56, 59
– Catalysis mechanism
– – Model **3A:** 364
PHB-telechelic **10:** 194
PHC
– Microbial biodegradation
– – *Acinetobacter calcoaceticus* **9:** 419
– – *Acinetobacter junii* **9:** 419
– – Degradation product **9:** 419
– – *Duganella zoogloeoides* **9:** 419
– – *Pseudomonas lemoignei* **9:** 419
– – *Pseudomonas veronii* **9:** 419
– – *Ralstonia pickettii* **9:** 419
– – *Roseateles depolymerans* **9:** 419

– – *Variovorax paradoxus* **9**: 419
$\alpha$-Phellandrene **10**: 70
$\beta$-Phellandrene **10**: 70
*Phellinus nigrolimitatus* **1**: 140
*Phellinus noxius*
– Chitin **6**: 127
*Phellinus pini* **1**: 140, 185, 194
Phenanthrene **1**: 490
Phenol **1**: 489
Phenol oxidase **1**: 135, 357, 401
Phenoxyl radical **1**: 153
Phenylalanine **1**: 32, 74 f
L-Phenylalanine **7**: 414
Phenylalanine ammonia lyase **1**: 33, 40, 73 f, 220, **10**: 296
4-Phenylalanine ammonia lyase **3A**: 59
Phenylalanine ammonia lyase inhibitor **3A**: 53
Phenyl azide-end-capped **10**: 192
Phenylboronic acid **3A**: 24
Phenylcoumaran $\beta$-5 **1**: 37
Phenylcyclohexane
– Biodegradation **9**: 365
Phenyl glycidyl ether **9**: 213
D-Phenylglycine **7**: 414
Phenylglyoxal **3A**: 25
Phenylpropane building block **1**: 105
Phenylpropanoid metabolism **1**: 33
Phenyltrimethylammonium hydroxide **1**: 335
Pheomelanin **1**: 233, 236, 240, **8**: 163
*Phialophora verrucosa*
– Chitin synthase gene **6**: 129
Phillips Petroleum Co.
– Xanthan **5**: 282
*Phi* Repeat **8**: 69
*Phlebia brevispora* **1**: 185, 187 ff
*Phlebia ochraceofulva* **1**: 144, 147
*Phlebia ostreatus* **1**: 159
*Phlebia radiata* **1**: 133, 140, 142, 144, 147, 149, 152 f, 155, 158 ff, 183, 185, 410, 412, 415
*Phlebia subserialis* **1**: 140, 185, 187, 189 f
*Phlebia tremellosa* **1**: 140, 144, 185 f
Phloem **1**: 29
Phloroglucinol-tannin **1**: 8
Phlorotanin **1**: 8
*Phoma eupyrena* **2**: 342 f
Phosphatase **8**: 66
Phosphate rock **10**: 140
Phosphatidylcholine **7**: 206
Phosphatidylethanolamine **7**: 243
Phosphatidylglycerol **7**: 243
Phosphatidylinositol kinase **6**: 195
Phosphenolpyruvate phosphotransferase **3A**: 116
Phosphoacetylglucosamine mutase **6**: 495
Phosphoanhydride bond **10**: 140
Phosphodiesterase A **5**: 56
Phosphodiesterase B **5**: 56
Phosphoenolpyruvate **1**: 75
Phosphoenolpyruvate carboxylase **3B**: 291
Phosphoglucoisomerase
– Metabolism of galactomannan **6**: 328
– Regulation of biosynthesis **5**: 100
Phosphoglucomutase **5**: 141, 164 f, **6**: 48, 328, 391 f
– Cellulose biosynthesis **6**: 287
Phosphoglucose isomerase **3A**: 258, **6**: 48, **8**: 237
3-Phosphoglycerate kinase **2**: 57
Phosphohydrolase **9**: 16
Phospholipase $A_2$ **1**: 384
Phosphomannan **6**: 97
– Chemical structure **6**: 98
Phosphomannoisomerase
– Metabolism of galactomannan **6**: 328
Phosphomannomutase
– Alginate biosynthesis **5**: 185
– Metabolism of galactomannan **6**: 328
Phosphomannose isomerase **5**: 101, 187
Phosphomevalonate kinase **2**: 51
4′-Phosphopantetheine **3A**: 108
4-Phosphopantetheinylated protein **3A**: 202
4′-Phosphopantetheinyl transferase **9**: 96
Phosphoprotein **8**: 300
– Casein **8**: 387
Phosphopyridoxylation **5**: 26
Phosphorite **10**: 140
Phosphorus-containing species **8**: 169
Phosphorus fiber **10**: 141
– Calcium polyP **10**: 145
Phosphorus release **10**: 146
Phosphorus strip method **10**: 145
Phosphorylation **7**: 348
Phosphoryl transfer
– Enzymatic **10**: 148
Phosphotransbutyrylase **3A**: 207, 235 f, 369, **9**: 71
Photoaffinity reagent
– 8-Azido-ATP **5**: 26
Photocatalyst **8**: 413
Photocleavage
– Thymine polymer
– – Benzylic pendant group **9**: 173
Photocyclization **9**: 168
– UV-Induced **9**: 166
Photodegradable material **9**: 372
Photodegradable plastic **9**: 241, 377
Photodegradable polyethylene **9**: 378
– Patent **9**: 384
Photodegradable polymer **9**: 378
Photodegradable polyolefin **9**: 386
– Patent **9**: 387

Photodegradation 9: 239, 10: 367
– Photo/biodegradable carboxylate 9: 252
– Reaction scheme 9: 252
Photography 5: 13
Photoprotection 1: 235
Photoresist 9: 165
Photosensitivity 9: 166
Photosensitizer 7: 44, 9: 378
Phototherapy 9: 166
P(3HPE) 10: 196
*Phragmatopoma californica*
– Adhesive protein 8: 362
Phthalaldehyde 7: 477
*m*-Phthalaldehyde 7: 478
*o*-Phthalaldehyde 7: 478
*p*-Phthalaldehyde 7: 478
Phthalate ester 10: 104
Phthalide 1: 240
Phthalocyanine
– In nanoparticle 9: 466
*Phycomyces blakesleeanus* 6: 143
– Biotechnological production 6: 141
*p*-Hydroxy-benzoic acid 1: 334
Phylloquinone 2: 40
*Physarum* 3A: 80, 94
*Physarum polycephalum* 3A: 78 ff, 87, 90, 93, 96, 3B: 49
*Physcomitrella*
– Chloroplast 7: 360
Phytoalexin 1: 74
Phytochelatin 8: 257, 261
– Biotechnological application 8: 278
– Buffering 8: 269
– *Caenorhabditis briggsae* 8: 266
– *Caenorhabditis elegans* 8: 266
– Chemical analysis 8: 264, 265
– Chemical structure 8: 260, 263
– Detection 8: 264, 265
– Detoxification 8: 269
– *Dictyostelium discoideum* 8: 266
– Function 8: 269
– Patent 8: 282
– *Phytophthora infestans* 8: 266
– *Rauvolfia serpentina* 8: 266
– *Schistosoma mancons* 8: 266
– *Schizosaccharomyces pombe* 8: 263, 266
Phytochelatin–metal complex 8: 261
Phytochelatin synthase
– *Arabidopsis thaliana* 8: 277
– Expression 8: 277
– Gene 8: 277
Phytochelatin synthesis
– Biochemistry 8: 275
– Compartmentation 8: 273
– Localization 8: 273
Phytoene 2: 131
– Biosynthesis 2: 129 f
– Conversion to cyclic carotene 2: 130
– Phytoene desaturase 2: 130
– Phytoene synthase 2: 130
Phytoene desaturase 2: 130
Phytoene synthase 2: 130
Phytofluene 2: 131
Phytol 2: 56
*Phytolacca americana* 6: 510
*Phytophthora infestans*
– Phytochelatin 8: 266
*Phytophthora parasitica* 6: 164
– Chitin 6: 127
*Phytophtora capsici* 5: 126
Phytoplankton
– Growth 10: 140
*Picea sitchensis* 3A: 47
*Pichia anomala* IFO0146
– Inhibition by ε-PL 7: 111
*Pichia holstii* 5: 6
*Pichia membranaefaciens* IFO0577
– Inhibition by ε-PL 7: 111
*Pichia pastoris* 1: 160, 2: 95, 8: 62, 82, 100
– Chitin deacetylase 6: 142
– Spider silk analog DP-1B 8: 63
– Synthetic silk gene 8: 17
– Synthetic spider silk protein 8: 85
Picloram 1: 286
α-Picoline 1: 489
β-Picoline 1: 489
Pigment 10: 34
Pikromycin 9: 97
*Pilimellia terevasa* JCM 3091 3B: 90
Pillsbury Co. 6: 50
– Scleroglucan 6: 39
Pilocarpine
– In nanoparticle 9: 465
Pimaricin 9: 97
*Pimephales promelas* 1: 387
Pin cylinder extruder 2: 268
Pine 1: 16, 38
α-Pinene 10: 70
β-Pinene 10: 70
Pine seedling 1: 13
Pinner synthesis 10: 201
*Pinus* 1: 37
*Pinus contorta* 1: 35
*Pinus controla* 1: 35
*Pinus densiflora* 3A: 47
*Pinus mugo* 1: 215, 218
*Pinus pinaster* 3A: 47
*Pinus pini* 1: 188

*Pinus radiata* **1**: 13, **3A**: 47
*Pinus sylvestris* **1**: 214 f, **3A**: 62
*Pinus taeda* **1**: 39, 40 f, 43, **3A**: 47
*Pinus thunbergii* **1**: 35, 38
*Pinus virginiana* **3A**: 47
Piperazinedione **7**: 68
*Piptoporus betulinus* **1**: 402
Pirin **8**: 237
*Piromyces communis*
– Chitinase **6**: 135
*Pisum sativum* L. **8**: 225, 229
Pitch **10**: 58, 59
Pitch reduction **1**: 186
*Pityrosporum canis*
– Chitin **6**: 127
Pivarolactone **3B**: 436
PLA *see also* Poly(lactic acid)
– Additive **4**: 140
– Application **4**: 162, 263 ff
– – Agricultural **4**: 267
– – Carpeting **4**: 245
– – Civil engineering material **4**: 267
– – Clothing **4**: 242, 244
– – Composting material **4**: 267
– – Fiber application area **4**: 245
– – Fiber **4**: 242 f
– – For packaging **4**: 240
– – Furnishing **4**: 245
– – Garbage bag **4**: 256
– – Laundering test **4**: 244
– – Nonwoven **4**: 242 f
– – Packaging **4**: 242
– Biodegradability **4**: 254
– Biodegradability testing **4**: 269
– Biodegradation **4**: 161, 248
– – Molecular weight dependence **4**: 255
– Biodegradation mechanism **4**: 20
– Blending with other polymers **4**: 161
– Blown film **4**: 264
– Branched polymer **4**: 139
– Composting **4**: 248, 256
– Composting test **4**: 20
– Cost **4**: 133
– Cross-linked polymer **4**: 139
– Crystalline thickness **4**: 159
– Crystallinity **4**: 159
– Crystallization **4**: 143
– Crystal structure **4**: 145
– Degradation **4**: 256
– Diaper production **10**: 430
– Direct polycondensation **4**: 257 f
– Disposal option **4**: 248
– Electric property **4**: 150
– Environmental sustainability **4**: 246
– Enzymatic hydrolysis **3B**: 223
– Epitaxial crystallization **4**: 145
– Eutectic crystallization **4**: 144
– Fiber property **4**: 246
– Fiber-reinforced plastic **4**: 140
– Film **4**: 20
– Functional property **4**: 240
– Gel **4**: 146
– Graft copolymer **4**: 139
– Highly ordered structure **4**: 143
– Homo-crystallization **4**: 143
– Hydrolysis **4**: 255
– – Amorphous specimen **4**: 156
– – Autocatalytic **4**: 153, 158
– – Bulk erosion **4**: 155
– – Bulk material **4**: 154
– – Crystallized specimen **4**: 155
– – Enzymatic **4**: 156, 158
– – External catalytic **4**: 153
– – Gel permeation chromatography **4**: 156
– – Material factor **4**: 157
– – Mechanism **4**: 152 f
– – Noncatalytic **4**: 153
– – Surface erosion **4**: 154
– – Surrounding medium **4**: 157
– – Temperature dependence **4**: 254
– – Weight loss **4**: 158
– Labeling system **4**: 268
– Linear copolymer **4**: 137
– Major plant resource **4**: 254
– Material shape **4**: 160
– Mechanical property
– – Effect of highly ordered structures **4**: 149
– – Effect of material shapes **4**: 150
– – Effect of molecular characteristics **4**: 149
– – Effect of polymer blending **4**: 150
– Medical application **4**: 162
– Molding **4**: 140
– Morphology **4**: 145
– Nature Works™ **4**: 237
– Optical property **4**: 150
– Patent **4**: 271
– Performance **4**: 240
– Performance feature
– – Fiber **4**: 243
– – Nonwoven **4**: 243
– Permeability **4**: 151
– Phase structure **4**: 146
– Physical property **4**: 146, 243, 261 f
– – Melt viscosity **4**: 260
– – Moisture content **4**: 260
– – Shear rate **4**: 260
– Polymer blending **4**: 140
– Polymer blend **4**: 141

– Pore formation 4: 142
– Potential application 4: 20
– Prepolymer 4: 238
– Processing
– – Blow-molding 4: 263
– – Expansion-molding 4: 263
– – Extrusion-foaming 4: 263
– – Film forming 4: 261
– – Injection molding 4: 261
– – Spinning 4: 263
– Processing technology 4: 260
– Production
– – Cargill Dow LLC 4: 237
– – $CO_2$ Emission 4: 247
– – Direct polycondensation 4: 258
– – Production scale 4: 238
– – Raw material 4: 253
– – Solid-state polycondensation 4: 259
– Production cost 4: 237
– Production process 4: 239
– Production scale 4: 253
– Production technology 4: 257
– Product 4: 20, 263 f
– Property 4: 244 f
– – Barrier property 4: 241
– – Degradation 4: 247
– – Film characteristic 4: 242
– – Grease resistance 4: 241
– – High gloss and clarity 4: 241
– – High-tensile modulus strength 4: 242
– – Hydrolysis 4: 247
– – Low temperature heat seal 4: 241
– Raw material 4: 253
– Regulation 4: 268
– Ring-opening polymerization 4: 257
– Sheet 4: 20
– Single crystal 4: 146
– Solid-state polycondensation 4: 259
– Solubility 4: 151
– Spherulite 4: 146
– Spherulite size 4: 160
– Stereocomplexation 4: 144
– Surface property 4: 151
– Swelling 4: 151
– Synthesis 4: 134, 238
– – Copolymerization with ε-caprolactone 4: 240
– – Direct polycondensation 4: 257 f
– – Polymerization of lactide 4: 239
– – Ring-opening polymerization 4: 257
– Thermal property 4: 148
– Thermal treatment 4: 142
– Viscosity 4: 152
Placcel 4: 4
PLA coated paper 4: 241
PLA degradation
– *Amycolatopsis* **3B**: 96
– PLA depolymerase **3B**: 96
– Proteinase K **3B**: 96
– Silk fibroin **3B**: 96
– *Tritirachium album* **3B**: 97
PLA depolymerase **3B**: 96
PLA-dextran hydrogel **10**: 192
PLA fiber
– Application
– – Untitika Ltd. 4: 21
– Environmental degradation 4: 18
– Fiber 4: 21
– Nonwoven 4: 21
– Product
– – Untitika Ltd. 4: 21
– SEM photograph 4: 18
– Soil burial 4: 18
– Soil burial test 4: 18
– Weathering test 4: 18
$PLA_xGA_y$ *see also* Poly(glycolic acid-*co*-lactic acid)
– Application 4: 195
– – Decapeptyl® 4: 196
– Biodegradation 4: 187
– Biomet, Inc. 4: 195
– Bionx Implants, Inc. 4: 195
– Bone surgery 4: 195
– Degradation by enzymes
– – Bromelain 4: 192
– – Esterase 4: 192
– – Pronase 4: 192
– Degradation by microorganisms 4: 192 f
– – *Fusarium moniliforme* 4: 192 f
– – *Penicillium roqueforti* 4: 192
– Degradation in abiotic medium 4: 188
– Degradation in an animal body 4: 193
– Degradation in biotic medium 4: 191
– Drug delivery systems 4: 195
– Enantone® 4: 196
– Instrument Makar, Inc. 4: 195
– Monomer
– – Glycolide 4: 186
– – D-Lactide 4: 186
– – *meso*-Lactide 4: 186
– – *rac*-Lactide 4: 186
– Occurrence 4: 185
– Patent 4: 196
– Polymer 4: 186
– Producer 4: 195
– Production 4: 195
– Ring-opening polymerization 4: 183
– Smith & Nephew Endoscopy 4: 195
– Transesterification rearrangement 4: 185

– World Market **4**: 195
PLA-glycine-serine acrylated derivative **10**: 187
PLA-glycine-serine copolymer **10**: 187
Planar surfactant **8**: 57
*Planobispora longispora* JCM 3092 **3B**: 90
*Planococcus halophilus*
– Polyglutamate **5**: 497
*Planomonospora parontospora* ssp. *parontospora* JCM 3093 **3B**: 90
PLA nonwoven
– Biodegradation mechanism **4**: 20
– Composting test **4**: 20
*Planotetraspora mira* JCM 9131 **3B**: 90
Plant byproduct **6**: 367
Plant-derived gum **6**: 38
Plant evolution **1**: 30
Plant globulin **8**: 236
Plant oil **10**: 8
Plant pathogenesis **1**: 131
PLA-PEG block copolymer **10**: 187
PLA-PGA copolymer **10**: 190
*Plaquium gutta* **2**: 7, 11, 75
Plasma-generating apparatus **10**: 199
Plasminogen activator **1**: 385
Plasmodesm **1**: 29
Plasmodin **9**: 138
*Plasmodium* **6**: 505, 511, **9**: 130
– Life cycle **9**: 135
*Plasmodium berghei* **9**: 136, 139, 141, 142, 152
– Hemozoin **9**: 139
*Plasmodium chabaudi* **9**: 151, 152
*Plasmodium cynomolgi*
– Hemozoin **9**: 139
*Plasmodium falciparum* **2**: 60, 64 f, **6**: 502, 504 f, 510, **9**: 132, 135, 146, 148, 152
– Fate of heme **9**: 137
– Gametocyte **9**: 134
– Giemsa stain **9**: 131
– Glutathione degradation **9**: 130
– Hemozoin **9**: 139, 140
– Hemozoin formation **9**: 130
– Malaria **9**: 131
– Trophozoite stage **9**: 134
*Plasmodium gallinaceum* **6**: 502, 504, 510
– Hemozoin **9**: 139
*Plasmodium knowlesi*
– Hemozoin **9**: 139
*Plasmodium kochi*
– Malaria **9**: 135
*Plasmodium lophurae* **9**: 146, 148
– Hemozoin **9**: 139, 140
– Pigment **9**: 145
*Plasmodium malariae*
– Hemozoin **9**: 139
– Malaria **9**: 131
*Plasmodium ovale*
– Malaria **9**: 131
*Plasmodium vinckei* **2**: 60
*Plasmodium viviax* **9**: 131, 132
– Malaria **9**: 131
– Pathogenesis **9**: 132
*Plasmopara radicis* **5**: 126
Plasterboard **10**: 43
– Manufacture **10**: 44
Plastering
– Hand-troweling **10**: 43
– Machine spraying **10**: 43
Plastic **8**: 384, 385, **10**: 104
– Application **10**: 104
– Biodegradability **10**: 366
– Biodegradation **10**: 368, 459
– Cellulose diacetate
– – Young's modulus **9**: 221
– Compostability **10**: 398
Plastic additive
– Anti-aging additive **10**: 104
– Blowing agent **10**: 104
– Colorant **10**: 104
– Cross-linking agent **10**: 104
– Filler **10**: 104
– Flame retardant **10**: 104
– Flow promoter **10**: 104
– Plasticizer **10**: 104
– Ultraviolet (UV)-degradable additive **10**: 104
Plastic biodegradation
– General mechanism **10**: 368, 460
– Metabolic product **10**: 368
Plasticized cellulose
– Application **9**: 230
– Outlook **9**: 231
– Patent **9**: 231
– Perspective **9**: 231
– Production **9**: 230
Plasticizer **3B**: 432 f, **9**: 208, 209, 215, **10**: 55, 100, 101, 104, 163, 169, 250
– For PVA **9**: 335
– Phthalate ester **10**: 104
Plastic material **9**: 203, **10**: 411
– Historical development **9**: 371
Plastic modification **2**: 290
Plastic pellet
– LCA key indicator **10**: 437
Plastic production
– Energy requirement
– – HDPE **10**: 426
– – PET **10**: 426
– – PHA **10**: 426
– – PS **10**: 426

– Global 10: 456
– PHB 10: 428
Plastic recycling 10: 366
Plastic waste
– Back-to-monomer recycling 10: 360
– Energy 10: 360
– Recycling 10: 360
– Resource 10: 360
Plastoquinone 2: 56, 63
Platyhelminthe
– Adhesive protein 8: 362
*Pleurotus eryngii* 1: 140, 144, 150, 155 f, 162
*Pleurotus ostreatus* 1: 140, 143 f, 156, 158, 161, 186 f, 194
– Antitumor glycan 6: 163
*Pleurotus pulmonarius* 1: 162
*Pleurotus sajor-caju* 1: 161
– Antitumor glycan 6: 163
– Chitin 6: 127
– Glycan 6: 167
PLG-chitosan 7: 485 f
Plidosqualene 2: 118
PLLA 3B: 215
– Enzymatic hydrolysis 3B: 223
– Injection-molded sample
– – *In vivo* degradation 10: 258
PLLA crystal surface 3B: 225
PLLA-protein copolymer 10: 186
PLLA single crystal
– Electron micrograph 3B: 216, 224
PL Thomas + Co.
– Galactomannan producer 6: 332
Plywood adhesive 8: 395
Plywood model 8: 343
*P. mendocina* 3A: 22, 27, 28, 179
PMMA-b-PCL block copolymer 10: 191
Pneumocandin 6: 203
$^{31}$P-NMR 9: 5, 8
Podocarpaceae 2: 34
Podostemonaceae 1: 30
Polaxamer 9: 479
Polcaprolactone 9: 419
Polcarbonate
– Enzymatic synthesis
– – *Candida antarctica* 9: 421
– – Lipase 9: 421
– – *Pseudomonas* sp. 9: 421
*P. oleovorans* 3A: 110, 116, 228, 294, 296 f, 325 f, 328, 359, 419
Pollenin 1: 211
Pollen walls 1: 210
Pollution 1: 433
Poloxamin 9: 479
Poly(A)-binding protein 7: 14
Polyacetal 9: 113, 116
– Abiotic formation 9: 114
– Abundance 9: 116
– Application 9: 125
– Biodegradation 9: 125
– Biosynthesis
– – Cross-linkage 9: 123
– – Linear polyaldehyde-polyacetal 9: 123
– – Molecular genetic 9: 124
– – Polymethylsqualene derivative 9: 123
– *Botryococcus braunii* 9: 115
– Chemical analysis
– – Fourier transform infra red 9: 118
– – Hydrolysis 9: 119
– – Nuclear magnetic resonance (NMR) 9: 120
– – Ozonolysis 9: 120
– Chemical structure 9: 116
– Formation 9: 119
– Fossilization 9: 125
– FTIR spectrum 9: 118
– Function 9: 121, 122
– Functional group in polysaccharide 9: 114
– General chemical structure 9: 114
– $^{1}$H-NMR spectrum 9: 120
– Hydrolysis 9: 119
– Isolation 9: 116, 117
– Molecular genetic 9: 124
– Molecular weight 9: 117, 118
– Occurrence *Botryococcus braunii* 9: 121
– Outlook 9: 125
– Perspective 9: 125
– Physiology 9: 122
– Terpenoid diol 9: 119
Polyacetal carboxylate 9: 255
Polyacetal formation 9: 256
Polyacrylamide 9: 240, 247, 10: 298
– Structural formula 10: 284
Polyacrylamide derivative 10: 152
Polyacrylamide gel electrophoresis 8: 485
Polyacrylate
– Annual production 9: 317
– Application 7: 189, 9: 316
– Application example 9: 314
– *Arthrobacter* sp. NO-18 9: 307
– Biodegradation 9: 299
– – *Acinetobacter* spp. 9: 316
– – Acrylic oligomer 9: 304, 306, 307
– – *Alcaligenes* sp. 9: 307
– – *Alcaligenes* sp. L7-A 9: 308
– – *Arthrobacter* sp. strain NO-18 9: 317
– – *Comamona acidovorans* 9: 308
– – Effect of irradiation 9: 308
– – Effect of molecular weight 9: 307
– – Metabolic pathway 9: 317

– – *Microbacterium* 9: 316
– – *Mycoplana* sp. 9: 307
– – Poly(vinyl alcohol) 9: 308
– – *Pseudomonas* spp. 9: 308
– – *Rhizobium* spp. 9: 308
– – *Scinetobacter* sp. KP-7 9: 316
– – *Sphingomonas* sp. 9: 307
– – *Sphingomonas* sp. K-1/N-6 9: 308
– – *Sphingomonas terrae* 9: 308
– – Time course 9: 306
– – *Xanthomonas* 9: 316
– Market 9: 317
– Patent 9: 316
– Producing company 9: 317
– Production
– – Company 9: 317
– – Volume 9: 317
– World market 7: 189
Poly(acrylic acid) 7: 403, 9: 239, 240, 246, 300, 10: 152
– Application 9: 247
– Biodegradability 9: 247
– Chemical structure 9: 303
Poly(adipic acid)-alt-(1,4-butanediol)
– Chemical synthesis **3B**: 358
Poly(adipic acid) anhydride
– Mechanism of synthesis 4: 208
– Ring-opening polymerization 4: 208
Poly(adipic anhydride) 4: 214
Polyalanine 8: 59, 110
Polyalanine segment 8: 66, 85
– Silk protein 8: 13
Polyaldehyde 9: 116
– Application 9: 125
– Biosynthesis 9: 124
– – Cross-linkage 9: 123
– – Linear polyaldehyde-polyacetal 9: 123
– – Polymethylsqualene derivative 9: 123
– Function 9: 121, 122
– Isolation 9: 117
– Molecular weight 9: 117
– Occurrence
– – *Botryococcus braunii* 9: 121
– Physiology 9: 122
Poly(alkylcyanoacrylate)
– Application 9: 465, 469
– – Drug delivery system 9: 474
– Biodegradation 9: 457
– Biomedical application 9: 468
– Bulk polymerization 9: 463
– Characterization 9: 469, 470, 471, 472
– Controlled delivery 9: 476
– Degradation mechanism 9: 473
– Delivery of anti-infectious agent 9: 477
– Delivery of oligonucleotide 9: 476
– Depolymerization–repolymerization 9: 473
– Drug carrier 9: 465
– Drug delivery system 9: 474
– Emulsion polymerization 9: 463, 464
– Hydrolysis of the alkyl side chain 9: 473
– Interfacial polymerization 9: 466
– Mechanism of degradation
– – Esterase 9: 472
– Medical application 9: 479
– Method of analysis 9: 469, 471, 472
– – DSC analysis 9: 470
– Nanoparticle 9: 465, 471, 475
– Nanosphere 9: 480
– Ocular therapy 9: 478
– PACA nanosphere 9: 478
– Patent 9: 482
– Patent overview 9: 481
– Pharmaceutical application 9: 481
– Pharmacokinetic study 9: 477
– Polymerization in organic solvent 9: 463
– Stability 9: 472
– Synthesis 9: 461, 464, 466
– – Mechanism 9: 462
– Thermal degradation 9: 473
– Toxicity 9: 474
– World market 9: 468, 469
Poly(alkylene dicarboxylate) 4: 4, 6
Poly(alkylene glycol)
– Application 9: 291
– Biodegradability 9: 268
– Chemical structure 9: 270
– Combination of starch 10: 171
– Molecular weight 9: 291
– Polybutylene glycol 9: 268
– Polyethylene glycol 9: 268
– Polypropylene glycol 9: 268
– Polytetramethylene glycol 9: 268
– Production
– – Ring-opening polymerization 9: 291
Poly(alkylene oxide) 9: 240
Poly(alkylene tartrate)
– Biodegradation 4: 357
Poly(alkyl malolactonate) 4: 336
Poly(alphahydroxy acrylic acid)
– Structural formula 9: 251
– Synthesis 9: 251
Polyaluminum chloride 10: 152
Polyamide
– Biodegradability 9: 252
– Biodegradation
– – Horseradish peroxidase 9: 399
– – Manganese peroxidase 9: 399
– Chemical structure 9: 419

– Nylon-6,6 9: 399
Poly(amino acid) 7: 482
– Cross-linked 7: 482
Poly[(amino acid ester)phosphazene] 9: 501
Poly(amino acid) fiber 7: 485
Poly(amino serinate) 3A: 95
Poly(anetholsulfonic acid) 8: 418, 419
Polyanhydride 3A: 78, 4: 203
– Aliphatic-aromatic homopolymer 4: 212
– Amino acid-based polymer 4: 213
– Application 4: 219 f, 225, 9: 449
– – Drug delivery 4: 226
– – Drug release 4: 222 f
– Biocompatibility 4: 224 f
– Biodegradation 9: 423
– – Degradation product 9: 442
– Blend with poly(lactide) 9: 440
– Bulk analysis 4: 217
– Characterization 4: 215
– Chemical structure 9: 433, 434
– Crystallinity 4: 216
– Degradation 4: 221, 9: 440, 441, 443
– Dehydrative coupling agent 4: 207
– Dehydrochlorination 4: 206
– Delivery system 4: 219
– Drug release 4: 220, 222 f, 9: 440, 441, 443
– Elimination 4: 224
– Fatty acid-based polyanhydride 4: 213
– Free radical formation 4: 219
– $^1$H-NMR spectroscopy 4: 215
– Infra-red spectroscopy 4: 216
– Instability against hydrolysis 9: 428
– *In vitro* degradation 4: 220, 9: 440, 441
– *In vivo* degradation 9: 443
– Medical application 9: 444
– Melt condensation 4: 206
– Melting point 4: 209 ff, 9: 436, 437, 438
– Modeling 9: 446
– Molecular weight 4: 216
– Patent 4: 228 ff, 9: 449, 450
– Poly(adipic anhydride) 4: 214
– Poly(anhydride-*co*-imide) 4: 214
– Poly(CPP-SA) 4: 220
– Poly(EAD-SA) 4: 220
– Poly(ester-anhydride) 4: 212
– Poly(FAD-SA) 4: 220
– Poly(FA-SA) 4: 220
– Poly(trimethylene carbonate) 4: 214
– Production 9: 448
– Raman analysis 4: 216
– Ring-opening polymerization 4: 206
– Scanning electron microscopy 4: 221
– Soluble aromatic copolymer 4: 212
– Stability 4: 218
– Structure 4: 209 ff, 9: 435, 436, 437, 438
– Surface analysis 4: 217, 9: 439
– Synthesis 4: 206 f, 9: 427, 439
– – Melt condensation 9: 433, 434
– Unsaturated polymer 4: 212
– World market 9: 448
Polyanhydride film 9: 439
Poly(anhydride-*co*-imide) 4: 214
Polyanhydrogalacturonic acid 10: 83
Poly[(aryloxy)phosphazene] 9: 500, 512
Polyaspartic acid 7: 175, 10: 32, 81, 82, 296, 297
– Application 7: 188, 189, 191, 192, 193, 194, 9: 254
– – Corrosion 7: 190
– – Dishwashing 7: 190
– – Hard surface cleaning 7: 190
– – Laundry 7: 190
– – Production 7: 190
– Biodegradability 9: 254
– Biodegradation 7: 183, 185
– – Sturm test 7: 184
– – Zahn–Wellens test 7: 184
– Chemical analysis
– – $^{13}$C-NMR spectroscopy 7: 180
– – Gel-permeation chromatography 7: 181
– – $^1$H-NMR spectroscopy 7: 179
– – Isotachophoresis 7: 181
– – $^{15}$N-NMR spectroscopy 7: 180
– Chemical structure 7: 179, 180, 181, 9: 253
– Chemical synthesis 7: 178, 9: 254
– – Catalytic polyaspartic acid 7: 181
– – Patent 9: 253
– – Thermal polyaspartic acid 7: 181
– Copolymerization 9: 254
– Corrosion inhibitor 10: 457
– Detection
– – Fluorescence spectroscopy 7: 182
– – Polyelectrolyte titration 7: 183
– – Precipitation titration 7: 182
– In construction application 10: 51
– Material chemistry 7: 190
– Patent 7: 191, 192, 193, 194
– – Corrosion 7: 190
– – Dishwashing 7: 190
– – Hard surface cleaning 7: 190
– – Laundry 7: 190
– – Production 7: 190
– Producer
– – BASF 9: 253
– – Bayer 9: 253
– – Donlar 9: 253
– – Procter and Gamble 9: 253
– – Rhone Poulenc 9: 253
– – Rohm and Haas 9: 253

– Production **7**: 185, 186, 187
– Structural formula **10**: 297
– Structure **10**: 82
– Thermal synthesis **7**: 188
– World market **7**: 188, 189
Poly(BA)
– Biodegradation **3B**: 119
Poly(benzyl malic acid) **3A**: 89
Poly(benzyl malolactonate) **3A**: 84
Poly[*bis*(benzyl glycolato)phosphazene] **9**: 503
Poly[*bis*(benzyl lactato)phosphazene] **9**: 503
Poly[bis(*p*-carboxy-phenoxy)propane anhydride] **9**: 443
Poly[1,3-bis(*p*-carboxyphenoxy propane)-*co*-sebacic acid] **9**: 430, 431
Poly[bis(ethylalanato)phosphazene] **9**: 500
Poly[*bis*(ethyl glycolato)phosphazene] **9**: 503
Poly[*bis*(ethyl lactato)phosphazene] **9**: 503
Poly[*bis*(methyl phenylalanino)phosphazene] **9**: 503
Poly(BSU)
– Biodegradation **3B**: 119
Polybutadiene rubber **2**: 303
Poly(butylene adipate) **3B**: 115
– Biodegradation **9**: 325
– Fungal attack **9**: 325
Poly(butylene carbonate)
– Chemical structure **9**: 326, 418
– Degradation **3B**: 97
Poly(butylene succinate adipate) **4**: 30, 279
Poly(butylene succinate-*co*-adipate) **3B**: 87
Poly(butylene succinate-*co*-butylene adipate) **3B**: 115, **4**: 4
Poly(butylene succinate-*co*-caproate)
– Chemical synthesis **3B**: 435
Poly(butylene succinate-*co*-ε-caprolactone) **3B**: 115
Poly(butylene succinate-*co*-ethylene succinate) *see also* PBES **4**: 12
– Property **4**: 12
– Structure **4**: 12
Poly(butylene succinate) fiber *see also* PBS **4**: 12
– Property **4**: 12
– Structure **4**: 12
Poly(butylene succinate-*co*-L-lactate)
– Chemical synthesis **3B**: 435
Poly(butylene succinate) *see also* PBS **3B**: 87, 433, **4**: 30, 279
– Chemical synthesis **3B**: 338, 434
– Thermal property **4**: 6
– Yarn property
– – Tensile strength **4**: 6
– – Young's modulus **4**: 6
Poly(butylene succinate-*co*-terephthalate)
– Chemical synthesis **3B**: 434, 435
Poly(butylene terephthalate)
– Chemical synthesis **3B**: 339
Poly(butylene terephthalate)-b-PEG block copolymer **10**: 193
Poly(β-butyrolactone) **3B**: 390
Polycaprolactone **9**: 210, 227, **10**: 10, 183, 459
– Anionic activation **10**: 186
– Functionalization **10**: 186
– Mechanical property **9**: 228
– Melt viscosity **9**: 228
– Shear stress **9**: 228
Poly(ε-caprolactone) *see also* PCL **3B**: 87, 115, 373, 432 f, 436, **4**: 4 f, 31, 346
– Chemical modification **10**: 183
– Chemical synthesis **3B**: 358, 435
– Derivative **4**: 349 ff
– Functionalization **4**: 345
– Synthesis **4**: 346, 350 ff
– Thermal property **4**: 6
– Yarn property
– – Tensile strength **4**: 6
– – Young's modulus **4**: 6
Polycarbonate
– Biodegradation **9**: 417, 418
– – *Amycolatopsis* sp. HT-6 **9**: 420
– Chemical structure **9**: 419
– Enzymatic degradation **9**: 420
Polycarbonate degradation
– *Pseudomonas* sp. **3B**: 97
Polycarbonate synthesis
– Enzymatic polymerization **3A**: 389
Polycarboxylate
– Application **7**: 189
– Biodegradability **9**: 249
– Blend with poly(vinyl alcohol) **9**: 249
– Preparation **9**: 348
– World market **7**: 189
Polycarboxylate copolymer **10**: 32
Poly(carboxylic acid)
– Ozonolysis **9**: 250
Polycarboxylic anhydride **10**: 14
– Esterification **9**: 257
Poly(carboxyphenoxy)alkane **4**: 217
Poly-[(*p*-carboxyphenoxy)alkanoic anhydride] **4**: 212
Polychloroprene **2**: 353
Poly(ε-CL) **3A**: 383
Polycondensation **3A**: 375, 390, **3B**: 434
Polycondensation reaction **7**: 482
Poly(CPM) **4**: 218
Poly(CPP) **4**: 218
Poly(CPP-SA) **4**: 220, 222, 226
– $^1$H-NMR spectrum **9**: 442

Polydecapeptide 7: 483
Polydepsipeptide 3B: 361, 4: 352, 10: 186
– Synthesis 4: 353
Poly(dextran sulfate) 8: 419
Polydiallyldimethyl-ammonium chloride 1: 310
Poly(dichlorophosphazene) 9: 503, 508
– Discovery 9: 493
Poly(dimer erucic acid-*co*-sebacic acid) 9: 448
Polydimethylcyclosiloxane 9: 542
Polydimethylsiloxane 9: 542
– Biodegradation 9: 541
– Chemical structure 9: 541
– Function 9: 541
– Occurrence 9: 541
Polydioxanone 9: 526
– Application 9: 532
– Biodegradation 9: 523, 528, 530
– – Enzymatic degradation 9: 529
– – Microbial degradation 9: 529
– Chemical analysis 9: 525
– – Fourier transform infrared 9: 525
– Chemical structure 9: 525
– Depolymerizability
– – Autocatalytic hydrolysis 9: 527
– Detection 9: 525
– Discovery 9: 524
– Enzymatic degradation 9: 529
– *In vivo* degradation 9: 528
– Microbial degradation 9: 529
– Patent 9: 532
– Physiology 9: 528
– Production
– – Cost 9: 531
– – Enzymatic polymerization 9: 531
– – PDO 9: 530
– – PPDO 9: 531
– – Producer 9: 531
– – Ring-opening polymerization 9: 531
– – World market 9: 531
Poly(*p*-dioxanone) 3B: 87, 97
Poly(1,5-dioxepan-2-one) 4: 31
Poly(disodium epoxysuccinate)
– Chemical structure 9: 271
β-Poly(DL-malic acid)
– Chemical synthesis 3B: 441
Poly(DSF-*co*-VA) 9: 352
– Biodegradation 9: 350
Poly(DSMM-*co*-VA) 9: 352
– Biodegradation 9: 350
Poly(DSM-*co*-VA) 9: 352
– Biodegradation 9: 350
Poly(EA)
– Biodegradation 3B: 119
Poly(EAD-SA) 4: 220, 222
Polyelectrolyte complex 3A: 95
Poly(epsilon caprolactone) 10: 170
Polyester 3A: 379, 10: 10, 82
– Biodegradability 4: 4, 9: 252
– Chemical modification 4: 329
– Chemical structure 9: 419
– Chemical synthesis 3B: 325, 337, 340
– – Acylation 3B: 331
– – Alkylmetal alkoxide 3B: 391
– – Azeotropic polycondensation 3B: 338
– – Block and graft copolymer 3B: 350
– – Catalyst 3B: 333
– – Chain transfer 3B: 407
– – Condensation polymerization 3B: 331
– Condensation polymerization 3B: 331
– Derivative 3B: 355
– – Direct esterification 3B: 331
– – Eastar Bio 3B: 340
– – Ester exchange 3B: 331
– – Fermentative production of building blocks 3B: 268
– – Formation of initiator 3B: 407
– – From sebacic acid 3B: 338
– – Initiation 3B: 407
– – Initiator 3B: 391
– – Intermolecular chain transfer 3B: 410
– – Intramolecular chain transfer 3B: 409
– – Mechanism 3B: 407, 409 f
– – Metal alkoxide 3B: 391
– – Metal carboxylate 3B: 391
– – Polybutylene succinate 3B: 338
– – Polycondensation 3B: 331 f
– – Polyethylene succinate 3B: 338
– – Poly(glycolic acid) 3B: 332
– – Poly(lactic acid) 3B: 332
– – Polymerization condition 3B: 347
– – Propagation 3B: 407
– – Random and semiblock copolymer 3B: 350
– – Ring-opening polymerization 3B: 341
– – Self-polycondensation 3B: 332
– – Temporary termination 3B: 407
– Enzymatic polymerization 3A: 373
– – Benzyl β-malolactonate 3A: 377
– – By enzymatic polycondensation 3A: 389
– – Copolymerization 3A: 381
– – Cyclic monomer 3A: 376, 381
– – From acid anhydride derivative 3A: 389
– – Intermolecular transesterification 3A: 381
– – Lipase 3A: 377
– – Molecular weight 3A: 381
– – Of cholic acid 3A: 390
– – Polycondensation of dicarboxylic acid 3A: 375

– – Polycondensation of hydroxyacid derivatives **3A**: 390
– – Polycondensation of hydroxyacid **3A**: 375
– – Polymerization of lactone **3A**: 376
– – Ring-opening polymerization **3A**: 376
– – Ring-opening polymerization of lactone **3A**: 375
– – δ-Valerolactone **3A**: 377
– Enzymatic synthesis
– – Lipase **3B**: 340 f
– General procedure **4**: 333
– In construction application **10**: 51
– Macromolecular architecture **3B**: 350
– Microstructure **3B**: 350
– Phenyllactic acid **7**: 27
– Ring-opening polymerization **3B**: 329
– Structure **10**: 184
– With functional groups **3B**: 351
Polyesteramide **3B**: 355 f, **4**: 315, **10**: 9 f
– Application **4**: 320 f
– $BAK_{402}$ **4**: 318
– $BAK_{403}$ **4**: 317
– $BAK_{1095}$ **4**: 319
– $BAK_{2195}$ **4**: 319
– BAK resin
– – $BAK_{403}$ **4**: 319
– – $BAK_{404}$ **4**: 319
– – $BAK_{1095}$ **4**: 319
– – $BAK_{2195}$ **4**: 319
– Biodegradation **4**: 321 f, 324
– Carbon-balance
– – $BAK_{403}$ **4**: 323
– Chemical structure **4**: 317
– Chemical synthesis **3B**: 359 f
– Composite **10**: 12
– Composting **4**: 324
– Derivative **4**: 352
– Mechanical property **4**: 320
– Patent **4**: 324 f
– Polydepsipeptide **4**: 352
– Production **4**: 323
– Property **4**: 318
– Synthesis **4**: 318, 355
– Viscosity **10**: 12
Poly(ester-β-amine) **4**: 356
Polyester carbonate **3B**: 87
– Microbial biodegradation
– – *Amycolatopsis* sp. HT-6 **9**: 420
Polyester carbonate degradation
– *Amycolatopsis* sp. HT-6 **3B**: 97
Poly(ester-ether) **3B**: 356
– Chemical synthesis **3B**: 361
Polyesterification **3B**: 377
– Cyclization **3B**: 382
– Kinetic **3B**: 380
– Molar mass distribution **3B**: 382
– Thermodynamic **3B**: 378
Poly(α-ester) **3B**: 332
Poly(ester-β-sulfide) **4**: 356
Poly(ester-β-sulfoxide) **4**: 356
Poly(ester-urethane) **3B**: 355, 357
– Chemical synthesis **3B**: 356, 359
Poly(ESU)
– Biodegradation **3B**: 119
Polyether
– *Alcaligenes denitrificans* **9**: 288
– Application **9**: 271
– Biodegradability **9**: 254
– Biodegradation **10**: 106
– – Patent **9**: 294
– Chemical structure **9**: 271
– Exobiodegradation **9**: 254
– Miscellaneous
– – Biodegradation **9**: 288
– Outlook **9**: 292
– Perspective **9**: 292
– Producer **9**: 292
– Property **9**: 271
– *Stenotrophomonas maltophilia* **9**: 288
Polyether degradation
– *Corynebacterium* sp. No. 7 **9**: 287
Poly[(ethylalanato)$_{1.4}$(imidazolyl)$_{0.6}$phosphazene] **9**: 500
Polyethylene **3B**: 208, 210, 218, **8**: 373, **9**: 240, 249, 371, **10**: 99
– Abiotic degradation **10**: 116
– Annual consumption **10**: 116
– Biodegradability **9**: 247
– Biodegradation **9**: 369, 375, 378, 386, **10**: 116
– – *Arthrobacter paraffineus* **9**: 379, 381
– – *Aspergillus fumigatus* **9**: 381
– – Assimilation of oxidized polyethylene **9**: 380
– – *Fusarium redolens* **9**: 376, 379
– – *Penicillum simplicissimum* **9**: 379
– – *S. setonii* (*Streptomyces setonii*) **9**: 379
– – *Streptomyces badius* **9**: 379
– – *S. viridosporous* (*Streptomyces viridosporus*) **9**: 379
– Copolymerization with biodegradable monomer **9**: 378
– Cost **10**: 99
– Degradation product **9**: 380
– Enhanced environmentally degradable polyethylene **9**: 377
– – Biodegradation **9**: 379
– Enhanced photodegradable polyethylene **9**: 377
– Environmental degradation
– – Patent **9**: 382

– Life cycle **10**: 427
– Modification **9**: 377
– Oxidation **10**: 376
– Production **3B**: 235
– Triggered autoxidation **9**: 379
Poly(ethylene adipate) **3B**: 87, 115, 433
– Crystal structure **3B**: 218
– Microbial degradation
– – *Penicillium* sp. 14-3 **3B**: 89
Poly(ethylene carbonate)
– Chemical structure **9**: 326, 418
Poly(ethylene glutarate) **9**: 211
Polyethylene glycol **3B**: 209, **8**: 440, 443, 448, **9**: 300, **10**: 108
– Anaerobic degradation **10**: 117
– Biodegradation **9**: 267
– Degradation **10**: 117
– Plasticizer **9**: 207
– Poly(sebacic anhydride) **4**: 212
Poly(ethylene glycol cyanoacrylate-*co*-hexadecyl cyanoacrylate)
– Chemical structure **9**: 468
Polyethyleneimine **10**: 67, 152
Polyethylene multipurpose bag **10**: 424
Poly(ethylene oxide) **3B**: 114, **6**: 81
– Biodegradation
– – Aerobically **9**: 255
– – Anaerobically **9**: 255
– Exobiodegradation **9**: 254
Poly(ethylene succinate) **3B**: 87, 338, **4**: 4
– Chemical synthesis **3B**: 338
– X-ray diffraction study **3B**: 217
Poly(ethylene terephthalate) **3B**: 209, **4**: 331, **9**: 240, **10**: 461
– Chemical synthesis **3B**: 339, 432
– Glass transition temperature **2**: 379
– Thermal property **4**: 6
– Yarn property
– – Tensite strength **4**: 6
– – Young's modulus **4**: 6
Poly(2-ethyloxazoline) **10**: 189
Poly(FAD-SA) **4**: 220, 222, 226
Poly(FA-SA) **4**: 220
Poly(fatty acid dimer-sebacic acid)
– Water uptake **9**: 431
Polyfunctional crosslinking agent **8**: 75
Polygal®
– Galactomannan product **6**: 332
Polygalacturonase **6**: 47
– *Endo*-polygalacturonase **6**: 360
– *Exo*-polygalacturonase **6**: 360
– Poly (1,4-α-D-galacturonide) digalacturonohydrolase **6**: 360
– Poly (1,4-α-D-galacturonide) galacturonohydrolase **6**: 360
Poly(GA-*co*-α-MA)
– Chemical synthesis **3B**: 441
Polygel®
– Galactomannan product **6**: 332
Polyglactin **10**: 261
Polyglactin mesh **10**: 258
Polyglucose **3A**: 342
Poly(1 → 4)-β-D-glucuronan
– Activity on animal cells **5**: 233
– Activity on plant cells **5**: 233
– Application
– – Agriculture **5**: 234
– – Cosmetic **5**: 233
– – Medicine **5**: 234
– Biodegradation **5**: 224 f, 232
– Biological property **5**: 232
– Biosynthesis **5**: 227
– – *Sinorhizobium meliloti* M5N1CS **5**: 221
– Biotechnological production **5**: 227, 229
– – Fermentative production **5**: 228
– Chemical analysis **5**: 218
– Chemical hydrolysis **5**: 218
– Chemical property **5**: 230
– Chemical structure **5**: 216, 227
– Chemical synthesis **5**: 228
– Composition **5**: 223, 225
– Crystallization **5**: 232
– Deacetylation **5**: 220
– Detection **5**: 218
– Enzymatic hydrolysis **5**: 233
– – Cellulase **5**: 219
– $^1$H-NMR spectrum **5**: 220, 226
– Molecular genetics **5**: 227
– Molecular weight **5**: 224, 226, 229 f
– NMR analysis
– – Chemical shift **5**: 222
– NMR study **5**: 221
– Occurrence **5**: 217
– Patent **5**: 234
– Physical property **5**: 230
– – Young's modulus **5**: 231
– Physiological function **5**: 217 f
– Production **5**: 223 ff
– Purification **5**: 228 f
– – DEAE-Sepharose **5**: 230
– Recovery **5**: 228
– Rheological behavior **5**: 231
– *Sinorhizobium meliloti* M5N1CS **5**: 216, 221, 223
– X-ray analysis
– – Powder diagram **5**: 233
– – X-ray fiber diagram **5**: 232
Poly(1 → )-β-D-glucuronan **5**: 213 ff

Polyglutamate
– Occurrence
– – *Bacillus anthracis* 5: 497
– – *Natronococcus occultus* 5: 497
Poly-γ-glutamate
– Application 7: 161
– – Biomacromolecule-immobilizing material 7: 157
– – Bioremediation 7: 158
– – Bitterness-relieving agent 7: 157
– – Cryoprotectant 7: 157
– – Curable biological adhesive 7: 157
– – Dispersant 7: 157
– – Drug deliver 7: 157
– – Fiber 7: 157
– – Film 7: 157
– – Flocculant 7: 157, 159
– – Gene vector 7: 157
– – Heavy metal binding 7: 159
– – Humectant 7: 157
– – Membrane 7: 157
– – Metal absorbent 7: 157
– – Mineral absorbent 7: 157
– – Thermoplastic 7: 157
– – Thickener 7: 157
– *Bacillus anthracis* 7: 127
– *Bacillus halodurans* 7: 127
– *Bacillus licheniformis* 7: 127
– *Bacillus megaterium* 7: 127
– *Bacillus subtilis* (*chungkookjang*) 7: 127
– *Bacillus subtilis* (*natto*) 7: 127
– Biochemical application 7: 161
– Biodegradation
– – *Bacillus licheniformis* ATCC 9945A 7: 153
– – Molecular genetic 7: 155
– Biosynthesis
– – D-Amino acid aminotransferase 7: 147
– – Glutamic acid racemase 7: 147
– Biosynthesis gene 7: 145
– Biosynthesis pathway 7: 137
– Biotechnological production 7: 161
– Chemical analysis 7: 127
– Chemical modification
– – Crosslinking 7: 133
– – Esterification 7: 133
– – Irradiation 7: 133
– Chemical structure
– – *Bacillus anthracis* 7: 127
– – *Bacillus licheniformis* ATCC 9945A 7: 127
– – *Bacillus subtilis* 7: 127
– – *Bacillus subtilis* ATCC 9945A 7: 127
– Chemical synthesis 7: 131
– Encapsulation (*cap*) gene 7: 143
– Function
– – Neutralization of near-cell surface 7: 141
– – Nullification of immunity 7: 141
– Historical outline 7: 127
– *Hydra* 7: 127
– Manufacturer
– – BioLeaders Co. 7: 161
– – Meiji Seika Kabushiki Kaisha 7: 161
– Molecular genetic 7: 142 f
– Molecular size 7: 131
– Molecular structure
– – From *Bacillus anthracis* 7: 131
– *Natrialba aegyptiaca* 7: 127
– Nullification of immunity 7: 141
– Physiology 7: 141
– Prevention of drastic dehydration 7: 142
– Producer 7: 137
– – *Bacillus subtilis* F-2-01 7: 139
– – *Bacillus subtilis* TAM-4 7: 139
– Production 7: 145
– – *Bacillus halodurans* 7: 135
– – *Bacillus megaterium* 7: 135
– – *Bacillus subtilis* (*natto*) 7: 135
– – *Hydra* 7: 135
– – *Natrialba aegyptiaca* 7: 135
– – *Natronococcus occultus* 7: 135
– Regulation of osmotic pressure 7: 142
– Regulatory gene 7: 145
– Stereochemistry 7: 129
Poly-γ-D-glutamate synthetase
– *Bacillus anthracis* 7: 54
– *Bacillus subtilis* 7: 54
Poly(glutamic acid) 7: 84, 177, **10**: 152, 297
– Biodegradation **10**: 106
Poly-γ-glutamic acid 7: 123, **10**: 310, 317
– Application
– – Biodegradable plastic 7: 156
– – Cryoprotectant 7: 160
– – Food application 7: 160
– – Hydrogel 7: 156
– – Pharmaceutical 7: 160
– *Bacillus anthracis* γ-PGA 7: 130
– *Bacillus licheniformis* **10**: 292
– *Bacillus licheniformis* γ-PGA 7: 130
– *Bacillus megaterium* γ-PGA 7: 130
– *Bacillus subtilis* **10**: 292
– Biodegradation
– – Enzymology 7: 154
– Biosynthesis 7: 146
– – Glutamic acid racemase 7: 148
– – γ-Glutamyltranspeptidase 7: 150
– – γ-L-PGA synthetase 7: 148
– – Property 7: 148
– Biosynthesis gene
– – *Bacillus anthracis* 7: 144

– – *Bacillus subtilis* 7: 144
– Biotechnological production
– – *Bacillus licheniformis* A35 7: 136
– – *Bacillus licheniformis* ATCC 9945A 7: 136
– – *Bacillus licheniformis* S173 7: 136
– – *Bacillus subtilis (chungkookjang)* 7: 136
– – *Bacillus subtilis* F-2-01 7: 136
– – *Bacillus subtilis* IFO 3335 7: 136
– – *Bacillus subtilis* (*natto*) MR-141 7: 136
– – *Bacillus subtilis* TAM-4 7: 136
– Chemical crosslinking 7: 134
– Chemical structure
– – *Bacillus megaterium* 7: 128
– Cross-linking 7: 483
– Hydrogel 7: 483
– Linkage type 7: 128
– Molecular structure
– – γ-DL-PGA from *Bacillus subtilis* (*natto*) 7: 132
– – From *Bacillus licheniformis* 7: 132
– Patent 7: 162
– Producer
– – *Bacillus anthracis* 7: 134
– Production
– – *Bacillus licheniformis* A35 7: 140
– – *Bacillus licheniformis* S173 7: 140
– – *Bacillus subtilis* (*chungkookjang*) 7: 138
– – *Bacillus subtilis* (*natto*) MR-141 7: 138
– Purification
– – *Bacillus licheniformis* 7: 130
– – *Bacillus subtilis* 7: 130
– Quantification 7: 130
– Structural formula 10: 293
Poly(L-glutamic acid)
– Structural formula 10: 293
Polyglutamylation 7: 348
Poly(α-glycerate)
– Synthesis 4: 359
Poly(β-glycerate)
– Synthesis 4: 359
Polyglycerin
– Chemical structure 9: 271
Polyglycidol
– Chemical structure 9: 271
Poly(glycolic acid) **3A**: 78, **3B**: 332, **4**: 4
– Chemical modification **10**: 183
– Chemical synthesis **3B**: 437 f
– Dexon® **4**: 180
– Ercedex® **4**: 180
– Glactine910® **4**: 180
– Vicryl® **4**: 180
Poly(glycolic acid-*co*-lactic acid) *see also* $PGA_xGA_y$ **4**: 181
– Chemical structure **4**: 181
Polyglycolide **4**: 179, 183
– Synthesis **4**: 182
Polyglycylation 7: 348
Poly-GLY 3(1)-helice
– Silk **8**: 34
Poly[(Gly-L-Leu)$_{1.7}$(ethyl glycinate)$_{0.3}$phosphazene] **9**: 506
Polyglyoxylic ether
– Chemical structure **9**: 271
Polyguluronate
– Chemical structure **5**: 180
Poly-α-L-guluronate **9**: 178
Polygum®
– Galactomannan product **6**: 332
Poly(3HA) **10**: 328
Poly(HA) depolymerase **3B**: 45
– *Alcaligenes faecalis* **3B**: 69
– Regulation **3B**: 69
Poly($HA_{MCL}$) **3A**: 110
Poly(3HB) **3A**: 107, **3B**: 223, 436, **4**: 43, 99, **9**: 212, **10**: 310
– Atactic form **10**: 193
– Biocompatibility **10**: 249, 252
– Biodegradation **3B**: 119
– Biotechnological production **10**: 321
– Bone implant **10**: 262
– Chemical structure **4**: 94
– Comparison to polypropylene **3B**: 108
– Composite for bone repair **10**: 262
– Conformational analysis **3B**: 209
– Crystalline lattice **3B**: 146
– Crystal **3B**: 108
– Crystal structure **3B**: 106, 209
– Degradability **10**: 249
– Hemocompatibility **10**: 255
– In *Arabidopsis thaliana*
– – Acetoacetyl-CoA reductase **3A**: 405
– – Cellular compartment **3A**: 405
– – Poly(3HB) granule **3A**: 405
– – Poly(3HB) synthase **3A**: 405
– Injection-molded sample
– – *In vivo* degradation **10**: 258
– Internal torsional angle **3B**: 175
– Intraperitoneal implantation **10**: 258
– *In vitro* degradation **10**: 256
– IR spectrum **9**: 74
– Mechanical property **3B**: 108, **10**: 249
– Medical application **10**: 249
– Miscibility
– – Cellulose acetate butyrate **9**: 208
– – Cellulose acetate propionate **9**: 208
– Modification **10**: 256
– Osteosynthesis plate **10**: 262
– Piezoelectric potential **10**: 262
– Plasma-modified **10**: 252 f

– Plasticizer **9**: 209
– – Di-*n*-butyl phthalate **4**: 69
– – Glycerol triacetate **4**: 69
– – Glycerol tributyrate **4**: 69
– Property **3B**: 113
– Ring-opening polymerization **3B**: 209
– Solution-cast sample **10**: 256
– Spherulite **3B**: 108
– Subcutaneous implantation **10**: 258
– Tensile strength **3B**: 108
– Young's modulus **3B**: 108
Poly(4HB) **3B**: 223, **4**: 43, **10**: 269
– Biodegradation **3B**: 119
– Chemical structure **4**: 94
– *Ralstonia eutropha* **3B**: 176
– Single crystal **3B**: 214
– Therapeutic agent **10**: 266
– Trileaflet heart valve **10**: 266
– Unit cell **3B**: 213
– Vascular graft **10**: 266
– X-ray fiber diagram **3B**: 214
Poly(3HB) cycle
– *Sinorhizobium meliloti* **3B**: 35
Poly(3HB) depolymerase **3B**: 437, **4**: 382
Poly(3HB) film
– Plasticized with glycerin **10**: 260
Poly(3HB) granule **3A**: 107, **3B**: 29, **4**: 380
Poly(3HB-*co*-3HA) **3A**: 319, 329
Poly(3HB-*co*-4HB) **3B**: 177
– Chemical structure **4**: 94
– Medical application **10**: 249
– Property **3B**: 112
Poly(3HB-*co*-3HHx) **3A**: 319, 329
– Industrial-scale production **10**: 325
– Production
– – *A. hydrophila* **3A**: 323
– – By metabolically engineered bacterium **3A**: 323
– – By wild-type bacterium **3A**: 323
– – Process flowsheet **10**: 326, 327
– – *Pseudomonas* sp. 61-3 **3A**: 323
– – Semi-commercial scale **3A**: 323
– Production cost **10**: 325
– Property **3B**: 111
– *Rhodococcus ruber* **3A**: 322
– *Rhodocyclus gelatinosus* **3A**: 322
– *Rhodospirillum rubrum* **3A**: 322
Poly(3HB-*co*-22HHx)
– $^{1}$H-NMR spectrum **3B**: 138
Poly(3HB-*co*-3HN) **9**: 210, 211
Poly(3HB-37HP) **3B**: 141
Poly(3HB-*co*-3HP) **3B**: 140
– Property **3B**: 112
Poly(3HB-15HV) **3B**: 141
Poly(3HB-*co*-3HV) **3B**: 109 f, 113, 140, **4**: 43, 57, 65 f, 99
– *A. vinelandii* UWD **3A**: 272
– Chemical structure **4**: 94
– Chemical synthesis **3B**: 437
– Crystalline lattice **3B**: 146
– Designed metabolic pathway **4**: 59
– Drug delivery system
– – Antimicrobial **10**: 263
– – Chemoembolization agent **10**: 263
– – 5-Fluoro-2′-deoxyuridine **10**: 263
– – 7-Hydroxyethyltheophylline **10**: 263
– – Rifampicin **10**: 263
– – Sulfamethizole **10**: 263
– – Tetracycline **10**: 263
– – Vaccine delivery vehicle **10**: 263
– Film **10**: 259
– $^{1}$H-NMR spectrum **3B**: 138
– Hydrolytic degradation **10**: 255
– In transgenic plants **3A**: 415
– Isodimorphism **4**: 63
– Medical application **10**: 249
– Production **3A**: 266, **10**: 324
– Property **3B**: 113
– Single crystal **3B**: 211
– Sterilization **10**: 257
– X-ray diffraction pattern **3B**: 146 f
Poly(3HB-*co*-21HV)
– $^{13}$C CPMAs NMR spectrum **3B**: 148
Poly(3HB-*co*-58HV)
– $^{13}$C CPMAs NMR spectrum **3B**: 148
Poly(HB-*co*-HV)
– Electron diffraction **3B**: 182
– Physical property **3B**: 168
– Single crystal **3B**: 182
Poly(3HB-*co*-3HV) diol **4**: 70
Poly(3HB-*co*-4HV) diol **4**: 71
Poly(3HB-*co*-3HV-*co*-3HHx) **3A**: 326
Poly(3HB-*co*-3HV)-polyglactin membrane **4**: 108
Poly(3HB-*co*-3HV) scaffold **10**: 252, 257
Poly(3HB) lamellar crystal
– Hydrolysis **3B**: 196
Poly(3HB-*co*-3MB)
– $^{13}$C-NMR spectrum **9**: 75
– GC/MS analysis **9**: 73
– $^{1}$H-NMR spectrum **9**: 75
– IR spectrum **9**: 74
Poly(3HB-*co*-mcl-3HA)
– Property **3B**: 112
Poly(3HB-*co*-20 molHV)
– Property **3B**: 113
Poly(3HB-*co*-6 molmcl-3HA)
– Property **3B**: 113
Poly(3HB-*co*-3MP)

– Biodegradation
– – PHA depolymerase **9**: 77
– Biosynthesis
– – *Escherichia coli* **9**: 67
– – *Ralstonia eutropha* **9**: 66
– Structural formula **9**: 67
Poly(3HB) oligomer
– Crystalline property **3B**: 192
– Crystalline structure **3B**: 189 f
– Lamellar thickness **3B**: 192
– Single crystal **3B**: 193
– $T_m$ **3B**: 192
Poly(3HB) patch **10**: 260
Poly(3HB) single crystal **3B**: 209 f
– AFM topographic image **3B**: 221
– *Alcaligenes faecalis* T1 **3B**: 221
– Enzymatic hydrolysis **3B**: 221
Poly(3HB) single crystal **3B**: 194, 220
– Alkaline hydrolysis **3B**: 225
– Electron micrograph **3B**: 220, 225
– Enzymatic degradation **3B**: 220, 224
– Transmission electron micrograph **3B**: 181
Poly(3HB) stent **10**: 261
Poly(3HB) synthase **3A**: 108
Poly(4HB) synthesis
– γ-Butyrolactone **3B**: 213
– Ring-opening polymerization **3B**: 213
Poly(HDCA) **9**: 480
Poly(hexadecylcyanoacrylate) **9**: 479
Poly(hexamethylene carbonate)
– Chemical structure **9**: 326, 418
Poly(1,6-hexanediyl maleate) **3A**: 388
Poly(6HH)
– Biodegradation **3B**: 119
Polyhistidine **8**: 489
Poly(3HO) **10**: 269
– Biodegradation **3B**: 119
Poly(3HO-*co*-3HH) **4**: 99 f
– Chemical structure **4**: 94
Poly(3HO) latex **3B**: 116
Poly(2HP)
– Biodegradation **3B**: 119
Poly(3HP)
– Biodegradation **3B**: 119
Poly(3HPE) **4**: 80
Poly(3HV) **3B**: 145
– Biodegradation **3B**: 119
– *Chromobacterium violaceum* **3B**: 212
– Crystal structure **3B**: 212
– 2/1 Helix conformation **3B**: 212
– Internal torsional angle **3B**: 175
– Poly([*R*]-3-hydroxyvalerate) **3B**: 212
– *Rhodococcus* sp. **3B**: 212
Poly(5HV)
– Biodegradation **3B**: 119
Poly(3HV) single crystal
– Electron diffraction diagram **3B**: 213
– Electron micrograph **3B**: 213
– Enzymatic degradation **3B**: 224
– Lateral force microscopic image **3B**: 213
– Schematic representation **3B**: 213
– Unit cell **3B**: 213
Poly(α-hydroxy acid) **4**: 4
Poly(hydroxyalkanoate) *see also* PHA **2**: 372, **3A**: 82, 353, **4**: 27, 93, **10**: 170, 310, 319
– Bacterial gene **10**: 475
– Biodegradation **10**: 106
– Constituent **9**: 64, >**4**: 93
– Crystallization **3B**: 159
– General chemical structure **4**: 93
– Life cycle **10**: 427
– Material property **3B**: 159
– Physical property **3B**: 233
– Plastic production **10**: 426
– Processing **3B**: 233
– Transgenic plant **3A**: 401
Poly(β-hydroxyalkanoate) **3A**: 95, **4**: 4 f
Poly(ω-hydroxyalkanoate) **4**: 4
Poly(3-hydroxyalkanoate) **3B**: 433, **10**: 182
– Analysis **3B**: 1
– Chemical synthesis **3B**: 437
Poly(α-hydroxyalkanoate) **3B**: 433
Poly(ω-hydroxyalkanoate)
– Chemical synthesis **3B**: 435
Polyhydroxyalkanoic acid **1**: 461, 469, **3A**: 24, 174
Polyhydroxybutyrate **10**: 10, 143, 247, 426
– *Bacillus megaterium* **10**: 107
– Biodegradation **10**: 105, 107
– Blood compatibility **10**: 254
– For coating **10**: 258
– Heating value **10**: 442
Poly(3-hydroxybutyrate) **3B**: 357, 436, **4**: 27, 55, **9**: 64, **10**: 189, 320
– Biocompatibility **10**: 250
– Blending polymer **10**: 255
– Cell culture study **10**: 251
– Clinical application **10**: 259, 261, 264
– Drug delivery system
– – Antimicrobial **10**: 263
– – Chemoembolization agent **10**: 263
– – 5-Fluoro-2′-deoxyuridine **10**: 263
– – Hernia repair mesh **10**: 264
– – 7-Hydroxyethyltheophylline **10**: 263
– – Levonorgestrel **10**: 264
– – Nerve regeneration **10**: 264
– – Rifampicin **10**: 263
– – Sulfamethizole **10**: 263
– – Suture material **10**: 264

– – Tetracycline **10**: 263
– – Vaccine delivery vehicle **10**: 263
– *In vitro* degradation **10**: 255
– *In vivo* degradation
– – By gamma-irradiation **10**: 257
– Mechanical property **10**: 250
– Medical application **10**: 259
– Plasticizer **10**: 255
– Porous microcapsule **10**: 257
– Potential application
– – Drug delivery system **10**: 249
– – Orthopedic **10**: 248
– – Wound management **10**: 248
– Subcutaneous implantation **10**: 257
– Toxicity **10**: 251
Poly(4-hydroxybutyrate) **3B**: 213
– Biocompatibility **10**: 264
– Clinical application **10**: 265
– *In vitro* degradation **10**: 265
– *In vivo* degradation **10**: 265
– Mechanical property **10**: 264
– Medical application **10**: 249
Poly(β-hydroxybutyrate) **3A**: 92, **3B**: 87, **4**: 4, **9**: 419
– Thermal property **4**: 6
– Yarn property
– – Tensile strength **4**: 6
– – Young's modulus **4**: 6
Poly([*R*]-3-hydroxybutyrate)
– Crystal structure **3B**: 208
Polyhydroxybutyrate cycle
– Global regulation **3B**: 25
Poly(β-hydroxybutyrate) depolymerase **3A**: 94
Poly(3-hydroxybutyrate-*co*-3-hydroxyhexanoate)
– Production **10**: 324
Poly(3-hydroxybutyrate-*co*-3-hydroxyvalerate) **10**: 153, 323
Poly(hydroxybutyrate-*co*-hydroxyvalerate)
– Scanning electron micrograph **10**: 376
Polyhydroxy-butyrate/valerate **10**: 10
Poly(3-hydroxybutyrate-*co*-valerate) **10**: 196
Polyhydroxybutyric acid
– Natural fiber composite **10**: 8
Poly(3-hydroxydecanoate) **10**: 196
Poly(3-hydroxy-4-epoxyvaleric acid) **10**: 197
Poly(2-hydroxyethyl methacrylate)-poly(ε-caprolactone)
– Synthesis **4**: 364
Polyhydroxymethionine **9**: 81
– Analysis
– – High-performance liquid chromatography (HPLC) **9**: 83
– – Nuclear magnetic resonance (NMR) spectroscopy **9**: 83
– Application **9**: 84
– Chemical structure **9**: 83
– Discovery **9**: 82
– Monomer
– – *Bacillus subtilis* **9**: 84
– Occurrence **9**: 83
– Outlook **9**: 85
– Patent
– – Monomer **9**: 85
– – Polymer **9**: 85
– Perspective **9**: 85
– Physical property **9**: 83
– Production
– – Acrolein **9**: 84
– – Methylmercaptane **9**: 84
– – 3-Methylmercaptopropanal (MMP) **9**: 84
– Structural formula **9**: 83
Poly(3-hydroxynonanoate) **10**: 196
Poly(3-hydroxyoctanoate) **10**: 196
– Functionalization **10**: 194
– Medical application **10**: 249
– *Pseudomonas oleovorans* **10**: 194
Poly-3-hydroxy-5-phenylvalerate **3A**: 300
Polyhydroxypolyester **9**: 249
Poly(3-hydroxy-*S*-propyl-ω-thioalkanoate **9**: 77
Poly(3-hydroxy-5-thiophenoxypentanoate-*co*-3-hydroxy-7-thiophenoxyheptanoate **9**: 77
Poly(3-hydroxyundecenoate-*co*-3-hydroxyoctanoate) **10**: 196
Polyhydroxyvalerate **10**: 426
– Heating value **10**: 442
Polyimide
– Application **10**: 110, 111
– Biodegradation
– – *Aspergillus versicolor* **10**: 110, 112
– – *Chaetomium* sp. **10**: 112
– – *Cladosporium cladosporioides* **10**: 110, 112
– Biodeterioration **10**: 111
– Biofilm formation **10**: 111
– Deterioration **10**: 112
Polyion complex **7**: 484
Polyisobutylene **2**: 208
Polyisobutylene oxide
– Chemical structure **9**: 271
Poly(isohexylcyanoacrylate) **9**: 478
Polyisoprene
– Bulk polymerization **2**: 218
– Polymerization process **2**: 217
– Separation **2**: 218
– Technical production **2**: 217
3,4 Polyisoprene **2**: 213, 222, 225
*cis*-Polyisoprene **2**: 10 f, 20
*cis*-1,4 Polyisoprene **2**: 206, 220, 224
– Catalyst **2**: 209

– Synthesis **2**: 209
*trans*-Polyisoprene **2**: 11, 17, **3B**: 208
*trans*-1,4-Polyisoprene **2**: 213, 222, 225, 353
Polyisoprene latex **2**: 219
*Polyisoprenivorans* **1**: 471
Polyisoprenoid alcohol **2**: 137
Polyketide **9**: 89, 97
– Application **9**: 90
– Avermectin **9**: 92, 97
– Avilamycin **9**: 97
– Bikaverin **9**: 97
– Biosynthesis **7**: 68, **9**: 90, 93
– Candicidin **9**: 97
– DEBS protein **9**: 95
– "Designer" polyketide **9**: 101
– Epothilone B **9**: 92
– Erythromycin **9**: 97
– Erythromycin A **9**: 92
– Erythromycin biosynthesis **9**: 95
– Lovastatin **9**: 92, 97
– Maitotoxin **9**: 92
– Megalomicin **9**: 97
– 6-Methylsalicylic acid **9**: 92
– Monensin **9**: 97
– Niddamycin **9**: 97
– Nystatin **9**: 97
– Oleandomycin **9**: 97
– Pikromycin **9**: 97
– Pimaricin **9**: 97
– Polyketide synthase **9**: 90, 93
– Polyketide synthetase
– – DEBS protein **9**: 95
– Pyoluteorin **9**: 97
– Rapamycin **9**: 92
– Rifamycin **9**: 97
– Rifamycin B **9**: 92
– Soraphen **9**: 97
– Spinosad **9**: 97
– Tylactone **9**: 97
Polyketide biosynthesis
– Engineering **9**: 100
– NRPS/PKS hybrid **9**: 96
Polyketide synthase **7**: 55, **9**: 90, 92, 93
– Acyltransferase domain **9**: 101
– *Amycolatopsis mediterranei* **9**: 96
– Domain swapping **9**: 101
– Enoylreductase domain **9**: 99
– Genetic engineering **9**: 100
– – Novel octaketide macrolactone **9**: 103
– – Recombination of module **9**: 102
– *Gibberella fujikuroi* **9**: 96
– "Minimal-PKS" **9**: 103
– Modular polyketide synthase **9**: 96, 102
– Novel polyketide
– – Genetic engineering **9**: 101
– Outlook **9**: 103
– Perspective **9**: 103
– 4′-Phosphopantetheinyl transferase **9**: 96
– Recombination of module **9**: 103
– *Saccharopolyspora erythraea* **9**: 103
– *Streptomyces antibioticus* **9**: 96
– *Streptomyces avermitilis* **9**: 96
– *Streptomyces hygroscopicus* **9**: 96
– *Streptomyces nanchangensis* **9**: 96
– Thioesterase **9**: 99
– Thioesterase domain
– – Relocation **9**: 99
Polyketide synthase system
– Gene
– – Polyketide
– – – 6-Methylsalicylic acid **9**: 97
Poly(L-LA-b-DXO-b-L-LA) **4**: 37
Polylactic acid
– Chemical synthesis
– – Azeotropic condensation polymerization **3B**: 334
– Heating value **10**: 442
– LACEA **4**: 251
– Prepolymer **3B**: 334
– Racemization **3B**: 334
Poly(lactic acid) **3B**: 332, **10**: 4, 10, 12, 17, 170, 459
– Chemical hydrolysis **10**: 376
– Chemical modification **10**: 183
– Chemical synthesis **3B**: 438
– – Catalyst **3B**: 336
– – Esterification-promoting adjuvant **3B**: 336
– – Stereochemistry **3B**: 412
– Copolymerization **10**: 186
– Crosslinked
– – 2-Amino-ethanol **10**: 192
– – 2,2′-Dimethoxy-2-phenyl acetophenone **10**: 192
– – 2-Hydroxyethyl methacrylate **10**: 192
– Functionalization **10**: 184
– $^1$H-NMR spectrum **3B**: 414
– Modification **10**: 185
– PLLA-protein copolymer **10**: 186
– Stabilization method **3B**: 354
– – Tropololone **3B**: 355
– Star-shaped PLLA **10**: 184
– Thermal degradation **3B**: 352, 355
– Thermooxidative degradation **3B**: 354
– Viscosity **10**: 13
– With bypridine end group **10**: 184
– With functional end group **10**: 185
Poly(L-lactic acid) **4**: 4
– Crystal structure **3B**: 215
– Enzymatic hydrolysis **3B**: 223

– Thermal property **4**: 6
– Unit cell **3B**: 215
– Yarn property
– – Tensile strength **4**: 6
– – Young's modulus **4**: 6
Poly(lactic acid-*co*-lysine) **4**: 344
Poly(L-lactic acid)-poly(ε-caprolactone) branched-block copolymer
– Synthesis **4**: 365
Poly(lactic acid) *see also* PLA **4**: 3 f, 16
– Manufacture **4**: 16
– Product **4**: 16
– Two-stage degradation mechanism **4**: 20
Polylactide **3B**: 87, **4**: 235, **10**: 183, 249, 412, 475
– Biodegradation **10**: 106
– Cargill Dow **3B**: 298, **10**: 484
– Conversion of cornstarch **10**: 480
– Degradation
– – Hydrolysis **3B**: 353
– – Intermolecular alcoholysis **3B**: 353
– – Intermolecular transesterification **3B**: 353
– – Intramolecular transesterification **3B**: 353
– – Pyrolytic elimination **3B**: 353
– LCA data **10**: 429
– Molecular weight **4**: 33
– Nature-Works™ **3B**: 298
– Production **10**: 484
– Side reaction **3B**: 351
– Stability **3B**: 351
– Thermal degradation **3B**: 351
– See PLA **4**: 129
– Thermogravimetry **3B**: 354
Poly(D-lactide) **4**: 31
Poly(D,L-lactide) **4**: 31
Poly(L-lactide) **3B**: 373, **4**: 31
Poly(L-lactide-b-DXO-b-L-lactide)
– Ring-opening polymerization **4**: 38
Poly(lactide-*co*-β-butyrolactone) **3B**: 300
Poly(lactide-*co*-γ-butyrolactone) **3B**: 300
Polylactide (PLA) production
– Life-cycle analysis **10**: 484, 485
– Potential reduction in fossil fuel consumption **10**: 488
– Potential reduction in greenhouse gas emission **10**: 489
Poly(L-lactide-*co*-serine) copolymer **10**: 186
Poly(β-lactone) **4**: 361
– Functionalized derivative **4**: 365
– Synthesis **4**: 365
Poly(LA-*co*-glycolide) **4**: 43
Poly(Lys-*co*-DOPA) **8**: 373
Polylysine **7**: 84, 177, **8**: 371, **10**: 293
Poly(ε-lysine) **10**: 294
ε-Poly-L-lysine **7**: 107
– *Aerobacter aerogenes* IFO3317 **7**: 111
– Application **7**: 114
– – Food additive **7**: 113
– *Bacillus cereus* IFO3514 **7**: 111
– *Bacillus coagulans* IFO12583 **7**: 111
– *Bacillus stearothermophilus* IFO12550 **7**: 111
– *Bacillus subtilis* IAM1069 **7**: 111
– Biodegradation
– – *Chryseobacterium* sp. OJ7 **7**: 115
– – Function **7**: 116, 117
– – *Sphingobacterium multivorum* OJ10 **7**: 115
– Biosynthesis
– – Molecular genetic **7**: 117
– – *Streptomyces albulus* **7**: 117
– – *Streptomyces albulus* No. 346 **7**: 116
– – *Streptomyces albulus* No. 11211A **7**: 116
– Biotechnological production **7**: 113
– *Campylobacter jejuni* **7**: 111
– *Candida acutus* IFO1912 **7**: 111
– Chemical analysis **7**: 109
– Chemical structure **7**: 109
– *Clostridium acetobutylicum* IFO13948 **7**: 111
– Detection **7**: 109, 110
– *Escherichia coli* IFO13500 **7**: 111
– Food additive **7**: 114
– Function **7**: 110
– *Lactabacillus plantarum* IFO12519 **7**: 111
– *Lactobacillus brevis* IFO3960 **7**: 111
– *Leuconostoc mesenteroides* IFO3832 **7**: 111
– *Micrococcus luteus* IFO12708 **7**: 111
– Molecular genetic **7**: 117
– Occurrence **7**: 110
– Patent **7**: 118
– *Phaffia rhodozyma* IFO10129 **7**: 111
– *Pichia anomala* IFO0146 **7**: 111
– *Pichia membranaefaciens* IFO0577 **7**: 111
– ε-PL-degrading enzyme
– – *Chryseobacterium* sp. OJ7 **7**: 116
– – *Sphingobacterium multivorum* OJ10 **7**: 116
– – *Streptomyces albulus* **7**: 116
– Production **7**: 112
– – ε-Poly-L-lysine
– – – *Aspergillus niger* IFO4416 **7**: 111
– *Pseudomonas aeruginosa* IFO3923 **7**: 111
– *Rhodotorula lactase* IFO1423 **7**: 111
– *Saccharomyces cerevisiae* **7**: 111
– *Salmonella typhimurium* **7**: 111
– *Sporobolomyces roseus* IFO1037 **7**: 111
– Stability **7**: 109
– *Staphylococcus auereus* IFO13276 **7**: 111
– *Streptococcus lactis* IFO12546 **7**: 111
– *Streptomyces albulus* **7**: 108
– *Trichophyton mentagrophytes* IFO7522 **7**: 111
– Water-solubility **7**: 109

– *Zygosaccharomyces rouxii* IFO1130 **7**: 111
Polymalatase **3A**: 90, 94
Polymalate hydrolase
– *C. acidovorans* **3A**: 94
– *Comamonas acidovorans* **3A**: 93
– Difference to PHA depolymerase **3A**: 94
– Inhibitor **3A**: 94
– pH Optimum **3A**: 93
– *Physarum* **3A**: 94
– Polymalatase **3A**: 94
– *P. polycephalum* **3A**: 93
– $K_m$-Value **3A**: 93
Poly(malic acid) **3A**: 75, 377
– Analysis
– – Ascending paper chromatography **3A**: 87
– – Cleavage in acid or alkali **3A**: 86
– – Gel permeation chromatography **3A**: 87
– – Photometric analysis **3A**: 86
– – Reversed-phase chromatography **3A**: 87
– – Reversed-phase high-pressure liquid chromatography **3A**: 87
– – Transmethylation **3A**: 87
– Application **3A**: 94
– – Biodegradable matrix **3A**: 99
– – Bone surgery **3A**: 96
– – Coat of solid drug **3A**: 96
– – Controlled release of drug **3A**: 96
– – Detergent **3A**: 99
– – Drug carrier **3A**: 95, 99
– – Fabric treatment **3A**: 99
– – Micelle trapping drug **3A**: 99
– – Microorganism-holding carrier **3A**: 99
– – Microparticle **3A**: 99
– – Patent **3A**: 96
– *Aureobasidium pullulans* **3A**: 78
– *Aureobasidium* sp. strain A-91 **3A**: 78, 96
– Binding of
– – Cationic dye **3A**: 89
– – Methylene blue **3A**: 89
– – Toluidine blue **3A**: 89
– Biosynthesis
– – Activated L-malic acid **3A**: 91
– – *A. pullulans* **3A**: 82, 91, 92
– – *Aureobasidium* **3A**: 91
– – Difference to PHA biosynthesis **3A**: 92
– – Glyoxylate shunt **3A**: 91
– – *In vitro* synthesis **3A**: 82
– – *Penicillium cyclopinum* **3B**: 439
– – *P. polycephalum* **3A**: 82
– – Regulation **3A**: 91
– Biotechnological production **3A**: 94
– Characterization
– – $^{13}$C-NMR spectrum **3A**: 78
– Chemical derivative
– – Aminolysis **3A**: 89
– – DCC **3A**: 89
– – *cis*-Diamminepolymalatoplatinum **3A**: 89
– – EDAC **3A**: 89
– – 1-Ethyl-3-(3-dimethylaminopropyl)-carbodiimide **3A**: 89
– – 5-Fluorouracil **3A**: 89
– – Isocyanate **3A**: 90
– – *N*-(1-Naphthyl)ethylenediamine **3A**: 89
– – *N,N'*-Dicyclohexylcarbodiimide **3A**: 89
– Chemical structure **3A**: 80, 81
– Chemical synthesis **3A**: 85
– – Alkyl glyoxylate **3A**: 86
– – Benzyl malolactonate **3A**: 78
– – Benzyl malolactonate (4-benzyloxycarbonyl-2-oxetanone) route **3A**: 83
– – Bromosuccinic acid **3A**: 83
– – Chemical modification **3A**: 84
– – Conjugate with fluorouracil **3A**: 82
– – Copolymer with glycolic acid **3A**: 78
– – Cyclic macrolactone **3A**: 79
– – 2 + 2 Cycloaddition **3A**: 83
– – Glycolic acid-malic acid cyclic dimer **3A**: 79
– – Ketene **3A**: 86
– – Malic acid benzyl ester **3A**: 78
– – Molecular weight **3A**: 83
– – Oligo($\beta$-L-malic acid) **3A**: 79
– – *Penicillium cyclopium* **3A**: 78
– – Poly(β-alkyl malolactonate) **3A**: 86
– – Poly(β-malic acid) **3A**: 83, 84
– – *P. polycephalum* **3A**: 78
– – Ring-opening polymerization **3A**: 82, 84
– – β-Substituted β-lactonic compound **3A**: 82
– – Synthesis route **3A**: 84, 86
– – Tailor-make derivative **3A**: 86
– – Via the ketene route **3A**: 83
– Circular dichroic spectrum **3A**: 88
– $^{13}$C-NMR study **3A**: 88
– Complex with
– – Gentamycin **3A**: 88
– – Histones **3A**: 88
– – Poly(ethylenimine) **3A**: 88
– – Poly(L-lysine) **3A**: 88
– – Polyvalent cation **3A**: 88
– – Protonated spermine **3A**: 88
– Coupling of
– – Adamantyl **3A**: 95
– – 4-Aminofluorescein **3A**: 95
– – Benzyl alcohol **3A**: 95
– – Dialcohol **3A**: 95
– – Diamine **3A**: 95
– – Doxorubicin **3A**: 95
– – Unsaturated substituent **3A**: 95

– Degradation
– – Benzylated synthetic poly(β-L-malic acid) **3A**: 92
– – *Comamonas acidovorans* **3A**: 82
– – Fate in plasmodium **3A**: 82
– – Half-life **3A**: 92
– – Hydrolytic cleavage **3A**: 93
– – Nonenzymatic hydrolytic degradation **3A**: 92
– – Polymalatase **3A**: 90
– – Poly-(malic acid) depolymerase **3A**: 82
– – Poly(β-L-malic acid) hydrolyzing enzyme **3A**: 93
– – *P. polycephalum* **3A**: 82, 90
– Dissociation constant **3A**: 88
– Function **3A**: 86, 90
– – DNA-polymerase-α-primase **3A**: 78
– – Inhibition **3A**: 78
– $^{1}$H-NMR spectrum **3A**: 88
– Immunological study **3A**: 90
– Intracellular concentration **3A**: 91
– Intravenous application **3A**: 90
– Isolation
– – Calcium poly(β-L-malic acid) **3A**: 82
– – Repeated precipitation **3A**: 82
– Metabolic pathway **3A**: 82
– Mitosporic fungus **3A**: 78
– Molecular weight **3A**: 87
– Myxomycete **3A**: 78
– Partial hydrogenolysis **3A**: 89
– Patent **3A**: 96
– *Penicillium cyclopium* **3A**: 78
– Pharmacokinetic study **3A**: 90
– *Physarum polycephalum* **3A**: 7 ff, 96
– Physicochemical property **3A**: 87
– Physiological role **3A**: 90
– Physiology **3A**: 90
– Poly(malic acid)–glucane conjugate **3A**: 81
– Polymer micelle **3A**: 89
– Production **3A**: 94
– – *A. pullulans* **3A**: 81
– – *Aureobasidium* **3A**: 79 ff
– – By biological fermentation **3A**: 79
– – By chemical synthesis **3A**: 79
– – Carbon source **3A**: 81
– – *Physarum* **3A**: 80
– – Plasmodium **3A**: 81
– Property **3A**: 79
– Protein inhibitor **3B**: 439
– Solubility **3A**: 87
– Spectroscopic property **3A**: 87
– Type **3A**: 80
– – β-Branched type **3A**: 79
– – Natural **3A**: 79
– – α-Type **3A**: 79
– – α,β-Type **3A**: 79
– – β-Type **3A**: 79
α-Poly(malic acid)
– Chemical synthesis **3B**: 440
Poly(α-malic acid) **4**: 334
Poly(β-malic acid) **4**: 336
– Synthesis **4**: 338
β-Poly(L-malic acid)
– Chemical synthesis **3B**: 441
Poly(β-L-malic acid) carrier system **3A**: 94
Poly(malic acid) depolymerase **3A**: 82
Poly(malic acid)–glucane conjugate **3A**: 81, 88
Poly[(*S*)-α-malic acid-*co*-glycolic acid]
– Synthesis **4**: 337
Poly[(*S*)-α-malic acid-*co*-glycolic acid-*co*-L-lactic acid]
– Synthesis **4**: 337 f
Poly[(*S*)-α-malic acid-*co*-L-lactic acid]
– Synthesis **4**: 336
Polymannuronate
– Chemical structure **5**: 180
Poly-D-mannuronate epimerase **5**: 15
Poly(mcl-3HA)s
– Crystallization rate **3B**: 115
– Property **3B**: 115
– *Pseudomonas oleovorans* **3B**: 115
Polymer
– Biodegradability
– – Method for testing **10**: 365
– – Regulation **10**: 365
– Compostability **10**: 398
– Efficient production **10**: 355
– Sequence-defined **8**: 50
Polymerase **5**: 187
Polymer blend **9**: 209, 211
– Based on PLAs **4**: 141
Polymer coating **9**: 169
Polymer erosion **9**: 428
– Change in composition **9**: 429
– Change in polymer structure **9**: 429
– Modeling **9**: 446
– Morphological change **9**: 429
Polymeric material
– Resource **10**: 356
– Sustainable production **10**: 356
– Tailor-made property **10**: 366
– Technology **10**: 356
– Transformation of polymer **10**: 359
Polymeric sulfur compound **9**: 35, 44
– Analysis
– – X-ray absorption near-edge structure (XANES) spectroscopy **9**: 46
– *Beggiatoa* **9**: 46
– Biological role **9**: 37
– Chemical structure **9**: 40

– – Hexasulfide dianion $S_6^{2-}$ **9**: 39
– – *cyclo*-Octasulfur molecule $S_8$ **9**: 39
– – Pentathionate dianion $S_5O_6^{2-}$ **9**: 39
– Discovery
– – *Monas muelleri* **9**: 39
– – *Thiovulum muelleri* **9**: 39
– Historical outline **9**: 39
– Metabolism
– – *Acidiphilium acidophilum* **9**: 51
– – *Citrobacter* **9**: 51
– – *Citrobacter freundii* **9**: 52
– – *Desulfovibrio gigas* **9**: 52
– – Dissimilatory sulfite reductase **9**: 48
– – Flavocytochrome *c* **9**: 43
– – *Neisseria gonorrhoeae* **9**: 52
– – *Paracoccus pantotrophus* **9**: 51
– – Polysulfide reductase **9**: 43
– – *Proteus* **9**: 51
– – *Proteus mirabilis* **9**: 52
– – *Pseudaminobacter salicylatoxidans* KCT001 **9**: 51
– – *Rhodobacter capsulatus* **9**: 43
– – *Salmonella* **9**: 51
– – *Salmonella typhimurium* **9**: 51, 52
– – SQR **9**: 43
– – *Starkeya novella* **9**: 51
– – Sulfide : cytochrome *c* oxidoreductase **9**: 42
– – Sulfide : quinone oxidoreductase **9**: 42
– – Tetrathionate formation **9**: 50
– – Tetrathionate oxidation **9**: 50, 51
– – *Thioalkalivibrio denitrificans* **9**: 43
– – *Thiocapsa roseopersicina* **9**: 43
– – Under oxidative condition **9**: 42, 50, 54
– – Under reductive condition **9**: 43, 48, 52, 54
– – *Wolinella succinogenes* **9**: 43, 52
– Occurrence **9**: 42
– Organic polysulfane **9**: 53
– Other polythionate **9**: 51
– Outlook **9**: 55
– Oxidation state **9**: 37
– Perspective **9**: 55
– Polythionate **9**: 48
– Ring size **9**: 36
– *cyclo*-S8 Molecule **9**: 36
– S–S bond **9**: 36
– Sulfur globule **9**: 46
– Sulfur homocycle
– – Molecular structure **9**: 45
– Sulfur sol **9**: 46
– *Thiobacillus*-like bacteria **9**: 46
– *Thioploca* **9**: 46
– Trithionate **9**: 51
Polymeric sulfur globule
– Metabolism
– – *A. ferrooxidans (Acidithiobacillus ferrooxidans)* **9**: 47
– – *A. thiooxidans (Acidithiobacillus thiooxidans)* **9**: 47
– – *Chlorobium limicola* **9**: 47
– – Sulfur oxygenase **9**: 47
– – Under oxidative condition **9**: 47
– Occurrence
– – Chlorobiaceae **9**: 47
– – Chloroflexaceae **9**: 47
– – Chromatiaceae **9**: 47
– – Ectothiorhodospiraceae **9**: 47
– Sulfur globule **9**: 47
Polymerization condition
– Catalyst **3B**: 347
– Temperature **3B**: 347
Polymerization mechanism **1**: 14
Polymer micelle **3A**: 89
Polymer processing
– Melt flow index **3B**: 253
Polymer product chain **10**: 353
Polymer production
– Fossil fuel consumption
– – Cellophane **10**: 486
– – GPPS **10**: 486
– – LLDPE **10**: 486
– – Nylon 6 **10**: 486
– – PC **10**: 486
– – PET AM **10**: 486
– – PLA **10**: 486
– – PP **10**: 486
– Release of greenhouse gas
– – Cellophane **10**: 487
– – GPPS **10**: 487
– – LLDPE **10**: 487
– – Nylon 6 **10**: 487
– – PC **10**: 487
– – PET AM **10**: 487
– – PLA **10**: 487
– – PP **10**: 487
Polymer swelling **9**: 429
Poly(2-methylene-1,3,6-trioxocane)
– Degradation **3B**: 99
– Lipase **3B**: 99
– *Rhizopus arrhizus* **3B**: 99
Poly(2-methyl-3-hydroxyoctanoate) **10**: 194
Poly(methylmethacrylate) **8**: 373
Polymorphism
– Nucleic acid crystal **8**: 436
– Protein crystal **8**: 436
Polymorphonuclear lymphocyte **5**: 15
Polynanopeptide **7**: 472
Polynorbornene **2**: 307
Poly(octadecyl)methacrylate **8**: 371

Polyoctenamer **2**: 308
Polyol **10**: 10
Polyolefin **10**: 4
– Biodegradable material
– – Availiability **9**: 389
– Blend **10**: 170
Poly[oligo(butylene succinate)-*co*-(butylene carbonate)]
– Chemical structure **9**: 326, 418
Polyoxin **6**: 133
– Inhibitor of chitin synthesis **6**: 497
Polyoxoester **3A**: 199
Polyoxometalate polyanion **8**: 417
PolyP **10**: 167
– Chain length **10**: 147
– Recovery **10**: 147
PolyP accumulation **10**: 144
Poly(PEGCA-*co*-HDCA) **9**: 463, 479, 480
Polypeptide
– Medical application **10**: 266
Polyphenolic pigment **6**: 126
Polyphenoloxidase **1**: 252
Polyphosphatase **3A**: 152, **9**: 5, 6
– Biological function
– – Energy source **9**: 18
Polyphosphate **3A**: 117, 125, 128, 139, 149, 157, 340 ff, 345, **7**: 61, **10**: 139
– Acetate kinase **10**: 149
– *Acinetobacter johnsonii* 210A **9**: 5, 19
– – Extraction of polyphosphate **9**: 6, 7
– Analysis
– – Ammonium molybdate technique **9**: 7
– Analytical method
– – Analysis **10**: 142
– – 4′,6′-Diamidino-2-phenylindole **10**: 142
– – Luciferase **10**: 142
– – Luciferin **10**: 142
– – Nuclear magnetic resonance **10**: 142
– – PolyP kinase **10**: 142
– – Toluidine blue **10**: 142
– Application **9**: 3, 24, **10**: 145, 149
– – Antibacterial action **9**: 25
– – ATP regeneration **9**: 23
– – EBPR **9**: 25
– – Enhanced biological phosphorus removal (EBPR) **9**: 23
– – Phosphorus fiber **10**: 151
– – Treatment **10**: 152
– – Wastewater **10**: 152
– ATP regeneration system **10**: 149
– Biodegradation **9**: 5
– – *Dictyostelium discoideum* **9**: 18
– – Endopolyphosphatase **9**: 18
– – Exopolyphosphatase **9**: 13, 17, **10**: 147
– – Guanosine pentaphosphate **9**: 16
– – Higher animal **9**: 18
– – Lower eukaryote **9**: 17
– – Man **9**: 18
– – Phosphohydrolase **9**: 16
– – Polyphosphate : AMP phosphotransferase **9**: 16
– – Polyphosphate glucokinase **9**: 14
– – PPGK **9**: 15
– – PPX **9**: 14
– – Prokaryote **9**: 13
– – *Saccharomyces cerevisiae* **9**: 18
– – *Tethya lyncurium* **9**: 18
– Biological function
– – *Acinetobacter johnsonii* 210A **9**: 21
– – Acquisition of competence **9**: 20
– – ATP substitute **9**: 21
– – Biofilm development **9**: 23
– – Buffer against alkali ion **9**: 21
– – $Ca^{2+}$-ATPase **9**: 20
– – Calcium channel **9**: 20
– – $Ca^{2+}$ pump **9**: 20
– – Conservation of metabolic energy **9**: 19
– – Divalent cation **9**: 21
– – *Dunaliella salina* **9**: 21
– – *Escherichia coli* **9**: 21, 22
– – Involvement in gene expression **9**: 22
– – Quorum sensing **9**: 23
– – Regulator of stress response **9**: 21, 22
– – *Sulfolobus acidocaldarius* **9**: 21
– – Virulence **9**: 23
– Biosynthesis **9**: 4, 5, **10**: 141
– – Adenylate kinase **10**: 143
– – *Dictyostelium discoideum* **9**: 13
– – Eukaryote **9**: 13
– – PolyP **10**: 167
– – Polyphosphate kinase **9**: 10
– – PPK **9**: 11, 13
– – *Saccharomyces cerevisiae* **9**: 13
– Cellular function **10**: 143
– Chain configuration **3A**: 148
– Chemical property **9**: 4
– Chemical structure **10**: 141
– Complexe with PHB **9**: 9
– DAPI **9**: 5
– Detection **9**: 4
– – DAPI **9**: 5
– – 4′,6′-Diamino-2-phenylindole hydrochloride **9**: 5
– – Electron microscopy **9**: 5
– – Methylene **9**: 5
– – Neisser stain **9**: 5
– – Neutral red **9**: 5
– – $^{31}$P-NMR **9**: 8

– – Polyphosphate glucokinase 9: 8
– – PPK 9: 8
– – PPX 9: 8
– – Toluidine blue 9: 5
– 4′,6′-Diamino-2-phenylindole hydrochloride 9: 5
– Discovery 9: 3
– Divalent metal 9: 4
– EBPR 9: 24
– Electron microscopy 9: 5
– Energy dispersive X-ray analysis 9: 5
– *Escherichia coli* 9: 6
– – Extraction of polyphosphate 9: 7
– Evolutionary aspect 3A: 164
– Extraction 9: 6
– Extraction method 9: 6
– Fluorescence method 9: 5
– Formation 10: 141
– Free energy of hydrolysis 9: 3
– Function 9: 3
– General formula 9: 4
– High molecular-weight polyP
– – *Acinetobacter* 9: 9
– – *Acinetobacter johnsonii* 210A 9: 8, 9
– – *Aerobacter aerogenes* 9: 8
– – *Helicobacter pylori* 9: 9
– – *Microlunatis phosphovorus* 9: 8
– – *Microthrix parvicella* 9: 8
– – *Mycobacterium tuberculosis* 9: 9
– – *Neisseria gonorrhoeae* 9: 9
– – *Neisseria meningitidis* 9: 9
– – *Propionibacterium acne* 9: 9
– – *Propionibacterium shermanii* 9: 8
– – *Pseudomonas aeruginosa* 9: 9
– Historical outline 9: 3, 4
– Ion-exchange agent 9: 4
– Low-cost phosphoryl donor 10: 148
– Low molecular-weight polyP
– – *Azotobacter* 9: 9
– – *Bacillus* 9: 9
– – *Escherichia coli* 9: 9
– Metachromatic granule 10: 141
– Metachromatic reaction 9: 4
– Molecular weight 10: 147
– Molecular weight analysis 9: 5
– Natural occurrence
– – *Entamoeba* 9: 10
– – Higher animal 9: 10
– – Lower eukaryote 9: 9
– – Man 9: 10
– – Prokaryote 9: 8
– – *Saccharomyces cerevisiae* 9: 9
– – *Tethya lyncurium* 9: 10
– – Yeast 9: 9
– Outlook 9: 25
– Patent 9: 26, 27, 28
– Patent application 10: 153
– Perspective 9: 25
– Phosphate removal 10: 148
– Phosphoanhydride bond 10: 140
– Physical property 9: 4
– $^{31}$P-NMR 9: 5
– Polyphosphatase 9: 5, 6
– PPK 9: 5, 6
– – Biosynthesis 9: 12
– Precipitation of phosphorus 10: 148
– Production cost 10: 149
– Pyruvate kinase 10: 149
– Separation 9: 6
– Separation method
– – Gel electrophoresis 9: 7
– – Gel filtration 9: 7
– – Paper chromatography 9: 7
– – Thin-layer chromatography 9: 7
– Solubility 9: 4
– Staining with basic dye 9: 5
– Synthesis 10: 142
Polyphosphate : AMP phosphotransferase
– Enzymatic reaction 9: 16
– Property 9: 16
– Substrate 9: 16
Polyphosphate glucokinase
– Enzymatic reaction 9: 14
– Property
– – PPGK
– – – *Mycobacterium phlei* 9: 14
Polyphosphate kinase 3A: 117, 151, 158, 9: 4
– ATP-biosynthesis 10: 150
– Catalyzed reaction 9: 10
– *Escherichia coli* 10: 142
– Primary structure 9: 12
Polyphosphate operon 3A: 117
Polyphosphazene
– Acid ester cosubstituted 9: 509
– Amino acethydroxamic acid ester 9: 506
– Application 9: 492, 493, 500
– – Drug delivery system 9: 494
– Biodegradation 9: 491, 503
– – Degradation rate 9: 509
– – Hydrolysis product 9: 510
– – Mechanism 9: 502
– – Physiology 9: 501
– Chemical structure 9: 494, 496
– Conjugation 9: 499
– Controlled drug release 9: 498
– Crosslinking 9: 498
– Depsipeptide ester 9: 505
– Dipeptide ester 9: 506

- Discovery 9: 493
- Drug conjugation 9: 511
- Function 9: 496
- Glycolic (lactic) acid ester 9: 503
- Hydrogel 9: 498
- Hydrolysis
- – Mechanism 9: 502
- Hydrolysis mechanism 9: 507
- Implantation 9: 500
- Occurrence 9: 496
- Product 9: 513
- Property 9: 497
- Replacement of body part 9: 500
- Saccharide conjugation 9: 511
- Schiff base coupling 9: 512
- Steroidal side group 9: 512
- Synthesis 9: 493
- Water-soluble matrix 9: 507

Polyphosphazene 2: 311
Poly(pivalolactone) **3B**: 436
PolyP kinase **10**: 142
Polyporaceae 1: 145
*Polyporus (Coriolus) versicolor* 1: 132, 415
*Polyporus ostreiformis* 1: 138
*Polyporus sanguineous* 1: 187
PolyP release **10**: 146
*trans*-Polyprenyltransferase 2: 138
Polyprint®
- Galactomannan product 6: 332

Poly(β-propiolactone) **3B**: 115, 390, 4: 4, 9: 527
- Chemical synthesis **3B**: 436
- Crystal structure **3B**: 214
- Lamellar crystal **3B**: 214
- Molecular conformation
- – Helical conformation **3B**: 214
- – Planar zigzag chain structure **3B**: 214
- Unit cell dimension **3B**: 214

Polypropylene **3B**: 163, 235, 9: 64, 240, 386, **10**: 99
- Biodegradation 9: 376, **10**: 117
- Biodeterioration **10**: 117
- Glass transition temperature 2: 379
- Property **3B**: 113

Poly(propylene carbonate)
- Chemical structure 9: 326, 418

Poly(propylene glycol)
- Biodegradation 9: 267

Poly(propylene oxide)
- Biodegradation
- – Aerobically 9: 255
- – Anaerobically 9: 255

Poly(p-xylylene-g-ε-CL) 4: 36
Polysaccharase 5: 9, 11
Polysaccharide 1: 17, **10**: 256, 478
- Algae 5: 7
- Animal 5: 6
- Application 5: 2, 11
- – Antitumor property 5: 14
- – Biodegradable thermoplastic 5: 14
- – Carboxymethylcellulose 5: 14
- – κ-Carrageenan 5: 14
- – Dextran 5: 13
- – Emulsan 5: 14
- – Food additive 5: 13
- – Hyaluronic acid 5: 13
- – LBG 5: 14
- – Processed food 5: 12
- – Succinoglycan 5: 14
- – Wastewater treatment 5: 12
- – Xanthan 5: 14
- Bacterial synthesis 5: 8
- – Alginate 5: 9
- – Colanic acid 5: 9
- – Dextran 5: 9
- – Levan 5: 9
- Biodegradation 9: 176
- – Outlook 9: 194
- – Perspective 9: 194
- Biosynthesis in plant
- – ADP-glucose pyrophosphorylase 5: 10
- – Glycogen 5: 10
- – Starch 5: 10
- Biotechnological application 5: 10
- Catalytic oxidation
- – Amylose 9: 258
- – Hypobromite 9: 258
- – Hypochlorite 9: 258
- – Pectin 9: 258
- – Starch 9: 258
- – Xylose 9: 258
- Chemical oxidation 9: 258
- Commercialization
- – Gellan 5: 13
- – Hyaluronic acid 5: 13
- – Xanthan 5: 12 f
- Composition 5: 3 ff
- Exopolysaccharide 9: 177
- Function 5: 2, 10 ff
- From plant 9: 176, 177
- Fungi 5: 5 f
- Immunomodulator 5: 15
- Industrial application
- – Agar 5: 10
- – Calcium alginate 5: 10
- – Carboxymethylcellulose 5: 10
- – Carrageenan 5: 10
- – Dextran 5: 10
- – Gellan 5: 10

– – Gelling agent 5: 10
– – Rheology control 5: 10
– – Sodium alginate 5: 10
– – Xanthan 5: 10
– Medical application 10: 267
– Microorganism 5: 3 ff
– Molecular mass 5: 10
– New product 5: 14
– Occurrence 5: 2
– Oxidation 9: 257
– Physical property 5: 10 ff
– Plant 5: 6 f
– Storage polysaccharide 5: 7
– Structure 5: 3 ff
– Synthesis in plant
– – Amylopectin 5: 9
– – Starch 5: 9
– Wall component 5: 7
– Yeast 5: 5 f
Polysaccharide degradation 5: 9
Polysaccharide Kureha 6: 164
– Application 6: 164
– Structural formula 6: 164
Polysaccharide lyase 5: 9, 9: 186
– Processing 9: 190
– – Common rule 9: 192
– – *Sphingomonas* sp. A1 9: 192
Poly(SA-*co*-VA) 9: 352
– Biodegradation 9: 350
Poly(sebacic acid) 4: 218, 9: 440
Poly[sebacic acid-*co*-1,3-bis(*p*-carboxyphenoxy) propane] 4: 205
Poly(sebacic anhydride)
– Poly(ethylene glycol) 4: 212
Poly(L-serine ester)
– Synthesis 4: 342 ff
Polysiloxane
– Biodegradation pathway 9: 550
Poly(sodium acrylate)
– Chemical structure 9: 303
Poly(sodium carboxylate)
– Biodegradation 9: 350
Poly(sodium glycidate)
– Chemical structure 9: 271
Poly(sodium vinyloxyacetate)
– Biodegradation 9: 347, 348
Polystyrene 8: 371, 373, 9: 227, 240, 10: 169
– *Aspergillus flavus* 9: 366
– Biodegradation
– – *Alcaligenes* sp. 559 9: 365
– – *Alcaligenes* sp. strain 559 9: 364
– – *Rhyzopus arrhizus* 9: 366
– Biological susceptibility 9: 363, 364
– Glass transition temperature 2: 379
– Production 9: 366
Polystyrene blend
– Biological disintegration 9: 366
Polystyrene radical 10: 200
Poly(succinimide) 7: 187, 10: 296
– Chemical structure 7: 186
– Conversion to PAA 7: 187
– Structural formula 10: 297
– Thermal synthesis 7: 186
Polysulfide 9: 42
Polysulfide reductase 9: 43
Polysulfone
– Cost 10: 99
Poly(tetramethylene adipate) 4: 30
– Crystal structure 3B: 219
– Enzymatic degradation 10: 374
– PTMA 3B: 219
Poly(tetramethylene adipate-*co*-terephthalate) copolyester 3B: 340
Poly(tetramethylene glutarate) 9: 209
Polytetramethylene glycol
– Biodegradation 9: 267
Poly(tetramethylene oxide)
– Biodegradation
– – Aerobically 9: 255
– – Anaerobically 9: 255
Poly(tetramethylene succinate)
– Crystal structure 3B: 218
– Fourier transform infrared spectroscopy 3B: 218
– Planar zigzag conformation 3B: 218
– X-ray diffraction 3B: 218
Polythioester 3A: 199, 9: 63
– Analysis
– – $^{13}$C-NMR spectrum 9: 75
– – Elemental sulfur analysis 9: 72
– – GC/MS analysis 9: 72, 73
– – $^{1}$H- and $^{13}$C-NMR 9: 72
– – $^{1}$H-NMR spectrum 9: 75
– – IR spectrum 9: 74
– – IR spectroscopy 9: 72
– – Isotope pattern 9: 72
– Biodegradation
– – PHA depolymerase 9: 76
– Biosynthesis
– – Butyrate kinase 9: 70
– – 3-Mercaptoalkanoate 9: 65
– – Phosphotransbutyrylase 9: 70
– – Precursor substrate 9: 65, 66
– Biosynthetic pathway 9: 68
– – *Ralstonia eutropha* 9: 69
– Biotechnological production 9: 66
– Discovery 9: 65
– General structural formula 9: 66

– Homopolymer 9: 68
– Isolation 9: 68
– 3-Mercaptobutyrate 9: 65
– 3-Mercaptopropionate 9: 65
– Metabolic engineering 9: 71
– Metabolic pathway 9: 68
– Outline 9: 77
– Pathway construction
– – Butyrate kinase 9: 71
– – PHA synthase 9: 71
– – Phosphotransbutyrylase 9: 71
– Perspective 9: 77
– PHA synthase
– – Proposed catalytic mechanism 9: 71
– Physical property
– – Crystallization temperature 9: 74
– – Melting point 9: 74
– – Molecular mass 9: 74
– – Polydispersity index 9: 74
– Polymerization 9: 71
– Precursor substrate
– – 2-Alkenoic acid 9: 66
– – 3-Mercaptopropionic acid 9: 66
– – Thioacetic acid 9: 66
– – 3′,3′-Thiodipropionic acid 9: 66
– Property 9: 78
– – Crystallization temperature 9: 70
– – Melting temperature 9: 70
– – Polydispersity 9: 70
– – Weight average molecular mass 9: 70
– *Pseudomonas mendocina* 9: 68
– Purification 9: 68
– Putative application 9: 78
– *Ralstonia eutropha* 9: 66, 69
– Recombinant *Escherichia coli*
– – Metabolic pathway 9: 70
– Synthetic PTE 9: 65
Polythioether 9: 39
Polythionate
– *Acidithiobacillus* 9: 47
– Characterization 9: 49
– Chemistry 9: 49
– Metabolism
– – Dissimilatory sulfite reductase 9: 48
– – Under reductive condition 9: 48
– Occurrence 9: 49
– Polymeric sulfur compound 9: 49
– Reaction 9: 49
– Structure 9: 49
Polytran® 6: 39, 50
Poly(trimethylene carbonate) 4: 214
Poly(trimethylene carbonate-*co*-caprolactone)
– *In vitro* degradation 4: 42
Poly(trimethylene terephthalate) 10: 412, 480
Polyurethane
– Anaerobic degradation
– – Polyurethane
– – – *Comamonas acidovorans* TB-35 10: 115
– Biodegradability 9: 205
– Biodegradation 9: 204, 323, 325, 10: 106
– – *Acinetobacter calcoaceticus* 10: 115
– – *Arthrobacter globiformis* 10: 110, 115
– – *Aspergillus flavus* 9: 325
– – *Aspergillus niger* 9: 325
– – *Aurobasidium pullulans* 10: 110
– – *Acromyrmex versicolor* 9: 325
– – *Chaetomium globosum* 9: 325
– – Cholesterol esterase 9: 326
– – *Cladosporium* sp. 10: 110
– – *Comamonas acidovorans* 10: 110
– – *Comamonas acidovorans* strain TB-35 9: 325
– – *Comamonas acidovorans* TB-35 10: 110
– – *Curvularia senegalensis* 9: 325, 10: 110
– – Effect of diisocyanate 9: 327
– – *Exophila jeanselmei* REN-11A 9: 325
– – *Fusarium solani* 10: 110
– – *Gliocladium roseum* 10: 110
– – *Penicillium funiculosum* 9: 325
– – *Penicillium* sp. 9: 325
– – *Pseudomonas aeruginosa* 10: 115
– – *Pseudomonas cepacia* 10: 115
– – *Pseudomonas fluorescens* 10: 115, 116
– – *Pseudomonas putida* 10: 115
– – *Pseudomonas* spp. 10: 115
– – *Pullilaria pullulans* 9: 325
– – *Rhizopus delemar* 9: 326, 327
– – *Rhodococcus globerulus* 10: 116
– – *Trichoderma* sp. 9: 325
– Chemical structure 9: 324, 419
– Enzymatic degradation 9: 326
– Enzymatic hydrolysis 9: 326
– Mechanical property 3B: 357
– Microbial biodegradation 9: 325
– Natural fiber composite 10: 10
Polyurethane coating 10: 115
Poly(urethane ester) 3B: 357
Polyurethane urea
– Chemical synthesis 3B: 358
Polyvalency 7: 276
Poly(δ-valerolactone) 3B: 300, 436
Poly(vinyl acetate) 9: 332
– Application 9: 248
– Biodegradability 9: 248
Poly(vinyl alcohol) 3B: 114, 270, 7: 403, 9: 230, 240, 246, 249, 300, 378, 10: 67, 417
– Aerobic biodegradation
– – Poly(vinyl alcohol)
– – – *Pseudomonas boreopolis* 9: 338

– Annual production
– – Company 9: 354
– Application 9: 331
– Biodegradability 9: 247, 248, 334
– Biodegradation 9: 329, 334, 348
– – Aerobic biodegradation 9: 338
– – *Alcaligenes faecalis* 9: 338, 344, 346
– – *Alcaligenes faecalis* KK314 9: 338, 342, 344, 346, 352
– – *Bacillus megaterium* 9: 338
– – Cloning of PVADH 9: 342
– – β-Diketone hydrolase 9: 340
– – Effect of chemical treatment 9: 346
– – Effect of tacticity 9: 346
– – Enzymatic mechanism 9: 340
– – *Fusarium lini* B 9: 332
– – *Geotrichum* sp. WF9101 9: 338
– – Oxygen consumption 9: 248
– – *Phanerochaete chrysosporium* 9: 338
– – *Pseudomonas* O-3 9: 338
– – *Pseudomonas* 113P3 9: 352
– – *Pseudomonas putida* VM15A 9: 342
– – *Pseudomonas* sp. 9: 338, 346
– – *Pseudomonas* sp. O3 9: 332
– – *Pseudomonas* sp. 113P3 9: 338, 344
– – *Pseudomonas* sp. strain VM15C 9: 342
– – *Pseudomonas* sp. VM15C 9: 342
– – *Pseudomonas vesicularis* PD 9: 338, 340
– – *Pseudomonas vesicularis* var. *povalolyticus* PH 9: 338
– – PVA dehydrogenase 9: 352
– – PVA oxidase 9: 342
– – Symbiotic PVA-degrading microbe 9: 342
– Biodegradation path way 9: 248
– Combination of starch 10: 171
– Degradation product 9: 344
– Discovery 9: 332
– Enzymatic degradation 9: 352
– Function 9: 334
– Oxidation 9: 248
– PAA biodegradation 9: 308
– Physical property 9: 334
– Polymer structure
– – Biodegradation 9: 344
– Production 9: 332
– *Pseudomonas* species 9: 247
– Saponification 9: 334
Poly[(vinyl alcohol)-*co*-ethylene]
– Biodegradation 9: 347
Poly(vinyl butyral) 9: 336, 337
Poly(vinylcarbamate) 9: 249
Polyvinyl chloride 9: 240, 377
– Biodegradation 10: 117
– Plasticizer
– – Phthalate 10: 117
– – Phthalate ester 10: 117
Poly(vinyl formal) 9: 336
Polyvinyloxyacetate
– Biodegradation 9: 347
Poly(vinyloxyacetic acid) 9: 249
Polyvinylpyrrolidone 9: 247
*Pooideae* 1: 32
*Populus alba* 1: 43
*Populus deltoides* 1: 43
*Populus euramericana* 1: 34, 42
*Populus kitakamiensis* 1: 40
*Populus tremula* 1: 43, 3A: 49
*Populus tremuloides* 1: 40, 43
*Populus trichocarpa* 1: 40, 43
*Poria cinerascens* 1: 187
*Poria cocos* 5: 137 f
*Poria monticola* 1: 407
*Poria* (*Postia*) *placenta* 1: 138 ff
Porous biodegradable material 4: 142
Portland cement 10: 40, 42, 44, 60, 66
Post-translational processing
– Polysaccharide lyase 9: 192
Potassium channel
– *S. lividans* 3A: 154
Potassium permanganate 1: 92
Potato 1: 20, 40, 74, 3A: 17, 403 f
– Synthetic spider silk protein 8: 89
Potato plant
– Transgenic 8: 86, 89
Potato starch 10: 10
Potato tuber 3A: 21, 52, 60, 5: 26
Powder impregnation 10: 17
Powder rubber 2: 219
Power generation 1: 461
POX *see* Peroxidase 1: 36
PPC
– Microbial biodegradation 9: 419
PPDO 3B: 97
PPDO degradation 3B: 97
– *Amycolatopsis* sp. HAT-6 3B: 98
– *Amycolatopsis* sp. HT-6 3B: 99
– *Duganella* 3B: 98
– *Ralstonia* 3B: 98
– *Rhodococcus* 3B: 98 f
– *Tsukamurella* 3B: 99
PPG
– Application 9: 269
– Biodegradation
– – *Corynebacterium* sp. 9: 282
– – Dehydrogenase 9: 286
– – Model substrate 9: 282
– – PPG-DH 9: 286
– – *Stenotrophomonas maltophilia* 9: 282

– Chemical structure 9: 271
PPG biodegradation
– Ether-bond cleavage 9: 290
– *Stenotrophomonas maltophilia* 9: 289
PPG dehydrogenase 9: 287
PPGK
– *Bacillus stearothermophilus* 9: 15
– *Corynebacterium diphtheriae* 9: 14
– Gene
– – Phylogenetic relation 9: 15
– *M. tuberculosis* H37RV (*Mycobacterium tuberculosis*) 9: 15
– *Mycobacterium leprae* 9: 15
– *Mycobacterium tuberculosis* 9: 14, 15
– *Nocardia minima* 9: 14
– NTP glucokinase 9: 15
– *Propionibacterium arabinosum* 9: 14
– *Propionibacterium shermanii* 9: 8, 14, 15
PPK 9: 5, 6, 13
– *Acinetobacter* ADP1 9: 11
– *Acinetobacter calcoaceticus* 9: 12
– *Acinetobacter johnsonii* 210A 9: 11
– *Bacillus subtilis* 9: 12
– *Borrelia burgdorferi* 9: 12
– *Campylobacter coli* 9: 12
– *Escherichia coli* 9: 11, 12
– Gene 9: 12
– *Helicobacter pylori* 9: 12
– *Klebsiella aerogenes* 9: 11
– *Klebsiella pneumoniae* 9: 12
– *Methanobacterium thermoautotrophicum* 9: 12
– *Mycobacterium leprae* 9: 12
– *Mycobacterium tuberculosis* 9: 12
– *Neisseria meningitidis* 9: 11, 12
– Nucleoside diphosphate kinase activity 9: 11
– *Pseudomonas aeruginosa* 9: 11, 12
– Reaction 9: 11
– *Streptococcus pyogenes* 9: 12
– *Synochocystis* sp. 9: 12
– *Thermotogata maritima* 9: 12
– *Vibrio cholerae* 9: 12
*ppk* Mutant 10: 144
PPL **3B**: 223
PPL biodegradation
– By PCL degrader **3B**: 94
PPL single crystal
– Crystal structure **3B**: 215
– Electron diffraction diagram **3B**: 215
– Electron micrograph **3B**: 215
$^{32}$P-PolyP
– Preparation 9: 8
PPPT
– *Acinetobacter johnsonii* 210A 9: 16
PPX
– *Escherichia coli* 9: 14, 17
– *Klebsiella aerogenes* 9: 14
PQQ 9: 341
– PVA biodegradation
– – *Alcaligenes faecalis* KK314 9: 339
– – *Pseudomonas* sp. 113P3 9: 339
Precast concrete 10: 37
Precipitant
– Crystallization 8: 440
Predentin 8: 339, 344
Predentin matrix 8: 345
Preform
– Natural fiber composite 10: 12
*E*-Prenyl diphosphate synthase 2: 98
*Z*-Prenyl diphosphate synthase 2: 98
Prenyltransferase 2: 51, 85, 113
*trans*-Prenyltransferase 2: 83
Prephenate 1: 33
PreScission 8: 490
PreScission protease 8: 491
Press molding 10: 15, 18
Pressure-sensitive adhesive (PSA) **3A**: 308
Prevention of packaging waste 10: 4
*Prevotella ruminicola* **3B**: 273
Primaquine
– In nanoparticle 9: 465
Printed wiring board
– LCA key indicator 10: 439
Pristinamycin 7: 57, 64
*Proactinomyces* 2: 325 f, 335, 337
*Proactinomyces ruber* 2: 336
*Procambrus clarkii* 8: 348
Processing of functional material
– Acrylonitrile–butadiene–styrene 2: 246
– Adhesive 2: 244
– Bitumen modification 2: 245
– Can sealant 2: 244
– Chewing gum 2: 246
– Elastified concrete 2: 245
– Modified mortar and filler 2: 245
– Paint 2: 245
Processing of rubber article
– Cast article 2: 243
– Dipped good 2: 242 ff
– Molded foam 2: 243
– Rubber-coated metal 2: 243
– Rubber thread 2: 243
Procollagen 8: 73, 330
– In transgenic host 8: 71
– In yeast 8: 72
– Production 8: 72
Procollagen-lysine 8: 337
Procollagen peptidase 8: 330

Procollagen protease **8**: 124
Procter & Gamble **7**: 382, **9**: 253
Prodrug **4**: 114
Producer
– Acrylate rubber **2**: 302
– Chloropolyethylene **2**: 310
– Chloroprene rubber **2**: 299
– Chlorosulfonyl polyethylene **2**: 310
– Emulsion polybutadiene **2**: 300
– Emulsion styrene–butadiene rubber **2**: 298
– Epichlorohydrin elastomer **2**: 306
– Epoxide rubber **2**: 306
– Ethylene copolymer **2**: 305
– EVM copolymer **2**: 305
– Fluororubber **2**: 302
– Halobutyl rubber **2**: 310
– Hydrogenated nitrile rubber **2**: 311
– Nitrile rubber **2**: 299
– Polybutadiene rubber **2**: 303
– Polynorbornene **2**: 307
– Polyoctenamer **2**: 308
– Polyphosphazene **2**: 311
– Propylene oxide elastomer **2**: 306
– Silicone elastomer **2**: 309
– Silicone rubber **2**: 309
– Thiokol rubber **2**: 310
Production
– Alginate **5**: 12
– Carrageenan **5**: 12
– Cellulose **5**: 12
– Cost **8**: 70
– Gum guar **5**: 12
– LBG **5**: 12
– Starch **5**: 12
– Xanthan **5**: 12
Product from chemical process
– Biodegradable tenside **1**: 483
– Chemical feedstock **1**: 488
– Detergent **1**: 489
– Heteroaromatic **1**: 489
– Paraffin **1**: 488
– Phenol **1**: 489
– Plasticizer **1**: 488
– Polycyclic aromatic **1**: 489
– Pyridine **1**: 489
– Surfactant **1**: 489
– Tar **1**: 484
Proemulsan
– Application **5**: 105
– Patent **5**: 105
– Production **5**: 105
Profile roll calender **2**: 265
Profilin **7**: 353
Proflamin
– Antitumor glycoprotein **6**: 166
– Application **6**: 166
Proglycinin **8**: 238, 243
– Soybean **8**: 230
*Programbarum clarkii* **6**: 514
Prolamine **8**: 242
ProLastin® **8**: 57
– Amino acid sequence **8**: 55
Proline-3-hydroxylase **8**: 238
Prolyl hydroylase-expressing yeast **8**: 72
Promega **8**: 489
Promoter **3A**: 330
Promoter system **8**: 481
Pronase **4**: 192, **7**: 88
– Degradation of PLLA **3B**: 223
ProNectin® **8**: 57
– Amino acid sequence **8**: 55
ProNectin® F **8**: 55
Pronova Biomedical A/S **6**: 225
Propagation
– Kinetic **3B**: 395
1,2-Propanediol **3B**: 271
– Annual production **3B**: 280
– Biotechnological production **3B**: 280
– – Aldose reductase **3B**: 282
– – *Citrobacter freundii* **3B**: 283
– – *Clostridium butyricum* **3B**: 283
– – *Clostridium pasteurianum* **3B**: 283
– – *Clostridium sphenoides* DSM614 **3B**: 281
– – *Enterobacter agglomerans* **3B**: 283
– – Final concentration **3B**: 283
– – Glycerol dehydrogenase **3B**: 282
– – *Klebsiella pneumoniae* **3B**: 282 f
– – *Lactobacillus brevis* **3B**: 283
– – *Lactobacillus buchneri* **3B**: 283
– – Metabolically engineered bacterium **3B**: 282
– – Metabolic pathway **3B**: 281, 283
– – Methylglyoxal synthase **3B**: 282
– – Patent **3B**: 303
– – *Thermoanaerobacter ethanolicus* **3B**: 278
– – *Thermoanaerobacterium thermosaccharolyticum* **3B**: 278 f
– – Yield **3B**: 283
– *Clostridium sphenoides* **10**: 286
– Metabolic engineering **10**: 287
– Structural formula **10**: 285
– *Thermoanaerobacterium thermosaccharolyticum* **10**: 286
1,3-Propanediol **3B**: 271, **4**: 40, **10**: 283, 287
– Biotechnological production **3B**: 284
– – *Bacillus licheniformis* **3B**: 286
– – *Citrobacter freundii* **3B**: 285 f
– – Dihydroxyacetone kinase **3B**: 286

– – *Enterobacter agglomerans* **3B**: 285
– – Glycerol dehydratase **3B**: 286
– – Glycerol dehydrogenase **3B**: 286
– – Glycerol hydratase **3B**: 286
– – Glycerol-3-phosphate dehydrogenase **3B**: 286
– – Glycerol-3-phosphate phosphatase **3B**: 286
– – *Klebsiella pneumoniae* **3B**: 285 f
– – Metabolically engineered bacterium **3B**: 285
– – Patent **3B**: 303, 304
– – 1,3-Propanediol oxidoreductase **3B**: 286
– – *Saccharomyces cerevisiae* **3B**: 286
– By-product **3B**: 284
– DuPont **3B**: 302
– Genencor **3B**: 302
– Structural formula **10**: 285
– Toxicity **3B**: 285
(*S*)-1,2-Propanediol **3B**: 271
1,2-Propanediol oxidoreductase **3B**: 283, **10**: 287
1,3-Propanediol oxidoreductase **3B**: 283, 286
Property **3B**: 117
– Block copolymer **2**: 223
– Butadiene isoprene rubber **2**: 223
– Butyl rubber **2**: 223
– Chlorinated rubber **2**: 224
– Cyclized polyisoprene **2**: 223
– Halogenated butyl rubber **2**: 223
– Isoprene **2**: 220
– Liquid polyisoprene **2**: 223
– 3,4 Polyisoprene **2**: 222
– *cis*-1,4 Polyisoprene **2**: 220
– *trans*-1,4-Polyisoprene **2**: 222
– Rubber hydrochloride **2**: 224
– Styrene butadiene isoprene rubber **2**: 223
Property of rubber
– ASTM Designation D **2**: 293 ff
– Low-temperature performance **2**: 294
– Maximum service temperature **2**: 294
– Oil-swell data **2**: 294
– Outdoor performance **2**: 296
– Overall performance **2**: 296
– Price **2**: 296
– Tensile strength **2**: 294
Propetide **8**: 326
Prophylaxis of thrombosis **1**: 381
*β*-Propiolactone **3B**: 436
– Polymerization **3B**: 342, **10**: 194
*Propionibacterium acne* **9**: 9
*Propionibacterium arabinosum*, see *P. arabinosum*
*Propionibacterium freudenreichii* **1**: 369 f
*Propionibacterium shermanii* **9**: 8, 11, 14
– PPGK **9**: 8, 14, 15
*Propionibacterium* species **3B**: 273
*Propionibacter* sp.
– Polyphosphate function **9**: 25
*n*-Propylbenzene
– Biodegradation **9**: 365
Propylene carbonate **3B**: 209
Propylene glycol alginate **6**: 236
Propylene oxide **3B**: 280, **10**: 63
– LCA data **10**: 443
Propylene oxide elastomer **2**: 306
Propylthiobutyrate **9**: 77
Propylthiohexanoate **9**: 77
Propylthio-octanoate **9**: 77
PROTASAN™ **6**: 528
Protease **3A**: 391, **7**: 408
– Application **7**: 382
– Cleaning application **7**: 411
– Enterokinase **8**: 490
– Factor Xa **8**: 490
– Preparation **9**: 348
– PreScission **8**: 490
– Protein engineering **7**: 422
– PVA biodegradation **9**: 348
– TEV **8**: 490
– Textile application **7**: 402
– Thrombin **8**: 490
Protease C2 **8**: 228
Proteasome **7**: 439, 474
Protective armor **8**: 291
Protective coating **8**: 397, **10**: 34
Protein **10**: 478
– Application **8**: 389
– – Additive **8**: 390
– – Adhesive **8**: 388, 394
– – Bioplastic **8**: 398
– – Casein **8**: 399
– – Coating **8**: 388, 396
– – Controlled-release system **8**: 399, 400
– – Emulsifying activity **8**: 399
– – Filler **8**: 390
– – Paint **8**: 398
– – Paper coating **8**: 396
– – Plastic **8**: 388
– – Plasticizer **8**: 390
– – Plywood adhesive **8**: 395
– – Protective coating **8**: 397
– – Soy protein **8**: 399
– – Surfactant **8**: 388, 398
– Biofilm **10**: 214
– Chemical cross-linking **7**: 477
– Chemical modification **8**: 390
– – Cross-linking **8**: 392
– – Hydrophilization **8**: 392
– – Hydrophobization **8**: 392
– Cross-linked **7**: 482

– Cross-linking reaction **8**: 391
– Cross-linking reagent
– – Ethyleneglycol diglycidyl ether 7: 477
– – Glutaraldehyde 7: 477
– – Glyoxal 7: 477
– – Hexamethylene diisocyanate 7: 477
– – 2,5-Hexanedione 7: 477
– – 2,4-Pentanedione 7: 477
– – Phthalaldehyde 7: 477
– Crystallization **8**: 427
– ELISA-Based Detection **8**: 487
– Film formation **8**: 393
– Heavy metal-binding **8**: 255
– Hydrophilization **8**: 391
– Hydrophobization **8**: 391, 398
– Isopeptide cross-linking 7: 473
– Mass spectrometric characterization **8**: 492
– Modification 7: 466, **8**: 389
– Noncovalent cross-linking 7: 481
– Photodimerization 7: 480
– Photo-induced cross-linking 7: 480
– Physical modification **8**: 390
– Processing
– – Structure change **8**: 392
– Processing technique **8**: 391
– Property **8**: 388, 390, 392
– Reactivity **8**: 390
– Repetitive sequence motif **8**: 49
– Secondary structure **8**: 49
– Sequence motif **8**: 49
– Structure **8**: 389
– Structure fixation **8**: 393
– Structure formation **8**: 392
– Symmetric contact 7: 265
– *S*-Tag-based detection **8**: 487
– Technical product **8**: 388
– Thermoplastic extrusion **8**: 394
– Thermoplastic material **8**: 392
– Useful biological material **8**: 49
– Water sensitivity **8**: 391
Proteinase K **3B**: 96
– Degradation of PLLA **3B**: 223
– *Tritirachium album* **3B**: 223
Protein assembly
– Observation 7: 276
Protein-based coating **8**: 396
Protein-based product
– Contact with water **8**: 391
Protein biosynthesis
– Extension of amino acid 7: 27
– *In vitro* 7: 27
– *In vivo* 7: 27
– *In vivo* synthesis 7: 41
– *Methanococcus jannashii* 7: 41
– Nonnatural amino acid 7: 27
– Non-ribosomal path 7: 54
– Ribosomal path 7: 54
Protein body **8**: 227
Protein cage
– Nanomaterial synthesis **8**: 423
– Virus **8**: 414
– Virus-like **8**: 421
Protein capsid 7: 269
Protein characterization
– Mass spectrometry **8**: 491
Protein complex
– Designed self-assembling
– – Coiled-coil extension 7: 274
– – Domain swapping 7: 274
– – Symmetric construction 7: 274
Protein composite **8**: 323
Protein crystal
– Electrostatic force 7: 273
– Self-assembly 7: 273
– Van der Waals force 7: 273
Protein engineering 7: 421
Protein engineering cycle **8**: 431
Protein extract
– In construction application **10**: 51
Protein filament 7: 276
Protein hydrolysate **10**: 39, 60
Protein manipulation **8**: 469
Protein material
– Protein oligomer 7: 268
– Self-assembly 7: 261
– – Application 7: 279
– – Chemical structure 7: 264
– – Multiple symmetry element 7: 266
– – Patent 7: 279, 280
– – Polyvalency 7: 276
– – Symmetric complex 7: 268
– – Symmetry element 7: 264
– – Tetrahedral protein assembly 7: 276
Protein optimization 7: 421
Protein paradigm 7: 4
Protein property
– Self-assembly 7: 262
Protein purification
– Biotinylation **8**: 489
– Calmodulin-binding protein **8**: 489
– Glutathione *S*-transferase **8**: 489
– Maltose-binding protein **8**: 489
– RNase S **8**: 489
– Streptavidin **8**: 489
Protein secretion 7: 227, 236
– Mechanism
– – ATP-driven translocation 7: 244
– Regulation 7: 248

– Signal recognition particle 7: 234
Protein source
– Adhesive 8: 383
– Bioplastic 8: 383
– Coating 8: 383
Protein structural database 8: 430, 431
Protein synthesis
– Chemical synthesis 7: 42
– Elongation 7: 12
– Initiation 7: 12
– Ribosomal 7: 1
– Termination 7: 12
Protein tag 8: 488
Protein targeting 7: 227, 231
– Converging targeting pathway 7: 235
– Co-translational 7: 232
– Mechanism
– – ATP-driven translocation 7: 244
– Post-translational 7: 233
– SecB-dependent targeting 7: 236
– Signal recognition particle 7: 234
Protein translocase
– Archaea 7: 242
– Bacterium 7: 242
– Eukaryote 7: 242
Protein translocation
– Mechanism
– – ATP-driven translocation 7: 244
– – Proton motive force-driven translocation 7: 245
– Protein conducting channel 7: 247
– – Dynamic 7: 246
– Regulation 7: 248
– Role of lipid
– – Cardiolipin 7: 243
– – Phosphatidylethanolamine 7: 243
– – Phosphatidylglycerol 7: 243
– Schematic model 7: 246
– SecA-mediated 7: 246
Proteoglycan 6: 575 ff, 8: 312, 345
– Aggrecan 6: 591
– Application 6: 594
– – Chondroitin 6: 593
– – Chondroitin sulfate–iron complex 6: 593
– – Heparin 6: 593
– Biochemical pathway
– – *N*-Acetylgalactosaminyl transferase 6: 585
– – Hyaluronan 6: 585
– – Hyaluronan synthase 6: 585
– – Keratan sulfate 6: 585
– – Sulfotransferase 6: 585
– Biodegradation 6: 586
– – *Arthrobacter aurescens* 6: 587
– – Chondroitin-ABC lyase 6: 587
– – Chondro-4-sulfatase 6: 587
– – Chondro-6-sulfatase 6: 587
– – *Escherichia freundii* 6: 587
– – *Flavobacterium heparinum* 6: 587
– – Hyaluronidase 6: 588
– – *Proteus vulgaris* 6: 587
– – *Pseudomonas* sp. 6: 588
– – *Pseudomonas* sp. IFO-13309 6: 587
– – *Streptomyces hyalurolyticus* 6: 588
– Biosynthesis
– – Aggrecan gene 6: 586
– – Gene 6: 586
– Characterization 6: 589
– – Alkali treatment 6: 590
– – Cellulose acetate electrophoresis 6: 590
– – Chondrosulfatase 6: 591
– – Content of hexosamine 6: 591
– – Elson–Morgan reaction 6: 591
– – Iduronic acid 6: 590
– – Indole reaction 6: 591
– – Light scattering 6: 590
– – Matrix-assisted laser desorption/ionization technique 6: 590
– – Microscopy 6: 591
– – Polyanionic property 6: 591
– – Proteolytic digestion 6: 590
– – Sodium dodecylsulfate–polyacrylamide gel electrophoresis 6: 590
– – Ultracentrifugation method 6: 590
– – Uronic acid content 6: 590
– Chemical structure 6: 578, 580
– – Chondroitin 4-sulfate 6: 579
– – Chondroitin 6-sulfate 6: 579
– – Core protein 6: 581
– – Dermatan sulfate 6: 579
– – Heparan sulfate 6: 579
– – Hyaluronan 6: 579
– – Keratan sulfate 6: 579
– – Linkage to protein 6: 581
– Chondroitin sulfate 6: 577, 592
– Commercial product
– – Arteparon® 6: 593
– – Artz® 6: 593
– – Healon® 6: 593
– – Opegan® 6: 593
– – Rumalon® 6: 593
– Decorin 6: 592
– Definition 6: 576
– Dermatan sulfate 6: 577, 580
– Discovery 6: 577
– Extraction 6: 588
– Fibromodulin 6: 592
– From mammalian tissue 6: 582
– Function
– – Chondroitin sulfate 6: 592

– – Decorin 6: 592
– – Dermatan sulfate 6: 592
– – Fibromodulin 6: 592
– – Heparan sulfate 6: 592
– – Lumican 6: 592
– Gene 6: 586
– Heparan sulfate 6: 580, 592
– Heparin 6: 577
– Hyaluronic acid 6: 577
– Isolation 6: 589
– Keratan sulfate 6: 580
– Lumican 6: 592
– Patent 6: 594
– Production 6: 594
– – Chondroitin sulfate 6: 593
– – Chondroitin sulfate–iron complex 6: 593
– – Heparin 6: 593
– Structure
– – Aggrecan 6: 584
– – Decorin 6: 584
– – Glypican 6: 584
– – Perlecan 6: 584
– – Serglycin 6: 584
– – Syndecan 6: 584
– – Versican 6: 584
*Proteus* 1: 234
– Swarming 10: 210
– Tetrathionate metabolism 9: 51
*Proteus mirabilis*
– Murein structure 5: 439
– Silicone biodegradation 9: 549
– Tetrathionate reduction 9: 52
*Proteus mirabilis* 14a
– Silicone biodegradation 9: 547
*Proteus* sp.
– Silicone biodegradation 9: 547
*Proteus vulgaris* 6: 587
Protocatechuate decarboxylase 10: 286
Protocatechuic acid 1: 383
Protochatechuate 3,4-dioxygenase 1: 135
Protofilament 7: 367
Protolignin 1: 3
*Protomonas extorquens* 3A: 271
Protopectinase 6: 358
*Prototheca wickermanii* 2: 64
Protoxylem 1: 19
*Prunus dulcis* L. 8: 232
PS
– Heating value 10: 442
*Psendomonas mendocina* 2: 350
*Pseudaminobacter salicylatoxidans* KCT001
– Sox gene 9: 51
– Tetrathionate oxidation 9: 51
*Pseudomonas* 1: 358, 2: 326, 343, 3B: 287, 5: 44, 9: 403, 10: 213, 288
– Alginate 6: 221
– Inulinase 6: 454
– Levan 5: 353
– Levan production 5: 366
– Nitrile hydratase 10: 298
– Nylon biodegradation 9: 401
– PEG degradation 9: 273
*Pseudomonas acidophila* 3A: 110, 177, 223, 227
*Pseudomonas acidovorans* 10: 118
*Pseudomonas aeruginosa* 2: 350, 3A: 108, 110, 116, 118, 177 f, 184, 186, 196, 202, 228, 236, 293, 320, 322, 325, 404, 419, 3B: 12, 28, 64, 4: 380, 5: 8, 9, 93, 100, 115, 117, 120, 125, 183, 187 f, 190, 198, 200, 6: 222, 9: 9, 11, 12, 272, 276, 10: 115, 211
– Alginate 5: 181, 203, 9: 178
– Alginate biosynthesis 5: 185, 195
– Alginate lyase 5: 196, 6: 223, 9: 184
– Alginate matrix 10: 215
– Alginate production 9: 180
– Biofilm 10: 216, 234
– Biofilm matrix 10: 215
– Biofilm organism 10: 233
– Effect of lentinan 6: 169
– Murein 5: 443
– Murein biosynthesis gene 5: 457
– Nylon biodegradation 9: 409
– PEG degradation 9: 273
– Peptide synthetase 7: 56
– Polyphosphate function 9: 25
– PPK 9: 12
– Rhamnolipids biosynthesis 5: 121
– – Gene 5: 122
– – Regulation 5: 122
– Silicone biodegradation 9: 547, 549, 554
*Pseudomonas aeruginosa* ATCC 27853
– Silicone biodegradation 9: 547
*Pseudomonas aeruginosa* DSM1707 3A: 223, 227
– PHA synthase 3A: 423
*Pseudomonas aeruginosa* IFO3923
– Inhibition by ε-PL 7: 111
*Pseudomonas aeruginosa* $OS_1$ 1: 453
*Pseudomonas aeruginosa* PAO 9: 410
*Pseudomonas aeruginosa* strain
– Nylon biodegradation 9: 400
*Pseudomonas aeruginosa* strain AL98 2: 334, 343
*Pseudomonas alcaligenes*
– Cyanophycin degradation 7: 98
*Pseudomonas alginovora*
– Alginate lyase 6: 223
*Pseudomonas anguilliseptica*
– Cyanophycinase 7: 99
– Cyanophycin degradation 7: 98

*Pseudomonas atlantica* **5**: 55
*Pseudomonas boreopolis* **9**: 338
*Pseudomonas carrageenovora*
– Carrageenan-modifying enzyme **6**: 258
*Pseudomonas cepacia* **1**: 407, **3A**: 377, **10**: 115
– Lipase
– – 3D Structure **3A**: 200 f
*Pseudomonas chlororaphis* B3
– Nitrile hydratase **10**: 298
*Pseudomonas cichorii*
– PHA **10**: 202
*Pseudomonas citronellolis* **2**: 350, **3A**: 177
*Pseudomonas elodea* **5**: 216
*Pseudomonas fluorescens* **1**: 399, **2**: 343, **3A**: 110, 177, 293, 378, **3B**: 51, 54, 56 f, 60, 63, 65, 67, **5**: 95, 116, **9**: 546, **10**: 115, 116, 118
– Alginate **5**: 182
– Biofilm **10**: 234
– mreB-Like gene **7**: 361
– PEG degradation **9**: 273
– Polyketide synthase system **9**: 97
*Pseudomonas fluorescens* GK13 **3B**: 48, 51, 53, 60, 65, 72
*Pseudomonas fragi* **3A**: 241, 325, 419
*Pseudomonas* GacS **3A**: 118
*Pseudomonas lemoignei* **3A**: 380, **3B**: 32 f, 46 f, 49 f, 52 ff, 62, 64 ff, 70, 72, 122, 184 f, 220, **10**: 108, 110
– PHB depolymerase **3B**: 221
– PHC biodegradation **9**: 419
*Pseudomonas lemoignei* A62 **3B**: 47
*Pseudomonas lemonnier* **3A**: 293
*Pseudomonas maculicola* **3B**: 48, 72
*Pseudomonas maltophilia* **5**: 198, **6**: 514, **10**: 118
*Pseudomonas mendocina* **3A**: 21, 177, 184, 196, **9**: 77, **10**: 118
– Alginate **5**: 182
– $PHA_{MCL}$ synthase **9**: 71
– Polythioester **9**: 68
*Pseudomonas* O-3 **9**: 338, 339
*Pseudomonas oleovorans* **1**: 470 f, **2**: 372, **3A**: 110, 178 f, 184, 196, 224, 227, 293, 320, 356, 418, **3B**: 10, 27 ff, 115, 135 f, 140, 167, 178 f, **4**: 57, 76, 367, 380, **10**: 194, 310, 328
– mPHA
– – Chemical modification **10**: 198
– PHA **10**: 202
*Pseudomonas* P1 **3B**: 47
*Pseudomonas* 113P3
– PVA biodegradation **9**: 351
– PVA dehydrogenase
– – Poly(DSF-*co*-VA) **9**: 352
*Pseudomonas paucimobilis* **2**: 350, **10**: 109 f, 118
*Pseudomonas paucimobilis* TMY 1009 **2**: 351
*Pseudomonas* PG-1 **5**: 106
*Pseudomonas pickettii* **3B**: 220
*Pseudomonas putida* **1**: 471, **3A**: 21, 110, 177, 293, 297 f, 321 f, 325, 419, **3B**: 11, 179, 279, **5**: 198, **9**: 77, 546, **10**: 115, 328
– Adipic acid **10**: 286
– Alginate **5**: 182
– Biofilm on glass **10**: 212
*Pseudomonas putida* 5B **10**: 283, 299
*Pseudomonas putida* BM01 **3A**: 177, 196, 224, 227
*Pseudomonas putida* KT2440 **3A**: 224, 227
*Pseudomonas putida* KT2442 **3A**: 177
*Pseudomonas putida* U **3A**: 177, 179, 184, 196, 224, 228, **3B**: 28
*Pseudomonas putida* VM15A **9**: 341
– PVA biodegradation **9**: 342
*Pseudomonas resinovorans* **3A**: 178 f, 184, 196, 224, 228, **3B**: 28
*Pseudomonas saccharophilia* **3A**: 106
*Pseudomonas* sp. **1**: 136, 358, 398, 461, **3A**: 175, 177, **3B**: 47, 67 f, 97, 279, **4**: 32, **5**: 5, 8 f, 119, 123, 128, **6**: 222, 588, **9**: 338, 421, 554, **10**: 110
– Cyanophycin production **7**: 101
– Lipase **10**: 374
– PAA biodegradation **9**: 302
– PVA biodegradation **9**: 333, 346
*Pseudomonas* sp. 61-3 **3A**: 177, 179, 181, 184, 194, 196, 222, 224, 228, 241, 322 f, 327, 329, **3B**: 28, 112
*Pseudomonas* sp. A1 **3B**: 49
*Pseudomonas* sp. A33 **3B**: 136
*Pseudomonas* sp. B13
– Biofilm **10**: 218
*Pseudomonas* sp. DSM 2874 **5**: 123
*Pseudomonas* sp. DSMZ1650 **3A**: 177
*Pseudomonas* species **9**: 247
*Pseudomonas* sp. EL-2 **3A**: 343
*Pseudomonas* sp. GM101 **3B**: 60, 62
*Pseudomonas* sp. GP4BH1 **3A**: 177
*Pseudomonas* sp. HJ-2 **3A**: 343
*Pseudomonas* sp. IFO-13309 **6**: 587
*Pseudomonas* sp. NK87 **9**: 404
– Nylon biodegradation **9**: 401, 405
*Pseudomonas* sp. O3
– PVA biodegradation **9**: 332
*Pseudomonas* sp. OS-ALG-9 **5**: 198
*Pseudomonas* spp. **10**: 115
– PAA biodegradation **9**: 308
*Pseudomonas* sp. P1 **3B**: 45
*Pseudomonas* sp. 113P3 **9**: 338, 339, 341, 344, 347
*Pseudomonas* sp. strain 61-3 **3A**: 117
*Pseudomonas* sp. strain GM101 **3B**: 53, 56
*Pseudomonas* sp. strain VM15C **9**: 341
– PVA biodegradation **9**: 342

*Pseudomonas* sp. VM15C
– PVA biodegradation **9**: 342
*Pseudomonas* sp. W7 **5**: 198
*Pseudomonas* strain GP4BH1 **3B**: 136
*Pseudomonas stutzeri* **3A**: 380, **3B**: 53 f, 56, 60, 62, 67, 220, **9**: 272, 279
– PEG degradation **9**: 273
– PHB depolymerase **3B**: 221
*Pseudomonas stutzeri* 1317 **3B**: 9
*Pseudomonas stutzeri* YM1006 **3B**: 47, 220
– PHB depolymerase **3B**: 222
*Pseudomonas stutzeri* YM1414 **3B**: 47
*Pseudomonas syringae* **3A**: 178
– Modified polyketide synthase **9**: 98
– Peptide synthetase **7**: 57
*Pseudomonas syringae* pv. *glycinea*
– Levan **5**: 356
– Levan biosynthesis **5**: 359
– Levan sucrase **5**: 359
*Pseudomonas syringae* pv. ph.
– Peptide synthetase **7**: 56
*Pseudomonas syringae* pv. *phaseolicola*
– Levan **5**: 356
– Levan biosynthesis **5**: 359
– Levan sucrase **5**: 359
*Pseudomonas syringae* pv. *syringae* **5**: 187 f, 188, 198
– Alginate **5**: 182
*Pseudomonas syringae* subsp. *savastanoi* **10**: 108
*Pseudomonas* 44T1 **5**: 123
*Pseudomonas testosteroni* **3A**: 110, 293, **10**: 118
*Pseudomonas tolaasii*
– Peptide synthetase **7**: 58
*Pseudomonas tralucida* **5**: 98
*Pseudomonas veronii*
– PHC biodegradation **9**: 419
*Pseudomonas vesicularis* PD **9**: 338
– PVA biodegradation **9**: 340, 345
– PVA dehydrogenase **9**: 345
*Pseudomonas vesicularis* var. *povalolyticus* PH **9**: 338
*Pseudomonas xylosoxidans* **10**: 118
Pseudomurein **5**: 3, 432, 498
– Biodegradation
– – *Methanobacterium bryantii* **5**: 507
– – *Methanobacterium formicicum* **5**: 507
– – *Methanobacterium thermoautotrophicum* **5**: 507
– – *Methanobacterium wolfei* **5**: 507
– Biosynthetic pathway **5**: 504
– Cell wall **5**: 503
– Chemical structure
– – *Halococcus morrhuae* CCM859 **5**: 499
Pseudonigeran **5**: 6
*Pseudonocardia* sp.
– PEG degradation **9**: 273
Pseudoplastic behavior **10**: 169
Pseudoplasticity **10**: 68
Pseudo-scorpion **8**: 41
Pseudotaraxasterol **2**: 119
*Pseudotsuga menziesii* **3A**: 46 f
PSK
– Application **6**: 164 f
– Structural formula **6**: 164
*P. sordida* **1**: 184, 196
Psoriasis **1**: 381
*Psyllium* **6**: 323
*Psyllium* seed
– Occurrence **6**: 326
Pta-acetate kinase pathway **3B**: 291
PTE **9**: 65
*Pteris vittata* **8**: 270
*Pteronotropis hypselopterus*
– Adhesive protein **8**: 362
*P. tigrinus* **1**: 156
PTMA
– Crystal structure **3B**: 219
– Poly(tetramethylene adipate) **3B**: 219
PTMA single crystal
– Electron diffraction diagram **3B**: 219
– Electron micrograph **3B**: 219
PTMG
– Application **9**: 269
– Biodegradation
– – *Alcaligenes denitrificans* subsp. *denitrificans* **9**: 287
– – *Xanthomonas maltophilia* **9**: 287
– Chemical structure **9**: 271
PTMG biodegradation
– *Alcaligenes denitrificans* **9**: 290
– PTMG dehydrogenase activity **9**: 290
PTMG dehydrogenase activity **9**: 290
PTMS
– Poly(tetramethylene succinate) **3B**: 218
PTMS single crystal **3B**: 225
PTP
– Property
– – Compression strength **10**: 15
– – Creep modulus **10**: 15
– – Density **10**: 15
– – Water solubility **10**: 15
– – Young's modulus **10**: 15
PTP procedure **10**: 14
*P. tremellosa* **1**: 189
PU **10**: 34
*Puccinia graminis* f. sp. *tritici*
– Chitin deacetylase **6**: 134
*Pullilaria pullulans*
– Polyurethane biodegradation **9**: 325
Pullulan **5**: 6, **6**: 1 ff, **10**: 83, 90, 311, 313
– Application **6**: 16

– – Gel permeation 6: 18
– – Processed food 6: 17
– – Pullulan film 6: 17
– Biodegradation 6: 14, 10: 105
– – α-Amylase 6: 13
– – Glucoamylase 6: 13
– – Pullulanase 6: 13
– Biosynthesis 6: 9
– – *Aureobasidium pullulans* 6: 7 f, 11
– – Cell morphology 6: 7
– – Chlamydospore 6: 11
– – Correlation to morphology 6: 8
– – Culture condition 6: 7
– – Gene 6: 13
– – Glucosyltransferase 6: 11
– – Incorporation of labeled sucrose 6: 11
– – Inhibition by cycloheximide 6: 7
– – Location 6: 10
– – Mechanism 6: 10
– – Pullulan yield 6: 10
– – Secretion 6: 10
– – Substrate 6: 7
– – Uridine 5′-diphosphate-glucose 6: 10
– Chemical analysis 6: 5 f
– Chemical modification 6: 18 ff
– Chemical structure 6: 3, 4
– Commercialization 5: 13
– Condition of production 6: 10
– – Ammonium limitation 6: 8
– – Biotin 6: 9
– – Effect of metal ion 6: 9
– – Effect of vitamin 6: 9
– Contamination by fungal melanin 6: 10
– Correlation to morphology 6: 8
– Cross-linked pullulan bead 6: 18
– Discovery 6: 2 f
– Esterification 6: 18
– Fraction 6: 10
– Hydrogenation 6: 18
– Maltotetraose subunit 6: 2
– Molecular weight 6: 10, 18
– Occurrence
– – *Aureobasidium pullulans* 6: 6
– – *Cryphonectria parasitica* 6: 7
– – *Cyttaria darwinii* 6: 7
– – *Cyttaria harioti* 6: 7
– – *Tremella mesenterica* 6: 7
– Patent 6: 19 ff
– Physiological function 6: 5
– Powder 6: 16
– Primary structure 6: 3
– Production 6: 2, 19 ff
– – *Aureobasidium pullulans* 6: 15
– – Carbon source 6: 15
– – Continuous fermentation 6: 15
– – Fed-batch fermentation 6: 15
– – Hayashibara Co., Ltd. 6: 16
– – Immobilized cell 6: 15
– – Improved yield 6: 12
– – Mutation strategy 6: 12
– – Nitrogen source 6: 15
– – Prize 6: 16
– – Scale 6: 16
– Production by fermentation 10: 313
– Property
– – Adhesive property 6: 16
– – Processed food 6: 17
– – Pullulan film 6: 17
– – Pullulan powder 6: 16
– – Pullulan solution 6: 16
– – Water solubility 6: 18
– Recovery method 10: 314
– Related polysaccharide
– – Aubasidan 6: 5
– – Aubasidan-like polysaccharide 6: 5
– – β-(1 → 3)-Linked glucan 6: 5
– – "Restpullulan" 6: 5
– Resistance to enzyme 6: 13
– Secondary repeating structure 6: 4
– Solution 6: 16
– Substrate for production 6: 7
Pullulanase 5: 28, 6: 2 f, 6, 423, 7: 389, 391, 396
– *Aerobacter aerogenes* 6: 13
– *Bacillus cereus* 6: 14
– *Bacillus circulans* 6: 14
– *Bacillus flavocaldarius* 6: 14
– *Bacillus licheniformis* 6: 15
– *Bacillus polymyxa* 6: 15
– *Bacillus subtilis* 6: 14
– Biodegradation of pullulan 6: 14, 18
– *Clostrium thermohydrosulfuricum* 6: 14
– Debranching of starch 6: 14
– *Enterobacter aerogenes* 6: 13
– *Escherichia intermedia* 6: 14
– *Fervidobacterium pennavorans* 6: 15
– *Klebsiella planticola* 6: 13
– *Klebsiella pneumoniae* 6: 15
– *Micrococcus* sp. 6: 14
– *Ruminobacter amylophilus* 6: 14
– *Streptococcus mitis* 6: 14
– *Streptomyces flavochromogenes* 6: 14
– *Thermoactinomyces sacchari* 6: 14
– *Thermoactinomyces thalpophilus* 6: 14
– *Thermoanaerobacter brockii* 6: 14 f
– *Thermoanaerobacterium saccharolyticum* 6: 15
– *Thermoanaerobacter thermohydrosulfuricsu* 6: 14
– *Thermococcus hydrothermalis* 6: 14
– *Thermus aquaticus* 6: 14

Pullulan-4-glucanohydrolase **6**: 14
Pullulan solution **6**: 16
*Pullularia pullulans* **3B**: 92
– Pullulan **6**: 2
Pulmonary edema
– Hyaluronan **5**: 393
Pulp **1**: 68
Pulp and paper industry
– Enzyme **7**: 406
Pulp industry **1**: 182 ff
Pulping process **1**: 120
Pulp manufacturing
– Amylase **7**: 408
– Cellulase **7**: 408
– Esterase **7**: 408
– Lipase **7**: 408
– Xylanase **7**: 408
Pulp production **1**: 118
Puls
– Annual production **6**: 386
Pultruded support slat **10**: 21
Pultrusion **10**: 15
Pureglucan™ **5**: 137
Puromycin analog **7**: 28
PVA
– Annual production **9**: 353
– Biodegradation **9**: 347
– – *Alcaligenes faecalis* KK314 **9**: 333, 339, 343, 351
– – Aldolase **9**: 343
– – Anaerobic biodegradation **9**: 339
– – By symbiotic microbe **9**: 341
– – Design of biodegradable polymer **9**: 349
– – Effect degree of saponification **9**: 345
– – Effect of DP **9**: 335, 345
– – Enzymatic degradation **9**: 343
– – Enzyme **9**: 339
– – PQQ **9**: 341
– – *Pseudomonas* O-3 **9**: 339
– – *Pseudomonas* 113P3 **9**: 351
– – *Pseudomonas putida* VM15A **9**: 341
– – *Pseudomonas* sp. **9**: 333
– – *Pseudomonas* sp. 113P3 **9**: 339, 341
– – *Pseudomonas* sp. strain VM15C **9**: 341
– – *Pseudomonas vesicularis* PD **9**: 345
– – PVA dehydrogenase **9**: 341
– – PVA model compound **9**: 351
– – Secondary alcohol oxidase **9**: 339
– – Vinylalcohol block **9**: 351
– – Vinylalcohol model compound **9**: 351
– Chemical property
– – Acetal **9**: 337
– – Ether **9**: 336
– – Inorganic ester **9**: 336
– – Organic ester **9**: 336
– Chemical structure **9**: 333
– Current manufacturing process **9**: 353
– Design of biodegradable polymer **9**: 349
– Enzymatic degradation **9**: 343
– Ether **9**: 336
– Inorganic ester **9**: 336
– Intermolecular acetalization **9**: 337
– Intramolecular acetalization **9**: 337
– Old manufacturing process **9**: 353
– Organic ester **9**: 336
– Partial oxidation **9**: 347
– Production **9**: 353
– Stereoregularity **9**: 333
– Synthesis **9**: 333
– Tacticity **9**: 346
PVA-based grafting film **9**: 349
PVA-based polymer
– Biodegradation
– – *Arthrobacter tumescens* sp. 52-1 **9**: 347
– – *Bacillus stearothermophilus* **9**: 347
– – *Pseudomonas* sp. 113P3 **9**: 347
PVA blend film **9**: 349
PVA dehydrogenase **9**: 341, 342, 345, 378
– Poly(DSF-*co*-VA) **9**: 352
– Poly(DSMM-*co*-VA) **9**: 352
– Poly(DSM-*co*-VA) **9**: 352
– Poly(SA-*co*-VA) **9**: 352
– Vinyl alcohol block **9**: 351
PVA film
– Property
– – Gas-barrier property **9**: 335
– – Hygroscopy **9**: 335
– – Mechanical property **9**: 335
– – Moisture permeability **9**: 336
– – Oil resistance **9**: 335
– – Plasticizer **9**: 335
– – Solvent resistance **9**: 335
PVA model compound **9**: 351
PVA oxidase **9**: 378
– PVA biodegradation **9**: 342
– Textile processing **7**: 406
PVA solution
– Property **9**: 336
PVA sponge **9**: 337
PVC **3B**: 430, **10**: 34
– *Acinetobacter* sp. **10**: 118
– *Actinomyces* sp. **10**: 118
– Biodeterioration
– – PVC
– – – *Pseudomonas acidovorans* **10**: 118
– *Flavobacterium* sp. **10**: 118
– Heating value **10**: 442
– *Pseudomonas fluorescens* **10**: 118
– *Pseudomonas maltiphila* **10**: 118

– *Pseudomonas mendocina* **10**: 118
– *Pseudomonas paucimoblis* **10**: 118
– *Pseudomonas testosteroni* **10**: 118
– *Pseudomonas xylosoxidans* **10**: 118
PVOH
– LCA data **10**: 443
*Pycnoporus cinnabarinus* **1**: 140, 144, 146, 158 f, 161, 163, 166, 415 f, 467 f
*Pycnoporus sanguineus* **1**: 185, 194
Pyochelin **7**: 56
Pyoluteorin **9**: 97
Pyoverdin **7**: 56
Pyranose oxidase **1**: 161
Pyrazole **7**: 28
Pyrazolylalanine **7**: 28
Pyrene **1**: 490
Pyrenebutylmethanephosphoryl fluoride **3A**: 24
Pyrenophorin **4**: 383
1-Pyrenylalanine **7**: 28
2-Pyrenylalanine **7**: 28
*Pyricularia oryzae* **1**: 416, **6**: 69
– Chitin synthase gene **6**: 129
Pyridine **1**: 489
Pyridinium chlorochromate **4**: 348
Pyridinoline **8**: 126
Pyridoxal-P **5**: 26
Pyridoxol phosphate **2**: 58
Pyrite **1**: 434
– Mechanical removal **1**: 438 ff
– Microbial removal **1**: 446, 448
Pyrite distribution **1**: 437
Pyrite-free coal **1**: 433
*Pyrobaculum*
– Cell wall **5**: 503
*Pyrobaculum islandicum* **9**: 54
Pyrocatechol **1**: 489
*Pyrococcus furiosus* **2**: 383 f, 388 f
– Ornithine carbamoyltransferase **7**: 269
– Sulfur metabolism **9**: 48
*Pyrodicitium abyssi*
– $H_2$ : sulfur oxidoreductase **9**: 48
*Pyrodictium*
– Cell wall **5**: 496, 503
*Pyrodictium abyssi*
– Sulfur metabolism **9**: 48
Pyrogen testing **10**: 251
Pyrolysis **2**: 404
Pyrolysis technique **1**: 270, 333 ff
Pyrolytic coal decomposition **1**: 476
Pyrolytic elimination **3B**: 353
Pyroquilon **1**: 240
Pyroroquinolinequinone **9**: 342
Pyruvate carboxylase **10**: 291
Pyruvate dehydrogenase **3B**: 290
Pyruvate dehydrogenase complex **3A**: 416, **4**: 59
Pyruvate formate lyase **3B**: 237, 290
Pyruvate kinase **10**: 149
*Pythium aphanidermatum* **5**: 126
*Pythium ultimum*
– Chitin **6**: 127

### q

Quasiisotropic biocomposite
– Property **10**: 19
Quaternized DEAE-chitosan **6**: 526
Quebracho **10**: 84
Quercetin dioxygenase **8**: 237, 238
Quercitinase **1**: 372
*Quercus acutissima* **3A**: 48
*Quercus ilex* **3A**: 48
*Quercus mongolica* **1**: 13
*Quercus robur* **3A**: 48
*Quercus* sp. **1**: 366
*Quercus suber* **3A**: 46, 48, 66
Quest International **6**: 248
– Carrageenan production **6**: 262
Quinohemoprotein **9**: 277
Quinoid **1**: 104
Quinoline **1**: 490
Quinone methide **1**: 36
Quinone model **1**: 368
Quorum sensing
– *N*-Acyl homoserine lactone **10**: 211
– Polyphosphate **9**: 23
– PPK **9**: 23
Quorum sensing system **10**: 220
Quota for Recycling
– Regulation **10**: 467

### r

R106 **7**: 57
*rac*-Dilactide **4**: 184
Racemic lactide **3B**: 415
Radical formation **1**: 139
– Alkyl radical **1**: 153
– Aryl cation radical **1**: 153
– Peroxyl radical **1**: 153
– Phenoxyl radical **1**: 153
– Superoxide **1**: 153
– Thiyl radical **1**: 153
RAG-1 emulsan
– Biodegradation **5**: 102
– Chemical property **5**: 95
– Chemical structure **5**: 94
– Composition **5**: 95
– Cost **5**: 107
– Emulsan depolymerase **5**: 102
– Physical property **5**: 95

*Rahnella aquatilis*
– Levan **5**: 353, 356
– Levan biodegradation **5**: 363
– Levan biosynthesis **5**: 359
– Levan production **5**: 365, 370
– Levan sucrase **5**: 359
*Rahnella aquatilis* ATCC 33071
– Levan production **5**: 366
*Ralstonia* **3B**: 98
– Polydioxanone biodegradation **9**: 530
*Ralstonia eutropha* **1**: 471, **3A**: 107 ff, 114 ff, 175 f, 180, 186, 194, 198, 202, 219, 225 f, 236, 250, 252, 265 f, 281, 320, 322, 326, 329, 356 ff, 368, 403 f, 416, **3B**: 5, 7, 24, 26 f, 30 ff, 36, 45, 108 f, 112, 135, 138 f, 167, 176 f, 239, **4**: 5, 29, 43, 56 ff, 60, 76, 80, 380, **9**: 66, 77, 277, **10**: 310, 320, 322
– Branched bacterial polyester **4**: 66
– Cyanophycin production **7**: 101
– Fed-batch culture **3A**: 267
– High cell density culture **3A**: 267
– Poly(3-hydroxybutyrate) **10**: 320
– Polythioester **9**: 69
– – Biosynthetic pathway **9**: 68
– Two-stage fed-batch culture **3A**: 267
*Ralstonia eutropha* H16 **3A**: 178, 196, 224, 228, **3B**: 73
*Ralstonia eutropha* NCIMB11599 **3A**: 268
*Ralstonia eutropha* PHB-4 **3A**: 241
*Ralstonia pickettii* **3B**: 32, 47, 53 f, 56
– PHC biodegradation **9**: 419
*Ralstonia pickettii* A1 **3B**: 33
*Ralstonia pickettii* strain K1 **3B**: 53
*Ralstonia pickettii* T1 **3B**: 33
*Ramaria* sp. **1**: 187
Ramie **10**: 3
Ram injection machine **2**: 280
Ram injection molding **2**: 278
Random insertion/deletion mutagenesis **7**: 38
*Rangia cuneata* **8**: 300
– Shell forming system **8**: 302
Rapamycin **7**: 55, 58, **9**: 98, 102
– Biosynthesis
– – Gene cluster **9**: 95
– Structural formula **9**: 92
Rapeseed **3A**: 56, 403 f
RAPRA
– Life cycle practitioner **10**: 446
*Rauvolfia serpentina*
– Phytochelatin **8**: 266
Raw material **1**: 394
– Consumption **10**: 3
– Naturally occurring **10**: 358
Raw wool
– Composition **8**: 187
rc-ADF-3
– Stress–strain curve **8**: 109
rc-Spider silk
– Cumulative production **8**: 104
rc-Spider silk protein
– Large-scale production **8**: 103
– Production
– – Milk of transgenic animal **8**: 105
rDNA technology **10**: 352
Reactive dye **8**: 190
Reactive dye Levafix Brilliant Red E-4B A **6**: 143
Real-BioTech Co., Ltd.
– Commerical production **5**: 366
Receptor RHAMM **5**: 382
Recombinant *Escherichia coli* **3A**: 250, 265, 281, **3B**: 279, **10**: 322
Recombinant glycinin **8**: 238
Recombinant spider silk protein
– Mechanical property
– – ADF-3 **8**: 65
– – *Araneus* **8**: 65
– – DP-1B **8**: 65
– – Dragline **8**: 65
*Rectus* polymer **3B**: 144
Recycled rubber **2**: 387, 389
– Product **2**: 402
Recycled rubber material
– Analytical technique **2**: 385
– Energy-dispersive X-ray spectrometry **2**: 385
– FTIR spectroscopy **2**: 385
– Gas chromatography **2**: 385
– X-ray for near-edge surface **2**: 385
Recycling and waste management law **10**: 4
Recycling of rubber
– Biomass **2**: 371
– Bioreactor **2**: 385
– Biotechnological process **2**: 365 ff, 370, 380, 385 f, 407
– Carbon source for fermentation **2**: 371
– Cleavage of the hydrocarbon chain **2**: 369
– Cryo-grinding **2**: 364
– Cutting **2**: 364
– Deposition **2**: 363 ff
– Desulfurization **2**: 369, 385 f
– Fertilizer **2**: 407
– Grinding **2**: 364, 380
– Hydrogenation **2**: 404
– Isoprene oligomer **2**: 371
– Microbial detoxification **2**: 369
– Perspective **2**: 390
– Product **2**: 400
– Pyrolysis **2**: 404
– Recommendations of EC **2**: 400
– Rubber product **2**: 363 ff

– Semi-continuous process **2**: 385
– Single cell protein **2**: 371
– Strategy **2**: 398, 400
– Surface modification **2**: 369
– Thermal process **2**: 404
– Tire-derived fuel **2**: 363 ff
– Use of recycled rubber **2**: 367
Red algae
– Adhesive protein **8**: 362
Red crab **6**: 513
Redox mediator **1**: 468
Reductive desulfurization **1**: 451
Reductive pyruvate cycle **5**: 25
Reef-building worm
– Adhesive protein **8**: 362
Regenerated cellulose **6**: 298
Regenerated cellulose product
– Carbamate process **6**: 301
– Cuprammonium process **6**: 301
– *N*-Methylmorpholine-*N*-oxide process **6**: 301
– NMMO process **6**: 300
– Viscose process **6**: 299 f
Regioselective polymerization **3A**: 390
Regioselectivity **10**: 295
Regulation **5**: 164
Regulator **5**: 187
*Rehmannia glutinosa* **6**: 501, 503
Reinforced biocomposite
– Tensile property **10**: 20
Renewable resource **2**: 396, **4**: 331, **10**: 3, 5, 104, 459
– Plastic **10**: 477
– Polymer **10**: 430
– Preference **10**: 467
Reoplex 400 **3B**: 5 f
Resinol *β*-*β* **1**: 37
Resorcinol **1**: 489
Resource **10**: 360
"Restpullulan" **6**: 5
Restriction digestion **8**: 476
Retreading of tire **2**: 400
Reverse chaperone **7**: 441
Revulcanization **2**: 403
RG Galacturonohydrolase **6**: 359
RG I-Degrading enzyme
– RG Acetylesterase **6**: 361
– RG Galacturonohydrolase **6**: 361
– RG Lyase **6**: 361
– RG Rhamnohydrolase **6**: 361
RHAMM **5**: 382, 386, 388
RHAMM receptor **5**: 386
Rhamnogalacturonan **6**: 350
Rhamnogalacturonan acetylesterase **6**: 359
Rhamnogalacturonan acetyltransferase **6**: 357
Rhamnogalacturonan galacturonohydrolase **6**: 359
Rhamnogalacturonan lyase **6**: 359
Rhamnogalacturonan rhamnohydrolase **6**: 359
Rhamnolipid **5**: 117
– Biosynthesis
– – *Pseudomonas aeruginosa* **5**: 120
– – Rhamnosyltransferase 1 **5**: 121
– – Rhamnosyltransferase 2 **5**: 121
– – Rhamnosyltransferase **5**: 120
– Chemical structure **5**: 117
– Cost **5**: 128
– Fermentative production
– – Arthobacter *corynebacteria* **5**: 123
– – *Arthrobacter paraffineus* **5**: 123
– – *Arthrobacter* spp. **5**: 123
– – *Corynebacterium* sp. **5**: 123
– – *Nocardia* sp. **5**: 123
– – *Pseudomonas* spp. **5**: 123
– – *Pseudomonas* 44T1 **5**: 123
– – *Rhodococcus erythropolis* **5**: 123
– – *Rhodococcus* spp. **5**: 123
– Global market **5**: 128
– *Pseudomonas aeruginosa* **5**: 117
– Purification
– – Continuous process **5**: 125
– Recovery **5**: 125
– Yield **5**: 128
α-L-Rhamnosidase **9**: 189, 191
Rhamnosyltransferase 1 **5**: 121
Rhamnosyltransferase 2 **5**: 121
Rhamnosyltransferase **5**: 120
Rhamsan **10**: 80
– In construction application **10**: 51
*R. hedysari* **5**: 163
Rheological measurement **3B**: 241
Rheology control **5**: 10
Rhesus monkey **8**: 210
Rheumatoid arthritis **1**: 381
*Rhizobium* **1**: 234, **5**: 40, 44, **9**: 272
*Rhizobium etli* **3A**: 115, 178, 186, 196, 224, 228
*Rhizobium japonicum* **3B**: 7
*Rhizobium*–legume symbiose **5**: 161
*Rhizobium leguminosarum* **6**: 291
– Peptide synthetase **7**: 57
*Rhizobium leguminosarum* bv. *trifolii* **5**: 215
*Rhizobium lupini* **5**: 163
*Rhizobium meliloti* **3A**: 110, **5**: 8, 163
– Succinoglycan **5**: 161
*Rhizobium phaseoli* **5**: 163
*Rhizobium* sp. **9**: 275
– PAA biodegradation **9**: 308
*Rhizobium* sp. GOa **9**: 274
*Rhizobium* spp. **5**: 9
*Rhizobium trifolii* **5**: 163

*Rhizoctonia praticola* **1**: 157
*Rhizoctonia solani*
– Chitin **6**: 127
– Chitinase **6**: 135, 137
Rhizomorph **1**: 401
*Rhizomucor pusillus* **6**: 143
*Rhizopus* **6**: 13
*Rhizopus arrhizus* **1**: 186, **3B**: 91, 99, **4**: 12, 42, **6**: 143
– Fumaric acid **10**: 291
*Rhizopus arrhizus* NRR11526 **10**: 291
*Rhizopus delemar* **3B**: 91 f, **4**: 40
– Lipase **9**: 326
– Polyurethane biodegradation **9**: 326, 327
*Rhizopus formosa*
– Fumaric acid **10**: 291
*Rhizopus oligosporus*
– Chitinase **6**: 135 f
– Chitin synthase gene **6**: 129
*Rhizopus oryzae*
– Biotechnological production **6**: 141 f
– Chitin **6**: 127
*Rhizopus oryzae* 26668 **6**: 143
Rhodia
– Galactomannan producer **6**: 332
*Rhodinius prolixus*
– Intestinal endosymbiont **9**: 143
*Rhodinius rhodnii*
– Intestinal endosymbiont **9**: 143
*Rhodobacter* **2**: 132
*Rhodobacter capsulatus* **3A**: 177 ff, 183, 196, 224, 228, **9**: 43
– *Allochromatium vinosum* **9**: 42
*Rhodobacter sphaeroides* **3A**: 178 f, 183, 196, 224, 228, **3B**: 31 f
*Rhodobacter sphaeroides* ATCC17023 **3A**: 224, 228
*Rhodobacter sphaeroides* RV **3A**: 224, 228
*Rhodococcus* **1**: 470, **2**: 370, 389, **3B**: 98 f
– Nitrile hydratase **10**: 298
– Polydioxanone biodegradation **9**: 530
– Proteasome **7**: 449, 450
– 20S Proteasome **7**: 446
*Rhodococcus equi* JCM 1311 **3B**: 90
*Rhodococcus erythropolis* **1**: 471, **5**: 116, 118, 122 ff, 128, **7**: 445
– Proteasome **7**: 445
– 20S Proteasome **7**: 455
*Rhodococcus erythropolis* S-1
– Flocculant **10**: 152
*Rhodococcus fascians* **1**: 471
*Rhodococcus globerulus* **10**: 116
*Rhodococcus opacus* **1**: 471
*Rhodococcus rhodochrous* **2**: 383 f, 388
*Rhodococcus rhodochrous* IGTS8 **2**: 371
*Rhodococcus rhodochrous* J1 **10**: 299
– Nitrile hydratase **10**: 298
*Rhodococcus rhodochrous* M8
– Nitrile hydratase **10**: 298
*Rhodococcus ruber* **1**: 471, **3A**: 114, 178 f, 181, 322, **3B**: 5
*Rhodococcus ruber* NCIMB40126 **3A**: 224, 229
*Rhodococcus ruber* PP2 **3A**: 178, 196
*Rhodococcus* sp. **3B**: 212, **5**: 95, 98, 118, 123, 128
*Rhodococcus* sp. 432 **9**: 279
*Rhodococcus* sp. N-774 **10**: 299
– Nitrile hydratase **10**: 298
*Rhodocyclus gelatinosus* **3A**: 322
*Rhodocyclus*-like bacterium
– Polyphosphate function **9**: 25
*Rhodocyclus*-related bacterium **3A**: 343
*Rhodopseudomonas acidophila* **9**: 272, 277
*Rhodopseudomonas capsulata* **2**: 132
*Rhodopseudomonas palustris* **3A**: 178, 186
*Rhodopseudomonas palustris*, see *R. palustris*
*Rhodopseudomonas spheroides* **3B**: 34
Rhodopsin **7**: 211
*Rhodospirillium rubrum* **3A**: 106 f, 111 ff, 179, 220, 222, 322, 355, 419, **3B**: 29, 30, 33 f, 66 f, 136, **4**: 379
– 4-Pentenoic acid **10**: 196
*Rhodospirillum rubrum* ATCC25903 **3A**: 178, 196, 224, 229
*Rhodospirillum rubrum* Ha **3A**: 178, 183, 196, 224, 229
*Rhodotorula*
– Itaconic acid **10**: 289
*Rhodotorula glutinis* **6**: 105, 107
*Rhodotorula lactase* IFO1423
– Inhibition by ε-PL **7**: 111
*Rhodotorula minuta* **6**: 107
*Rhodotorula mucilaginosa* **6**: 107
*Rhodotorula rubra* **6**: 105, 107
*Rhodotorula* spp. **6**: 114
Rhone Poulenc **9**: 253
*Rhus vernicifera* **1**: 35
*Rhyzopus arrhizus*
– Lipase **9**: 366
– Polystyrene biodegradation **9**: 366
Ribbed mussel
– Adhesive protein **8**: 362
*Ribes americanum* **3A**: 49
*Ribes davidii* **3A**: 49
*Ribes futurum* **3A**: 49
*Ribes grossularia* **3A**: 49
*Ribes houghtonianum* **3A**: 49
*Ribes nigram* **3A**: 49
Riboflavin
– Chemical structure **9**: 172

Ribonucleoside phosphorylase **9**: 7
Ribosome
– Composition
– – Eukaryote **7**: 8
– – Prokaryote **7**: 8
– Peptidyl transferase center **7**: 10
– rRNA **7**: 10
– 30S Ribosomal subunit
– – Decoding centerx **7**: 9
– – *Themus thermophilus* **7**: 9
– 50S Ribosomal subunit
– – *Haloarcula marismortui* **7**: 10
– – Peptidyl transferase center **7**: 10
Ribulose 5-phosphate reductase-CDP-ribitol pyrophosphorylase
– Kinetic data **2**: 61
– Reaction **2**: 61
Rice blast disease **1**: 239 f
Rice glutelin **8**: 241
*Richadella dulcifera* **8**: 209, 210
*Richadella dulcifica*
– Miraculin **8**: 205
Ricinoleic acid **4**: 207
*Rickettsia prowazeki* **3A**: 178 f, 183, 196, 222, 229, **3B**: 31 f
– mreB-Like gene **7**: 361
– S-Layer **7**: 289, 308
– S-Layer protein
– – Amino acid sequence **7**: 301
*Rickettsia prowazekii* Madrid E **3A**: 224
*Rickettsia rickettsii*
– S-Layer protein
– – Amino acid sequence **7**: 301
*Rickettsia typhii*
– S-Layer **7**: 308
– S-Layer protein
– – Amino acid sequence **7**: 301
Rifampicin **10**: 263
Rifamycin **9**: 97
Rifamycin B
– Structural formula **9**: 92
*Riftia pachytila* **6**: 495
*Rigidoporus lignosus* **1**: 144, 155 f
– Chitin **6**: 127
*Rigidoporus ulmarius* **1**: 183, 185
RIKEN Structural Genomics Initiative **8**: 473
Ring-opening polymerization **3A**: 135, 375, **3B**: 209, 213, 341, **4**: 27, 31, **9**: 217, 397
– Catalyst
– – Metal alkoxide **3B**: 345
– Catalyst
– – Metal carboxylate **3B**: 343
– Cyclic ester **3B**: 384
– Mechanism
– – Anionic mechanism **3B**: 346
– – Cationic mechanism **3B**: 345
– – Initiator **3B**: 346
– – Insertion mechanism **3B**: 343
– Standard thermodynamic parameter **3B**: 385
*Rizoclonia corcorium* **3A**: 63
RNA paradigm **7**: 4
RNA polymerase **7**: 34, **8**: 59
– Polyphosphate **9**: 22
RNase S **8**: 489
Rohm & Haas **7**: 382, **9**: 253
Roman Coliseum **10**: 32
Roodworm
– Adhesive protein **8**: 362
Root resin **10**: 70, 71
Roots
– Annual production **6**: 385
*Roseateles depolymerans*
– PHC biodegradation **9**: 419
*Rosmarinus officinalis* **3A**: 7, 15
Rotational symmetry
– Snowflake **7**: 264
Rotation vulcanization machine **2**: 266
*Rhodopseudomonas palustris*
– Tetrathionate **9**: 50
rRNA **7**: 10
Rubber **10**: 34
– Mechanical property **8**: 4
– – Elasticity **8**: 83
– – Energy to break **8**: 83
– – Strength **8**: 83
Rubber biodegradation **2**: 322 ff
– Attenuated total reflectance technique **2**: 333
– Biodeterioration **2**: 344
– Biotechnology **2**: 354
– *endo*-Cleavage mechanism **2**: 331
– Desulfurization **2**: 354
– Early study **2**: 324
– Effect of carbon black **2**: 344
– Enzymatic mechanism **2**: 347
– FTIR spectroscopy **2**: 333
– Influence of antioxidant **2**: 344
– IR spectroscopy **2**: 328
– Monooxygenase **2**: 347
– Scanning electron micrograph **2**: 381
– Telechelic oligomers **2**: 354
– Vulcanized rubber **2**: 328
Rubber biosynthesis
– Chain elongation **2**: 85
– $^{13}$C-NMR spectroscopy **2**: 86
– *Ficus elastica* **2**: 96
– Fungi **2**: 96
– Guayule **2**: 95
– Indian rubber tree **2**: 96

– Inhibitor 2: 84
– Initiator 2: 83
– Isopentenyl pyrophosphate 2: 83
– Mevalonic acid pathway 2: 84
– Perspective 2: 97
– Transgenic plant 2: 97
Rubber chemical 2: 240
– Ultra accelerator 2: 240
Rubber-coated metal 2: 243
Rubber consumption 2: 2
Rubber crumb 2: 401, 404
Rubber elongation factor 2: 90, 160, 163, 189 f
Rubber hydrochloride 2: 208, 215, 224
Rubber material
– Additive 2: 387, 396
– Adhesion 2: 397
– Automotive mechanical goods 2: 397
– Co-firing 2: 405
– Composition 2: 380
– Construction 2: 397
– Consumption 2: 397
– Conversion to energy 2: 405
– Crosslinking 2: 379, 396
– Deposition 2: 406
– Detoxification 2: 387
– First use 2: 378
– Footwear 2: 397
– Landfill 2: 406
– Plastic modification 2: 397
– Property 2: 379
– Reuse 2: 402
– Tire 2: 379, 397
– Toxic effect 2: 387
– Use 2: 397
– Vulcanization 2: 379
– Wire covering 2: 397
Rubber particle
– Allergen 2: 163
– Composition 2: 161
– Electron micrograph 2: 162
– α-Globulin 2: 163
– IDP isomerase 2: 164
– *In vitro* synthesis 2: 164
– Laticifer 2: 161
– Lipid 2: 162
– Membrane 2: 162
– Protein 2: 163
– Proteolipid 2: 163
– Rubber elongation factor 2: 163
– Rubber transferase 2: 163
– Size 2: 161
– Surface charge 2: 164
– Ultrastructure 2: 162
– Washed rubber particle 2: 164
Rubber pipe joint ring 2: 326
Rubber production 2: 2
– Early rubber-based industry 2: 158
– Perspective 2: 97
– Relevant patent 2: 99 ff
– Rubber plantation 2: 157
– South American leaf blight 2: 157
Rubber product
– Accelerator 2: 366
– Activator 2: 366
– Additive 2: 366
– Adhesion 2: 363
– Ancient use 2: 366
– Antidegradant 2: 366
– Automotive mechanical goods 2: 363
– Biodeterioration 2: 323, 326
– Composition 2: 366
– Construction 2: 363
– Discovery 2: 156
– First use 2: 156
– Footwear 2: 363
– Fungicide 2: 366
– Pigment 2: 366
– Plastic modification 2: 363
– Processing aid 2: 366
– Recycling 2: 363
– Retarder 2: 366
– Tire 2: 363
– Underground cable 2: 326
– Wire covering 2: 363
Rubber protein allergy 2: 6
Rubber thread 2: 243
Rubber transferase 2: 79, 81 f, 89 f, 163 f
Rubber waste
– Co-firing 2: 405
– Conversion to energy 2: 405
– Deposition 2: 406
– Landfill 2: 406
Rubber yield
– Effect of ethylene 2: 173
*Rubus idaeus* 3A: 49, 63
Rumalon® 6: 593
Ruminant
– Feed supplement 3A: 424
*Ruminobacter amylophilus* 6: 14
*Ruminococcus flavefaciens* 3B: 273
– Glucanase 6: 50
*Ruminococcus* sp.
– Cellulose biodegradation 6: 292
Russian dandelion 2: 75
*Russula* 2: 12, 184
*Russula nigricans* 1: 230
Rye flour 10: 10

**S**


Sacchachitin **6**: 143
Saccharification glucoamylase **7**: 398
Saccharin **8**: 204
*Saccharomyces* **6**: 72
– 20S Proteasome **7**: 446
*Saccharomyces carlsbergensis* **2**: 139
– Yeast glucans **6**: 185
*Saccharomyces cerevisiae* **2**: 95, 117, 122 f, 138 f, **3B**: 286, **5**: 6, 73, 98, 137 f, **6**: 69, 72, 126, 131, 188, 199, **7**: 445, **8**: 63, 69, 208, 240, 266, 267, **9**: 9, 13, 18
– Biofuel **7**: 399
– Cell wall **6**: 125, 181
– Cell wall β-glucan **6**: 179
– Chitin **6**: 127
– Chitinase **6**: 136 f
– Chitin deacetylase **6**: 133
– Chitin synthase **6**: 128, 130
– – Gene **6**: 129, 131
– – Regulation **6**: 133
– chs5Δ Null mutant **6**: 127
– Effect of lentinan **6**: 169
– Exopolyphosphatase **9**: 17
– Galactomannan degradation **6**: 329
– β-1,6-Glucan biosynthesis **6**: 198
– Glucan transferase **6**: 133
– Glycerol-3-phosphate dehydrogenase **10**: 287
– Glycerol-3-phosphate phosphatase **10**: 287
– Inhibition by ε-PL **7**: 111
– Inhibitor of chitin synthesis **6**: 497
– PPX **9**: 8
– Proteasome **7**: 445
– Spheroplast **6**: 183
– Thaumatin **8**: 207
– Translocase homologous protein **7**: 242
– Yeast glucan **6**: 185
*Saccharopolyspora erythraea* **9**: 103
– Erythromycin **9**: 94
– Polyketide **9**: 93
– Polyketide synthase system **9**: 97
*Saccharopolyspora spinosa*
– Polyketide synthase system **9**: 97
Sacrificial bond **8**: 66
S-Adenosylmethionine **2**: 123
Safety helmet **10**: 22
Saframycin **7**: 66
*Sagittaria* **8**: 226
Sailfish shiner
– Adhesive protein **8**: 362
Salicylic alcohol **1**: 359
Salmon calcitonin
– In nanoparticle **9**: 465
*Salmonella*
– Tetrathionate metabolism **9**: 51
*Salmonella enterica* **5**: 9
*Salmonella enteritidis*
– Silicon biodegradation **9**: 547
*Salmonella O*-antigen polysaccharide **5**: 51
*Salmonella typhimurium*
– ADP-glucose pyrophosphorylase **5**: 24
– Cupin protein **8**: 238
– Glycogen biosynthesis **5**: 27
– Inhibition by ε-PL **7**: 111
– Tetrathionate metabolism **9**: 51
– Tetrathionate reduction **9**: 52
*S. altissima* **2**: 20
*Sambucus canadensis* **2**: 11
*Sambucus nigra* **3A**: 48
Sandstone cliff **10**: 221
SANOFI Bio-Industries **6**: 50
*Sapotaceae* **2**: 180
*Saprolegnia monoica* **6**: 69
– Chitin synthase **6**: 130
– Chitin synthase gene **6**: 129
*Saprolegnia* sp. **6**: 142
*Sarcina* **5**: 40, 44
*Sarcina ventriculi* **5**: 43
Sarcomere **7**: 342, 354
*Sargassum* spp.
– Alginate **6**: 219
Satellite tobacco mosaic virus
– Crystal **8**: 432
Savinase® **7**: 383
Scab **3A**: 21
Scaffold for cartilage engineering **10**: 248
Scanning electron microscopy **1**: 267, **2**: 327, **3B**: 52, **4**: 221, **10**: 375
Scanning tunneling microscopy **1**: 234
Scarring
– Hyaluronan **5**: 397
*Scenedesmus* **1**: 211
*Scenedesmus communis* **1**: 212
*Scenedesmus obliquus* **2**: 64
Schematic representation **3B**: 213
Schiff base **7**: 469, **8**: 336, **9**: 512
*Schistosoma japonicum*
– Effect of lentinan **6**: 169
Schistosomal pigment
– *Schistosoma mansoni* **9**: 139
*Schistosoma mancons*
– Phytochelatin **8**: 266
*Schistosoma mansoni*
– Effect of lentinan **6**: 169
– Pigment **9**: 143
– Schistosomal pigment **9**: 139
*Schistosoma* sp.
– Hemozoin **9**: 136

– Pigment 9: 145
Schizogony 9: 131
Schizophyllan 5: 137, 150, 6: 61 ff
– Acetylation 6: 82
– Application 6: 85
– – Antitumor activity 6: 84
– – Antiviral property 6: 83
– – Cancer treatment 6: 83
– – Cosmetic application 6: 83
– – Enhanced oil recovery 6: 82
– – Immunotherapeutic agent 6: 83
– – Pharmaceutical compound 6: 83
– – Uterine cervical carcinoma 6: 79
– Biodegradation 6: 50
– – β-Glucanase 6: 72 f
– – β-Glucosidase 6: 72
– – *Schizophyllum commune* 6: 72
– Biosynthesis 6: 69
– – β-Glucan synthase 6: 67 f, 68, 71
– – Pathway 6: 70
– – UDP-Glucose: 1,3-β-D-glucan 3-β-D-glucosyltransferase 6: 68
– Chemical analysis
– – Periodate treatment 6: 66
– – Sodium borohydride treatment 6: 66
– Chemical degradation 6: 82
– Chemical structure 6: 40, 64
– – Triple helical arrangement 6: 65
– $^{13}$C-NMR spectrum 6: 64
– Concentration
– – Cross-flow microfiltration 6: 80
– Conformation
– – Conformational transition 6: 66
– – Differential scanning calorimetry 6: 66
– – Optical rotatory dispersion 6: 66
– – Triple helical arrangement 6: 65
– *Corticum rolfsii* 6: 41
– Discovery 6: 63
– Downstream processing 6: 76 f
– – Cell separation 6: 78
– – Concentration 6: 78 f
– – Cross-flow microfiltration 6: 79
– – Diafiltration 6: 79
– – Purification 6: 78
– Enhanced oil recovery 6: 63
– β-Glucan synthase
– – GTP-binding protein 6: 69
– – *Neurospora crassa* 6: 69
– – *Pyricularia oryzae* 6: 69
– – *Saccharomyces cerevisiae* 6: 69
– – *Saprolegnia monoica* 6: 69
– Immunoassay 6: 83
– Interaction with hydrophobin 6: 82
– Isolation 6: 78, 79
– Molecular genetics 6: 71
– – 1,3-β-D-Glucan synthase 6: 72
– – GTPase 6: 72
– Molecular weight 6: 64, 66, 74
– Occurrence
– – *Schizophyllum commune* 6: 67
– Oil crisis 6: 63
– Patent 6: 82 ff
– Physiological function 6: 67
– Polyclonal antibody 6: 83
– Production 6: 63, 73 ff, 79
– – Batch cultivation 6: 75
– – Continuous cultivation 6: 75, 77
– – Cultivaton of *Schizophyllum commune* 6: 74
– – Downstream processing 6: 76
– – Effect of oxygen supply 6: 74, 76
– – Molecular weight 6: 74
– – Productivity 6: 76 f
– – *Schizophyllum commune* 6: 75, 77
– Property 6: 79
– – Aqueous schiozophyllan solution 6: 82
– – Hydrolysis 6: 82
– – Pseudoplastic flow behavior 6: 81
– – Shear-thinning characteristic 6: 83
– – Thermal degradation 6: 80
– – Thermoplastic characteristic 6: 81
– – Viscosity 6: 80
– Purification
– – Concentration 6: 79
– – Cross-flow microfiltration 6: 79
– – Diafiltration 6: 79
– *Schizophyllum commune* 6: 40 f, 63, 163
– Solubility 6: 64
– Sonifilan™ 6: 79
– Structure 5: 138
– Subunit 6: 64
– – Tetrasaccharide subunit 6: 82
– Trivial name
– – Schizophyllan 6: 79
– – Sizofilan 6: 79
– – Sizofiran 6: 79
– World market 6: 79
Schizophyllan acetate 6: 82
*Schizophyllum commune* 1: 186, 5: 6, 138, 147, 150, 6: 41, 63, 67, 72, 77
– Chitinase 6: 135
– Fruit body 6: 67
– Hydrophobin 6: 82
– Hyphae 6: 68
– Production
– – Batch cultivation 6: 73
– – Bioreactor design 6: 73
– – Molecular weight 6: 73
– Schizophyllan 6: 40, 163

– – Production 6: 73 ff
– Yeast glucan 6: 185
*Schizosaccharomyces pombe* 2: 135, 8: 269, 270, 277
– Cd-Binding complex 8: 259
– mreB Protein 7: 369
– Phytochelatin 8: 266
– Spheroplast 6: 183
*Schizosaccharomyces vulgaris* 8: 270
*Sch. melanogramma* 5: 116
Sciadopitydaceae 2: 34
*Scinetobacter* sp. KP-7
– PAA biodegradation 9: 316
Sclerenchyma 1: 10 f, 15, 27
Sclerenchymatic bundle-sheat 1: 25
Scleroglucan 5: 137, 6: 37 ff, 10: 72, 76, 80
– Application 6: 39
– – Antimicrobial compound 6: 39
– – Antitumor compound 6: 39
– – Antiviral compound 6: 39
– – Cement preparation 6: 52
– – Enhanced oil recovery 6: 39, 51
– – Food industry 6: 39
– – Immune stimulatory effect 6: 39
– – Personal care product 6: 52
– – Pharmaceutical industry 6: 51
– – Zirconium citrate 6: 51
– Biodegradation 6: 49
– – *Bacillus circulans* 6: 50
– – *Bacillus kobensis* 6: 50
– – Gluconase 6: 50
– – *Ruminococcus flavefaciens* 6: 50
– Biosynthesis
– – Hexokinase 6: 48
– – Molecular genetics 6: 49
– – Oxalate synthesis 6: 49
– – Pathway 6: 48
– – Phosphoglucomutase 6: 48
– – Phosphoglucose isomerase 6: 48
– – Pyrophosphorylase 6: 48
– – Regulation 6: 45
– – *Sclerotium glucanicum* 6: 48
– – *Sclerotium rolfsii* 6: 48
– Chemical structure 6: 40
– Commercial producer
– – CECA S.E. 6: 50
– – Pillsbury Co. 6: 50
– – SANOFI Bio-Industries 6: 50
– Compatibility with other biopolymers 6: 42
– Competition with xanthan 6: 39, 46, 50
– Conformation
– – Triple helix 6: 40
– Discovery 6: 39
– Function 6: 41 ff
– In construction application 10: 51
– Molecular weight 6: 40
– Occurrence
– – *Sclerotium delphinii* 6: 41
– – *Sclerotium glucanicum* 6: 41
– – *Sclerotium rolfsii* 6: 41
– Patent 6: 52
– – Application 6: 53 ff
– – Production 6: 53 ff
– Physiology 6: 43 ff, 47
– Pillsbury Co. 6: 39
– Production 6: 43, 50
– – Byproduct formation 6: 47 f
– – Carbon source 6: 46
– – Dissolved oxygen 6: 44 f
– – Effect of aeration 6: 45 f
– – Effect of agitation 6: 45 f
– – Effect of pH 6: 44
– – Effect of temperature 6: 44
– – Medium composition 6: 46
– – Nitrogen source 6: 47
– – Phosphorous source 6: 47
– – *Sclerotium glucanicum* 6: 46
– – Yield 6: 46
– Product 6: 39
– – Actigum® 6: 50
– – Polytran® 6: 50
– Property 6: 39, 42
– – Antiviral property 6: 43
– *Sclerotium glucanicum* 6: 39, 43 f
– *Sclerotium rolfsii* 6: 39
– Solubility 6: 42
– Structure 5: 138, 10: 76
– Viscosity 10: 75
– World market 6: 50
Scleroglucan-degrading enzyme 6: 50
Scleroglucan product
– Actigum CS6 6: 39
– Biopolymer CS® 6: 39
– Polytran® 6: 39
*Sclerotinia sclerotiorum* 1: 240, 5: 137 f
*Sclerotium* 6: 13
*Sclerotium delphinii* 6: 41
*Sclerotium* endo 1,3-β-glucanase 5: 58
*Sclerotium glucanicum* 5: 138, 6: 39, 41, 43 f, 46, 48, 63
– Effect of oxygen 6: 44
– Scleroglucan production 6: 44
*Sclerotium rolfsii* 5: 6, 137, 6: 39, 41, 48, 63, 10: 76
– Effect of oxygen 6: 44
– Scleroglucan production 6: 44
*Sclerotium rolfsii* ATCC24459
– Nitrocellulose biodegradation 9: 204
SCL-MCL-PHA copolymer 3A: 319

SCL-MCL-PHA **3A**: 317
– Production **3A**: 322
– – *A. caviae* **3A**: 326
– – *A. hydrophila* **3A**: 324
– – Control **3A**: 330
– – In recombinant bacterium **3A**: 327
– – In recombinant *E. coli* **3A**: 324 f
– – In recombinant *Pseudomonas* sp. **3A**: 328
– – In recombinant *R. eutropha* **3A**: 329
– – 3-Ketoacyl-ACP reductase **3A**: 327
– – *Nocardia corallina* **3A**: 327
– – *P. aeruginosa* **3A**: 325
– – Patent **3A**: 331
– – *P. fragi* **3A**: 325
– – PHA synthase **3A**: 327 f
– – *P. oleovorans* **3A**: 325
– – *P. putida* **3A**: 325
– – *Pseudomonas* sp. 61-3 **3A**: 327, 329
– – Recombinant *P. oleovorans* **3A**: 328
– – *R. eutropha* **3A**: 326
– – (*R*)-Specific enoyl-CoA hydratase **3A**: 326
– – Thioesterase I **3A**: 326
SCL-PHA **3B**: 136 ff
– Analysis **3B**: 5, 7
SCL-poly(3HA) **3A**: 294, **3B**: 145
Sconacell A **10**: 10
– Viscosity **10**: 13
Scrap tire **2**: 363
Screening assay **7**: 419
Screening technology **7**: 419
Screw injection molding machine **2**: 279 f
Scytalone **1**: 231
Scytalone dehydratase **1**: 239 f
*Scytonema* sp. **7**: 94
SDZ90-215 **7**: 57
SDZ214-103 **7**: 58
Sea grass **3A**: 3
Seastar
– Adhesive protein **8**: 362
Seat pan
– From biocomposite **10**: 20
Sea urchin **8**: 296
– Incisal end **8**: 351
Seaweed **10**: 86
– Carrageenan **6**: 250
Seaweed Industrial Association **6**: 225
Sebacic acid **4**: 205
SecA **7**: 230
*Secale cereale* **3A**: 28, 66
SecB **7**: 230
SecD **7**: 230
SecE **7**: 230
SecF **7**: 230
SecG **7**: 230
SecM **7**: 230
Secologanin **2**: 64
Secondary lignification **1**: 20
Secondary recovery of oil **5**: 93
Second dragline protein **8**: 60
Second World War
– Silk **8**: 27
Sec-pathway **7**: 228
SecY **7**: 230
Seed globulin
– Patent **8**: 244, 245
– Prokaryotic ancestor **8**: 239
Seed gum **6**: 321, **10**: 68
– Alternative name **6**: 326
– Application **6**: 323, 333 f
– Arabinogalactan **6**: 323
– *Caesalpinia spinosa* **6**: 323
– *Cassia occidentalis* **6**: 325
– Chemical structure **6**: 323
– Commerciazliation **6**: 323
– Galactomannan
– – Chemical structure **6**: 323 f
– Galactoxyloglucan **6**: 323
– General characteristic **6**: 333
– Grindsted™ **6**: 332
– Guar **6**: 322
– Guarcel **6**: 332
– GuarNT® **6**: 332
– Jaguar **6**: 332
– Locust bean
– – Carob paste **6**: 322
– – *Ceratonia siliqua* L. **6**: 322
– – *Cyamopsis tetragonolobus* **6**: 322
– Meypro™ **6**: 332
– Occurrence **6**: 325, 326
– Polygal® **6**: 332
– Polygel® **6**: 332
– Polygum® **6**: 332
– Polyprint® **6**: 332
– Process **6**: 329
– Producer **6**: 329, 332
– Production **6**: 329
– Tara gum **6**: 323
– Viscogum™ **6**: 332
– World market **6**: 331
Seed plant **1**: 210
SEEYK Motif **8**: 368
Seikagaku Corp.
– Hyaluronan production **5**: 395
Seikagaku Kogyo
– Proteoglycan producer **6**: 593
*Selaginella* **1**: 8
Selenocysteine
– *Escherichia coli* **7**: 27

– Recoding 7: 6
– Tetraiodothyronine deiodinase 7: 27
Self-assembly
– Material structure 8: 50
Self-compacting concrete 10: 38
*Semibalanus balanoides* 8: 370
Semitelechelic polylactone 4: 361
*Senecio odoris* 3A: 12
Separating film 10: 250
*Sepedonium ampullosporum*
– Peptide synthetase 7: 56
Sephadex® 5: 310, 10: 90
Sephadex adsorbent 5: 13
Sephadex ion-exchange medium
– Dextran 5: 310
Sephadex LH-20 9: 397
*Sepia officinalis* 1: 233
Sepiolite 10: 79
*Septoria* sp.
– Peptide synthetase 7: 57
Sequence motif
– Property 8: 113
Sequence verification 8: 479
Serglycin
– Proteoglycan 6: 584
Serineacetyl transferase 7: 28
Serine esterase
– Catalytic mechanism 3B: 61
L-Serine β-lactone
– Synthesis 4: 343
Serine protease 3B: 29
*Serpula lacrymans* 1: 138
*Serratia*
– Swarming 10: 210
*Serratia levanicum*
– Levan 5: 356
*Serratia marcescens* 6: 501, 503, 505 f, 508, 510 f
– Chitinase 6: 509
– S-Layer 7: 302
– S-Layer protein
– – Amino acid sequence 7: 301
Sesquiterpene 2: 64
Setting 8: 190
Sewage 10: 140
Sewage sludge
– Phosphate removal 10: 148
Sewage waste water 9: 53
Sex steroid hormone 2: 127
7S Globulin 8: 226
S + G Yield 1: 7
Sheep rearing 8: 160
Sheeps wool
– For clothing purpose 8: 158
Sheet 4: 20
Shell 7: 340, 10: 342
Shellac 4: 28, 10: 8
– *Kerria lacca* 4: 39
– Main component 4: 29
Shellac-based resin
– Natural fiber composite 10: 12
Shell lustrin 8: 66
Shellolic acid 4: 29
*Shewanella* 1: 234
*Shewanella alga* 1: 369 f
*Shewanella barnesii* 1: 370
*Shewanella colwelliana* 1: 235
*Shigella flexneri*
– ActA Protein 7: 353
*Shigella sonnei*
– Silicon biodegradation 9: 547
Shikimate 1: 33
Shikimate pathway 1: 32, 73
Shimadzu 4: 4
Showa Highpolymer 4: 4, 6
– Bionolle® 3B: 337
– Sky Green® 3B: 337
Showa Highpolymer Co. Ltd. 10: 285
Showy milkweed 2: 11
Sibling 8: 341
Sick building syndrome 8: 395
Side of 50S
– Crystal structure
– – *Thermus thermophilus* 7: 11
Siderophore 7: 60
Sigma Chemical Company
– Levan 5: 354
– Proteoglycan producer 6: 593
Sigma factor
– AlgT 10: 236
– RpoS 10: 236
Signal peptide 7: 231
Silanol
– Biodegradation 9: 552
*Silene cucubalus* 8: 275
*Silene vulgaris* 8: 271
Silica spicule
– Scanning electron micrograph 8: 294
Silicone 10: 34
– Biodegradation 9: 539, 542, 543, 544, 554, 556
– – New group 9: 555
– Biodegradation *in vitro* 9: 543
– Biodegradation *in vivo*
– – *Pseudomonas* sp. 9: 554
– Biodegradation process 9: 548
– Degradation 9: 543
– Environmental fate 9: 543, 544
– Industry 9: 557
– *In vitro* biodegradation

– – Microorganism 9: 545
– Main commercial silicone producer 9: 557
– Patent 9: 558
– Producer 9: 557
– Production
– – Annual production 9: 557
– Property 9: 543
– Structure 9: 542
Silicone elastomer 2: 309
Silicone implant
– *Pseudomonas aeruginosa* 9: 554
Silicone rubber 2: 309
– Biodegradation 9: 550
Silk 8: 158
– Amino acid repeat 8: 83
– Coarse silk 10: 7
– Fiber composition 8: 33, 34
– Fiber structure 8: 34
– Flagelliform 8: 83
– Glycine-rich segment 8: 35
– Historical outline 8: 2
– Liquid crystalline spinning 8: 39
– Major ampullate dragline 8: 83
– Mechanical property 8: 4
– Microbial production 8: 51
– Mulberry silk 10: 7
– Natures spinning technology 8: 41
– Property 8: 31, 33
– Secondary structure 8: 49
– Spider 8: 2
– Spider dragline 8: 50
– Stress–stain curve 8: 31
– Synthetic gene 8: 52
Silk analog protein
– Flagelliform
– – Distorted periodic structure 8: 67
– – II $\beta$-Turn conformer 8: 67
– – $\beta$-Sheet 8: 67
Silk-based
– Drug-delivery implant 8: 111
Silk-elastin-like protein 8: 57, 64
Silk fiber
– Perspective on the formation 8: 109
– Spinning process 8: 109
Silk fibroin 3B: 96, 8: 165
Silk-fibroin-like protein 8: 306, 349
Silk fibroin protein
– *Araneus gemmoides* 8: 12
– Consensus sequence
– – *Dolomedes* cDNA1 8: 10
– – *Dolomedes* cDNA2 8: 10
– – *Euagrus* cDNA 8: 10
– – *Phidippus* cDNA 8: 10
– – *Plectreurys* cDNA1 8: 10
– – *Plectreurys* cDNA2 8: 10
– – *Plectreurys* cDNA3 8: 10
– – *Plectreurys* cDNA4 8: 10
– Mechanical property 8: 4
– *Nephila clavipes* 8: 12
– Protein structure 8: 12
– Sequence
– – Flagelliform spacer sequence 8: 8
– – MiSp spacer sequence 8: 8
– Structure
– – Computer model of the $\beta$-spiral 8: 14
Silk gene
– *Escherichia coli* 8: 82
– Gene expression
– – *Escherichia coli* 8: 59
– *Pichia pastoris* 8: 82
Silk gland 8: 3
– Sider 8: 28
– Spinning duct 8: 38
Silk-like fiber 7: 486
Silk production 8: 42
Silk protein
– Ampullate spider 8: 74
– Charge property 8: 104
– Elasticity 8: 5
– Engineering 8: 66
– Mechanical property 8: 5
– Minor ampullate spider 8: 72
– Polyalanine segment
– – Computer-generated model 8: 13
– Processing efficiency 8: 66
Silkworm 8: 16, 31
– History 8: 27
– Silk 8: 27
Silkworm silk 8: 2, 19, 35
– Protein sequence
– – Consensus sequence 8: 7
– Structure 8: 10
Silkworm spinning
– *Bombyx mori* 8: 40
– Silk gland 8: 40
Siloxane
– Biodegradability 9: 548
*Silphium laciniatum* 2: 11
Silver birch 2: 34
Silylcellulose 6: 297
Sinapaldehyde 1: 33
Sinapate 1: 33
Sinapic acid 1: 74
Sinapoyl-CoA 1: 33, 74
Sinapyl alcohol 1: 33, 74
Sinapyl aldehyde 1: 74
Single cell protein 2: 371, 5: 92
– Utilization of hydrocarbon 5: 93

Single crystal morphology **3B**: 208
Single crystal
– Biodegradation **3B**: 219
– Polyethylene **3B**: 208
– *trans*-Polyisoprene **3B**: 208
*Sinorhizobium meliloti* **3B**: 35, **5**: 215
– Electron micrograph **5**: 219
– Succinoglycan **5**: 245
*Sinorhizobium meliloti* 41 **3A**: 115, 178 f, 182, 186, 196, 224, 229
*Sinorhizobium meliloti* 201 **5**: 215
*Sinorhizobium meliloti* IFO 13336 **5**: 215, 217
*Sinorhizobium meliloti* M5N1 **5**: 217
*Sinorhizobium meliloti* M5N1CS **5**: 215 f, 221, 223
*Sinorhizobium meliloti* Rm1021 **3A**: 224, 229
Sitting drop technique **8**: 447
Skeleton **8**: 324
SKI, Ltd.
– Sky Green® **3B**: 337
Skin disease
– Application of humic substance **1**: 381
– Therapeutic effect of humic substance **1**: 381
Skin lubricant **2**: 40
Skin metabolism **1**: 381
Skin modeling test **4**: 244
Skin substitute **10**: 248
S-Layer
– Cell wall **5**: 499
– Chemical structure
– – *Halobacterium halobium* **5**: 500 f
– – *Haloferax volcanii* **5**: 500 f
– – *Methanothermus fervidus* **5**: 500
– Self-assembly **7**: 273
– Structure **7**: 273
S-Layer glycoprotein
– Biosynthesis
– – Halobacterium **5**: 505
– – *Methanothermus fervidus* **5**: 506
– Cell wall **5**: 503
Slime **10**: 210
Small-angle neutron scattering **1**: 280
Small rubber particle protein **2**: 93
Smith & Nephew Endoscopy **4**: 195
SM30 Protein **8**: 297
Sn(II) Octanoate **10**: 187
$Sn(Oct)_2$ **4**: 36
Sodium acrylate **3B**: 239
Sodium azide **8**: 439, **9**: 314
Sodium bisulfite pulping **1**: 193
Sodium methoxide **2**: 7, **3A**: 5
*S. odoris* **3A**: 16, 17, 18
Softener
– Phthalate ester **10**: 104
Soft-rot decay **1**: 136
Soft-rot fungi **1**: 136
Soft tissue **8**: 339
Softwood **1**: 7, 22, 92, 135
Softwood pulp
– Cellulose raw material **6**: 294
Soil organic matter **1**: 282 ff
– Adsorption **1**: 284 ff
– Affect on plant growth **1**: 284
– Carbon source **1**: 283
– Energy source **1**: 283
– Environmental function **1**: 284
– Influence on soil-borne plant disease **1**: 284
– Interaction with organic pollutant **1**: 284
– Nutritional aspect **1**: 283
*Solanaceae* **2**: 170
Solanesol **2**: 28 f
*Solanum tuberosum* **3A**: 44, **6**: 419, **8**: 207
– Thaumatin **8**: 207
*Solanum tuberosum* cv. Solara **8**: 88
*Solidago altissima* **2**: 8, 86
*Solidago* species **2**: 11
Solid culture media **5**: 251
Solid fuel **1**: 480
Solid rubber processing
– Extruded article **2**: 267
– Internal mixer (kneader) **2**: 253 ff
– Molded article **2**: 275
– Open mill **2**: 258
– Pellet and strip feeding **2**: 260
– Production of sheeted and reinforced rubber **2**: 261
– Solution of rubber compound **2**: 283
Solid silicone material
– Biodegradation **9**: 550
Solid sulfur **9**: 44
Solid wood product **1**: 69
Solubilized coal
– Water content **1**: 465
Solubilized lignite
– Electricity generation **1**: 468
Soluble wax **3A**: 49
*Sonchus arvensis* **2**: 11
Sonifilan™ **6**: 79
*Sorangium cellulosum*
– Modified polyketide synthase **9**: 98
– Polyketide **9**: 93
– Polyketide synthase system **9**: 97
Soraphen **9**: 97
Sorbent extraction **1**: 306
*Sorghum* **1**: 10
*Sorghum bicolor* **6**: 419
Sorva **2**: 11
Sorvinha **2**: 8, 11, 21, 75
South African wool **8**: 161

South American leaf blight **2**: 157
South American wool **8**: 161
Southeast Collaboratory for Structural Genomics **8**: 473
Soy **8**: 400
Soybean **3A**: 16
– Allergen **8**: 231
Soybean glycinin **8**: 241
– Structure–function relationship **8**: 242
Soybean seed **8**: 242
Soy protein **8**: 385, 387, 396, 399
Specialty syrup **7**: 389
(*R*)-Specific enoyl-CoA hydratase **3A**: 220, 235 f, 238, 240, 320 ff, 326
– *Aeromonas caviae* **3A**: 231
– *Pseudomonas aeruginosa* **3A**: 231
– *Rhodospirillum rubrum* **3A**: 231
Spectinomycin **7**: 23
Spectrin **7**: 356
Spectrin fiber **7**: 357
*Sphaerotilus natans* **3A**: 343
Sphagnum acid **1**: 8
Sphalerite **1**: 445
Spheroplast
– Regeneration **6**: 183
Spherulin **8**: 236
Sphingan **9**: 191
– Analytical method **5**: 241
– Application **5**: 250, 254 f
– – Cement-based material **5**: 252
– – Food hydrocolloid **5**: 251
– – Gel electrophoresi **5**: 251
– – Oil-field application **5**: 252
– – Potential application **5**: 252
– – Solid culture medium **5**: 251
– Biodegradation **5**: 248
– Biosynthesis **5**: 244
– – Gene cluster **5**: 246
– – Genetics **5**: 246
– – Polymerization **5**: 245
– – Regulation **5**: 247
– – Sugar-nucleotide substrate **5**: 245
– Biotechnological production **5**: 249
– – Fermentation **5**: 248
– – Recombinant strain **5**: 247
– Chemical structure **5**: 241 f
– Gellan **5**: 250
– Genetics **5**: 246
– Occurrence **5**: 243
– Patent **5**: 253 ff
– Physiology **5**: 243
– Producer **5**: 250
– Production **5**: 254 f
– Property **5**: 243 f
– Purification **5**: 249
– Recovery **5**: 249
– Secretion **5**: 245
– *Sphingomonas* **5**: 245
– Structural variation **5**: 241
– World market **5**: 250
Sphinganase **9**: 189
Sphingan group **5**: 239
Sphingan S-7
– Application **5**: 252
*Sphingobacterium multivorum* OJ10
– ε-PL **7**: 117
– ε-PL degradation **7**: 115, 116
Sphingolipid **7**: 205
Sphingolipid biosynthesis
– GNS1 **6**: 196
*Sphingomonas*
– Alginate biodegradation **9**: 180
*Sphingomonas macrogoltabidus* No. 203 **9**: 275, 277
*Sphingomonas paucimobilis* **5**: 95
– Gellan **9**: 179
*Sphingomonas paucimobilis* strain GS1
– Sphingan **5**: 243
*Sphingomonas* S7
– Biosynthesis **5**: 246
*Sphingomonas* S60
– Biosynthesis **5**: 247
*Sphingomonas* S88
– Biosynthesis **5**: 246
*Sphingomonas* sp. **1**: 369, **5**: 13, 198, 245, **9**: 272
– Alginate biosynthesis **5**: 195
– Heteropolysaccharide **5**: 240
– PAA biodegradation **9**: 307
*Sphingomonas* sp. A1 **9**: 183, 190, 192, 193
– ABC transporter **9**: 184
– Alginate-binding protein **9**: 184
– Alginate biodegradation **9**: 180
– – Gene **9**: 182
– – Periplasmic space **9**: 182
– Alginate degradation **9**: 180, 181
– Alginate lyase **9**: 184
– Cell-surface structure **9**: 182
*Sphingomonas* sp. ALYI–III
– Alginate lyase **6**: 223
*Sphingomonas* sp. K-1/N-6
– PAA biodegradation **9**: 308
*Sphingomonas* sp. KT-1
– PAA-biodegradation **7**: 185
*Sphingomonas* sp. R1
– Gellan biodegradation **9**: 191
*Sphingomonas terrae* **9**: 272, 274, 275, 277
– Aldehyde dehydrogenase **9**: 291
– PAA biodegradation **9**: 308

– PEG-DH **9**: 291
Spicule **8**: 297
Spider
– Silk **8**: 26
Spider dragline
– Silk analog **8**: 66
Spider dragline silk **8**: 99
– Protein **8**: 74
Spider dragline silk gene
– Transgenic mouse **8**: 105
Spider dragline silk protein
– Mammary gland production **8**: 106
Spider *Nephila* **8**: 72
Spider silk
– Analog protein **8**: 58
– Aqueous fiber spinning **8**: 72
– *Araneus* **8**: 29
– Characterization **8**: 107
– Evolution **8**: 27
– Extensibility **8**: 29
– Fiber spinning **8**: 107
– Flagelliform silk protein
– – *Nephila clavipes* **8**: 7
– Low-cost production **8**: 91
– Major ampullate silk protein **8**: 5
– Mechanical function **8**: 29
– Mechanical property **8**: 4, 32
– Minor ampullate silk protein
– – *Nephila clavipes* **8**: 6
– *Nephila* **8**: 29
– Production
– – From animal cell **8**: 82
– Property **8**: 50
– Protein sequence **8**: 5
– – Sequence comparison **8**: 9
– Secondary structure **8**: 49
– Spin dope preparation **8**: 107
– X-ray scattering **8**: 35
Spider silk analog
– Amino acid sequence **8**: 56
– Other **8**: 65
Spider silk analog DP-1B
– Size heterogeneity **8**: 61
Spider silk fiber
– Application **8**: 111
– Biodegradation **8**: 111
– Birefringence **8**: 110
– Catgut suture **8**: 121
– Coating **8**: 111
– Crystalline reinforcement **8**: 110
– High-toughness **8**: 97
– Patent **8**: 112
– Post-spinning treatment **8**: 108
– Prospect **8**: 111
Spider silk gene
– Adf3 **8**: 86
– MaSpI **8**: 86
– MaSpII **8**: 86
– Synthetic **8**: 86
– Transgenic plant **8**: 86
Spider silk gland **8**: 36
Spider silk protein **8**: 2, 74
– Cloning cDNA **8**: 71
– Enrichment **8**: 90
– Expression **8**: 15
– Expression of synthetic gene **8**: 17
– – *Araneus gemmoides* **8**: 19
– – Dragline silk **8**: 19
– – Silkworm silk **8**: 19
– Extremely elastic **8**: 75
– From transgenic plant **8**: 93
– Manufacture with recombinant cell **8**: 71
– Over-expression
– – *Escherichia coli* **8**: 101
– – Mammalian cell **8**: 101
– – *Pichia* **8**: 101
– Patent **8**: 91
– Production
– – *Escherichia coli* **8**: 100
– – *Pichia pastoris* **8**: 100
– Protein sequence
– – Carboxy terminus **8**: 11
– Secretion **8**: 102
– Sequence motif and structure **8**: 15
– Synthetic gene construction
– – Condensation strategy **8**: 16
– – Iterative polymerization strategy **8**: 16
– Transgenic plant **8**: 81
Spidroin **8**: 35
Spigot **8**: 27
Spinach leaf **5**: 26
Spinal cage **10**: 248
Spinneret **8**: 3
– Anterior **8**: 83
– Artificial **8**: 19
– Evolution **8**: 28
– Nanofabrication **8**: 19
– Posterior **8**: 83
Spinning duct **8**: 38
Spinosad **9**: 97
*Spirilliplanes yamanashiensis* JCM 10032 **3B**: 90
*Spirillispora albida* JCM 3041 **3B**: 90
*Spirillum desulfuricans*
– Polymeric sulfur compound **9**: 39
*Spirillum* sp.
– Microbial S-layer **7**: 288
*Spirodella* **1**: 30
*Spirogira* **1**: 30

*Spiroplasma melliferum*
– Cytoskeleton 7: 361, 363
Spondyloepiphyseal dysplasia
– OI 8: 136
Spondylopathy 1: 381
Spore wall 1: 210
*Sporobolomyces albo-rubescens* 6: 105, 107, 114
*Sporobolomyces albo-rubescens* CBS 482 6: 110
*Sporobolomyces roseus* IFO1037
– Inhibition by ε-PL 7: 111
*Sporobolomyces* spp. Y-6493 6: 105
Sporonin 1: 211
Sporopollenin 1: 210 ff
– Acetolysis 1: 215
– Application 1: 222
– Biodegradation 1: 222
– Biosynthesis 1: 211
– Chemical analysis 1: 214
– Chemical modification 1: 222
– Chemical structure 1: 210, 212 ff
– Function 1: 220
– Isolation 1: 213
– Purification 1: 213
– Solubility 1: 212, 215
Sporopollenin analysis
– $^{13}$C-CP/MAS NMR 1: 214
– Chemical degradation 1: 218
– $^{13}$C-NMR spectroscopy 1: 214
– *p*-Coumaric acid 1: 218
– Differential scanning calorimetry 1: 216
– FTIR spectroscopy 1: 215 f
– $^{1}$H-$^{1}$H-COSY NMR spectroscopy 1: 217
– $^{1}$H-NMR spectroscopy 1: 217 f
– Pyrolysis GC 1: 218
– XP-spectroscopy 1: 218
Sporopollenin application
– Ion-exchange material 1: 222
– Ligand-exchange material 1: 222
Sporopollenin biosynthesis
– $^{13}$C-CP/MAS NMR spectroscopy 1: 220
– Inhibitor experiment 1: 219
– Phenylalanine ammonia lyase 1: 220
– Tracer experiment 1: 220
Sporopollenin function
– Distribution of pollen 1: 220
– Exocellular enzyme 1: 220
– Protection against hydrolysis 1: 220
– Protection against UV-B 1: 220
– Protection of pollen content 1: 220
Sporopollenin isolation
– Acetolysis 1: 213
– Anhydrous hydrogen fluoride method 1: 213
– Disruption by French press 1: 213
– Enzymatic hydrolysis 1: 213
– Extraction-hydrolysis method 1: 213
– Hydration method 1: 213
– 4-Methyl-morpholine N-oxide method 1: 213
– Ultrasonification 1: 213
Sporopollenin-like wall component
– Occurrence 1: 211
*Sporosarcina halophila*
– Polyglutamate 5: 497
*Sporosarcina ureae*
– S-Layer 7: 317
*Sporothrix schenckii* 1: 235
*Sporotrichum pulverulentum* 1: 132, 162
Sporozoite 9: 136
– Malaria 9: 131
Sporulation
– Glycogen 5: 22
Spreading machine 2: 283
20S Proteasome 7: 441, 442, 446
– Archaeal 7: 449
– Assembly 7: 449
– Bacterial 7: 449
– Catalytic mechanism 7: 447
– Eukaryotic 7: 449
– Intersubunit processing 7: 450
– Occurrence 7: 444
– PA28 Activator 7: 456
– Processing 7: 449
– Product
– – Size distribution 7: 450
– 11S Regulator 7: 456
– 19S Regulator 7: 456
– – Subcomplex 7: 453
– – Subunit 7: 453
– 19S Regulatory complex 7: 452
– Structural feature 7: 445
– Substrate hydrolysis 7: 448
– Subunit composition 7: 444
26S Proteasome 7: 441, 442, 443, 452, 453
– 19S Regulatory particle 7: 454
SQR 9: 43
Squalane 2: 40
Squalene 2: 115
Squalene dioxygenase 2: 349
Squalene epoxidase 2: 118
Squalene hopene cyclase 2: 34
Squalene synthase 2: 117
SRC process 1: 483
30S Ribosomal subunit
– Hygromycin 7: 23
– Pactamycin 7: 23
– Paromomycin 7: 23
– Spectinomycin 7: 23
– Streptomycin 7: 23
– Tetracycline 7: 23

70S Ribosome
– Structure 7: 10
*S. setonii* (*Streptomyces setonii*)
– Polyethylene biodegradation 9: 379
Standard Malaysian Rubber 2: 12
Standard Oil Co.
– Xanthan 5: 282
Standard skin sensitization test 4: 100
Standard Thai Rubber 2: 12
*Staphyloccocus equorum*
– Peptide synthetase 7: 58
*Staphylococcus*
– SecA protein
– – ATP binding 7: 237
*Staphylococcus auereus* IFO13276
– Inhibition by ε-PL 7: 111
*Staphylococcus aureus* 2: 66, 137, 3A: 306, 4: 110, 5: 433
– Biofilm organism 10: 233
– Effect of lentinan 6: 169
– Murein 5: 442 ff
– Murein structure 5: 438 ff
– Silicon biodegradation 9: 547
– Teichoic acid 5: 475
– Teichuronic acid 5: 475
*Staphylococcus aureus* ATCC 6538P 4: 17
*Staphylococcus epidermidis* 5: 4
– Silicon biodegradation 9: 547
– Teichoic acid 5: 476
*Staphylococcus saprophyticus*
– Silicon biodegradation 9: 547
*Staphylothermus marinus*
– S-Layer 7: 308
– S-Layer protein
– – Amino acid sequence 7: 301
Staple 10: 248
Starch 3B: 291, 5: 6, 9, 10, 12, 6: 381 ff, 10: 8, 39, 61, 159
– Amylopectin 6: 388, 390
– Amylose 6: 388, 390
– Analysis 6: 415
– – Automated instrumental method 6: 416
– – Method for the characterization 6: 417
– – Quantitative enzymatic method 6: 416
– Annual production 6: 385 f
– Application 6: 420 f, 425
– – Paper industry 6: 421
– – Textile industry 6: 421
– Biodegradable additive 9: 377
– Biosynthesis 6: 394
– – ADP-glucose pyrophosphorylase 6: 393
– – Debranching enzyme 6: 393
– – Phosphoglucomutase 6: 391
– – Starch branching enzyme 6: 393
– – Starch synthase 6: 393
– – Sucrose synthase 6: 391
– – UDP-glucose pyrophosphorylase 6: 391
– Biosynthesis pathway
– – ADP-glucose pyrophosphorylase 6: 392
– – Phosphoglucomutase 6: 392
– Chemical structure 6: 389
– Commercialization 5: 13
– Composition 10: 160
– Crystallinity 10: 160
– Definition 6: 384
– Determination 6: 415
– Dietary fiber 6: 411
– Discovery 6: 384
– DSC curve 10: 162
– Endothermic transition 10: 163
– Enzymatic conversion 7: 389
– Exothermic transition 10: 163
– Gelatinization 10: 161
– Global production 7: 388
– Granule deposition 6: 391, 393 f
– Hydrolysis product 6: 421
– – Acid-enzyme-produced syrup 6: 422
– – Acid hydrolysis 6: 422
– – Application 6: 425
– – Cyclodextrin 6: 424
– – Dual enzyme syrup 6: 423
– – Enzymatically produced syrup 6: 422
– – Hydrogenated syrup 6: 425
– – Isomerized glucose syrup 6: 423
– – Maltodextrin 6: 424
– – Polyol 6: 425
– In construction application 10: 51
– Industrial production 6: 417
– – Arrowroot 6: 420
– – Maize 6: 418
– – Potato 6: 419
– – Rice 6: 419
– – Sago 6: 420
– – Sorghum 6: 419
– – Sweet potato 6: 420
– – Tapioca 6: 419
– – Wheat 6: 419
– Modification of property 6: 412
– – Acid-modified starch 6: 413
– – Chemical modification 6: 413
– – Crosslinked starch 6: 413
– – Dextrin 6: 413
– – Enzymatic modification 6: 414
– – Oxidized starch 6: 413
– – Physical modification 6: 414 f
– – Stabilized starch 6: 414
– Occurrence 6: 384
– Physical property 6: 403

– – Gelatinization 6: 408
– – Inclusion complex 6: 412
– – Newtonian fluid 6: 406 f
– – Non-Newtonian fluid 6: 406 f
– – Property of gel 6: 407 f
– – Resistant starch 6: 411
– – Retrogradation 6: 410
– – Rheological property 6: 406
– – Type III resistant starch 6: 412
– – Type II resistant starch 6: 412
– – Type I resistant starch 6: 412
– – Type IV resistant starch 6: 412
– – Viscometry 6: 407
– – Viscosity 6: 406
– Plasticizer 10: 163
– Production 6: 384
– Property 10: 161
– Sorption isotherm 10: 163
– Source 6: 384
– Starch granule 6: 388, 394, 396 ff, 404, 405, 414 f
– Structure 10: 160
– Use
– – Food use 6: 420
– – Industrial use 6: 421
Starch acetate 10: 10
Starch-based bioplastic
– Market 10: 171
– Price 10: 171
– Producer
– – National Starch 10: 171
– – Novamont 10: 171
Starch-based material 9: 379
– Amylose content 10: 166
– Viscosity curve 10: 165
Starch-based plastic 10: 159
– Application 10: 172, 173
– Knitted net 10: 173
– Mulch film 10: 173
Starch blend
– Natural fiber composite 10: 10
Starch branching enzyme 6: 393
Starch composite 10: 164
Starch derivative
– Biodegradability 9: 208
Starch-EAA-PE
– Application 10: 164
– Property 10: 164
Starch/EVOH 1 10: 167
Starch/EVOH blend 10: 166
Starch/EVOH system
– Biodegradation 10: 169
– Mechanical property 10: 169
– Shear stress 10: 169
Starch granule
– Amylopectin 6: 388
– – Amylose 6: 388
– – Lipid 6: 390
– – Mineral 6: 390
– – Protein 6: 390
– Annealing 6: 415
– Architecture 6: 397
– Atomic force microscopy 6: 404
– Characteristic 6: 388
– Composition 6: 387
– Crystalline double helix 6: 396
– Crystallinity 6: 397
– Damaging 6: 414
– Electron microscopy 6: 403
– Gelatinization 6: 404 f
– Heat-moisture treatment 6: 415
– Helical structure 6: 394
– Morphology 6: 387
– Noncrystalline double helix 6: 396
– Optical microscopy 6: 403
– Physical property 6: 403
– Pregelatinized starch 6: 415
– Single helix 6: 396
– Starch crystallite 6: 400
– Structure 6: 400, 402
– – A-, B- and C-type polymorph 6: 395
– – Amylopectin 6: 399
– – Semi-crystalline lamella 6: 401
– Swelling 6: 404 f
– V-type helix 6: 396
Starch hydrolysis
– *Aspergillus niger* 6: 423
– *Bacillus acidopullulyticus* 6: 423
– *Bacillus licheniformis* 6: 422
– *Klebsiella planticola* 6: 423
Starch industry
– Enzyme 7: 388
Starch microsphere
– Medical application 10: 267
Starch polymer
– Bag 10: 421
– Film 10: 421
– Heating value 10: 442
– LCA 10: 420
– LCA study 10: 447
– Loose fill 10: 419, 420
– Overall environmental ranking 10: 420
– Starch polymer loose fill 10: 417
– Starch polymer pellet 10: 415
Starch polymer pellet 10: 415
– LCA 10: 416
Starch synthase 6: 393
– Granule-bound 6: 393

– Soluble **6**: 393
*Starkeya novella*
– Sox gene **9**: 51
– Tetrathionate oxidation **9**: 51
Star-shaped polymer **3B**: 351, **4**: 38
Stauffer Chemical Co.
– Xanthan **5**: 282
*Stauroneis decipiens*
– Adhesive protein **8**: 362
Steam coal
– Production process **1**: 440
Steering device **8**: 290
Stem turgescence **1**: 29
*Stenotrophomonas maltophilia* **9**: 282, 287, 288, 289, 290
– Carbon source **9**: 283
– PEG degradation **9**: 283
– PPG degradation **9**: 283
Stent **4**: 105, **10**: 261
Stereospecific hydratase **3A**: 305
*Stereum hirsutum* **6**: 106
Sterility **1**: 381
Sterilization **1**: 189
Steroids **2**: 119
Sterol **2**: 118
Sterol biosynthesis **1**: 220
Sterol ester **8**: 169
Sterol isomerase **6**: 196
*Streptomyces thermotolerans*
– Polyketide **9**: 98
Stickleback fish
– Adhesive protein **8**: 362
Stickler syndrome
– OI **8**: 136
*Stigmatella aurantiaca*
– Modified polyketide synthase **9**: 98
– Peptide synthetase **7**: 58
Stilbene **1**: 34
– Biodegradation **9**: 365
Storage organelle **8**: 227
Storage polysaccharide **5**: 7
Stratagene **8**: 489
Streptavidin **7**: 32, 34, **8**: 489
– Electron transfer **7**: 45
Streptavidin fusion **7**: 314
*Streptococcus* **3B**: 289
*Streptococcus agalactiae* **9**: 190
– Hyaluronate lyase **9**: 192
*Streptococcus faecalis*
– Murein structure **5**: 439
– Silicon biodegradation **9**: 547
*Streptococcus faecium* **6**: 514
– Murein structure **5**: 438
*Streptococcus lactis* IFO12546
– Inhibition by ε-PL **7**: 111
*Streptococcus mitis* **5**: 23, **6**: 14
*Streptococcus mutans*
– Alternan **5**: 329
– Dextran **5**: 301
– Inulin **6**: 445
– Teichoic acid **5**: 484
– Teichurnoic acid **5**: 484
*Streptococcus pneumoniae* **2**: 139, **5**: 2
– FtsZ Polypeptide **7**: 373
– Murein **5**: 442 ff
– Murein structure **5**: 439 f
– S-Layer **7**: 322
*Streptococcus pyogenes* **5**: 386, **9**: 12
– Biosynthesis of polyphosphate **9**: 21
– PPK **9**: 21
*Streptococcus salivarius*
– Levan production **5**: 370
*Streptococcus salivarius* ssp. *thermophilus*
– Exopolysaccharide **5**: 408, 421
*Streptococcus sobrinus*
– Dextran **5**: 301
*Streptococcus* sp. **5**: 13, 300
– Dextran **5**: 303
– Hyaluronan **5**: 383
*Streptococcus* spp. **3B**: 291
*Streptococcus thermophilus* **5**: 418
– Exopolysaccharide **5**: 416
*Streptococcus thermophilus* CNCMI 733 **5**: 412
– Exopolysaccharide **5**: 410
*Streptococcus thermophilus* EU20
– Exopolysaccharide **5**: 410
*Streptococcus thermophilus* LY03
– Exopolysaccharide **5**: 423
*Streptococcus thermophilus* OR 901
– Exopolysaccharide **5**: 410
*Streptococcus thermophilus* OR901 **5**: 412
*Streptococcus thermophilus* S3 **5**: 412
– Exopolysaccharide **5**: 410
*Streptococcus thermophilus* S22
– Exopolysaccharide **5**: 421
*Streptococcus viridans*
– Silicon biodegradation **9**: 547
*Streptococcus zooepidemicus* **5**: 395
Streptogramin B **7**: 57
*Streptomyces* **1**: 234, 356, **2**: 326 ff, 331, 336, 339 f, 368, **6**: 504 f, 511, **7**: 108
– Lactacystin **7**: 448
– ε-PL production **7**: 113
*Streptomyces acidiscabies*
– Peptide synthetase **7**: 56
*Streptomyces acrimycini* **2**: 339
*Streptomyces actuosus*
– Peptide synthetase **7**: 58

*Streptomyces albaduncti* 2: 339
*Streptomyces albogriseus* 2: 339
*Streptomyces albulus* 7: 108
– ε-PL 7: 117
– ε-PL biosynthesis 7: 117
– ε-PL degradation 7: 116
– ε-Poly-L-lysine 7: 108, 109
*Streptomyces albulus* No. 346 7: 116
– ε-PL production 7: 112
*Streptomyces albulus* No. 11011A
– ε-PL production 7: 113
*Streptomyces albulus* No. 11211A 7: 116
*Streptomyces ambofaciens*
– Novel polyketide 9: 99
– Polyketide 9: 98
*Streptomyces ambofaciens* JCM 4204 **3B**: 90
*Streptomyces antibioticus* 2: 339, **9**: 96
– Polyketide synthase system 9: 97
*Streptomyces atroolivaceus* 2: 339
*Streptomyces aureocirculatus* 2: 339
*Streptomyces avermitilis* 9: 96
– Polyketide 9: 93
– Polyketide synthase system 9: 97
*Streptomyces badius*
– Polyethylene biodegradation 9: 379
*Streptomyces caelestis*
– Polyketide synthase system 9: 97
*Streptomyces chrysomallus*
– Peptide synthetase 7: 57
*Streptomyces cinnamonensis*
– Polyketide synthase system 9: 97
*Streptomyces clavuligerus*
– Cupin protein 8: 238
– Peptide synthetase 7: 56
*Streptomyces coelicolor* 2: 339, 350, **7**: 60
– mreB-Like gene 7: 361
– mreB Protein 7: 369
– Novel polyketide 9: 99
– Peptide synthetase 7: 58
*Streptomyces coelicor* JCM 4357 **3B**: 90
*Streptomyces cyaneus* CECT 3335 1: 135
*Streptomyces daghestanicus* 2: 339
*Streptomyces diastatochromogenes* **3B**: 63
*Streptomyces erythraeus* 6: 503
*Streptomyces exfoliatus* **3B**: 53 ff, 67
*Streptomyces exfoliatus* K10 **3B**: 48
*Streptomyces flavochromogenes* 6: 14
*Streptomyces flavoviridis* 2: 339
*Streptomyces fradiae* 2: 339
– Peptide synthetase 7: 58
– Polyketide synthase system 9: 97
*Streptomyces fulvoviridis* 2: 337, 338, 340
*Streptomyces griseobrunneus* 2: 339
*Streptomyces griseoflavus* 2: 339
*Streptomyces griseofuseus* 7: 392
*Streptomyces griseoviridis* 2: 339
– Peptide synthetase 7: 57
*Streptomyces griseus* 2: 339, **6**: 501, 503
– Chitosanase 6: 140
– Hyaluronidase 9: 186
– Polyketide synthase system 9: 97
*Streptomyces griseus* HUT6037
– Chitosanase 6: 138
*Streptomyces griseus* ssp. *griseus* JCM 4047 **3B**: 90
*Streptomyces halstedii* 2: 339
*Streptomyces hyalurolyticus* 6: 588
*Streptomyces hygroscopicus* 2: 58, **3B**: 53, **9**: 96
– Modified polyketide synthase 9: 98
– Peptide synthetase 7: 56, 58
– Polyketide 9: 93
*Streptomyces hygroscopicus* var. *ascomyceticus* **3B**: 56
– Modified polyketide synthase 9: 98
*Streptomyces laurentii*
– Peptide synthetase 7: 58
*Streptomyces lavendulae*
– Peptide synthetase 7: 56
*Streptomyces litmanii* 2: 337, 338, 340
*Streptomyces lividans* **3A**: 64, 154
– Cellulose biodegradation 6: 292
– Thaumatin 8: 207
*Streptomyces megasporus* JCM 6926 **3B**: 90
*Streptomyces murinus* 7: 392
*Streptomyces* N174 6: 138
– Chitosanase 6: 139 f
*Streptomyces nanchangensis* 9: 96
*Streptomyces natalensis*
– Polyketide synthase system 9: 97
*Streptomyces nitrosporeus* 2: 339
*Streptomyces noursei*
– Polyketide synthase system 9: 97
*Streptomyces noursei* IFO15452
– ε-PL production 7: 113
*Streptomyces olivaceoviridis* 6: 508
*Streptomyces olivaceus* 2: 339
*Streptomyces olivochromogenes* 7: 392
*Streptomyces olivoviridis* 2: 339
*Streptomyces pristineaspiralis*
– Peptide synthetase 7: 57
*Streptomyces reticuli* 1: 357
*Streptomyces rochei* 2: 339
*Streptomyces roseosporus*
– Peptide synthetase 7: 58
*Streptomyces rubigonosus* 7: 392
*Streptomyces scabies* **3A**: 21, 64
*Streptomyces setonii* 1: 407
*Streptomyces setonii*, see *S. setonii*
*Streptomyces* sp. 2: 63, 339, **3B**: 45
– Cupin protein 8: 238

– Modified polyketide synthase **9**: 98
– Peptide synthetase **7**: 58
*Streptomyces* sp. EC1 **1**: 135
*Streptomyces* sp. N174
– Chitosanase **6**: 140
*Streptomyces* spp. **1**: 135, 407, 410, **10**: 108
*Streptomyces* sp. strain CL190 **2**: 59, 61
*Streptomyces tauricus* **2**: 339
*Streptomyces thermodiasticus* JCM 4840 **3B**: 90
*Streptomyces thermohygroscopicus* JCM 4917 **3B**: 90
*Streptomyces thermoolivaceus* JCM 4921 **3B**: 90
*Streptomyces thermophilus* JCM 4336 **3B**: 90
*Streptomyces thermotolerans*, see *S. thermotolerans*
*Streptomyces thermoviolaceus* **6**: 503, 510 f
*Streptomyces thermoviolaceus* ssp. *thermoviolaceus* JCM 4337 **3B**: 90
*Streptomyces thermovulgaris* JCM 4338 **3B**: 90
*Streptomyces triostinicus*
– Peptide synthetase **7**: 57
*Streptomyces venezuelae*
– Polyketide synthase system **9**: 97
*Streptomyces verticillus*
– Modified polyketide synthase **9**: 98
– Peptide synthetase **7**: 56
– Polyketide **9**: 98
*Streptomyces violaceoruber* **2**: 339
*Streptomyces virginiae*
– Peptide synthetase **7**: 57
*Streptomyces virginiae* IFO12827
– ε-PL production **7**: 113
*Streptomyces viridochromogenes* **5**: 23
– Glycogen **5**: 23
– Polyketide synthase system **9**: 97
*Streptomyces viridosporus* **1**: 135, 356 f
*Streptomyces viridosporus*, see *S. viridosporus*
Streptomycin **7**: 23
*Streptosporangium album* JCM 3025 **3B**: 90
Stress regulator
– Polyphosphate **10**: 144
Stress strain measurement **3B**: 241
*Streum hirsutum* **1**: 194
*Strongylocentrotus purpuratus* **8**: 298
*Strongyloides venezuelensis*
– Adhesive protein **8**: 362
*Stropharia* **1**: 141
*Stropharia aeruginosa* **1**: 363
*Strophariaceae* **1**: 372
*Stropharia coronilla* **1**: 363
*Stropharia cubensis* **1**: 363
*Stropharia hornemannii* **1**: 363
*Stropharia rugosoannulata* **1**: 141, 363, 407, 412, 416
*Stropharia semiglobata* **1**: 363
Structural component
– Manufacture **10**: 18
Structural formula
– ε-Caprolactone (CL) **4**: 135
– Glycolide (GA) **4**: 135
– 3-Hydroxy-2-methylbutyrate (3H2MB) **3A**: 344
– D-Lactic acid **4**: 135
– L-Lactic acid **4**: 135
– D-Lactide (DLA) **4**: 135
– L-Lactide (LAA) **4**: 135
– *meso*-Lactide (MLA) **4**: 135
Structural genomics initiative
– Overview **8**: 472
Structural Genomics of Pathogenic Protozoa **8**: 473
Structural genomics site
– Berkeley Structural Genomics Center **8**: 473
– Center for Eukaryotic Structural Genomics **8**: 473
– Internet address **8**: 473
– Japan Biological Information Research Center **8**: 473
– Methodology **8**: 473
– Midwest Center for Structural Genomics **8**: 473
– New York Structural Genomics Research Consortium **8**: 473
– Northeast Structural Genomics Consortium **8**: 473
– RIKEN Structural Genomics Initiative **8**: 473
– Southeast Collaboratory for Structural Genomics **8**: 473
– Structural Genomics of Pathogenic Protozoa **8**: 473
– Survey **8**: 473
– The Joint Center for Structural Genomics **8**: 473
– The Mycobacterium Structural Genomics Consortium **8**: 473
– Yeast Structural Genomics **8**: 473
Struvite **10**: 145
Sturm test **7**: 184
*Stylophora pistillata*
– DHP-receptor **8**: 295
Styrene butadiene isoprene rubber (SBIR) **2**: 214, 223, 225
Styrene butadiene rubber **2**: 323, 379
– Chemical structure **2**: 362
– Glass transition temperature **2**: 379
Styrene-butyl acrylate **10**: 45
Styrene copolymer
– Enyzmatic hydrolysis **9**: 365
Styrene isoprene random copolymer **2**: 214
Styrene-maleic anhydride copolymer **9**: 227
Styrene monomer
– Biodegradation **9**: 365

Styrene oligomer
– Microbial degradation **9**: 364
Styrene oxide **9**: 213
Subbituminous coal **1**: 396
Suberic acid **3A**: 42
Suberification **1**: 20, 29
Suberin **1**: 29, 251, **3A**: 8, 41 f
– Aceraceae **3A**: 64
– Alkaline hydrolysis **3A**: 45
– Alkaline nitrobenzene treatment **3A**: 45
– Application **3A**: 68
– – Patent **3A**: 67
– Betulaceae **3A**: 48
– Biodegradation
– – *Ascodichaena rugosa* **3A**: 63
– – *Aspergillus oryzae* **3A**: 64
– – *p*-Coumaroyl **3A**: 63
– – Cutinase **3A**: 63
– – *Cyanthus stercoreus* **3A**: 63
– – Enzymatic degradation **3A**: 63
– – Esterase **3A**: 64
– – Feruloyl esterase **3A**: 63
– – *Fusarium solani pisi* **3A**: 63
– – *Helminthosporium sativum* **3A**: 63
– – *Helminthosporium solani* **3A**: 63
– – *Leptosphaeria coniothyrium* **3A**: 63
– – *Penicillium funiculosum* **3A**: 63
– – *Rizoclonia corcorium* **3A**: 63
– – *Rubus idaeus* **3A**: 63
– – *Streptomyces lividans* **3A**: 64
– – *Streptomyces scabies* **3A**: 64
– Biosynthesis
– – *Activator* (*Ac*) **3A**: 56
– – Acyl-CoA reductase **3A**: 57
– – *Arabidopsis* **3A**: 56
– – Aromatic monomer of suberin **3A**: 58
– – Chain length specificity **3A**: 58
– – Cinnamate-3-hydroxylase **3A**: 59
– – *trans* Cinnamate 4-hydroxylase **3A**: 59
– – Cinnamate lyase **3A**: 59
– – Cinnamoyl-CoA reductase **3A**: 59
– – Cinnamyl alcohol dehydrogenase **3A**: 59
– – Conversion of ω-hydroxy fatty acid to dicarboxylic acid **3A**: 57
– – Cytochrome $P_{450}$ **3A**: 57
– – *Euglena gracilis* **3A**: 57
– – *FAE1* mutation **3A**: 56
– – Fatty acid chain elongation **3A**: 55
– – Ferulate-5-hydroxylase **3A**: 59
– – ω-Hydroxy acid dehydrogenase **3A**: 57
– – Hydroxycinnamoyl CoA:ω-hydroxy palmitic acid *O*-hydroxycinnamoyl transferase **3A**: 59
– – Hydroxycinnamoyl-CoA:tyramine *N*-(hydroxycinnamoyl) transferase **3A**: 59
– – ω-Hydroxy-9,10-epoxy $C_{18}$ acid **3A**: 54
– – β-Hydroxy fatty acid dehydrogenase **3A**: 56
– – ω-Hydroxy fatty acid dehydrogenase **3A**: 58
– – ω-Hydroxylation **3A**: 57
– – Inhibition **3A**: 54, 66
– – Ketoacyl synthase **3A**: 56
– – Laurate ω-hydroxylase **3A**: 57
– – *O*-Methyltransferase **3A**: 59
– – NADPH-cytochrome $P_{450}$ reductase **3A**: 57
– – Pathway **3A**: 56, 59
– – Peroxidase **3A**: 60, 62
– – Peroxidase-catalyzed polymerization **3A**: 60
– – Phenolic component **3A**: 59
– – 4-Phenylalanine ammonia lyase **3A**: 59
– – Polymerization **3A**: 60
– – Rapeseed **3A**: 56
– – Reduction of fatty acid to alcohol **3A**: 56
– – Regulation **3A**: 59, 61 f, 66
– – Stress **3A**: 66
– – 9,10,18-Trihydroxy $C_{18}$ acid **3A**: 54
– – *Verticillium alboatrum* **3A**: 61
– – *Vicia faba* **3A**: 57
– Biosynthesis of aliphatic monomer **3A**: 54
– $Ca(OH)_2$-catalyzed methanolysis **3A**: 50 f
– Caprifoliaceae **3A**: 48
– Celastraceae **3A**: 48
– Cell wall
– – *Agave americana* **3A**: 44
– – *Citrus paradisi* **3A**: 44
– – *Solanum tuberosum* **3A**: 44
– – *Zea mays* **3A**: 44
– Chain elongation **3A**: 54
– Chemical composition
– – *Abies amabilis* **3A**: 47
– – *Abies concolor* **3A**: 47
– – *Acer griseum* **3A**: 47
– – *Acer psuedoplatanus* **3A**: 47
– – Aliphatic component **3A**: 45
– – Alkane diol **3A**: 48
– – Alkane triol **3A**: 48
– – *Betula pendula* **3A**: 48
– – *Betula platyphylla* **3A**: 48
– – *Betula verrucosa* **3A**: 48
– – *Carya ovata* **3A**: 48
– – *Castanea sativa* **3A**: 48
– – $C_{16}$ diacid **3A**: 47, 49
– – $C_{18:1}$ diacid **3A**: 47 ff
– – $C_{18}$ diacid **3A**: 47
– – $C_{22}$ diacid **3A**: 47 f
– – $C_{10}$ α,ω-diol **3A**: 49
– – $C_{18}$-9-enoic monomer **3A**: 46
– – $C_{28}$ fatty acid **3A**: 48
– – *Chamaecyparis nootkatensis* **3A**: 47
– – *Cupressus leylandii* **3A**: 47

– – Dicarboxylic acid **3A**: 46
– – 9,10-Dihydroxy $C_{18}$ **3A**: 48
– – Dihydroxy $C_{16}$ **3A**: 49
– – 9,10-Dihydroxy $C_{18}$ diacid **3A**: 47
– – 9,10-Epoxy-18-hydroxy $C_{18}$ **3A**: 48
– – *Euonymus alatus* **3A**: 48
– – *Fagus sylvatica* **3A**: 48
– – Ferulic acid **3A**: 47
– – Feruloyl esters of alkan-1-ol **3A**: 51
– – Feruloyl esters of ω-hydroxyacid **3A**: 51
– – *Fraxinus excelsior* **3A**: 48
– – Gas-liquid chromatography **3A**: 44
– – *Gingko biloba* **3A**: 47
– – *Gossypium hirsututm* **3A**: 48
– – ω-Hydroxy acid **3A**: 46
– – *p*-Hydroxybenzaldehyde **3A**: 45 f
– – ω-Hydroxy $C_{16}$ **3A**: 47 ff
– – ω-Hydroxy $C_{18:1}$ **3A**: 47 ff
– – ω-Hydroxy $C_{18}$ **3A**: 47
– – ω-Hydroxy $C_{22}$ **3A**: 47 f
– – ω-Hydroxy $C_{24}$ **3A**: 48
– – ω-Hydroxy $C_{16}$ diacid **3A**: 48
– – ω-Hydroxy $C_{18:1}$ diacid **3A**: 48
– – ω-Hydroxyoctadec-9-enoic acid **3A**: 45
– – *Kielmeyera coriacea* **3A**: 48
– – *Labrunum anagyroides* **3A**: 48
– – *Malus pumila* **3A**: 48
– – Mass spectrometry **3A**: 44
– – Monoacylglyceryl ester of ferulic acid **3A**: 51
– – Monoacylglyceryl esters of alkanoic acid **3A**: 51
– – Monoacylglyceryl esters of α,ω-diacid **3A**: 51
– – Monoacylglyceryl esters of ω-hydroxyacid **3A**: 51
– – Octadec-9-en-1,18-dioic acid **3A**: 50
– – *Picea sitchensis* **3A**: 47
– – *Pinus densiflora* **3A**: 47
– – *Pinus pinaster* **3A**: 47
– – *Pinus radiata* **3A**: 47
– – *Pinus taeda* **3A**: 47
– – *Pinus virginiana* **3A**: 47
– – *Populus tremula* **3A**: 49
– – *Pseudotsuga menziesii* **3A**: 46 f
– – *Quercus acutissima* **3A**: 48
– – *Quercus ilex* **3A**: 48
– – *Quercus robur* **3A**: 48
– – *Quercus suber* **3A**: 46, 48
– – *Ribes americanum* **3A**: 49
– – *Ribes davidii* **3A**: 49
– – *Ribes futurum* **3A**: 49
– – *Ribes grossularia* **3A**: 49
– – *Ribes houghtonianum* **3A**: 49
– – *Ribes nigram* **3A**: 49
– – *Rubus idaeus* **3A**: 49
– – *Sambucus nigra* **3A**: 48
– – Soluble wax **3A**: 45
– – Syringaldehyde **3A**: 46
– – Thin-layer chromatography **3A**: 44
– – *Thuja plicata* **3A**: 47
– – 9,10,18-Trihydroxy $C_{18}$ **3A**: 47 f
– – *Tsuga heterophylla* **3A**: 47
– – *Tsuga mertensiana* **3A**: 47
– – Vanillin **3A**: 45, 46
– CuO treatment **3A**: 45
– Cupressaceae **3A**: 47
– Degradation
– – *Armillaria mella* **3A**: 62
– – Fungal degradation **3A**: 62
– – *Pinus sylvestris* **3A**: 62
– Depolymerization product **3A**: 44
– – *Abies amabilis* **3A**: 47
– – *Abies concolor* **3A**: 47
– – *Acer griseum* **3A**: 47
– – *Acer psuedoplatanus* **3A**: 47
– – Alkane diol **3A**: 48
– – Alkane triol **3A**: 48
– – *Betula pendula* **3A**: 48
– – *Betula platyphylla* **3A**: 48
– – *Betula verrucosa* **3A**: 48
– – *Carya ovata* **3A**: 48
– – *Castanea sativa* **3A**: 48
– – $C_{16}$ diacid **3A**: 47, 49
– – $C_{18:1}$ diacid **3A**: 47 ff
– – $C_{18}$ diacid **3A**: 47
– – $C_{22}$ diacid **3A**: 47 f
– – $C_{10}$ α,ω-diol **3A**: 49
– – $C_{28}$ fatty acid **3A**: 48
– – *Chamaecyparis nootkatensis* **3A**: 47
– – *Cupressus leylandii* **3A**: 47
– – 9,10-Dihydroxy $C_{18}$ **3A**: 48
– – Dihydroxy $C_{16}$ **3A**: 49
– – 9,10-Dihydroxy $C_{18}$ diacid **3A**: 47
– – 9,10-Epoxy-18-hydroxy $C_{18}$ **3A**: 48
– – *Euonymus alatus* **3A**: 48
– – *Fagus sylvatica* **3A**: 48
– – Ferulic acid **3A**: 47
– – *Fraxinus excelsior* **3A**: 48
– – *Gingko biloba* **3A**: 47
– – *Gossypium hirsututm* **3A**: 48
– – ω-Hydroxy $C_{16}$ **3A**: 47 ff
– – ω-Hydroxy $C_{18:1}$ **3A**: 47 ff
– – ω-Hydroxy $C_{18}$ **3A**: 47
– – ω-Hydroxy $C_{22}$ **3A**: 47 f
– – ω-Hydroxy $C_{24}$ **3A**: 48
– – ω-Hydroxy $C_{16}$ diacid **3A**: 48
– – ω-Hydroxy $C_{18:1}$ diacid **3A**: 48
– – *Kielmeyera coriacea* **3A**: 48
– – *Labrunum anagyroides* **3A**: 48

– – *Malus pumila* **3A**: 48
– – *Picea sitchensis* **3A**: 47
– – *Pinus densiflora* **3A**: 47
– – *Pinus pinaster* **3A**: 47
– – *Pinus radiata* **3A**: 47
– – *Pinus taeda* **3A**: 47
– – *Pinus virginiana* **3A**: 47
– – *Populus tremula* **3A**: 49
– – *Psuedotsuga menziesii* **3A**: 47
– – *Quercus acutissima* **3A**: 48
– – *Quercus ilex* **3A**: 48
– – *Quercus robur* **3A**: 48
– – *Quercus suber* **3A**: 48
– – *Ribes americanum* **3A**: 49
– – *Ribes davidii* **3A**: 49
– – *Ribes futurum* **3A**: 49
– – *Ribes grossularia* **3A**: 49
– – *Ribes houghtonianum* **3A**: 49
– – *Ribes nigram* **3A**: 49
– – *Rubus idaeus* **3A**: 49
– – *Sambucus nigra* **3A**: 48
– – *Thuja plicata* **3A**: 47
– – 9,10,18-Trihydroxy $C_{18}$ **3A**: 47 f
– – *Tsuga heterophylla* **3A**: 47
– – *Tsuga mertensiana* **3A**: 47
– Depolymerization technique **3A**: 53
– Deposition **3A**: 43
– Enzymatic degradation **3A**: 62
– Fagaceae **3A**: 48
– Fourier transform infrared **3A**: 45
– Function
– – *Abiesbalsamea* **3A**: 66
– – *Betula pendula* **3A**: 65
– – Diffusion barrier **3A**: 65
– – *Hordem vulgaris* **3A**: 66
– – Ingress by pathogen **3A**: 65
– – *Phaseolus vulgaris* **3A**: 66
– – *Quercus suber* **3A**: 66
– – *Secale cereale* **3A**: 66
– – *Tsugacanadensis* **3A**: 66
– – *Verticilium alboatrum* **3A**: 78
– – *Vitis vinifera* **3A**: 66
– – *Zea mays* **3A**: 66
– Gingkoaceae **3A**: 47
– Guttiferae **3A**: 48
– Hydrogenolysis with $LiAlH_4$ **3A**: 45
– Inhibition of Biosynthesis
– – Thiocarbamate **3A**: 54
– – Trichloroacetic acid **3A**: 54
– Juglandacea **3A**: 48
– Leguminosa **3A**: 48
– Malvacea **3A**: 48
– NMR spectrum **3A**: 52
– Oleaceae **3A**: 48
– Partial depolymerization **3A**: 50
– Patent **3A**: 68
– Photoacoustic spectroscopy **3A**: 45
– Pinacea **3A**: 47
– Potato **3A**: 50
– Pyrolysis-TMAH-GCMS **3A**: 45
– Rosacea **3A**: 64
– Salicacea **3A**: 49
– Saxifragacea **3A**: 64
– Solid-state $^{13}C$-NMR **3A**: 45
– Soluble waxes **3A**: 49
– Structural model **3A**: 50
– Structure **3A**: 49
– – Aromatic domain **3A**: 52
– – Covalent linkage to all wall **3A**: 53
– – $^{13}C$ Solid-state NMR spectrum **3A**: 52
– – Dimer **3A**: 51
– – Phenylalanine ammonia lyase inhibitors **3A**: 53
– – Potato tuber **3A**: 52
– – Trimer **3A**: 51
– Thioglycollate treatment **3A**: 45
– Transesterification **3A**: 45
– Transetherification **3A**: 45
– Treatment with CuO **3A**: 53
– Treatment with nitrobenzene **3A**: 53
– Treatment with thioglycollic acid **3A**: 53
Suberin acid **3A**: 55
Suberinase **3B**: 45
Suberin lamella **3A**: 43
Suberization **3A**: 66
Substrate specificity **3A**: 195, 199
Subtilisin **3A**: 391
Succinate semialdehyde dehydrogenase **3A**: 235
Succinic acid **3B**: 271, **10**: 285
– *Actinobacillus succinogenes* **3B**: 273
– *Anaerobiospirillum succiniciproducens* **3B**: 273 f
– Annual production **3B**: 272
– Application **3B**: 272 f
– *Bacteroides amylophilus* **3B**: 273
– *Bacteroides* sp. **3B**: 273
– Biotechnological production
– – *Actinobacillus succinogenes* **3B**: 273, 275
– – *Anaerobiospirillum succiniciproducens* **3B**: 273, 275
– – Malic enzyme **3B**: 277
– – Metabolically engineered *E. coli* **3B**: 275
– – Metabolic flux analysis **3B**: 277
– – Patent **3B**: 302, 303
– – PEP carboxykinase **3B**: 277
– – Pyruvate kinase **3B**: 277
– Cost **3B**: 272
– *Cytophaga succinicans* **3B**: 273
– *Escherichia coli* **3B**: 273

– Fumarate reductase 3B: 276
– *Pectinatus* sp. 3B: 273
– PEP carboxylase 3B: 276
– *Prevotella ruminicola* 3B: 273
– Production by microorganism 3B: 273
– *Propionibacterium* species 3B: 273
– *Ruminococcus flavefaciens* 3B: 273
– Structural formula 10: 285
– *Succinimonas amylolytica* 3B: 273
– *Succinivibrio dextrinisolvens* 3B: 273
– Volumetric productivity 3B: 274
– *Wolinella succinogenes* 3B: 273
Succinic anhydride 4: 207, 9: 213
*Succinimonas amylolytica* 3B: 273
*Succinivibrio dextrinisolvens* 3B: 273
Succinoglycan 5: 14, 215, 245, 10: 72
– *Alcaligenes faecalis* 10: 80
– Application 5: 171
– Biodegradation
– – *Cytophaga arvensicola* 5: 167
– Biological function 5: 163 f
– Biosynthesis 5: 167
– – 5′-Diphosphoglucose (UDP)-pyrophosphorylase 5: 165
– – Gene cluster 5: 166
– – Gene 5: 164
– – Glucosyl transferase 5: 164
– – Phosphoglucomutase 5: 164 f
– – Regulation 5: 164, 166
– – UDP-glucose-4-epimerase 5: 164, 166
– – UDP-pyrophosphorylase 5: 164
– Biotechnological production 5: 168
– – *Agrobacterium radiobacter* 5: 169
– – Batch fermentation 5: 169
– – Continuous process 5: 169
– – Fed-batch fermentation 5: 169
– – Purification 5: 170
– – Recovery 5: 170
– – Solid-state fermentation 5: 169
– Chemical analysis 5: 162
– Chemical product 5: 171
– Chemical structure 5: 161
– Deacylation 5: 11
– Detection 5: 162
– In construction application 10: 51
– Occurrence
– – *Agrobacterium* 5: 162
– – *Agrobacterium radiobacter* 5: 163
– – *Agrobacterium tumefaciens* 5: 163
– – *Alcaligenes* 5: 162
– – *Pseudomonas* 5: 162
– – *Rhizobium* 5: 162
– – *Rhizobium hedysari* 5: 163
– – *Rhizobium lupini* 5: 163
– – *Rhizobium meliloti* 5: 163
– – *Rhizobium phaseoli* 5: 163
– – *Rhizobium trifolii* 5: 163
– Patent 5: 171
– Pathway 5: 165
– Pseudoplasticity 5: 11
– Purification 5: 170
– Recovery 5: 170
– Rheological property 5: 167 f
– Solution property 5: 167 f
Sucrose:sucrose fructosyltransferase 6: 451
Sucrose-binding protein 8: 226
Sucrose phosphorylase
– *Leuconostoc mesenteroides* 5: 60
Sucrose synthase 6: 391
Sudan red 3B: 50
Sugar-cane 1: 29
Sugar-metabolizing enzyme
– Alginate 9: 192
– Evolution 9: 192
– Structure 9: 192
Sulcofuron 8: 191
Sulfamethizole 10: 263
Sulfate
– Oxidation state 9: 37
Sulfate liquor 1: 118
Sulfate-reducing bacterium
– Corrosion 10: 228, 229
Sulfate transferase
– Biosynthesis 6: 257
– Carrageenan biosynthesis 6: 257
Sulfhydrogenase
– *Pyrococcus furiosus* 9: 48
Sulfide
– Oxidation state 9: 37
Sulfide : cytochrome *c* oxidoreductase
– *Allochromatium vinosum* 9: 42
Sulfide : quinone oxidoreductase
– *Allochromatium vinosum* 9: 42
Sulfide dehydrogen
– *Pyrococcus furiosus* 9: 48
Sulfite
– Oxidation state 9: 37
Sulfite liquor 1: 118 f
– Composition 10: 52
Sulfite process 1: 182, 186
Sulfite reductase 9: 48
Sulfitolysis 8: 179
Sulfoethyl cellulose 6: 305
*Sulfolobus*
– Cell wall 5: 496, 503
*Sulfolobus acidocaldarius* 1: 446, 449 f, 2: 383, 387, 389, 391
– Function of polyphosphate 9: 21

– S-Layer 7: 316
*Sulfolobus brierlegi* 1: 418
*Sulfolobus solfataricus* 2: 383, 388
Sulfomethyl kraft lignin
– Chemical structure 1: 119
Sulfonated copolymer 10: 47
Sulfotransferase 6: 585
Sulfoxylate
– Oxidation state 9: 37
Sulfur
– Assimilatory sulfur metabolism 9: 37
– Biological sulfur cycle
– – Dissimilatory oxidation 9: 38
– – Dissimilatory sulfate reduction 9: 38
– – Sulfate assimilation 9: 38
– – Sulfide assimilation 9: 38
– Characterization
– – Gaseous sulfur 9: 44
– – Liquid sulfur 9: 44
– – Solid sulfur 9: 44
– Chemistry
– – Gaseous sulfur 9: 44
– – Liquid sulfur 9: 44
– – Solid sulfur 9: 44
– Dissimilatory oxidation 9: 38
– Dissimilatory sulfate reduction 9: 38
– Dissimilatory sulfur reduction 9: 38
– Elemental sulfur 9: 37
– Geobiochemical cycle 9: 37
– Oxidation state 9: 37
– Structure
– – Gaseous sulfur 9: 44
– – Liquid sulfur 9: 44
– – Solid sulfur 9: 44
– Sulfate assimilation 9: 38
– Sulfide assimilation 9: 38
Sulfur/accelerator ratio 2: 379
Sulfur atom
– Oxidation state 9: 37
Sulfur bacteria
– Geobiochemical cycle 9: 37
– Polymeric sulfur compound 9: 39
Sulfur–carbon bond 2: 379
Sulfur-containing biopolymer
– Poly(3-hydroxy-*S*-propyl-ω-thioalkanoate) 9: 77
– Poly(3-hydroxy-5-thiophenoxypentanoate-*co*-3-hydroxy-7-thiophenoxyheptanoate) 9: 77
– *Pseudomonas putida* 9: 77
– *Ralstonia eutropha* 9: 77
Sulfur containing polymer
– Complex polysaccharide 9: 65
– Polyhydroxymethionine 9: 82
– Polythioester 9: 65
– Protein 9: 65
Sulfur cross-link 2: 362
Sulfur globule 9: 46
Sulfuric acid 9: 50
Sulfur-oxiding microorganism
– Desulfurization 2: 382
Sulfur oxygenase
– Physiological significance 9: 47
Sulfur-reducing microorganism 2: 384
– Desulfurization 2: 382
Sulfur-rich biopolymer
– Chemical structure 9: 40
Sulfur sol 9: 46
Sulphamethizole
– Release profile 4: 111
Sunflower 2: 8, 11, 20, 86
Superoxide 1: 153
Superoxide anion 1: 236
Superoxide dismutase 2: 95, 352, 8: 257
Superplasticizer 10: 55, 60
Suppressor tRNA 7: 31
Surface coating 10: 115
Surface erosion 4: 154, 9: 428
Surface erosion process 10: 367
Surface varnishing coating 10: 108
Surfactant 1: 399, 404, 8: 398
Surfactin 7: 57
Surfactin synthetase 7: 70
Surgical mesh 10: 248
Surgicel® 4: 225, 9: 444
*Surinamensis* 2: 11
Sustainability 10: 347
– $CO_2$ emission 10: 353
– Material industry 10: 353
Suture 10: 248
Suture material 10: 264
*S. viridosporus (Streptomyces viridosporus)*
– Polyethylene biodegradation 9: 379
Swab 10: 248
Sweetener
– Annual market 8: 219
– Low-calorie 8: 204
Sweetening effect 8: 204
Sweet protein
– Amino acid sequence 8: 211
Sweet-tasting protein 8: 203
– Active form 8: 205
– Annual market 8: 219
– Brazzein 8: 205
– Curculin 8: 205
– Geographic distribution 8: 205
– Mabinlin 8: 205
– Miraculin 8: 204
– Molecular mass 8: 205
– Monellin 8: 205

- Pentadin 8: 205
- Sweetness factor 8: 205
- Thaumatin 8: 204, 205
- Thaumatin-like protein 8: 210

Swiss Federal Agency for the Environment, Forests and Landscape 10: 415
Sylosyltransferase 6: 108
Sylvestrene 10: 70
Symmetry 7: 266
- Icosahedral 7: 267
- Octahedral 7: 267
- Tetrahedral 7: 267

Symmetry operation 7: 265
Syncitium 8: 350
Syndecan
- Proteoglycan 6: 584

*Synechococcus* 7: 89
- MT SmtA 8: 261

*Synechococcus* GL-24
- S-Layer 7: 308

*Synechococcus* sp. strain MA19
- Cyanophycin synthetase 7: 94

*Synechocystin leopoliemis* 2: 65
*Synechocystis* 7: 89
*Synechocystis* PCC6308
- Cyanophycin 7: 144
- Cyanophycinase 7: 144
- Cyanophycin synthetase gene 7: 144

*Synechocystis* sp. 2: 63, 7: 88
- Cyanophycin 7: 85

*Synechocystis* sp. PCC 6803 2: 60, 348, 3A: 178 f, 185, 196, 200, 225, 229, 7: 94 f, 10: 143
- Cyanophycin production 7: 101

Syngenetic mineral 1: 433 f
*Synochocystis* sp. 9: 12
Synovia 5: 393
Synthase 9: 89
1,3-β-Synthase
- Cofactor specificity 6: 69

Synthetic foamer 10: 61
Synthetic gene
- Stability in *Escherichia coli* 8: 60

Synthetic ion channel 3A: 138
Synthetic isoprene rubber 2: 323
Synthetic lignin 1: 132
Synthetic oligomer 3A: 134
- $Ca^{2+}$ transport 3A: 135
- In phospholipid bilayer 3A: 135
- Ring-opening polymerization 3A: 135

Synthetic polyamide 9: 395
- Chemial structure 9: 398

Synthetic polyester
- Chemical modification 10: 183
- Production 4: 331

Synthetic polyisoprenoid
- all-*trans*-Geranylgeranylacetone 2: 31
- all-*trans*-Hydroxyfarnesol 2: 29
- all-*trans*-Hydroxygeraniol 2: 29
- all-*trans*-ω-Hydroxy-isoprenoid 2: 29
- Aroisoprenoid 2: 41
- Biodegradation 2: 354
- Cisoid monoterpene building block 2: 36
- Coenzyme Q 2: 41, 43
- Decaprenol 2: 29
- Dolichol 2: 35, 39
- Dolichol phosphate 2: 39
- 11-Fluorooxidosqualene 2: 34
- 14-Fluorooxidosqualene 2: 34
- Geranylgeranylacetone 2: 31
- Hexaenic diterpenoid 2: 30
- Lanosterol 2: 33
- Methylenated squalene oxide 2: 33
- 29-Methylene-2,3-oxidosqualene 2: 33
- N′-Geranylpiperazinyl farnesylacetamide 2: 33
- Nitrobenzoxadiazole-labeled polyisoprenoid alcohol 2: 33
- N′-Methylpiperazinyl geranylgeranylacetamide 2: 33
- 3-N,N-Dimethylaminopropyl farnesylacetate 2: 33
- (*E*)-1,5-Polyene isoprenoid 2: 28
- (*Z*)-1,5-Polyene isoprenoid 2: 34
- Polyenic triterpenoid 2: 30
- Saturated polyisoprenoid 2: 39
- Sesquiterpene block 2: 36
- Solanesol 2: 29
- Squalane 2: 40
- Sulfur-substituted oxidosqualene 2: 34
- Tetraenic diterpenoid diol 2: 31
- 3-(Trifluoromethyl)-3-aryldiazirine 2: 39
- Trimethylpolyprenylstannane 2: 42
- Ubiquinone-10 2: 31
- Vitamin $K_1$ 2: 43
- Vitamin $K_2$ 2: 43

Synthetic polymer 8: 385, 9: 240
- Acceptable risk 9: 240
- Accumulation in environment 9: 240
- Biodegradability 9: 240
- Biodeterioration 10: 230
- Deterioration 10: 231
- Historical development 9: 240

Synthetic protein polymer
- Produced in microbe 8: 55

Synthetic reptitive DNA 8: 73
Synthetic rubber 2: 398
- Abbreviation 2: 290 ff
- Acrylate rubber 2: 302
- Annual consumption 2: 289, 293

– Biodegradation 2: 322 ff, 367
– Block copolymer 2: 207, 214, 219, 223
– Butadiene isoprene rubber 2: 214, 223
– Butadiene rubber 2: 362
– Butyl rubber 2: 207, 214, 219, 223
– Chemical structure 2: 362
– Chlorinated rubber 2: 208, 215, 220, 224
– Chloropolyethylene 2: 310
– Chloroprene rubber 2: 299
– Chlorosulfonyl polyethylene 2: 310
– Classification 2: 290 ff
– Competition with natural rubber 2: 5 f, 205, 289
– Consumption 2: 236
– Consumption according to region 2: 290
– Cyclization of 3,4 polyisoprene 2: 215
– Cyclization of *cis*-1,4 polyisoprene 2: 215
– Cyclized polyisoprene 2: 223
– Cyclized rubber 2: 208, 220
– Emulsion polybutadiene 2: 300
– Emulsion styrene–butadiene rubber 2: 298
– Epichlorohydrin elastomer 2: 306
– Epoxide rubber 2: 306
– Ethylene copolymer 2: 305
– EVM copolymer 2: 305
– Fluororubber 2: 302
– Future trend 2: 312
– General property 2: 205
– General-purpose rubber 2: 292
– Halobutyl rubber 2: 310
– Halogenated butyl rubber 2: 219, 223
– High-performance elastomer 2: 293
– Historical development 2: 206
– Hydrogenated nitrile rubber 2: 311
– Initiator of synthesis 2: 211
– Invention 2: 367
– Liquid polyisoprene 2: 207, 213, 219, 223
– Market 2: 312
– Molecular weight 2: 210 f
– Nitrile rubber 2: 299
– Nomenclature 2: 290 ff
– Polybutadiene rubber 2: 303
– Polyisobutylene 2: 208
– Polyisoprene 2: 217
– 3,4 Polyisoprene 2: 213, 222
– *cis*-1,4 Polyisoprene 2: 206, 209, 220
– *trans*-1,4 Polyisoprene 2: 207, 213, 222
– Polyisoprene latex 2: 219
– Polynorbornene 2: 307
– Polyoctenamer 2: 308
– Polyphosphazene 2: 311
– Powder rubber 2: 219
– Prize 2: 295
– Processibility 2: 5
– Producer 2: 298 ff, 312
– Production 2: 207, 296 ff
– Product 2: 5, 314
– Property 2: 5, 210, 293
– Propylene oxide elastomer 2: 306
– Rubber hydrochloride 2: 208, 215, 220, 224
– Silicone elastomer 2: 309
– Silicone rubber 2: 309
– Styrene butadiene isoprene rubber 2: 214, 223, 362
– Styrene isoprene random copolymer 2: 214
– Synthesis 2: 5, 213, 214, 215
– Thiokol rubber 2: 310
– Tire production 2: 367
– World market 2: 236, 289
Synthetic silk
– Produced in microbe 8: 55
Synthetic silk protein
– Plant-produced 8: 90
Synthetic spider silk protein
– In transgenic plant
– – Stable accumulation 8: 88
Synthetic water-soluble polymer
– Biodegradation 9: 237, 242
– Degradation 9: 242
– Mineralization 9: 242
*Syntrophomonas wolfei* 3A: 178
Syringaldehyde 3A: 46
Syringic acid 1: 162
Syringic aldehyde 1: 334
Syringin 1: 34
Syringomycin 7: 57
Syringomycin E 6: 196
Syringostatin 7: 57
Syringyl type lignin 1: 8

**t**

TA 7: 58
*Tachardia lacca* 10: 71
*S*-Tag-based detection 8: 487
Tail tendon 8: 123
Taito Co., Ltd.
– Production 6: 79
Takeda Chemical Industries Ltd. 5: 137
*Talaoromyces* sp. 1: 371
*Talaoromyces thermophilus* 1: 360
Tamarind 6: 323, 10: 83, 88
– Occurrence 6: 326
Tamarind tree 10: 88
*Tamarindus india* 10: 88
Tamoxifen
– In nanoparticle 9: 465
Tannase 1: 372
Tannin 1: 118, 252, 10: 83, 84

Tar 1: 476, 484 ff
– Brown-coal low-temperature tar 1: 485
– Composition 1: 485
– Hard coal high-temperature tar 1: 485
Tara gum 6: 323, 330
– Applications 6: 337
– *Caesalpinia spinosa* 6: 327
– Chemical structure 6: 324
– General characteristic 6: 337
– Occurrence 6: 326
– Producer 6: 331
*Taraxacum kok-saghyz* 2: 75, 325
*Taraxacum officinale*
– Inulin biosynthesis 6: 452
Taraxerane 2: 119
Tar distillation 1: 486
D-Tartaric acid 4: 356
Taurine hydroxylase 8: 238
Taxaceae 2: 34
Taxodiaceae 2: 34
*Taxus baccata* 1: 215
T7 Bacteriophage promoter 8: 481
T7-Based vector 8: 481
TCA cycle inhibitor 3A: 345
TE : thioesterase-cyclase 9: 94
Technical production
– Block copolymer 2: 219
– Butyl rubber 2: 219
– Chlorinated rubber 2: 220
– Cyclized rubber 2: 220
– Halogenated butyl rubber 2: 219
– Liquid polyisoprene 2: 219
– Polyisoprene latex 2: 219
– Powder rubber 2: 219
– Rubber hydrochloride 2: 220
Technology 10: 356
Technology General Corp.
– Hyaluronan production 5: 395
Tegument 1: 12
Teichoic acid 5: 3, 465 ff
– Application
– – Affinity for cation 5: 485
– – Detoxification 5: 485
– – New target for antibiotic 5: 485
– – Tumor necrosis factor alpha 5: 485
– Attachment to peptidoglycan 5: 476
– Binding to murein 5: 440
– Biodegradation
– – *Bacillus subtilis* 168 5: 482
– Biosynthesis 5: 472 f
– – *Bacillus licheniformis* 5: 475
– – *Bacillus subtilis* 5: 478
– – *Bacillus subtilis* 168 5: 474 ff, 480, 483
– – *Bacillus subtilis* W23 5: 483
– – Gene 5: 478
– – Horizontal gene transfer 5: 482
– – Linkage unit 5: 474
– – Linkage unit formation 5: 475
– – Mutant 5: 478
– – Origin of gene 5: 482
– – *Staphylococcus aureus* 5: 475
– – *Staphylococcus epidermidis* 5: 476
– – *Streptococcus mutans* 5: 484
– – Transcriptional regulation 5: 476
– Biosynthesis gene 5: 473
– Biosynthetic pathway
– – *Bacillus subtilis* 168 5: 471
– Chemical structure 5: 468, 470
– – *Bacillus licheniformis* 5: 469
– – *Nocardiopsis dassonville* 5: 469
– Discovery
– – *Lactobacillus arabinosus* 5: 476
– Function 5: 482, 485
– – Cell shape 5: 484
– – pH gradient 5: 484
– – Role of the D-alanine substituent 5: 483
Teichuronic acid 5: 3 f, 465 ff
– Application
– – Affinity for cation 5: 485
– – Detoxification 5: 485
– – New target for antibiotic 5: 485
– – Tumor necrosis factor alpha 5: 485
– Attachment to peptidoglycan 5: 476
– Binding to murein 5: 440
– Biodegradation
– – *Bacillus subtilis* 168 5: 482
– Biosynthesis 5: 472, 473
– – *Bacillus coagulans* 5: 479
– – *Bacillus licheniformis* 5: 475, 479
– – *Bacillus subtilis* 5: 478
– – *Bacillus subtilis* 168 5: 475 ff, 479 f, 483
– – *Bacillus subtilis* W23 5: 483
– – Gene 5: 478
– – Horizontal gene transfer 5: 482
– – Linkage unit formation 5: 475
– – Mutant 5: 478
– – Origin of gene 5: 482
– – *Staphylococcus aureus* 5: 475
– – *Staphylococcus epidermidis* 5: 476
– – Transcriptional regulation 5: 476
– Biosynthetic gene 5: 473
– Biosynthetic pathway
– – *Bacillus subtilis* 168 5: 481
– Chemical structure 5: 468
– – *Bacillus licheniformis* 5: 470, 472
– – *Bacillus subtilis* 168 5: 470
– – *Micrococcus luteus* ATCC 4698 5: 472
– – Polymerizing enzyme system 5: 472

– – Polyol variation 5: 470
– Discovery
– – *Lactobacillus arabinosus* 5: 476
– Function 5: 482, 485
– – Cell shape 5: 484
– – pH gradient 5: 484
– – Role of the D-alanine substituent 5: 483
– – *Streptococcus mutans* 5: 484
Teicoplanin 5: 455, 7: 56
Telechelic oligomer 2: 354
Telechelic PLA prepolymer 3B: 335
Telechelic polyester
– End-capping 4: 363
– Poly(β-lactone) 4: 361
– Polymerization mechanism 4: 359
– Semitelechelic polyactone 4: 361
– Synthesis 4: 361
Telechelic prepolymer
– Lactide 3B: 356
Telechelic 3A: 383
Telopeptide 8: 126, 326
*C*-Telopeptide 8: 334, 336, 339, 340
*N*-Telopeptide 8: 336, 339, 340
*N*-Telopeptide channel 8: 334
*N*-Telopeptide helix 8: 335
Telopeptide lysine 8: 329
*C*-Telopeptide region 8: 338
Telophase 7: 349
TEL-SAM polymer
– Structure 7: 272
TEMPO
– Modification of chitin 6: 142
Tendon
– Mechanical property 8: 4
– – Elasticity 8: 83
– – Energy to break 8: 83
– – Strength 8: 83
*Tentinula mongolicum*
– Antitumor glycan 6: 163
Tentoxin 7: 57
Tepha, Inc. 4: 94
Terphenyl
– Biodegradation 9: 365
α-Terpinene 10: 70
Terpinolene 10: 70
TERRAMAC™ 4: 17
– Key performance feature 4: 17
TERRAMAC™ fiber
– Bacteriostatic property 4: 18
Testosterone 2: 127
– Biosynthesis 2: 128
*Tethya aurantia*
– Biosilicate 8: 293
– Silica spicule 8: 294
*Tethya lyncurium* 9: 10
– Exopolyphosphatase 9: 18
1,4,7,10-Tetraazacyclododecane 8: 411
Tetrabutylammonium hydroxide 1: 335
*Tetracoccus cechii* 3A: 343
Tetracycline 7: 23, 10: 263
*n*-Tetradecylbenzene
– Biodegradation 9: 365
*Tetraedon minimum* 1: 212
Tetraethylammonium benzoate 4: 338, 340
*Tetragenococcus* 3B: 289
*Tetragnatha kauaiensis*
– Silk protein
– – Sequence 8: 6
*Tetragnatha versicolor*
– Silk protein
– – Sequence 8: 6
Tetrahedral protein assembly 7: 276
Tetrahydrofuran 1: 93
Tetrahydrofurfuryl alcohol dehydrogenase 9: 277
7,8,11,12-Tetrahydrolycopene 2: 131
Tetrahydroxynaphthalene 1: 231
*Tetrahymena*
– Cytoskeleton 7: 350
Tetraiodothyronine deiodinase 7: 27
Tetraketide synthase 9: 103
1,4,7,10-Tetrakis(methylenephosphonic acid) 8: 411
Tetralin
– Biodegradation 9: 365
Tetramethylammonium hydroxide 1: 335
Tetramethyldisiloxane-1,3-diol 9: 556
Tetramethylsqualene
– Chemical structure 9: 115
Tetramethyl thiuram disulfide 2: 13
Tetraphenylporphinato-aluminum 4: 34
Tetrasaccharide
– Chemical structure 5: 336
*Tetrasphaera* 3A: 343
Tetrathionate
– Formation 9: 50
Tetrathionate formation
– *Acidiphilium acidophilum* 9: 50
– *Allochromatium vinosum* 9: 50
– *A. thiooxidans (Acidithiobacillus thiooxidans)* 9: 50
– *R. palustris (Rhodopseudomonas palustris)* 9: 50
– *Thiobacillus* sp. 9: 50
Tetrathionate reductase 9: 52
TEV 8: 490, 491
Textile-fiber production
– Wool 8: 158
Textile fiber 1: 69
Textile industry
– Enzyme 7: 400

Textile printing
– Xanthan **5**: 281
T7 Gene 5 **8**: 60
*Thalassiosira weissflogii*
– Cd-Requiring protein **8**: 257
Thaumatin **8**: 204, 205
– Amino acid sequence **8**: 211
– Crystal **8**: 432
– *Dioscoreophyllum cumminsii* **8**: 207
– Expression of recombinant thaumatin
– – *Aspergillus niger var. awamori* **8**: 207
– – *Bacillus subtilis* **8**: 207
– – *Escherichia coli* **8**: 207
– – *Kluyveromyces lactis* **8**: 207
– – *Penicillium roquefortii* **8**: 207
– – *Saccharomyces cerevisiae* **8**: 207
– – *Solanum tuberosum* **8**: 207
– – *Streptomyces lividans* **8**: 207
– Patent **8**: 212, 213
– *Solanum tuberosum* **8**: 207
– Transgenic plant **8**: 207
Thaumatin I **8**: 206
Thaumatin II
– Gene **8**: 206
Thaumatin-like protein **8**: 210
– *Candida albicans* **8**: 211
– *Neurospora crassa* **8**: 211
– *Trichoderma reessei* **8**: 211
*Thaumatococcus danielli*
– Thaumatin I **8**: 206
– Thaumatin II **8**: 206
*Thaumatococcus daniellii*
– Thaumatin **8**: 205
Thaxtomin **7**: 56
Thaxtomin A **7**: 56
The Joint Center for Structural Genomics **8**: 473
*Themus thermophilus* **7**: 9
The Mycobacterium Structural Genomics Consortium **8**: 473
*Theonella swinhoei*
– Peptide synthetase
– – Largest known enzyme **7**: 53
Theoretical oxygen demand **9**: 245
Thermal condensation **7**: 180
Thermal degradation
– PHA **3B**: 255
Thermal depolymerization **3B**: 440
Thermal molding process **10**: 19
Thermal polycondensation **3B**: 438
– Polyaspartic acid **7**: 181
*Thermithiobacillus tepidarius* **9**: 51
– Polymeric sulfur globule **9**: 47
*Thermoactinomyces sacchari* **6**: 14
*Thermoactinomyces thalpophilus* **6**: 14
*Thermoactinomyces vulgaris* **6**: 14
Thermoalkalophilic hydrolase
– *Pseudomonas lemoignei*
– – Substrate specificity **3B**: 62
*Thermoanaerobacter brockii* **6**: 14, 15
*Thermoanaerobacter ethanolicus* **3B**: 281
*Thermoanaerobacterium saccharolyticum* **6**: 15
*Thermoanaerobacterium thermosaccharolyticum* **3B**: 281, **10**: 286
– Cytoskeleton **7**: 359, 364
– EF-Tu **7**: 369
*Thermoanaerobacterium thermosaccharolyticum* S102-70
– S-Layer **7**: 296
*Thermoanaerobacter kivui*
– S-Layer protein
– – Amino acid sequence **7**: 302
*Thermoanaerobacter thermohydrosulfuricsu* **6**: 14
*Thermoanaerobacter thermohydrosulfuricus* L111-69
– S-Layer **7**: 312
*Thermoanaerobacter thermosulfurigenes*
– S-Layer **7**: 308
*Thermoanaerobiobacterium thermosaccharolyticum* **3B**: 282
*Thermoascus aurantiacus* **1**: 137, 360
*Thermoascus* sp. **1**: 371
*Thermococcus hydrothermalis* **6**: 14
Thermogravimetry **1**: 270
Thermolysin **7**: 414
*Thermomonospora curvata* JCM 3096 **3B**: 90
*Thermomonospora fusca* **3B**: 99, **4**: 309
– Hydrolase **4**: 310
*Thermomyces* sp. **1**: 360, 371
Thermoplasma **5**: 501
*Thermoplasma*
– Cell wall **5**: 496, 503
– Proteasome **7**: 444, 450
– 20S Proteasome **7**: 446, 447, 455
*Thermoplasma acidophilum*
– Lipoglycan **5**: 502
– Proteasome **7**: 444
*Thermoplasma* 20S proteasome **7**: 443
Thermoplastic **10**: 6
– Natural fiber composite **10**: 9
– Protein-enriched **8**: 74
Thermoplastically Processable Starch **10**: 164
Thermoplastic copolymer **1**: 70
Thermoplastic elastomer **2**: 396
Thermoplastic film application **3B**: 235
Thermoplasticity
– Versus biodegradability **10**: 458
Thermoplastic starch
– Application **10**: 163
– Blend **10**: 170

– LCA result **10**: 416, 424
– Property **10**: 161
*Thermoproteus*
– Cell wall **5**: 496, 503
*Thermoproteus tenax*
– S-Layer **7**: 309
Thermoset **10**: 6
– Based on vegetable oil **10**: 21
*Thermotoga maritima* **9**: 12, 21
– Biosynthesis of polyphosphate **9**: 21
– mreB-Like gene **7**: 361
– PPK **9**: 21
*Thermotoga neapolitana*
– Galactomannan degradation **6**: 329
Thermotropic fluorescence spectrum **3A**: 128
*Thermus aquaticus* **6**: 14
*Thermus thermophilus* **7**: 33, 34
– S-Layer protein
– – Amino acid sequence **7**: 302
– 70S Ribosome **7**: 11
*Thermus thermophilus* HB8
– S-Layer **7**: 303
The Woolmark Company **8**: 192
Thickener **7**: 157
Thin-bed
– Tile adhesive **10**: 41
Thin-layer chromatography **2**: 329, **3A**: 7
Thioacidolysis **1**: 95
*Thioalkalivibrio denitrificans* **9**: 12, 21
– Polysulfide metabolism **9**: 43
*Thiobacillus* **2**: 389
*Thiobacillus denitrificans*
– Polymeric sulfur compound **9**: 39
*Thiobacillus ferrooxidans* **1**: 444, 448 ff, **2**: 381, 383, 385 ff, 388 f
*Thiobacillus*-like bacterium **9**: 46
*Thiobacillus* sp.
– Tetrathionate **9**: 50
*Thiobacillus* spp. **1**: 446, **2**: 382
*Thiobacillus tepidarius*
– Polymeric sulfur globule **9**: 47
*Thiobacillus thiooxidans* **2**: 381, 383
*Thiobacillus thioparus* **2**: 383
– Polymeric sulfur compound **9**: 39
– Rubber polysulfane **9**: 54
*Thiocapsa pfennigii* **3A**: 178 f, 185, 194, 196, 236, 303, 328
*Thiocapsa roseopersicina*
– Polysulfide metabolism **9**: 43
Thiocarbamate herbicide **1**: 220
Thiocarbamate **3A**: 54
*Thiococcus pfennigii* **3A**: 225, 229
Thiocysteine **8**: 179
*Thiocystis violacea* **3A**: 179, 185, 200, 229
*Thiocystis violacea* 2311 **3A**: 178, 196, 225
3′,3′-Thiodipropionic acid **9**: 66
Thioesterase **3A**: 320, 322, **7**: 55, 65
– *Brassica napus* **3A**: 422
– *Cuphea lanceolata* **3A**: 422
Thioesterase domain **7**: 63
Thioesterase I **3A**: 326
Thioether insecticide **1**: 287
Thioether **1**: 434
Thiokol rubber **2**: 310
Thiol polyesterase **3A**: 20
*Thiomargarita*
– *cyclo*-Octasulfur **9**: 47
Thiophenol **1**: 434
*Thioploca* **9**: 46
Thioredoxin **8**: 488
Thiostrepton **7**: 23, 58
Thiosulfate
– Occurrence **9**: 49
Thiosulfate reductase
– Gene **9**: 52
Thiotemplate mechanism **7**: 61
*Thiovulum muelleri*
– Polymeric sulfur compound **9**: 39
Thixotropy **10**: 68
Thiyl radical **1**: 153
*Thlaspi* species **8**: 270
THN reductase **1**: 240
Threonic acid **1**: 97 f
Threonine deaminase **4**: 59
*threo*-9,10,18-Trihydroxy-$C_{18}$ **3A**: 17
Thrombin **1**: 385, **7**: 487, **8**: 490, 491
Thromboresistance **10**: 254
Thrombosis **10**: 268
*Thuja plicata* **3A**: 47
Thymine
– DNA strand **9**: 166
– Photoinduced dimerization **9**: 166
Thymine dimerization **9**: 168
Thymine polymer **9**: 165
– Application **9**: 169, 170
– Chemical structure **9**: 166, 168
– Outlook **9**: 173
– Perspective **9**: 173
– Photoresist **9**: 170, 172
– Polymer coating **9**: 169
– Polystyrene derivative **9**: 166
– Starting material
– – Regeneration **9**: 171
– Synthesis **9**: 167
– UV/VIS spectrum **9**: 168
– Vinyl monomer **9**: 170
Tibial osteotomy **10**: 259

TIC Gum
– Galactomannan producer **6**: 332
Tide Deep Clean® **7**: 386
Tiglic acid **3A**: 344
Tile adhesive **10**: 41
– Formulation **10**: 66
Tin alkoxides **3B**: 401
*Tinctoporia* sp. **1**: 187
*Tinea* **8**: 191
*Tineola* **8**: 191
Tire-manufacturing industry **2**: 313 ff
Tires **2**: 290, 379, 397
– Co-firing **2**: 405
– Composition **2**: 398, 401
– Conversion to energy **2**: 405
– Cross-section **2**: 401
– Desulfurization **2**: 382
– Recycling **2**: 382, 399
– Retreading **2**: 400
– Waste **2**: 399
Tisseel® **7**: 487
Tissue engineering **10**: 183, 250
Titanium lactate **9**: 336
Titanium tetrachloride **2**: 5
Titin **7**: 53
Titration method **6**: 492
Toa Gosei **9**: 252
Tobacco **1**: 39 f, 74 f, 79, **3A**: 403 f
– Synthetic spider silk protein **8**: 89
– Transgenic **8**: 86, 89
Tobacco mosaic virus **7**: 263
– Structure **7**: 272
Tocopherol **2**: 39
*Todarodes pacificus* **6**: 501, 503
Tolaasin **7**: 58
*p*-Toluenesulfonic acid **10**: 198
Toluidine blue **3A**: 89, **9**: 5, **10**: 142
– Metachromatic reaction **9**: 4
*o*-Toluidine blue stain **3A**: 155
*Tolypocladium niveum*
– Peptide synthetase **7**: 57
Tomato **1**: 81, **3A**: 4, 60, **8**: 208
Tomes process **8**: 348
Tooth enamel **8**: 346
Topoisomerase **8**: 477
Topoisomerase cloning **8**: 476
*Torreya californica* **1**: 215, 217, 219
*Torula* spp. **1**: 397
*Torulopsis* **2**: 342 f
*Torulopsis rotundata*
– Extracellular starch **6**: 95
*Torulopsis* spp. **5**: 116
Total organic content **9**: 245
Toxicity **10**: 383
Toxicity testing
– ISO 10993 **10**: 251
– USP
– – II **10**: 251
T7 Promoter **8**: 59
TPS
– LCA result **10**: 423
Traditional epoxy
– Property
– – Compression strength **10**: 15
– – Creep modulus **10**: 15
– – Density **10**: 15
– – Water solubility **10**: 15
– – Young's modulus **10**: 15
*Trametes* **1**: 415
*Trametes coccinea* **1**: 185
*Trametes gibbosa*
– Antidiabetic property **6**: 170
– Antiinflammatory property **6**: 170
– Hypocholestermic property **6**: 170
– Hypoglycemic property **6**: 170
*Trametes hirsuta* **1**: 144, 158, 185
*Trametes rubescens* **1**: 361
*Trametes sanguinea* **1**: 185
*Trametes suaveolens* **1**: 361
*Trametes trogii* **1**: 144, 147
*Trametes versicolor* **1**: 132, 140, 145, 147, 155, 158, 161, 184 ff, 361 f, 364, 406 ff, 412, 416, 463, **6**: 164 f
– Antitumor glycan **6**: 163
– Effect of lentinan **6**: 169
– Glycan **6**: 166, 168
*Trametes villosa* **1**: 145, 158 f
*O*-Transacetylase
– Alginate biosynthesis **5**: 193
Transacylase **3A**: 320
Transaminase **10**: 296, 297
Transcription **7**: 2
– Eukaryote **7**: 2
– Prokaryote **7**: 2
Transcription factor **1**: 82
Transcriptome **8**: 476
Transferase center **7**: 4
Transfer molding process **2**: 276
Transferrin **8**: 257
Transferrin-Fe(III) **8**: 269
Transfer RNA **7**: 6
– Tertiary structure **7**: 7 ff
Transformation **3A**: 127, **8**: 478
Transformer oil **2**: 40
Transgenic *Hevea* tree
– Blood coagulating factor **2**: 5
– High-value protein **2**: 5
– Modified rubber **2**: 5
– Quebrachitol **2**: 5

– Tumor necrosis factor 2: 5
Transgenic plant
– Metabolic engineering 3A: 417
– PHA biosynthesis 3A: 417
– – Patent 3A: 428
– PHA production 3A: 401
– Synthesis of poly(3HB) 3A: 412
Transglutaminase 7: 476
– Protein cross-linking 7: 474
Transglycosylase 5: 448, 7: 412
Transition metal 4: 364
Translation 7: 2
– Antibiotic 7: 22
– Cap-dependent initiation 7: 14
– Codon-recognition complex
– – Three-dimensional reconstruction 7: 16
– Control 7: 3
– Elongation
– – Rate 7: 19
– Elongation cycle
– – Aa-tRNA binding 7: 15
– – Aa-tRNA selection 7: 15
– In eukaryote 7: 14
– Inhibitor 7: 3, 22
– Initiation
– – Bacteria 7: 13
– – Cap-dependent initiation 7: 13, 14
– – Cap-independent initiation 7: 14
– – Eukaryote 7: 13
– – Initiation factor 7: 13
– – Initiator Met-rTRNA$_i^{Met}$ 7: 13
– Peptide bond formation 7: 17
– Peptidyl transferase 7: 15
– Peptidyl transferase center 7: 19
– Peptidyl transferase reaction 7: 18
– Proofreading 7: 16
– Protein factor 7: 11
– Regulation
– – Eukaryote 7: 20
– Termination 7: 20
– – Posttermination complex 7: 19
– Toxin 7: 22
– Translation factor 7: 3, 11
– Translocation 7: 19
– – Elongation factor G 7: 18
Translational apparatus
– Aminoacyl-tRNA synthetase 7: 6
– Transfer RNA 7: 6
Translational initiation
– Regulation 7: 21
Translation factor 7: 4
Translocase 7: 235, 236, 237, 247
– C-Domain 7: 232
– Component 7: 230
– H-Domain 7: 232
– N-Domain 7: 231
– Protein targeting 7: 231
– SecA 7: 236
– SecD 7: 241, 242
– SecE
– – NusG gene 7: 238
– – Prl Mutation 7: 238
– SecF 7: 241, 242
– SecG 7: 239, 240
– SecY
– – NusG gene 7: 238
– – Prl Mutation 7: 238
– YajC 7: 241
Transmission electron microscopy 1: 267
– Protein assembly 7: 277
Transmission Fourier transform infra-red (FTIR) spectrum 3A: 8
Transpeptidase 5: 448, 453
Transpeptidase/Transglycosylase 5: 453
Transport pallet
– LCA key indicator 10: 440
Tray 9: 229
Treatment 10: 152
Treeplast F368 10: 10
Trehalase 6: 495
Trehalolipid
– Biosynthesis
– – *Pseudomonas aeruginosa* 5: 120
– – Rhamnosyltransferase 5: 120
Trehalolipid synthesis
– Regulation 5: 122
Trehalose 6: 494, 7: 389
Trehalose dimycolate 5: 117
Trehalose lipid 5: 128
– *Arthrobacter paraffineus* 5: 124
– *Mycobacterium* sp. 5: 124
– *Rhodococcus erythropolis* 5: 124
*Tremella aurantia* 6: 101 f, 106, 114
*Tremella fuciformis* 6: 95, 98 ff, 106, 113, 115
– Hypocholesterolemic property 6: 170
*Tremella magnatum*
– Chitin synthase gene 6: 130
*Tremella mesenterica* 5: 6, 6: 7, 99, 102, 106, 108, 110, 113, 116
*Tremella mesenterica* NRRL Y-6158 6: 101
*Treponema pallidum*
– mreB-Like gene 7: 361
– mreB Protein 7: 369
*s*-Triazine 1: 286
Tricarboxylic acid cycle 2: 57, 62
*Trichaptum biforme* 1: 186
Trichloroacetic acid 3A: 54
*Trichoderma atroviride* 1: 407, 409, 470

*Trichoderma harzianum*
– Chitinase **6**: 134 ff
*Trichoderma lignorum* **1**: 186
*Trichoderma reesei* **1**: 134, 160, 342, **3B**: 292, **6**: 142, 352, **8**: 211
– Cellulase **5**: 66, **6**: 290
– *Exo*-β-D-glucosaminidase **6**: 141
*Trichoderma reesei* CBH I **5**: 59
*Trichoderma* sp.
– Cellulose biodegradation **6**: 292
– Polyurethane biodegradation **9**: 325
*Trichoderma* sp. M2 **1**: 403
*Trichoderma* sp. T6
– Chitinase **6**: 135
*Trichoderma virens*
– Modified polyketide synthase **9**: 98
– Peptide synthetase **7**: 56
– – Largest known enzyme **7**: 53
*Trichoderma viride* **1**: 360, **5**: 58, **7**: 53
– Peptide synthetase **7**: 56
*Tricholoma giganteum*
– Antitumor glycan **6**: 163
*Tricholoma lobayense*
– Effect of lentinan **6**: 169
*Tricholoma mongolicum*
– Glycan **6**: 166
*Tricholomataceae* **1**: 372
*Trichophyton mentagrophytes* IFO7522
– Inhibition by ε-PL **7**: 111
Trickling filter bioreactor **1**: 196
Tricyclazole **1**: 231, 240
Tridecanolactone
– Polymerization **3B**: 342
Triethoxysilane end group **10**: 192
Triethoxysilane group **10**: 192
Triethyl citrate **9**: 211, **10**: 261
Trifluoroacetic acid **8**: 64
9,10,18-Trihydroxy $C_{18}$ **3A**: 54
9,10,18-Trihydroxy-$C_{18}$ acid **3A**: 8, 15
9,12,18-Trihydroxy-$C_{18}$ acid **3A**: 7
9,10,18-Trihydroxy-$C_{18}$-12-enoic acid **3A**: 7, 16
9,10,18-Trihydroxy-12,13-epoxy-$C_{18}$ acid **3A**: 8, 16
Triketide lactone **9**: 102
Trimethyldisiloxane-1,3,3-triol **9**: 556
Trimethylsilanol **9**: 542
Triostin **7**: 57
1,4,8-Trioxaspiro[4,6]-9-undecanone **4**: 348
Tripeptide synthetase **7**: 70
2,4,6-Triphenyl-1-hexene
– Biodegradation **9**: 365
Tris-alkoxyaluminum **3B**: 399
Triterpene **2**: 64, 115, 118
*Triticum aestivum* **1**: 38, 42
*Triticum* spp. **6**: 419
*Tritirachium album* **3B**: 97
– Proteinase K **3B**: 223
Tritylcellulose **6**: 297
Trityrosine **7**: 469
tRNA binding site **7**: 4
tRNA molecule
– Structure **7**: 4
T7 RNA polymerase **7**: 35, **8**: 481
*Tropaeolum majus* **3A**: 4
Trophozoite **9**: 141
Tropololone **3B**: 355
Tropomyosin **7**: 354
Troponin **8**: 297
Truncated protein **8**: 61
*Trypanosoma* **2**: 138, **6**: 505
Trypsin **8**: 243
Tryptophan decarboxylase **1**: 74
*Tsuga canadensis* **3A**: 66
*Tsuga heterophylla* **3A**: 47
*Tsuga mertensiana* **3A**: 47
*Tsukamurella* **3B**: 99
– Polydioxanone biodegradation **9**: 530
*Tsukamurella paurometabola* JCM 10117 **3B**: 90
TTH process **1**: 486 ff
TTIR spectroscopy **2**: 333
*Tuber borchii*
– Chitin synthase gene **6**: 129
Tuber
– Annual production **6**: 385
Tubulin **7**: 344, 348, 367
– Structure **7**: 368
β-Tubulin **7**: 350
*Tulipa* cv. Apeldoorn **1**: 220
Tumor-model **9**: 475
Tumor necrosis factor alpha **1**: 382, **5**: 485, **9**: 480
– In nanoparticle **9**: 465
Tunicamycin **6**: 133
– Inhibitor of chitin synthesis **6**: 497
Turgor pressure **1**: 30
Turkey tendon **8**: 344
Turnip yellow mosaic virus
– Crystal **8**: 432
Turpentine **10**: 70, 71
TVB **7**: 56
*T. versicolor* **1**: 194 f, 197
TwaronTM **8**: 42
– Commercial production **8**: 42
– Cost **8**: 42
Two-component polyester
– Poly(butylene succinate) **3B**: 433
– Poly(ethylene adipate) **3B**: 433
Tylactone **9**: 97, 101
Type I collagen
– Domain structure **8**: 327

Type III PHA synthase **3A**: 108
Type II PHA synthase **3A**: 108
Type I PHA synthase **3A**: 108
*Typha angustifolia* **1**: 214 ff, 219
Tyramine **3A**: 46
Tyre
– With biopolymeric filler **10**: 426
Tyrocidine **7**: 57, 61, 63, 70
Tyrosinase **1**: 230, **7**: 414, 475, 476, 480, 482, 487, **8**: 257
– Protein cross-linking **7**: 474
Tyrosine **1**: 32, 233
Tyvelose **5**: 4

***u***
Ubiquinone-10 **2**: 31
Ubiquinone **2**: 41, 56, 64, 133
Ubiquitin **7**: 474
Ubiquitin system **7**: 442
UDP-D-galactose 4′-epimerase
– Metabolism of galactomannan **6**: 328
UDP-D-galactose pyrophosphorylase
– Metabolism of galactomannan **6**: 328
UDPGlc
– Biosynthesis **5**: 473
UDPGlcNAc
– Biosynthesis **5**: 473
UDPGlcNAc 2-epimerase
– *Bacillus cereus* **5**: 473
UDPGlc pyrophosphorylase **5**: 473
– Cellulose biosynthesis **5**: 61
UDP-glucose: coniferyl alcohol glucosyltransferase **1**: 35
UDP-glucose: 1,3-β-D-glucan 3-β-D-glucosyltransferase **6**: 68
UDP-glucose-dehydrogenase **5**: 386
UDP-D-glucose dehydrogenase **6**: 108
UDP-glucose-4-epimerase **5**: 164, 166
UDP-glucose-glucosyltransferase **1**: 34
UDP-glucose pyrophosphorylase **5**: 141, 386, **6**: 391
– Cellulose biosynthesis **6**: 287
UDP-D-glucuronate decarboxylase **6**: 108
UDP-glucuronyl:acceptor transferase **6**: 108
UDPManNAc
– Biosynthesis **5**: 473
UDP-pyrophosphorylase **5**: 164
UDP-D-xylose:acceptor xylosyltransferase **6**: 108
UDP-xylosyl:acceptor transferase **6**: 108
Ulkan **5**: 7
*Uloborus* **8**: 30
Ultrafiltration **1**: 94
Ultrastructure **1**: 22
Ultraviolet (UV)-degradable additive **10**: 104
*Ulva* spp. **5**: 7
*Uncinula necator* **8**: 217
Unculturable microorganism **3A**: 338
Underlayment
– Casein **10**: 40
Under reductive condition **9**: 51
Unfoldase **7**: 441
Union Carbide **3B**: 375
Union Carbide Corporation
– TONE™ **4**: 7
Unitika Ltd.
– TERRAMAC™ **4**: 17
Unrelated substrate **3A**: 110
Urchin tooth **8**: 351
Uridine-diphosphate-*N*-acetylglucosamine pyrophosphorylase **6**: 495
Uridine 5′-diphosphate-glucose
– Pullulan biosynthesis **6**: 10
Uridine 5′-diphosphoglucose:coniferyl alcohol glucosyltransferase **1**: 81
*Uromyces viciae-fabae*
– Chitin deacetylase **6**: 133 f
Uronic acid
– Biofilm **10**: 214
US Air Force **10**: 118
– F-111 bomber **10**: 112
US Department of Energy **10**: 347
Use and re-use **10**: 354
US Secretary of Agriculture
– Xanthan **5**: 283
*Ustilago*
– Itaconic acid **10**: 289
*Ustilago maydis*
– Chitin synthase **6**: 128
– Chitin synthase gene **6**: 130 f
– Peptide synthetase **7**: 57
*Ustilago* spp. **1**: 238, **5**: 116
UV absorber **8**: 191
Uvinuls® **8**: 191
UV irradiation
– Change in Mw **9**: 311
– PAA **9**: 309, 311

***v***
Vaccine delivery vehicle **10**: 263
Vacuum distillation **1**: 306
*Vagococcus* **3B**: 289
δ-Valerolactone
– Polymerization **3B**: 342
*Valonia algae*
– Cellulose **6**: 282
*Valonia ventricosa* **5**: 58, **6**: 279
Vancomycin **5**: 455
Van der Waals force **7**: 273

Vanillic acid **1**: 162, 334
Vanillic acid metabolism **1**: 162
Vanillic aldehyde **1**: 334
Vanillin **1**: 72 f, **3A**: 45 f, 58
Vanillyl alcohol dehydrogenase **9**: 277
Vapor pressure osmometry **1**: 94
*Variovorax paradoxus* **10**: 108
– PHC biodegradation **9**: 419
Vascular graft **4**: 105, **10**: 248
Vascular plant **1**: 12
Vascular system **10**: 248
v-ATPase **8**: 37
VBT-containing polymer **9**: 167
VBT monomer **9**: 168
Vector
– Retrovirus-based **8**: 422
– Virus-based **8**: 422
Vegetable fiber **10**: 6
– Akon **10**: 7
– Cotton **10**: 7
– Fiber **10**: 7
– Flax **10**: 7
– Hemp **10**: 7
– Jute **10**: 7
– Kapok **10**: 7
– Native seed-hair **10**: 7
– Other fibers from stem **10**: 7
– Ramie **10**: 7
Vegetable oil
– In construction application **10**: 51
Vegetable processing **6**: 363
VelcroTM **8**: 43
Veratric acid **1**: 162
Veratryl alcohol **1**: 145, 150, 411
Vermelone **1**: 231
Versican
– Proteoglycan **6**: 584
Verticillium alboatrum **3A**: 61, 67
*Verticillium* cfr. *lecanii*
– Chitinase **6**: 135
Vessel plugging **2**: 171, 179
Veterinary-medical application **1**: 386
Viable colony staining **3A**: 208
*Vibrio* **1**: 234
*Vibrio alginolyticus*
– Chitin deacetylase **6**: 133
*Vibrio anguillarum*
– Peptide synthetase **7**: 56
Vibriobactin **7**: 56
*Vibrio cholerae* **3A**: 178 f, 181, 196, 222, 225, 229, **9**: 12
– mreB-Like gene **7**: 361
– Murein biosynthesis gene **5**: 457
– Peptide synthetase **7**: 56
*Vibrio furnissii* **6**: 505
*Vibrio harveyi* **3A**: 118
*Vicia faba* **3A**: 7 f, 11, 14 f, 17 ff, 57, **8**: 225
*Vicia faba* L. **8**: 229
*Vicia sativa* **3A**: 13
*Vicia sativa* L. **8**: 228
Vicibactin **7**: 57
Vicilin **8**: 223, 226
– *Phaseolus vulgaris* **8**: 228
Vicilin-like protein **8**: 232
Vicryl® **4**: 180
Vicryl™ **9**: 444
*Vigna angularis* **1**: 36
*Vigna radiata* **5**: 61
Vigoureux printing **8**: 190
Vimentin **7**: 355
Vinblastine
– In nanoparticle **9**: 465
Vinyl alcohol block
– Microbial degradability **9**: 351
Vinylalcohol model compound **9**: 351
Vinylbenzyl thymine
– Chemical structure **9**: 167
Vinylphenylsulfonic acid **9**: 168
*N*-Vinyl-2-pyrrolidone **10**: 289
– Structural formula **10**: 284
Vinylsulfonate copolymer **10**: 32
Viral capsid **7**: 263, 269
– Cage-like property **8**: 407
Vircin thread **1**: 220
Virulence
– Polyphosphate **9**: 23
Virus
– Crystallization **8**: 427
– Gene delivery **8**: 421
– Gene-therapy application **8**: 421
– Protein cage **8**: 414
Virus capsid **7**: 262
Virus gating **8**: 418
Viscoamylograph **6**: 408
Viscogum™
– Galactomannan product **6**: 332
Viscose process **6**: 299 f
Viscose rayon
– Cellulose raw material **6**: 294
Viscosifier **10**: 32
Vitamin C **1**: 387
Vitamin $D_2$ **2**: 122
Vitamin E **2**: 40
Vitamin $K_1$ **2**: 40
Vitamin $K_2$ **2**: 28, 41, 134
Viteline protein **7**: 472
*Vitis vinifera* **3A**: 66
Volatile methylsiloxane

– Property 9: 551
*Volvariella volvacea*
– Antitumor glycan 6: 163
– Chitin 6: 127
Vulcanization 2: 156, 266, 270 ff, 378, 403
– Sulfur–carbon bond 2: 379
– Sulfur cross-link 2: 362
δ-V-Valerolactone 3B: 436
VVAV 10: 406

***w***
Wall painting 10: 230
Wall plaster 10: 42, 63
– Composition 10: 44
Wall tensile strength 1: 21
*Wangiella dermatitidis*
– Chitin synthase gene 6: 130
Warm-feed extruder 2: 267
Washed rubber particle 2: 95
Waste management 10: 4, 359, 394, 414, 423
Waste management strategy 10: 366
Waste prevention 10: 4
Waste recycling 10: 4
Wastewater 10: 152
Wastewater biofilm
– Chemical composition 10: 214
Wastewater treatment 1: 200, 5: 12, 9: 24, 10: 102, 139, 222
– Denitrification 10: 153
– PHB 10: 153
Water conduction 1: 21
Water-retention agent 10: 32
Water-soluble aliphatic polyester 3A: 75
Water-soluble polymer 9: 246
– Aerobic environment 9: 245
– Anaerobic environment 9: 245
– Analytical technique 9: 245
– Biodegradability
– – Test method 9: 244
– Biodegradation
– – Wastewater treatment facility 9: 243
– Major disposal option 9: 243
– Poly(acrylic acid) 9: 238
– Polymeric carboxylic acid 9: 238
– Test method 9: 244
Water stress 1: 30
Water transport 1: 28
Wax 3A: 43
– *Copernica cerifera* 10: 58
– *Euphorbia* 10: 58
– In construction application 10: 51
Wax formation 3A: 54
Web
– Spider 8: 3
Web spider 8: 26
Weight loss measurement 10: 376
*Weissella* 3B: 289
Welan 9: 189, 10: 80
– Structure 10: 78
Welan gum 10: 39, 72, 78
– Application 10: 79
– In construction application 10: 51
Welan-superplasticizer 10: 79
Wet bone density 8: 344
Wet impregnation 10: 16
Wheat 1: 15
Wheat gluten 8: 387
Wheat starch 10: 10
Whey 8: 386, 400
Whey protein 8: 387
White rot 1: 131
White-rot fungi 1: 131, 188, 406
– Application 1: 182 ff
– Biobleaching 1: 184, 195
– Biopulping 1: 183
– Effluent treatment 1: 184, 196
Wide-angle X-ray diffraction 4: 8
Wild rubber 2: 21
Wilsons and Menkes disease 8: 258
Window glass
– Glass transition temperature 2: 379
Winkler process 1: 484
Wire covering 2: 290
Wiskott–Aldrich syndrome protein 7: 353
Witches butter 6: 106
Wittig olefination 2: 31
*Wolffia* 1: 30
Wolff Walsrode AG 10: 468
*Wolinella recta*
– S-Layer 7: 290
*Wolinella succinogenes* 1: 369 f, 3B: 273, 9: 43
– mreB-Like gene 7: 361
– Polysulfide reductase
– – Localization 9: 43
– Tetrathionate reduction 9: 52
Wollastonite 10: 10
Wood
– Biodegradation 10: 108
– Blend 9: 227
– Chemical modification 9: 226
– Esterification 9: 226
– Etherification 9: 226
– Natural fiber composite 10: 10
– Plasticitation
– – Benzylation 9: 226
– – Blending with polycaprolactone 9: 226
– Plasticization 9: 227
– Ultrastructure 1: 15

Woodchip **1**: 191 f
Wood Coating **10**: 34
Wood degradation
– Formation **10**: 108
Wood flour **10**: 10
Wood plasticization
– Blend **9**: 228
Wool
– Amino acid composition **8**: 168, 182
– Animal source **8**: 155
– Annual production **8**: 187
– Antifelting treatment **8**: 188
– As a polyampholyte **8**: 176
– Biochemistry **8**: 181
– Bleaching **8**: 189
– Bound lipid
– – Major fatty acid **8**: 169
– Carbonization **8**: 188
– Characteristic constituent protein **8**: 182
– Chemical analysis **8**: 169, 170
– Chemical processing **8**: 188
– Chemical reactivity **8**: 176
– – Acid degradation **8**: 178
– – Degradation by alkali **8**: 178
– – Dry heat **8**: 177
– – Moist heat **8**: 177
– – Oxidizing agent **8**: 180
– – Reducing agent **8**: 179
– Chlorination **8**: 190
– Clothing physiology **8**: 180
– Cotton **8**: 192
– Covalently bound lipid **8**: 169
– Dyeing **8**: 189
– Elemental analysis **8**: 166
– Enzymatic degradation **8**: 185
– Extensional modulus **8**: 172
– Fiber length **8**: 161
– Finishing treatment
– – Flame proofing **8**: 191
– – Light stabilization **8**: 191
– – Mothproofing **8**: 191
– – Setting **8**: 190
– Free internal lipid **8**: 169
– Glass transition **8**: 175
– Glass transition temperature **8**: 174
– Hercosett process **8**: 188
– High-sulfur protein **8**: 182
– High-tyrosine protein **8**: 182
– Hydrochloric acid **8**: 177
– Internal lipid **8**: 169
– Keratin **8**: 182
– Length swelling **8**: 172
– Light-fastness treatment **8**: 191
– Man made fiber **8**: 192
– Market **8**: 158, 192, 193
– Mean diameter **8**: 161
– Mechanical processing **8**: 187
– Mechanical property **8**: 171, 172
– – Bending force **8**: 173
– – Bending modulus **8**: 173
– – Elasticity modulus **8**: 173
– – Fracture strain **8**: 173
– – Maximal stress **8**: 173
– – Recovery at strength **8**: 173
– – Shear modulus **8**: 173
– – Specific bending stiffness **8**: 173
– – Strength loss **8**: 173
– – Stretching modulus **8**: 173
– – Torsion modulus parallel **8**: 173
– – Transverse compressive modulus **8**: 173
– Mercaptolytic digest **8**: 170
– Moisture adsorption **8**: 172
– Molecular genetic **8**: 185
– Morphology **8**: 162, 163
– Occurrence **8**: 160
– Photodegradation **8**: 180
– Physical property **8**: 171
– Place of origin
– – Cape wool **8**: 161
– – Coarse wool **8**: 161
– – Comeback wool **8**: 161
– – Crossbred wool **8**: 161
– – European wool **8**: 161
– – Exotic wool **8**: 161
– – Karakul **8**: 161
– – Merino wool **8**: 161
– – New Zealand wool **8**: 161
– – South African wool **8**: 161
– – South American wool **8**: 161
– Potassium hydroxide **8**: 177
– Pre-treatment **8**: 190
– Price **8**: 191, 193, 195
– Printing **8**: 189, 190
– Production **8**: 192
– – Raw wool scouring **8**: 186
– – Winning of wool **8**: 186
– Raw wool scouring **8**: 186
– Sulfitolysis **8**: 179
– Tensile stress–strain diagram **8**: 172
– Thermal denaturation **8**: 175
– Thermal property **8**: 176
– Torsional modulus **8**: 172
– Trading **8**: 158
– Type
– – Cape wool **8**: 161
– – Coarse wool **8**: 161
– – Comeback wool **8**: 161
– – Crossbred wool **8**: 161

– – European wool 8: 161
– – Exotic wool 8: 161
– – Karakul 8: 161
– – Merino wool 8: 161
– – New Zealand wool 8: 161
– – South African wool 8: 161
– – South American wool 8: 161
– Vigoureux printing 8: 190
– Water absorption 8: 171
– World market 8: 191, 193, 195
– Yellow color 8: 170
Wool cuticle
– Surface 8: 162
Wool demand
– Geographic shift 8: 196
Wool dyestuff 8: 190
Wool fabric 8: 190
Wool fiber
– Bonding 8: 163
– Geometry 8: 161
– Interaction 8: 163
– Water content 8: 171
Wool follicle 8: 158
– Diagram 8: 159
– Differentiation 8: 159, 160
Wool grease 8: 187
Wool keratin
– MALDI-TOF-MS Peptide mapping 8: 185
Woollen yarn 8: 187
Woolmark Superwash 8: 189
Wool price 8: 193
Wool protein
– Amino acid sequence 8: 183
– Biodegradation 8: 185
– Isolation 8: 181, 182
– Main class 8: 182
– Morphological location 8: 185
– Reaction of hydrochloric acid 8: 176
– Two-dimensional electrophoretic separation 8: 183
Wool suint 8: 187
Worsted yarn 8: 187
Wound healing 5: 392
– Hyaluronan 5: 397
Wound management 10: 248
W. R. Grace & Co. 10: 475
– Poly(3HB) 10: 249

***X***

Xanthan 5: 12 ff, 216, 245, 259 ff, 6: 42, 9: 193, 10: 77, 315
– Acetate determination 5: 265
– AFFF-MALLS 5: 266
– Analysis 5: 264
– Application 5: 279 ff, 311 f, 9: 178
– Biodegradation 5: 270 f, 9: 175
– – *Bacillus* sp. GL1 9: 188
– – β-D-Glucosidase 9: 188
– – Glucuronyl hydrolase 9: 188
– – Intracellular enzyme 9: 188
– – α-D-Mannosidase 9: 188
– – Property of enzyme 9: 188
– Biosynthesis 5: 268
– – Gene cluster 5: 270
– – *Xanthomonas campestris* pv. *campestris* 5: 270
– Biotechnological production 5: 271, 273
– – Carbon source 5: 274
– – Modeling the fermentation process 5: 275
– – Nitrogen source 5: 274
– – Nutrient 5: 274
– – Oxygen supply 5: 274
– – Post-fermentation treatment 5: 276
– – Process cost 5: 275
– – Volumetric productivity 5: 276
– – *Xanthomonas campestris* 5: 272, 274 f
– – Yield 5: 275
– Chemical characterization 5: 264
– – Pyruvic acid determination 5: 265
– Chemical structure 5: 263 f
– – Degradation 5: 263
– – Detection 5: 264
– – Occurrence 5: 263
– – Physiological function 5: 264
– – Secondary structure 5: 262
– – Sugar composition 5: 264
– – Superstructure 5: 262
– Commercialization 5: 13
– Competition with scleroglucan 6: 39, 46, 50
– Current problem 5: 288
– Degrading enzyme
– – Xanthanase 9: 179
– – Xanthan lyase 9: 179
– Depolymerization 9: 185
– – *Bacillus* sp. GL1 9: 187
– – Deacetylase 9: 187
– – Glucuronyl hydrolase 9: 187
– – Intermediate 9: 187
– – α-D-Mannosidase 9: 187
– – Xanthanase 9: 187
– Electron microscopy 5: 266
– Enzymatic depolymerization
– – Depolymerization product 9: 186
– Flow behavior
– – Shear-thinning effect 5: 278
– Food application 5: 279 f
– Function 9: 178
– Gelation 5: 278
– Genetically engineered organism 5: 288

– Industrial production 5: 272
– Interaction with other polymer 5: 279
– Limitation
– – Genetically engineered organism 5: 288
– Molecular weight 5: 265
– Non-food application
– – Ceramic glaze 5: 281
– – Cleaning liquid 5: 281
– – Controlled-release agent 5: 281
– – Formulation of pesticide 5: 281
– – Oil drilling 5: 281
– – Paint and ink 5: 281
– – Textile printing 5: 281
– – Toothpaste 5: 281
– – Wallpaper adhesive 5: 281
– Patent 5: 261, 281 ff, 311 f
– Physical analysis
– – AFFF-MALLS 5: 266
– Physical characterization
– – Molecular weight 5: 265
– Production 5: 284 ff, 311 f
– Property 5: 268, 277 ff
– Pseudoplasticity 5: 281
– Recovery method **10**: 316
– Rheological property **9**: 178
– Rheology 5: 267
– Secondary structure 5: 266
– Virulence **9**: 178
– Viscosity 5: 277
– Weak network formation 5: 278
– Xanthan-assimilating bacterium
– – *Bacillus* sp. GL1 **9**: 185
– *Xanthomonas campestris* 5: 289
Xanthanase **9**: 179
Xanthan gum **10**: 32, 69, 72, 73
– HEC viscosity **10**: 74
– In construction application **10**: 51
– See also Xanthan 5: 261
– Structure **10**: 73
– Viscosity **10**: 75, 89
Xanthan lyase **9**: 179, 187
– *Bacillus* sp. GL1 **9**: 186
– Homology **9**: 186
– Post-translational processing **9**: 192
– Property **9**: 186
*Xanthobacter autotrophicus*
– Polyglutamate 5: 497
*Xanthobacter flavus*
– Polyglutamate 5: 497
*Xanthomonas* **2**: 347, **10**: 315
– PAA biodegradation **9**: 316
*Xanthomonas albilineans*
– Modified polyketide synthase **9**: 98
– Peptide synthetase **7**: 58
*Xanthomonas campestis* pv. *campestrisf* **10**: 311
*Xanthomonas campestris* 5: 13, 55, 216, 272, 274 f, **6**: 63, **10**: 73
– Xanthan 5: 245, 261, 263, 289, **9**: 178
– Xanthan biosynthesis 5: 51
*Xanthomonas campestris* ATCC 31600
– Xanthan 5: 282
*Xanthomonas campestris* ATCC 31601
– Xanthan 5: 282
*Xanthomonas campestris* ATCC 31602
– Xanthan 5: 282
*Xanthomonas campestris* NRRL B-1459
– Xanthan production 5: 275
*Xanthomonas campestris* NRRL B-12075
– Xanthan 5: 282
*Xanthomonas campestris* pv. *campestris* 5: 270
*Xanthomonas cam pestris* Xanthan fermentation **10**: 316
*Xanthomonas*-like strain **3B**: 65
*Xanthomonas maltophilia* **9**: 287
*Xanthomonas maltophilia* W1 **9**: 306
*Xanthomonas* sp. JS02 **3B**: 48
*Xanthomonas* sp. strain 35Y **2**: 330, 341, 343, 368
Xanthoxin **2**: 348
XD motif **3A**: 18
Xenobiotic compound **9**: 396
Xenobiotic **1**: 30, 319
*Xenopus laevis*
– Hyaluronan biosynthesis 5: 386
*Xenopus* transcription factor **8**: 257
X-ray crystallography **8**: 428, 430, 431, 455, 472
– Protein assembly **7**: 278
X-ray diffraction
– Crystallization **8**: 427
– *In situ* **8**: 34
X-ray diffraction analysis **8**: 68, 431
X-ray for near-edge surface **2**: 385
X-ray scattering **1**: 234
Xylan **1**: 27, 5: 7
Xylan acetate
– Biodegradability **9**: 208
Xylanase **3B**: 220, **7**: 408
– Bleach boosting **7**: 407
– Textile processing **7**: 406
β(1 → 4)Xylan single crystal
– Enzymatic degradation **3B**: 219
Xylaria **1**: 136
*Xylella fastidiosa*
– Murein biosynthesis gene 5: 457
Xylem **1**: 10, 19, 27, 29 f, 39, 76, 80
Xylogalacturonan **6**: 350
Xyloglucan **6**: 166
Xylomannoglucan **6**: 166

## y

YajC 7: 230
Yeast 2: 90, 9: 9
Yeast cellulose 6: 183
Yeast β-glucan
– Patent 6: 204
Yeast glucan 6: 183
– Alkali-insolubility 6: 184
– Application 6: 203 f
– Biosynthesis 6: 189, 191 f
– – Cellular location 6: 200
– – Cytoplasmic protein 6: 200
– – Enzymes involved 6: 199 f
– – 1,3-β-D-Glucan 3-β-D-glucosyltransferase 6: 188
– – Glucan synthases 6: 190, 196
– – Golgi membrane protein 6: 199
– – Inhibitor 6: 196
– – *In vitro* study 6: 188
– – Knr4p 6: 197
– – Regulation 6: 194, 196
– – Rho1p 6: 194
– – *Saccharomyces cerevisiae* 6: 199
– – TRAPP II component 6: 200
– – UDP-glucose 6: 188
– Chemical structure 6: 189
– Cross-linking to chitin 6: 184
– Extraction 6: 185, 187
– β-1,3-Glucan 6: 186
– β-1,6-Glucan 6: 186
– Glucan synthase
– – FKS1 6: 192
– – FKS2 6: 192
– – Inhibitor 6: 203
– Isolation 6: 186
– Mannoprotein 6: 187
– Molecular structure 6: 183 f
Yeast β-glucan
– Pharmaceutical application 6: 202
– Therapeutic potential 6: 202
Yeast gum 6: 183
Yeast polyose 6: 183
Yeast structural genomics 8: 473
Yersiniabactin 7: 56, 62, 9: 98
*Yersinia enterocolitica*
– Murein 5: 443
– Peptide synthetase 7: 56
*Yersinia pestis*
– Modified polyketide synthase 9: 98
– Peptide synthetase 7: 56
*Yersinia* sp.
– Silicon biodegradation 9: 547
YidC 7: 230
Young's modulus 4: 7

## z

Zahn–Wellens test 7: 184
*Zamia furfuracea* 8: 226
*Zea mays* 1: 40, 3A: 44, 6: 418, 8: 388
– Cupin protein 8: 238
Zebra mussel
– Adhesive protein 8: 362
Zeneca 10: 475
Zeneca BioProducts 3A: 266
Zeneca Ltd. 4: 55
Zetapotential 1: 311
Ziegler catalyst 2: 5
Ziegler-type initiator system 2: 76
Zinc finger domain 8: 257
*Zinnia* 1: 35 f, 41
*Zinnia elegans* 1: 8, 24, 34
Zirconium citrate 6: 51
*Zobellia galactanovorans*
– κ-Carrageenase 6: 259
– Marine bacteria 6: 258
*Zoestra marina* 3A: 3
*Zoogloea* 5: 44
*Zoogloea* flocs 5: 11
*Zoogloea ramigera* 3A: 110, 114, 178 f, 182, 186, 196, 225 f, 229, 356, 3B: 34, 67, 5: 55
*Zoogloea ramigera* I-16-M 3B: 24, 30 f, 33, 35
Zyderm™ 8: 142
Zygomycetous fungi 1: 407
*Zygosaccharomyces rouxii* IFO1130
– Inhibitionly ε-PL 7: 111
*Zymomonas mobilis* 2: 55, 57, 62
– Levan 5: 353 f, 361
– Levan biosynthesis 5: 359
– Levan production 5: 365 f, 370
– Levansucrase 5: 359
Zymosterol 2: 122
Zyplast™ 8: 142